乐道潜思

北京市城市规划设计研究院论文集

北京市城市规划设计研究院　编

中国建筑工业出版社

序

2016年是北京市城市规划设计研究院建院三十周年。1986年以来的三十年，正是改革开放和发展转型最为波澜壮阔、最为跌宕起伏的三十年，也是见证北规院在业务上砥砺前行、在学术上精进不休的三十年。

三十年来，北规院在市委、市政府的正确领导下，全面履行城市规划编制职能，为首都规划实施和城市管理工作提供了坚实的技术支撑。同时，北规院也在实践中不断提高学术研究能力，培养了一批富于远见、勤于钻研的专业人才。这本论文集即近年来学术水平的集中体现。

学术研究是对历史规律的沉思，是对未来趋向的洞见，学术工作或许不能帮助我们直接解决问题，但离开学术，就等于闭上了发现问题、甄别问题的眼睛。2015年中央城市工作会议特别强调了城市规划要"尊重城市发展规律"，为的就是"擦亮眼睛"，纠正过去城市发展决策中的一些盲目性和任意性，警示规划人务必在认清城市问题本源的基础上编规划、论规划，要"先研究城市、后研究规划"。

城市在变，规划在变，规划人的思维也要变。当前我国传统城市规划正在经历着由城市规划向城乡规划、由增量规划向存量规划、由宏大创作向精微实施、由计划管控向动态管理、由精英决策向公众参与等的一系列转变。在这个价值体系和规划逻辑即将发生大变迁的背景下，首都的规划要做什么？城市研究要做什么？城市设计要做什么？需要我们悉心思考、群策群力，以便使首都规划事业蓬勃发展、长盛不衰。

站在新的历史起点上展望下一个三十年，北规院的同志们要进一步增强历史责任感和使命感，高瞻远瞩、面对现实，开拓前瞻视野，立足市民需求，瞄准实施管理。

开拓前瞻视野，核心是提升城市规划编制工作的战略性、前瞻性、科学性。"不谋万世者，不足谋一时；不谋全局者，不足谋一域"。只有规划师有目标、有谋略、有境界，一个城市才有方向、有机遇、有品质，而如果规划师没有远见，这个城市在发展中注定会遇到因短视造成的困境。城市规划是不可逆变的，习总书记说"规划失误是最大的浪费"，就是要告诫大家不可在战略环节上失去靶心、忘掉理性。而要想居于战略思维的高地，就必须广泛地学习、广泛地交流、深刻地思考、深入地实践。所以我主张规划师未来应该更多地走出自己的"小圈子"，在学术圈找思考，在社会圈找真相，在经济圈找"开关"。开放是包容和创新的基础，城市规划作为一项公共事务，只有在"公共治理"层面多写、多做、多说，才能收获更高的见解、更多的反馈和更新的思想。

立足市民需求，核心是了解市情、体察民情，热爱这座城市的一方水土一方人。要谨记老一辈规划人"三分规划、七分现状"的教诲，多走、多看、多听，用亲身的调研和一手的资料建立对城市的认知。同时要善于利用新技术、新手段，了解城市的新变化、市民的新需求，并用善于发现的眼睛、善于变通的思维串联历史、现在和将来。

瞄准实施管理，核心是切实加强城市规划在引领改革、落实改革方面的能力。2016年是首都规划管理机制改革的转折之年，是北京治理"大城市病"、疏解非首都功能、改善中心城区环境、示范性规划建设副中心最关键和见成效的一年，是规划部门集中精力推动和落实总体规划实施的"公共政策制定年"。北京市规划院的研究要有"北京范"，关键是要在解决和落实上述问题的同时把技术、政策、管理、实施系统综合起来，及人所未及，占据城市规划新思想的制高点。

三十年树立成就，一百年铸就辉煌。面对又一个崭新的改革时代，首都规划工作者们要常思常长、常立常新，不断传承、不断创新，不断开创首都规划建设的新局面。

住房和城乡建设部副部长

黄艳

2016.9.18

专家寄语

回顾与寄语

张其锟

为我院成立30周年来，所取得的丰硕成果，表示衷心祝贺！古人云："三十而立"，也就是事业有所成就了。但对于规划事业来说，还有一个漫长的路，要我们去艰苦深入地探索。

我与城市规划结下了不解之缘。参加了20世纪50年代初的北京市城市规划的编制工作。改革开放后，又回到规划队伍。参与和见证了半个多世纪的北京的规划历程。从规划理论和实践来看，有两点是我感受很深、受益匪浅的，愿大家能继承与发扬。

一，规划是一门综合的科学。20世纪50年代初，大家认为城市规划是国民经济计划的继续。就是以建筑学为基础，扩展成为综合的城市规划，涉及北京的经济、社会发展，市政基础设施，以及跨流域引水等诸多问题。改革开放，北京出现大城市病，面对新的挑战，规划的领域又继续扩大，涉及环境、生态等诸科学；在规划行业里，我院又率先探索遥感与计算机技术的应用，取得了可喜的成绩。这些都适应了社会的发展，也符合世界的规划理论（区域规划、城市规划）发展史。目前新的知识与技术层出无穷，大数据、智慧城市、互联网+等等，都深刻影响着规划理论和方法的发展。愿大家迎头赶上，不断拓宽知识领域，不断探索、实践、丰富与发展规划理论。

二，规划历来重视调查研究，常说"七分调查，三分规划"，规划思路就产生于调查研究的结果。也可以说调查研究是我们的看家本领。20世纪50年代，为规划曾做过涉及北京经济、社会、人口、土地、房屋、自然条件、市政设施、交通、农业、林业、水资源等二十余项详细调查，还动员上万人，在国内率先进行了交通量OD(Origin,Destination)调查。工程十分浩大。目前遥感、全球定位、大数据等新技术的出现，比过去人工调查的效率和精度要提高很多，但切记不要忘了亲临现场、实际考察的基本功。我长期倡导并身体力行采用新技术，既熟知新技术的优势，也了解它的弱势。现代化手段所采集到的数据，还需要到实地去验证、去伪存真。大量数据可以揭示规律性的问题，但不做实地考察，很难了解其人文因素和社会背景。规划工作者既要理性地认识社会，也要感性地了解社会。有了丰富的感性认识，才可以提升理性的认识水平，为做好规划创造出更好的思路。

愿大家脚踏实地、开拓创新，去规划并迎接北京美好的未来！

2016年5月

寄语信息

张其锟，北京市城市规划设计研究院原副院长。

60 年点滴随想——写于规划院成立 30 周年

董光器

　　规划院成立30周年，恰逢我从事规划工作60年，我为一生能为首都的规划建设事业服务，感到十分荣幸和骄傲。值此时日，感慨万千，不知说什么好。只能抒发一下从事规划工作的点滴随想。

　　一，秀才要出门，方知天下事。现在已进入大数据时代，互联网的普及，似乎无所不能。但是数字是死的，万千世界是生动活泼的，只有走出门去，亲临现场，获得第一手材料，才能赋数据以鲜活的生命，才能通过数据分析，出规律，出理论。

　　二，寻找合适的"门槛"。城市是充满矛盾的综合体，现在和将来、历史和现代、城和乡、生态与建设、需要和可能……规划就是要寻找合适的"门槛"，从对立中找调和，一分为二、合二而一，使方案最佳化，宏观规划如此，微观规划也如此。

　　三，科研八股要不得。现在的不少调研报告都是一种格式，一背景、二路线、先国内、后国外，然后才论证，出观点。往往头重脚轻，结论泛泛、寥寥，不得要领。需知材料形成观点，观点统帅材料，只有观点鲜明，一针见血，有说服力，才是好成果。

　　四，真理往往是简单的。某些论文，专业名词一大堆，中国文字，英国语法，令人费解。需知，深入浅出，言简意赅，才是上品。

　　五，城市是一本永远读不完的书。城市是一本终身难以读懂而又必须努力读懂的书，路漫漫其修远兮，望后来者继续求索。

2016年5月11日

寄语信息
董光器，北京市城市规划设计研究院原副院长。

北京规划院成立三十年院庆有感

王东

三十年前，没有典礼，没有鲜花，没有贺信，在五楼礼堂的一次简朴的会上，一纸政府的公文宣告：北京市城市规划设计院成立。从此，北京市规划院二百多位"规划人"走上了既光荣、又艰苦的创业之路。

上溯到六十多年前建国初期的首都，百废待兴，1949年5月和1955年5月，北京都市计划委员会和北京市都市规划委员会先后相继成立，说明新中国成立之初，市政府即着手谋划北京城市发展蓝图。

1962年，我毕业后分配到北京市城市规划管理局工作，与规划工作结缘至今已经五十四年了，在规划局老领导、老同事、老前辈们的言传身教、耳濡目染下，我的工作有了进步，我永远怀念，感恩那些带我进入"规划门"、曾经帮助过我的老前辈，引路人。

岁月流年，人员更替，专业臻善，人才济济。北京规划院在实践中探索、进步、成长，逐渐形成了开拓、求是、团结、奉献的院风。虚心学习，实事求是，是北京规划院规划人的特点，经历风风雨雨考验，北京市规划院由当年的一根树苗已经长成一棵大树。

北京城市规划事业既经历新中国成立初期的创业之艰，深感责任之重，也经历了"规划无用论"的摧残，遭遇"散摊走人"之痛，也享受到雨过天晴，被尊为"城市建设和发展的龙头"的荣耀，不论褒与贬，起与落，境遇不同，规划还是规划。规划就是总结过去，展望未来，探求发展规律的一门学问，事实证明：人无远虑，必有近忧。城市规划是现代城市发展中不可或缺的学科。

吟唱北京规划院的院歌，一种事业的自豪感油然而生，"目光千年，默默奉献，崇高事业，托起明天"。

一个人的生命和工作经历是有限的，只是历史长河中很小的一段。但规划事业和历史却是永存不断发展的。北京的规划事业还要发展，北京规划院者可大树还要继续成长为枝繁叶茂参天大树。

我回顾五十年来的体会是：规划工作的价值贵在综合，贵在实践，贵在落实，贵在坚持；在实践中成长，在总结中提高。

在建院二十周年时，我曾希望规划院"百尺竿头须进步"。在建院三十周年之际，作为规划院的老职工，衷心祝愿北京规划院，期望规划院仍需居安思危，精益求精，发奋图强，鹏程万里。

2016年5月15日

寄语信息

王东，北京市城市规划设计研究院原总规划师。

寄语

柯焕章

　　北京市城市规划设计研究院成立三十年来，在着力做好当前各项规划工作的同时，不断拓展规划领域和内涵，逐步加强规划理论和学术研究，规划工作整体水平取得了长足的进步。尤其近十多年来陆续注入了不少新生力量，规划工作和学术研究更显有生气。期望在新的发展时期，持续努力，紧密结合规划建设实践，进一步提高学术研究水平，为首都的规划建设更加理性发展作出更大贡献！

2016年5月26日

寄语信息

柯焕章，北京市城市规划设计研究院原院长。

让卓越团队更加卓越——写在北京城市规划设计研究院建立 30 周年

陈为邦

今年是北京城市规划设计研究院成立30周年，可喜可贺！

这30年，是国家改革开放的30年，是北京大发展的30年，是根据中央决定北京城市发展实施战略转变的30年。北京城市规划设计研究院（以下简称北京规划院）出色地完成了她的任务，为北京城市规划的改革和发展留下了浓墨重彩的一笔。

1980年，中央书记处关于首都建设方针的指示明确了四条指导思想，对北京发展提出了四方面的明确要求，不再要求北京建设成为全国经济中心。1983年7月14日，中共中央和国务院关于对《北京城市建设总体规划方案》的批复中明确指出："北京是我们伟大祖国的首都，是全国的政治中心和文化中心。北京的城市建设和各项事业的发展，都必须服从和体现这一城市性质的要求。"这是北京城市发展历史性的重大战略转变。在之后的30年时间，北京城市规划建设在贯彻实施中央和国务院要求方面，作出了巨大努力和重大贡献。在这些艰巨的工作中，北京规划院完成了北京城市总体规划的调整和修改等多项任务。过程中，北京规划院和有关方面密切合作，进行了艰苦细致的努力。

北京，作为国家首都，它的城市规划任务，要比其他任何城市复杂得多、艰巨得多、困难得多。无论是城市功能转变、空间结构调整，还是历史文化保护、生态环境改善，或是交通系统建设、居住环境品质提高等等，在北京的难度，都远远高于我国其他城市。特别是改革开放时期的经济体制改革、社会发展转型，许多因素成为城市规划必须考虑的新问题，所有这些，使北京城市规划不断面临新的挑战。北京规划院的同志们努力奋斗，应对了这些挑战，完成了历史的委托。我们应当对于他们的努力、坚韧和担当表示敬意。

现在，北京城市发展又面临一次新的历史性的重大转变。2014年2月25日，习近平总书记在视察北京城市发展管理时深刻指出："城市规划在城市发展中起着重要引领作用。考察一个城市首先看规划，规划科学是最大的效益，规划失误是最大的浪费，规划折腾是最大的忌讳。"对于北京的规划发展，总书记指出："首都规划必须坚持以人为本，坚持可持续发展，坚持一切从实际出发，贯通历史现状未来，统筹人口资源环境，让历史文化与自然生态永续利用，与现代化建设交相辉映。"习近平总书记对北京的城市发展管理提出了五点要求。这是中央领导关于城市规划和北京城市发展非常重要的指示，不仅对北京，而且对我国城市规划工作具有重大意义。同一时期，中央又提出了京津冀协同发展的战略，这是国家大战略。从此，北京的城市发展必须从京津冀大区域协调发展来统筹研究处理。这种巨大变化，是过去没有经历的。首都发展面临全新的形势和要求，例如疏解非首都功能、北京行政副中心在通州规划建设等等，都是前所未有的艰巨任务。规划改革方面，如何在促进"两规衔接"与"多规合一"的过程中更好地发挥城市规划的综合职能，更是艰巨任务。我们殷切期望北京能够取得成功。

在今后的发展中，北京规划院面临新的形势和任务。我们深信，他们一定能够很好地完成新的历史任务，为北京的发展和国家城市规划改革作出新的贡献。

北京城市规划设计研究院这个卓越的团队必将更加卓越。

寄语信息

陈为邦，原国家建设部总规划师，中国城市规划学会原副理事长。

寄语：北京市城市规划设计研究院成立三十周年

朱嘉广

　　30年来，在巨量、踏实、严谨的科学研究的支撑下，我院的规划设计工作取得令人瞩目的业绩。

　　我一直希望在未来若干年内，我院能建成为北京市规划建设领域的学术中心，这是时代的需要和呼唤，也是我们义不容辞的责任。我们有这样的能力和条件，关键是要有这样的目标、信心和脚踏实地的努力。

　　如此，在下一个30年，我们定会取得更加辉煌的成就！

2016年5月于南礼士路

寄语信息

朱嘉广，北京市城市规划设计研究院原院长。

致北京市城市规划设计研究院

赵燕菁

从1949年，北京成为中华人民共和国的首都那一刻起，北京的城市规划就注定了其与众不同的历史角色。北京城市规划的成功与失败、光荣与耻辱，在某种意义上也预示了中国城市规划的成功与失败、光荣与耻辱。每一个参与北京城市规划的人，都不仅会在北京规划留下足迹，也会在中国的规划听到回音。这也决定了你们在城市规划中扮演的历史角色。

在深圳城市规划横空出世之前，北京城市规划的理念，基本上就是中国的城市规划理念。在一个没有成熟规划理论的环境下，仿效是知识传播最主要的途径。城市规划也是如此。北京的首都地位决定了它从一开始，就必定成为仿效的对象。这使得北京规划负载的基因，通过仿效，传染给中国所有的城市。

1949年后，北京的规划基本上复制了莫斯科的规划，而大莫斯科规划又深受"大伦敦规划"影响。单中心、环路、卫星城、绿带……按照这种模式，北京放弃"梁陈方案"，结果是拆除城墙、古城破坏、交通拥塞……其他城市也都采用新旧重叠发展，结果也是拆除城墙、老城衰败……实践表明，正如各地对北京政治模式的复制，对城市规划的复制成倍地放大了北京规划的影响力。这种影响力至今没有一个城市可以替代。

正是由于北京规划模式的独特影响力，你们也处于没有任何规划设计单位可以替代的位置——无论好坏，你们都在那里！我以前想当然地以为中国城市规划设计院研究院一定有更大的全国影响力，但多年的实践使我意识到，北京规划的无形影响力仍然无可匹敌，以至于我认为你们正确的名称应当是"首都规划院"而不是"北京规划院"——前者体现了北京规划的国家含义，后者则将北京规划混同于上海、广州这样的地方规划。

也许是由于北京规划院的名字，使得你们自己也没有意识到北京规划的真正影响力。你们没有意识到北京规划的成功，可以帮助无数中国城市规划的成功，你们的失败，也会被传染给无数其他的城市。由于中国如此巨大，北京规划的这种影响力在世界城市中也难有其匹。过去三十年，你们交出了一份答卷，功过是非，历史自会评说。对你们而言，更重要的是如何回答未来对北京提出的新问题。

经过多年延宕，北京终于开始了通州新城的建设，首都与北京的职能终于在空间上分解，单中心增长终于开始实质性裂解。我相信，同以往一样，你们实践的成败，一定会再次在全国范围被仿效、被放大。

北京集中了国家财富精华中的精华。怎样发挥这些存量财富的价值，北京同样可以做出全国性的示范。北京的名城保护、北京的海绵城市、北京的智慧城市……在增量规划向存量规划转变的过程中，北京规划实践的所有方面都将依然是全国性的实践。你们的成败，在某种意义上就是中国规划的成败。

未来的北京规划将会面临全国其他城市的竞争。这很可能是你们不习惯的。但北京没有选择，必须面对！像竞技比赛一样，所有竞争其实都是第一名和第二名的竞争。如果作为一个局外人给你们一个忠告的话，那就是盯住深圳，它是北京规划真正的对手——无论规划理论还是实践。深圳是一个真正拥有独立规划思想的城市。战胜深圳对王座的挑战，北京就依然是全国规划的领袖，超越首尔、东京只不过是时间问题。

宗次郎写过一首叫《故乡的原风景》的曲子，歌词写道：

有一种深情 每当提笔

便有一种刻骨的思念

于指尖凝绕

顷刻间

有一种眷恋

每当触及

便有一种同根的情结

在心底滋长

落墨处

倾情的声音 悄然奏响

那便是我灵魂归依的故乡

熟悉的画卷铺展开来

那便是我眼中最美的风景

故乡的风

有一种怡人的醉

故乡的景

有一种沁心的暖

烟柳长亭

小桥流水

暮霭斜阳

秀山明光

美中透着醉

醉中含着暖

醉 暖

在心间缠绵

我的故乡

永远的港湾

灵魂的栖息地

心的家园

我在北京生活的大部分时间都在月坛片区。南礼士路满溢着我童年和青春时代游荡。北规院对我而言，有着特别的亲近。虽然我的专业生涯和北京交集不多，更没有在你们那里工作过，但北京的空间战略、名城保护一直是我规划最主要的潜背景。每当我思考城市问题，广州、深圳、厦门……我总会有意无意回到北京，回到南礼士路。现在我知道，那里是我故乡的原风景。无论我在天涯海角，我的灵魂从未远离。

　　祝福北规院，无数北京人把自己的故乡托付给你们，请爱护她！

寄语信息

赵燕菁，厦门大学经济学院与土木建筑学院教授，教授级高级规划师，中国城市规划学会副理事长。

目录 Contents

序 / 黄艳

专家寄语

第一部分　宏观战略与重点发展

第二部分　建设规则与控制引导

第三部分　文化内涵与名城保护

第四部分　公共服务与社会公平

第五部分　综合交通与城市运行

第六部分　市政设施与基础保障

第七部分 生态环境与城市安全

第八部分 技术前沿与平台建设

后记

第一部分
宏观战略与重点发展

面对存量与减量的城乡规划

施卫良　杨春

引言

在过去的一轮快速城镇化发展过程中，我国城市普遍经历了依赖于土地扩张助推经济社会发展的阶段，虽然取得了城市建设的突出成就，但低效高代价的发展模式也导致了有限的资源环境不堪重负，"城市病"问题层出不穷。因此，以往以增量换发展的模式难以为继，亟待转型。在此背景下，国内部分城市，尤其是特大城市在新一轮规划编制中提出了优化存量、实现减量的发展思路，体现了规划行业面对城镇化深度推进顺势而为、积极转型的思想理念，而存量与减量规划的提出也被视为引领未来城市转型、跨越资源约束并实现可持续发展的关键。

当城乡规划迈入了存量与减量的时代，从规划编制的技术方法、核心内容到规划实施的管理方式、政策基础都需要进行重大转变，也给城乡规划工作带来了新的挑战。为此，行业内部陆续进行了实践探索，并针对这一问题开展了广泛的交流与讨论。本文系统梳理了当前业内关于存量与减量规划已经取得的观点与共识，旨在抛砖引玉，引发全行业的关注与思考，以期共同推进存量与减量规划的发展。

1 存量与减量规划形成的背景与动因

1.1 资源环境约束倒逼形成存量优化、减量发展的思路

以土地扩张换取城市发展几乎是过去20年我国城市的普遍经历，地方政府高度依赖于土地财政，对城市建设用地增量具有很高需求。与此同时，我国快速城镇化进程带来了大量的人口向城镇迁移，形成了大规模的基础设施建设与投资，也促成了城市土地的大规模扩张。可以说，土地成为了城市发展的关键命脉与基础。然而，近年来随着人口、资源、环境压力与矛盾的显现，加之国家对于18亿亩耕地红线的严格约束，使得以增量土地换取发展的方式愈发难以为继。

2014年中央城镇化工作会议从耕地保护、生态环境以及城市增长的角度明确提出了"有效控制土地增量、合理确定发展规模"的要求。同年，国土资源部印发了《节约集约利用土地规定》，首次就土地集约节约利用进行规范，并明确提出"有效控制特大城市新增建设用地规模，国土

资源主管部门应当在土地利用总体规划中划定城市开发边界和禁止建设的边界，实行建设用地空间管制。"由此可见，中央已经开始高度重视城市土地利用问题，以大规模增量求发展不再是未来的主要方式。其实，早在中央有关要求下发之前，部分城市已经开始面对这样的问题，即在用地扩张过程中，政府需要越来越多地面对征地拆迁成本急剧上升、房地产供给过剩所造成的压力，增量发展的难度不断增加。在此背景下，2007年的深圳总体规划率先提出了从"增量扩张"转向"存量优化"，为破解城市土地困局、解决发展瓶颈进行了有益的探索。无独有偶，最新一轮的上海城市总体规划修编明确提出了"总量锁定、增量递减、存量优化、流量增效、质量提高"，即"五量调控"的土地管理思路，要求建设用地总规模实现"零增长"。北京在2014年启动的总体规划修改工作中也提出了优化建设用地存量，实现建设用地"减量"的发展目标。

表面上看，存量与减量思维的产生既是落实国家转型发展的要求，也是特大城市面对资源环境约束所采取的积极应对。而实质上，这一新思路的产生是与我国城市发展转型的客观要求以及税收制度改革紧密相关，也是我国城镇化深度推进的必由之路。尽管目前这一发展趋势仅体现在少数几个特大城市之中，但随着城镇化推进与资源约束的不断作用，越来越多的城市将迎来这种发展的转型与变革。回顾过去，增量作为早期发展的重要途径，曾经有效地解决了城镇化发展初期的诸多矛盾与障碍，但也给各类经济要素之间的平衡埋下隐患。而今当单一的增量发展带来的问题逐步显现，就需要重新调整思路，把经济发展、建设用地以及资源环境的相互协调作为着眼点。

1.2 规划行业顺势而为，积极探索规划转型

面对存量与减量时代的到来，"存量规划"与"减量规划"悄然成为规划行业热议的名词，也引发了广泛的思考与讨论。早期研究中，邹兵等学者以深圳为研究对象，就规划由增量向存量转型过程中的困境与挑战进行了系统分析。厦门规划局局长赵燕菁多次撰文，从经济学的视角解读了存量规划的核心问题与关键内容。此后，随着存量规划实践的广泛开展，关于存量减量规划的学术成果层出不穷。2014年在海口举行的"2014中国城市规划年

会"上，由中国城市规划学会与北京市城市规划设计研究院共同举办了"面对存量和减量的总体规划"专题论坛，再次将有关这一话题的讨论推向高潮，引发业内外的广泛关注。论坛邀请到了邹兵、赵燕菁、王凯、丁成日等长期关注存量用地问题的专家学者，也邀请到了来自北京、上海、深圳等城市规划编制研究机构的一线专家，共同就存量与减量规划的问题展开热烈的讨论，形成了相对广泛的认识与共识。

从增量规划转向存量与减量规划，这是行业在面对发展转型的大趋势时适时而动、顺势而为的体现，与此同时，行业发展转型时所要面对的现实困境与挑战也是空前巨大的，仍然需要漫长的探索与实践过程，任重而道远。

2　存量与减量规划面临的难点与现实挑战

长期以来，城乡规划紧密结合城市扩张式的发展，形成了相对完善的以土地增量为内容的规划编制体系与实施管理机制。在政府主导增量用地的前提下，规划协调的权利关系相对单纯，使规划师自然养成了一整套相对规范化和程式化的技术方法与工作惯性。而存量与减量规划则不然，其对于规划编制的立足点、关注视角以及处理问题的能力与增量规划差别明显，需要对规划工作体系作出较大变革，这对于当前我国的规划工作而言显然存在着准备不足的现实问题，存量与减量规划面临着巨大的难点与多方面的现实挑战。

2.1　技术瓶颈——规划编制难度大幅提升

2.1.1　单一产权下的利益均分转向复杂关系中的利益协调

规划从增量转向存量与减量之后，所面临的最大难点在于产权关系和利益的分配。受到我国土地管理制度作用，城市新增的建设用地处置权掌握在政府手中，土地收益也由政府进行支配，其产权关系相对清晰而单一。规划编制在这种前提下基本遵循利益均衡分配的原则。存量与减量规划的建设用地则分散在土地使用权人手中，其产权关系十分复杂，一方面，政府在对这一用地进行处置时，不再具有主动性，要以维护土地使用权人的利益为前提；另一方面，存量土地取得的收益理论上应当主要为使用权人所有，即使政府介入，也必须兼顾多方的利益。在这样的前提下进行规划编制，核心工作就转向了既有利益的分解与重新分配，而这种利益的协调若要顺利地推进，则要求规划建立在对各类制度政策的全面把握以及对现实问题

的恰当处理之上，这是传统的增量规划所不曾涉及的。规划协调的过程中如若出现利益损益，还会使现实问题复杂化，进一步增加了规划编制的难度。

2.1.2　宏大蓝图式的规划创作转向琐碎的现实问题处理

增量规划在编制方法上通常是从宏观区位分析入手，清晰判断城市发展的利弊因素，之后通过设定发展目标而明确定位，并进一步落实空间布局。从整体工作思路上看，增量规划更多体现出战略性和设定性，得到的是融入了城市管理者意图与规划师设计理念的愿景式蓝图。这类规划往往是大尺度的，动辄几十平方公里的城市新区或产业园区。与之相比，存量与减量规划则需要采取截然不同的规划方法，以旧城更新改造、环境整治规划为代表，这类规划首先受到产权的作用而限定在相对有限的空间范围内，针对的是已经建成的既有建设用地，结合用地效益低下或环境品质不佳等现实问题而有针对性地进行用地功能与规模的调整和重组。在规划编制时，需要重点掌握现状实际与存在问题，具体问题具体分析，增量规划的方法套路在存量规划中不再适用，而研究对象本身的特殊性以及多元、琐碎与繁杂的影响因素决定了存量与减量规划需要更加具体、细致、谨慎与耐心的工作方式，做到"微处理"、"微循环"与"微设计"。

增量规划是面向远景的发展设想，一般不需要直接面对发展过程中实际或者可能存在的现实矛盾，通过拉长解决问题的周期来缓和预期与现实的冲突。而存量规划是即时性的规划，短期内就会充分暴露现实的难点与问题，其直接面对实施的特点也注定了难有回避的途径。因此，这类规划更加强调与近期计划的有效衔接，要求充分考虑实施细节。

2.1.3　以人定地的前置观念转向总量锁定的底线思维

存量与减量规划首先就是锁定建设用地的总规模，于是增量规划中"以人定地"的前置条件被打破，且城市各类设施的配置与布局也不再表现为与人口规模正相关的简单关系。用地总量锁定后，以土地扩张化解发展矛盾的方法失灵，倒逼规划积极挖掘存量用地价值，从存量和减量中寻找增量，这将很大程度上改变规划编制的价值取向，回归和强化规划的本质作用。

同时，国家层面已经提出了划定城市增长边界以及生态保护红线的要求，未来的城市建设将被严格地"束缚"在各类条条框框之中，理性发展也将步入新常态。因此，规划师必须学会用底线的思维应对和解决城市仍然十分旺

盛的发展诉求，妥善化解经济发展与资源环境保护之间的矛盾，这对于已经习惯了大手笔蓝图式创作的规划师而言无疑又是充满挑战的。

2.2 实施环境——对应的规划实施管理机制缺位

2.2.1 缺乏支撑存量与减量规划编制实施放入法律机制和政策手段

尽管深圳等城市很早就开始了存量规划的实践，但对于全国来说，存量与减量规划还处于探索阶段，从国家到地方层面的规划管理制度还没有实现转变，规划实施环境还不具备。

目前，从各项法律法规到行政部门制定的规范性文件都主要强调在各类规划的框架下，规范操作各类新增项目用地的建设实施和技术控制，而对于存量土地的再开发利用以及存量规划编制的审批与管理都没有具体说明。当前实施的《城乡规划法》对于存量用地规划也没有相关的条文，造成了规划编制没有有效的指导和规范标准，规划实施也没有赖以使用的机制和政策，规划管理部门对于存量土地也并不掌握明确的管理权限。

正如前文所提到的，存量与减量规划是对分散的土地使用权人所属的建设用地进行规划调整，这其中涉及了产权关系以及获得利益的分配问题，必须有完善的政策与制度为依据，否则规划很难顺利推进实施。举例来说，在街区更新改造过程中，如果用地性质不发生根本改变，而只是环境整治，则规划实施管理阻力相对较小；但一旦对低效用地进行深度优化调整，改变土地使用性质，甚至要求权属人放弃使用权则，其未必会完全配合，容易激化矛盾。

2.2.2 规划实施管理审批程序不匹配

从规划管理审批程序上说，增量规划以新增建设用地为对象，管理上以"一书两证"的行政许可作为核心，程序上则以竣工验收为最终环节。对于已经建成之后的建设用地，规划管理部门便不再"插手"。而存量与减量规划则完全不同，按照赵燕菁在规划年会上的说法："存量规划和增量规划完全是两个系列，彼此之间没有可替代性，也是完全不搭界的事情"，由于没有存量减量规划的审批规定，现在完成的存量规划也会使管理部门无所适从，这也导致了旧城改造更倾向于全部拆除重新走征地出让程序而保证项目能够顺利推进的被动做法。存量规划审批程序的匹配与转型需要全行业的整体联动，这在存量规划刚刚起步的阶段显然还有很多工作要做。

总之，政策与制度的有效设置一定是存量与减量规划顺利推进的前提，在目前的探索阶段，注定会面对很多难点与挑战，需要规划行业从实践中加以摸索。

2.3 职业素养——行业知识构成与教育体系的革新

赵燕菁在《存量规划：理论与实践》一文中曾指出："规划从增量转向存量，最大的困难还是人才。"

在以增量规划为背景的城市时代，针对新区开发建设而进行的规划编制与研究工作是行业的主流业务。受到就业供求关系的作用，现行的教育体系培养的还是擅长于增量规划编制的技术人才，高等院校在教育教学课程设置上，也仍然是以增量土地开发为基础的理论方法为主。规划专业学生从课程设计阶段就开始在图纸上描绘理想的城市蓝图，而针对建成区的系统分析与研究相对欠缺。同时，由于我国的城乡规划知识构成脱胎于以建筑学为主的工程学体系，强调技术手段与主观设计意图，对于城市经济学与社会学的关注比重偏低，规划从业人员在处理现实问题时，对问题思考的深度与广度较为局促。理想主义和精英主义情结成为了我国规划专业人才普遍具有的特点。

而今，当面对存量与减量规划时，原有适用于愿景蓝图式规划的知识构成对于更加注重精细化和经济利益协调的存量规划而言并不匹配。存量规划对于经济学、法律知识以及人际交往与沟通能力的要求是传统规划行业教育与理论研究的薄弱环节，而现有高校的规划专业尚未摆脱工程技术背景的教育方式，使得规划从业者并不具备面对全新规划内容的素质与能力。

3 推进存量与减量规划发展的几点建议

尽管当前存量与减量规划的编制与实施尚处于探索阶段，困难重重，但增量扩张发展给城市带来的问题却迫使我们必须尽快从既有的工作方式中走出来，敢于实现行业自身的转型升级，坚持科学发展的基本意识，更加主动地投身于推进存量与减量发展的工作当中去。

3.1 树立存量与减量发展的行业共识

受到资源环境承载力的客观限制，无论是否人为地进行建设用地规模的控制，土地的扩张总有终止的一天。从这种意义上看，城市的存量土地才是建设用地恒定的常态，也就是说，全面迎来存量与减量规划的工作只是时间问题，未来规划的日常工作注定面对的是存量土地。因此，规划行业必须从发展观念上尽早树立存量与减量发展的意识，并为这种新的工作对象与技术方法做好充分的准备。目前已经着手开始存量与减量规划的特大城市，应当积极探索、积累经验，业内的学术机构与一线生产、科研单位也应当进一步加强有关存量与减量规划的研究，广泛宣传和推广已经取得的阶段性成果和实践经验，尽快促成全行业形成普遍共识，实现由增量扩张向集约增效、底线约束思维的全面转变。

3.2 积极实现规划工作方式、方法的转变

为了更好地适应存量与减量规划编制的特点与要求，行业需要在更多的实践中逐步转变以往的工作方法和工作重心，积极改革与优化现行的技术标准与编制体系。

首先，规划师要主动从大手笔、大气魄的愿景蓝图式规划习惯中解脱出来，转向更加实际和具体的协调工作中去，在对于现状充分了解的基础上提出解决问题的方案，这也要求规划编制时比增量规划更多、更细致、更具体地了解建设用地的现状情况，通过详尽的调研来系统掌握土地权属、产权关系、产权性质等问题，并将其作为规划方案编制的关键因素。

其次，规划编制的重点转向存量用地的功能优化调整、合理规模的确定以及面向实施的更新改造策略，对于用地性质变更或对用地进行较大调整时，必须紧密结合建设用地的管制制度，提出具有较高可操作性和合理性的实施方案。

再次，规划不能再主观地将城市管理者与规划师的意愿直接落实在方案中，而是必须充分尊重存量土地使用权人以及周边利害关系人的发展意愿，并针对具体问题提出专门的应对方案。规划师在这样的规划编制中，需要厘清自我的角色，充当各种利益关系的协调人，也必须将存量土地再利用取得的利益进行合理的分配，并使之成为存量与减量规划成果的重要组成部分。

3.3 完善存量与减量规划实施管理审批制度与配套政策

3.3.1 优化规划管理审批思路

城乡规划管理部门应该深入研究存量与减量规划的编制内容与实施特点，有针对性地调整和完善有关规划的管理审批程序，尽快将存量与减量规划的管理纳入法规体系，为存量用地在功能、规模等方面的优化调整提供行政许可上的保障，也便于此类规划编制工作的全面展开。

3.3.2 针对利益再分配建立利益均衡机制

针对存量土地再利用过程中的利益分配问题，应当尽快建立多主体的利益均衡机制，保证政府、土地使用权人以及社会资本共同参与到存量优化的过程中去，进一步提

高土地使用权人自发提升土地效益、实现自我更新改造的积极性，减小利益损益带来的发展阻力和矛盾。

3.3.3 加强政策制定与机制完善工作

与增量规划相比，存量与减量规划十分强调政策属性，所以完善实施机制与政策是推进存量与减量规划发展的关键。对于存量规划管理而言，要推进"自上而下"与"自下而上"的共同作用的发挥，这是由于存量规划管理基本对象产权关系复杂，遇到的问题普遍具有特殊性，因而"自下而上"的管理机制更加适合这类问题的协调解决。在政策研究与制定方面，可以进行探索的内容更为丰富，包含土地产权关系、税收的调节作用以及参与主体的多元性都值得深入挖掘。

需要特别强调的是，规划行业自始至终在政策制定方面没有发挥应有的作用，这一方面是专注于技术而忽视政策研究所致，另一方面也是在知识构成上缺少对于政策工具的系统研究和认识，参与政策制定的能力略显不足。因此，规划从业者应该借存量与减量规划探索之机，主动将研究工作上升到政策的高度，敢于在政策制定和机制完善中发挥作用，并不断提升政策认识的能力。

3.4 优化调整规划专业教育培训内容

由于存量与减量规划对于专业人才的素质提出了更高的要求，因此规划学科教育应当充分考虑未来规划工作的需要，进行教学内容和教育方式的变革。高等院校在基础教育方面应当重点对知识领域进行拓展，逐渐压缩工程学、建筑学的内容，进一步强化经济学、法律学等专业课程在城乡规划教育体系中的比重，有针对性地培养规划师的沟通能力、动员能力以及设计能力。同时，行业内的学术团体可以结合存量与减量规划的工作技能要求，加强相关培训与教育，并通过注册规划师执业资格考试内容调整等方式全面推动行业知识构成与理论体系的丰富与完善。

4　结语

城乡规划从增量走向存量与减量，是行业在快速城镇化进程中冷静思考的结果，也是面对经济快速发展与资源环境压力时积极寻求城市发展新路径的表现。当前，存量与减量规划发展正方兴未艾，既需要从认识上取得更多的共识，也需要全行业共同参与到此类规划的探究和讨论当中。虽然摆在面前的是对整个行业技术体系以及管理政策制度的巨大变革，势必会遇到许多困难和不确定因素，但并不影响行业积极探索推进规划发展的脚步。而今，部分

特大城市已经致力于存量减量规划的实践，寻求推进规划落实的有效途径，其经验和收获也会为更多城市的发展转型以及我国城镇化的深度推进提供借鉴。

城乡规划行业的列车沿着城镇化发展的道路驰骋，已经满载了城市时代的丰硕成果，而存量与减量规划作为这组列车的下一个站点，势必标志着规划行业步入一个新的时代。

参考文献

[1] 姚存卓. 浅析规划管理部门在存量土地管理中存在的问题与解决途径 [J]. 规划师，2009（10）.

[2] 邹兵. 由"增量扩张"转向"存量优化"——深圳市城市总体规划转型的动因与路径 [J]. 规划师，2013（5）.

[3] 邹兵. 增量规划、存量规划与政策规划 [J]. 城市规划，2013（2）.

[4] 施卫良. 规划编制要实现从增量到存量与减量规划的转型 [J]. 城市规划，2014（11）.

[5] 王卫城，戴小平，王勇. 减量增长：深圳规划建设的转变与超越 [J]. 城市发展研究，2011（11）.

[6] 方帅. "减量规划"求解城市土地饥渴症 [J]. 中国房地产业，2013（12）.

备注

本文发表在《城乡治理与规划改革——2014年中国城市规划年会论文集》中。

从北京历次总体规划发展看城市总体规划编制创新

和朝东 赵峰 陈军 王亮

城市总体规划作为政府一段时期的施政纲领有其阶段性与时代性，梳理研究其发展演变脉络以及内在动力有助于我们从历史的角度去把握城市总体规划的走向。北京自1950年都市计划委员会成立至今的60多年里，由北京市政府正式组织编制的城市总体规划共有7个版本，其中国务院正式批复的有3个。7个版本总体规划大致可分为两个阶段：1953年、1957年、1958年、1973年的总体规划是在建设工业城市的指导思想下编制的；1982年、1992年、2004年的总体规划则是改革开放的大背景下出台的。7次总体规划鲜明地反映了当时的时代精神，体现了首都规划建设者对城市发展规律的阶段性认识以及执政党在不同时期对经济社会建设发展的探索。

1 北京总规的发展演变

1.1 规划目的：从"落实经济计划"到"全面统筹城市发展"

新中国成立初期的北京城市总体规划与国民经济五年计划结合比较紧密，集中体现了"前苏联""社会主义城市规划是国民经济计划的延续"的思想[1]，主要任务是将经济发展计划在空间上落实，在内容上则重点考虑各项设施的选址布局。"一五"期间的城市建设主要是在《改建与扩建北京市规划草案（1953年）》《北京市第一期城市建设计划要点》的指导下进行的，之后的"二五"期间的城市建设则是由1957年、1958年两版总规指导的（图1）。1982年的《北京城市建设总体规划方案》是改革开放后第一版总规（图2），其编制一方面是为了弥补"文革"期间的规划缺位，另一方面也与马上开展的"六五"计划密切

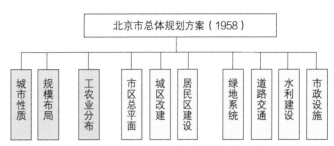

图1 《北京市总体规划方案（1958年）》文本结构示意图

相关，这次总规针对前三十年城市建设中存在的"工厂与居住配套比例失调、基础设施发展滞后、环境污染严重"等城市功能失调的问题[2]，注意力从着重具体的建设行为的指导开始转向对城市各系统统筹发展的强调，包括工作、居住及配套设施的统筹、工厂的统筹发展、对内对外交通设施的统筹、市政设施与城市用地发展的统筹等等，2004年总体规划在此基础上又提出了"统筹城乡发展、统筹区域发展、统筹经济社会发展、统筹人与自然和谐发展、统筹国内发展与对外开放"等"五个统筹"思想，集中体现了总体规划由建设规划向经济、文化、社会、资源与生态环境综合规划的转变，总规直接指导建设职能在弱化，综合调控的特色越来越突出。

1.2 价值导向：从重"工业发展"到重"环境保护"到"全面协调可持续发展"

建国初期的总体规划处处体现了当时以工业发展为纲的思路，首先在城市性质里明确提出"迅速建成一个现代化的工业基地和科学技术中心"，在城市布局里也优先考虑工业项目选址，一些空间结构上的重大调整也主要出于方便工业布局，例如在城区的工业区基本布局完毕的情况

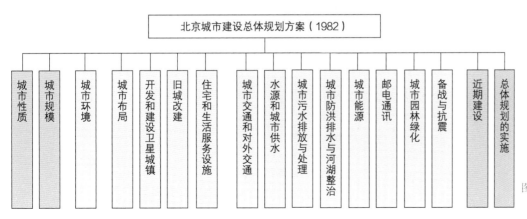

图2 《北京城市建设总体规划方案（1982年）》文本结构示意图

下，1957年总规又提出"子母城、卫星镇"发展思路，其初衷也主要是为了在郊区发展工业。改革开放后，针对环境污染严重、资源承载能力下降的问题，总体规划对之前的过度工业化的思路进行了纠偏，资源环境保护被提到前所未有的高度，1982年总规首次把城市环境列为重大专题，在总规文本中把"城市环境"放在紧接着"城市性质、城市规模"之后的第三章，在城市性质中去掉了"经济中心"的表述，指出当前"用地紧张、水资源紧缺"等问题主要是工业发展失当带来的后果[3]，今后要重点发展"能耗低、用水省、占地少、运量小、不污染扰民的行业"，1992年总体规划提出了大力发展以"高新技术产业和第三产业"为主的"首都经济"发展思路，并提出"节水型城市"的建设目标。2004年总规则指出资源环境条件是制约北京城市发展的最大的限制性因素（图3），北京的发展要走人口、资源、环境协调发展的道路，在对土地资源、水资源、能源进行全面、深入评估的基础上，提出各类资源综合利用方案，并进行建设限制分区以科学合理地引导开发建设行为，保护生态环境，引导资源节约集约利用[4]。

1.3 落实方式：从"面向实施、直接指导"到"构建体系、层层落实"

新中国成立初期的城市规划的主要作用是落实国民经济计划，由于详细规划只涉及重点地区的重点项目，总规更像是一个直接指导城市建设实施的操作手册，各项内容规定较为具体细致，如在1958年总规中，就对重点地段的建设也进行了具体安排，如"天安门广场是首都中心广场，将改建扩大为四十四公顷，两侧修建全国人民代表大会的大厦和革命历史博物馆"[5]，一些大的建设计划均可以按图索骥，按部就班进行，但这种方式只适合于城市搭框架时期，随着城市越来越大，总体规划的有限容量就难以承载日益膨胀的建设活动了，1982年在总体规划后面

增加了分区规划的层次，并初步建立起分区规划、城镇规划、专业规划、详细规划的下一层次规划体系（图4），1992年总规之后又增加了控制性详细规划的层次，2004年后，又陆续编制了限建区规划、东西部发展带规划、山区规划、新城规划、中心城控规、全市村庄体系规划、近期建设规划等文件，逐步形成了覆盖城乡、上下承接、各司其职、较为完善的规划体系（图5），总规由此逐渐摆脱了具体指导城市建设的窠臼，而主要通过一些原则性的建议指导下一层次规划的编制，通过体系的完善来推动总体规划的落实。

1.4 实施措施：从"统一建设"到"政策引导"到"制度保障"

历次总体规划都比较注重规划的实施，但不同时期的侧重有所不同，早在1953年总体规划中就提出"街坊要统一规划，统　设计，综合建设"的实施办法，但新中国成立初期的规划实施主要是按"条条"下达，由各建设单位分别建设，由于各单位之间缺乏统筹，建设星星点点，很难形成统一的城市面貌，之后在反思这一问题时认为仅仅在规划和设计上统一还不够，所以1957年的总体规划在过去"三个统一"的基础上提出了"六个统一"，即"统一规划，统一设计，统一投资，统一建设，统一分配，统一管理"的实施思路，并指出"六个统一"的关键是统一投资，主要还是想通过"抓住钱袋子"来统一实施规划，但由于当时城市政府财力所限，资金筹措渠道不畅，加上建设计划又较为庞大，条条下达、分散建设的局面没有得到根本改观。1982年总体规划尝试将建设权从基层建设单位收上来，由各主管部门或者市开发公司统一筹划资金和材料，按照城市规划统一组织开发，也可以按照规划要求联合开发，基本思路还是自上而下的统一建设，只是实施主体由过去的基层建设单位变成了各"条条"的主管部门或

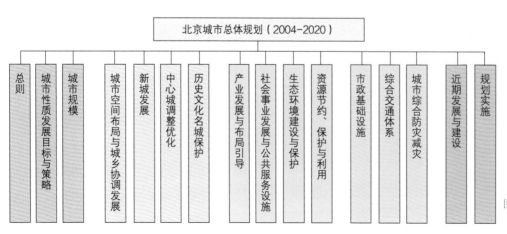

图3 《北京城市总体规划（2004—2020）》文本结构示意图

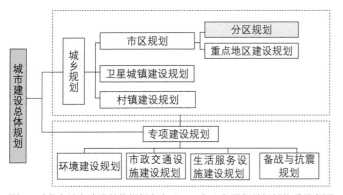

图4　《北京城市建设总体规划方案（1982年）》及相关规划体系示意图

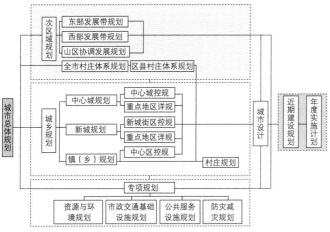

图5　《北京城市总体规划（2004-2020年）》及相关规划体系示意图

者市级的开发公司。1992年市场经济体制确立后，依靠市场力量实施规划慢慢成为共识，政府不再大包大揽地实施建设，而是突出强调通过政策手段实现引导规划实施：手段一是利用经济手段引导城市开发，如对于政府鼓励的开发的项目或地段，就给予一定的税收或其他优惠政策，对于政府想控制发展的地段，则采取必要的限制措施；手段二是通过鼓励产业化运营、有偿服务来促进市政基础设施的实施；手段三是通过达标率、完成率等一系列的指标来引导各管理部门的工作[6]。2004年后，加强了制度建设对总规实施的意义，建立了包括重大问题的政策研究机制、专家论证制度、重大建设项目公示与听证制度、公众参与等城市规划的监督检查、决策机制，完善了基础设施建设投融资体制、土地储备制度等相关制度，更多地从制度建设的角度来尝试规划的实施保障。

2　总规发展演变的主要驱动因素

　　城市总体规划作为政府一段时期的施政纲领和公共政策，推动其演变的主要因素包括国家基本制度环境的变化、政府职能的转变、政府治理模式转变以及社会思潮的

转变等等。

2.1　制度环境变化

　　新中国成立以来一直到20世纪80年代，我国一直都是实行计划经济体制，城市的发展主要是由五年一度的国民经济发展计划推动，城市规划的主要任务是将经济计划在空间上落实，所有的建设行为都在统一的计划下按部就班进行，而计划的确定性决定了规划的静态性，规划的逻辑也较为单一、线性。20世纪90年代后，市场经济体制逐步建立，城市土地使用进入双轨（行政划拨、有偿使用）三式（协议、拍卖、招标）的阶段，经济计划虽然对城市发展依然有重大影响，但更多体现在一些重点项目上，多元化的市场主体逐渐成为城市建设的主导力量，不同利益群体对城市空间资源的争夺加剧，总体规划也不再主要强调对国民经济发展计划的落实，而是突出了对各类主体的建设行为的引导和调控，在内容上更为弹性，以适应不确定性较强的以市场为主的建设活动。

2.2　政府职能转变

　　总体规划作为指导城市建设的纲领性文件，集中体现了政府主要职能范畴与施政重点领域。新中国成立后的几十年里，发展生产始终是政府第一位的职能，所以初期的总体规划也主要围绕如何更好地为发展生产服务展开，工农业布局是总体规划的主要内容之一，随着国家从计划经济向市场经济转型，政府职能也从直接参与、指导经济建设向以提供公共服务、调节利益分配为主[7]转变，城市规划的公共物品配置以及空间利益调节和分配功能更为凸显，总体规划的重点内容也随之向调控经济社会发展、保护资源环境、限建禁建区空间管制、公益性公共设施、基础设施、保障性住房供给等领域转变，以弥补市场失灵、维护社会公平。

2.3　治理模式转变

　　总体规划的变化也集中体现了政府施政方式的变化。计划经济时期，政府的施政方式是大包大揽式的，基本包办了经济社会建设发展的方方面面，所以总体规划的内容也较为具体细致，以利于实施操作。随着市场体制的确立，政府从包办变为更多依靠社会和市场力量来建设城市，总体规划也越来越强调利用政策手段和指标监控来进行引导城市的发展。

2.4　社会思潮转变

　　总体规划也反映了一段时期的主流意识形态与社会

思潮方向，新中国成立初期，"赶超思想"是全民族的共识，所以这一时期的总体规划无论是城市性质还是城市布局都将工业发展放在重要地位。人民公社时期，"跑步走向共产主义"是当时的主流思想，总体规划的"分散集团式"布局集中体现了当时关于建设共产主义城市的认识，即空间上是平均主义式的，是以取消"城乡差别、工农差别、脑体差别"为目的的。20世纪90年代以后，加快"改革"、"开放"成为当时国家发展主题，总体规划也第一次将"现代国际城市"放在了城市性质的表述中，并首次提出建设国际商务区（CBD前身）。十六大以后，科学发展观成为指导我国经济社会发展的主导思想，总体规划也提出"以人为本"和"全面、协调、可持续"的核心指导思想以及"五个统筹"的基本思路。

3 当前总规编制需处理好的几个关系

3.1 政府与市场

传统总体规划是经济社会发展计划的延伸，政府既是编制主体，也是实施主体，总规的内容全面、翔实、具体，涉及城市发展的方方面面，这一点在计划经济体制下确实管用，但随着市场机制的确立，社会利益主体多元化，政府的微观建设管理职能在弱化，利益调节和分配功能更为凸显，包括经济结构调整、各类资源配置、生态环境保护等宏观调控职能成为政府的主导职能，如何在厘清政府与市场的边界的基础上，既能体现政府对城市发展的宏观把控以及与政府事权范围相适应，又能适应千变万化的市场条件是总规编制应着重考虑的问题。

3.2 静态与动态

计划经济时期总体规划的技术路线是基于国民经济发展计划以及对未来的准确预测来确定城市的用地规模、边界与各项设施配置，其主要发展目标是相对静态的，技术逻辑是线性的，但市场经济下的城市发展是非线性的，城市赖于增长的产业倏忽更替，相应的就业、人口与设施也随之变化，即使在同样的外部条件下，实施过程与路径的差异也会给城市的最终形态带来巨大差异，未来如何在实施与目标之间建立一个反馈响应机制，确保规划与实施的动态契合，增强总规的过程可控性，是总体规划编制需要重点思考的课题。

3.3 长远与近期

总体规划以20年为期限，其中一些核心问题甚至会影响几十年、上百年，关注的是城市的长远利益与方向，一经确定需要长久持续的坚持执行，但处于实施层面的近期规划和年度实施计划的主要依据则是国民经济五年计划，而国民经济五年计划往往又与当届政府的施政理念与方向有极大关系，政府的短期政绩考量与城市长远利益并不一定契合，由此导致总规长远与近期的脱节，在实际编制过程中经常出现"项目绑架详规、详规绑架总规"的情形。未来能否将总规的长远性与现实指导性有机地结合起来将影响到总规能否切实发挥该有的作用。

3.4 上下与左右

相比城乡规划与国民经济与社会发展规划、土地利用总体规划，城市总体规划内容上更为战略、综合，期限也更长，在几个关系中更适合充当上一层级规划，但由于我国长期以来的计划经济体制的惯性，国民经济与社会发展规划才是一届城市政府指导城市发展、统领社会经济诸多部门的纲领性文件，是事实上的指挥棒，而国土部门的十年期限的土地利用总体规划则对土地指标进行控制，《城乡规划法》也对城乡规划与国民经济与社会发展规划、土地利用总体规划的关系作出了界定，即"城市总体规划应当依据国民经济和社会发展规划，并与土地利用总体规划相衔接"，三规规划内容上的上下关系与实际关系的背离是三规矛盾的实质，焦点在于谁是真正意义上的上一层级规划，应当以谁为主进行衔接，虽然2004年总规对如何同国民经济与社会发展计划、土地利用总体规划衔接成功地进行了尝试，但对于三规关系还没有形成科学合理的制度性安排，未来如何突破体制障碍与技术壁垒，建立规划内容与规划层级、部门事权一致的规划体系是总规能否发挥应有作用的关键。

3.5 整体与局部

总体规划通过系统的构建、各组成部分的分工协作达到城市发展的整体优化，但整体利益与局部利益并不总是一致，有时规划会为了整体利益牺牲一些局部的利益，如对生态涵养区的经济发展的控制，这时就需要建立一个恰当的机制能够让整体与局部利益统一起来，例如转移支付、平等设置的发展权等，否则分裂的整体利益与局部利益使得规划常常成为看上去很美的空话，难以实施。

3.6 继承与变革

作为一项公共政策，总体规划是从基础的文化与制度环境中生长出来的，国家基本制度的变化，如土地制度的变革、财税制度的变革，以及社会思潮的转变都会给规划的内容、表达方式带来深远的影响，但也有些内容是无论外部环境怎么变化都不会变化的，如资源环境保护、公共物品配置、空间功能划分等，如何将最新的理念与总规最基本、最核心的工作有机地结合起来，如何将基础条件的变化反映在总规里，是新时期总规编制面临的重要挑战。

4　总规编制创新主要内容

综上所述，新时期的城市总体规划应主要体现以下特点：一是战略性，城市总体规划的作用主要体现在对城市长远战略的引导，对重大决策的参谋和对重大建设项目的指导；二是综合性，城市总体规划要将经济、文化、社会、生态环境等城市发展的各子系统放到一个统一的框架下进行统筹协调；三是平台性，即通过建立一个能更好地协调相关利益主体进行讨论的、以空间资源分配为基础的公共平台，规划作为一项公共政策，不再是单向的管制，而变成社会各层面利益的反馈与统一[8]；四是动态性，总规不再是编制—实施单向式的，而是反馈响应式的，是通过一定程序不断检讨、调整以适应外部条件变化以及内部动力因素的变化。

4.1　制度创新

通过机构改革与制度建设建立统一的空间规划和管理机构以及空间规划体系，明确各类空间规划的管辖范围与主管机构的事权范围，明确总规在一体化的国家空间规划体系的核心地位，让总规真正成为城市发展的总纲，其他规划都以总体规划作为准绳与基本依据，虽然涉及体制改革和相关部门的事权重新划分，难度较大，但对充分发挥总规的提纲挈领、指导城市发展的作用意义重大。

4.2　机制创新

4.2.1　政策平台机制

目前总规已经形成多部门协作编制的平台，未来应沿着由"技术性规划"转型为"政策性规划"的思路来发展该平台。一是平台升级，通过更广泛、更深入的公众参与以及法律程序把过去总规编制过程中技术性的讨论、征求意见变成各方协调分歧、统一意志、共同行动的政治过程，通过规划的过程使总规成为凝聚社会共识、体现集体意志的平台，在全社会形成自觉执行规划、实施规划的环境，以其开放性、包容性成为全社会的共同愿景和行动指南。二是平台扩展，深化、细化总规与相关规划的衔接，如在发展目标、近期规划、年度实施计划与项目落地、城乡建设与环境保护、产业发展等方面

同国民经济与社会发展计划相协调，在城市规模、人均建设用地、城镇用地分类标准、建设用地供给等方面与土地利用总体规划相互衔接，与此同时，还为各类专项规划提供工作平台，统筹协调各专业设施的空间安排，注重各类管控要素的边界衔接，从各类标准的衔接开始，留好与相关规划的接口。

4.2.2　评估调整机制

城市总体规划确定的是城市发展的基本原则与大的方向，频繁地、大规模地改动会削弱规划的严肃性，但处于快速城市化时期的城市发展变化很快，造成实施过程中总规常常滞后于城市的发展，而目前规划调整的条件又比较严格且编制周期较长，为了使得总规能适应不断发展的现实条件、与时俱进，应以"编制+实施+评估+调整"的方式代替过去10年一次的大规模重新修编。以总规评估为基础，建立总体规划动态调整和备案机制，通过定期地实施评估来调整、修正规划[9]，确保规划与实施的动态契合，并应专门针对规划监控、实施评估设计量化指标与考核性内容，指标体系与规划目标及行动计划紧密结合，将目标、行动量化分解为易于监测评估的指标，监测结果直接反映主要目标实现程度，一方面体现规划抓手，另一方面方便对总体规划的实施进行绩效评估并达到实时监控、预警的目的。

4.2.3　政策调控机制

总体规划从过去的具体项目部署安排过渡到主要通过政策调控来促进规划实施，如针对不同地区的资源、产业特征以及区域功能定位制定相应的用地、产业、生态等激励惩罚措施、土地集约利用标准、产业准入标准、设施配置标准，并通过公众参与和政治过程将这些专业性较强的技术政策上升为具有普遍约束力的法律法规，从制度层面保障总规意图的落实。

4.3　内容创新

4.3.1　突出战略导向

总体规划关注城市的长远利益，注重城市长远发展中的前瞻性问题，如对人口增长、气候变化、能源危机等带给城市综合性影响的问题的研究应对，这些问题在其他规划中少有涉及或涉及较浅，未来总体规划应更注重对这一类问题的分析，突出对区域生态、环境、能源、水利、交通、产业、人口、基础设施等重大战略问题的综合解决，突出基于宏观综合研究的城市功能定位、城镇空间发展引导、城市发展方向、整体空间结构、重大

公共设施和基础设施布局等涉及城市长远发展的战略性问题研究。

4.3.2 突出公共利益

适应现代政府主导职能从经济建设、行政管理走向公共服务的趋势，总体规划应突出对教育、医疗、体育、科技、文化、社会福利、市政交通基础设施等各类公益性设施以及保障性住房的配置，明确这些公共物品的空间落实。

4.3.3 突出发展底限

科学界定和严格把握城市发展的底限，强化对城市发展具有战略影响的要素控制：一是资源底限，包括水资源、土地资源等资源的利用底限；二是文化、生态安全，明确划定的各类城乡建设必须避让的历史文化遗产、生态限建要素，明确城市空间发展框架中必须保留的重要的文化、生态空间；三是公共安全以及城市生命安全线。总规的土地利用总图背后应当是对应相应实施部门事权和具体的管控政策的各类管控要素组合[10]。

4.3.4 突出时代特色

在经济转型发展、公民社会建立、新型城镇化、绿色低碳等新思潮的影响下，社会方方面面都在思考、行动，总体规划也应与时俱进地从这些新的思潮中吸取营养，以更高超的姿态、更务实的计划、更智慧的行动、更通俗的表达应对城市所面临的种种问题，迎接城市挑战。

5　结语

作为引领城市发展的总纲，北京城市总体规划的发展演变集中体现了国家基本制度的变化、政府职能的转型、治理模式转变以及时代精神的变迁，未来应在继续坚持关于总规的基本共识与核心任务的基础上，积极顺应政治、经济、社会转型发展的内在要求，主动在制度、机制、内容等方面进行创新，以充分发挥总体规划对新时期城市发展的战略纲领和政策平台的作用。

参考文献

[1] 北京市城市建设档案馆编研室. 北京城市建设规划篇（第二卷）城市规划［M］. 北京：1998.

[2] 北京市城市规划委员会. 北京城市建设总体规划方案（1982年）［Z］. 北京：1982.

[3] 董光器. 六十年和二十年——对北京城市现代化发展历程的回顾与展望（上）［J］. 北京规划建设，2010（05）：177-180.

[4] 北京市规划委员会. 北京城市总体规划（2004年-2020年）［Z］. 北京：2004.

[5] 北京建设史书编辑委员会. 建国以来的北京城市建设资料（第一卷）城市规划［M］. 北京：1995.

[6] 北京市城市规划委员会. 北京城市总体规划（1991年-2010年）［Z］. 北京：1991.

[7] 施卫良. 规划编制的新形势与新挑战［J］. 北京规划建设，2006（05）：8-9.

[8] 陈琳. 地位重塑与方法重构：转型时期城市总体规划的思考与探索［M］//中国城市规划学会. 2012年中国城市规划年会论文集. 昆明：云南科技出版社，2012.

[9] 施卫良. 贯彻规划条例、创新规划编制［J］. 北京规划建设，2009（04）：19-20.

[10] 施卫良，赵峰. 对创新城市总体规划编制方法的初步思考［J］. 北京规划建设，2011（04）：96-101.

备注

本文发表在《城市规划》2014年第10期，有删节。

把握新时期首都城市总体规划编制的三个特点

石晓冬　杨明　和朝东

1　总体规划在国家和首都发展的关键时期发挥了关键作用

城市总体规划是关系到首都全局和长远发展的大事，新中国建立以来，历版总体规划都在关键的历史时期起到了指引和统领作用（图1）。

新中国建立伊始，面临巩固新政权、恢复生产、改善设施等要求，这一时期关于城市总体规划层面的讨论为首都的城市发展和建设的重大问题搭建了一个平台，诸如"要不要发展工业、中央行政办公职能布局（梁陈方案）、旧城保护、城市规模"等核心问题为首都的建设和接下来的城市总体规划草案编制奠定了一个较好的思想基础和决策基础。

1953年的《改建与扩建北京市规划草案》是新中国北京城市总体规划的开山之作，当时国家迎来第一个五年计划，大规模的建设迫切要求总体规划站在全局的高度进行布局。规划第一次提出了"为中央服务、为生产服务、归根到底是为劳动人民服务"的首都建设总方针，在此指导下进行的规划布局、打通道路、项目落地等工作有力支持了"一五"计划的实施。

1957年至1958年提出的《北京城市建设总体规划初步方案》处于"一五"计划和"二五"计划之间，全社会对国家发展和城市建设信心满满。之后就是"大跃进"、"人

民公社"和迎接新中国成立十周年大庆，规划提出的"子母城"和"分散集团式"布局对后世产生深远影响，对于水源、工业布局、基础设施等的设想与安排成为北京城市建设的决定性因素。

此后的1973年总体规划修订则是在"文革"后期应对问题的治乱治散。1982年的总体规划是十一届三中全会全国工作重点转移到社会主义现代化建设上来之后，配合政治、经济和建设新形势完成的，是一个拨乱反正、按照新的技术标准建立起的较为全面的总体规划内容体系，获得了中央和国务院的批复。1992年的总体规划则是在邓小平南行讲话后，全国加快改革开放和经济建设步伐，由计划经济向社会主义市场经济体制过渡的新的历史时期编制的，规划中提出的"两个转移"的战略思路符合经济社会转型的要求。到了2004年，是落实"科学发展观"，落实党的十六大确立的全面建设小康社会的战略部署，迎接2008年北京夏季奥运会以及应对城市发展面临的主导矛盾和挑战，因此这一版总体规划突出体现了其在城市发展中的宏观调控和综合协调作用，统筹人口、资源、环境的关系，以限制建设分区为指导，以新城建设为空间结构调整的大手笔，符合北京当时的实际情况和发展要求。

回顾新中国建立60多年来首都的总体规划，都是在国家发展的关键时期和关键阶段酝酿、制定、批准和执行的。

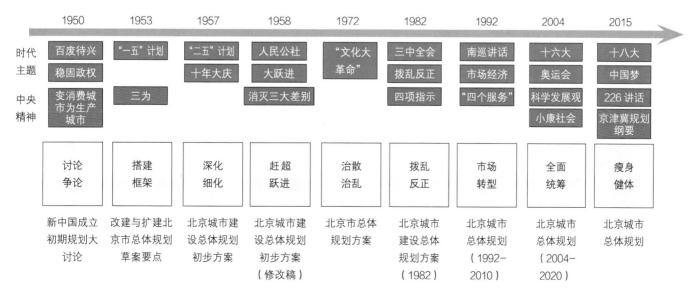

图1　不同时期的时代特征和总体规划的重点

总体规划始终围绕着一个主题，即"国家和人民需要一个什么样的首都"；始终在中央的高度关注和密切指导下完成；始终没有脱离城市建设的总方针，"为中央服务和为人民服务"贯彻始终，这一特征和作用今后依然不会改变。

2 新时期对总体规划的新要求

最近十年来，北京见证了圆满完成2008年北京奥运会、新中国成立六十周年庆祝活动、应对国际金融危机和纪念中国人民抗日战争暨世界反法西斯战争胜利70周年活动等一系列大事件，在世界多极化、经济全球化、文明多样化、社会信息化的国际环境下，在我国经济发展进入新常态，需要加快转变发展方式，实现供给侧结构性改革的新形势下，首都的发展建设再一次成为了重大的国家战略。当前，首都的发展建设和管理治理，成为国家治理体系和治理能力现代化的重要内容，与国家协调推进"四个全面"战略布局，实现"两个一百年"奋斗目标，贯彻落实"创新、协调、绿色、开放、共享"的发展理念息息相关。

随着党的十八大、十八届三中、四中、五中全会，中央经济工作会议、中央城镇化工作会议、中央城市工作会议的召开，党中央、国务院提出了一系列关于全面深化改革、推进新型城镇化、做好城市工作的战略方针。2014年2月，习近平总书记视察北京，对做好北京发展和管理工作、推动京津冀协同发展作出了重要指示。针对北京发展和管理，提出了明确城市战略定位、调整疏解非首都功能、提升城市建设特别是基础设施建设质量、提高城市管理水平、加大大气污染治理力度的要求。因此在新时期，面对新形势，中央对北京作为首都提出了新的要求。这也要求城市总体规划的编制全面落实中央的一系列精神和要求，努力为全国起到表率作用。

2015年6月，党中央、国务院颁布实施《京津冀协同发展规划纲要》，明确京津冀协同发展的总体目标和要求，要通过疏解北京非首都功能，调整经济结构和空间结构，走内涵集约发展的新路子，探索人口经济密集地区优化开发的模式，加快建设以首都为核心的世界级城市群。可以认为，在区域层面总体规划第一次有了一个上位规划，对北京城市总体规划中的核心内容如：城市战略定位（城市性质）、城市发展目标、城市人口规模（包括中心城区人口规模）等作出了明确和具体要求。

从自身的发展看，北京已经是一个现代化国际大都市，发展优势明显，发展前景广阔，转型升级潜力巨大，

这一切都有助于提升北京在全球资源配置中的地位和作用。同时，北京在发展中也面临着一些突出的矛盾和困难，表现为人口资源环境矛盾突出，出现了人口过多、交通拥堵、房价高涨、环境污染等"大城市病"。可以认为北京的发展正处于人口资源环境的矛盾凸显期、经济社会发展的全面转型期和城市空间结构不协调的失衡期。

这一时期将以三个特征影响城市规划：一是经济增长高位下行，表现为有限增速，中央明示土地不再是拉动经济的发动机，预示着增长主义（plan for growth）的终结；二是城镇化率增速下降，表现为有限规模，"城市向农村要土地"实现增量扩张的利益循环失去现实的动力基础；三是土地财政效能下降，表现为有限责任，城市公共财政的来源不得不从增量转向存量，而公共财政的用途将主要体现在公共物品的提供方面，带来的必然是有限财政、有限供给和有限规划。

同时，也会考验城市在经济社会转型中的三个能力：在人口资源环境方面，考验的是资源配置和公共服务能力：水资源的短板和外部能源的依赖画出了资源承载力底线，人口的快速增长加大了交通、市政、公共服务等设施运行的压力，以PM2.5为指数的空气、水体、土壤污染及城市安全隐患带来了环境安全的压力。在经济社会转型方面，考验的是正确处理政府与市场关系的能力：以往30多年积累的改革红利渐渐消退，需由继续全面深化改革和深刻的结构性调整来释放更大的红利，实现发展从要素驱动转向创新驱动。这就需要在打破城乡二元结构、允许集体经营性建设用地入市、打破户籍人口和外来人口的二元结构、城市公共服务均等化、公民意识加强等新的社会背景下来提高规划参与社会治理的能力。在空间结构方面，考验的是空间约束和调控优化的能力：原有规划那种理想化、结构清晰的"中心城—新城—镇"空间结构事实上被复杂化、网络化、结构模糊的"城市—区域模式"取代，由于空间约束性不强，摊大饼的现象明显，突出表现为北京城乡结合部和行政边界结合部的快速增量，突破了规划预设的空间框架。

以上三个特征和三种能力的要求反映到总体规划上就要求通过优化、调整城市布局和空间结构来提高城市的综合承载能力，提高城市的运行效率。面向区域、围绕首都形成核心区功能优化、辐射区协同发展、梯度层次合理的大首都城市群体系；按照"一张蓝图干到底"的要求，进行全域空间管制，加强空

间的约束力；将以往"静态蓝图式"的以增长扩张为主的规划，转变为"动态评估式"的"战略+实施"的规划，以保持总体规划对城乡发展建设的宏观指导作用。

3　新时期首都城市总体规划编制的三个特点

3.1　把握大国首都的特点

中国正处于大国复兴的历史时期，经济上走在了世界经济前列，事务上走到了国际社会前台，国际影响力不断提升。北京在服务国家发展的历史进程中，地位和自身都发生了巨大变化，建设和治理大国首都不仅是北京市的任务，也是国家赋予北京的使命。

从国际形势来看，北京作为中国参与全球事务的主要平台，需要加强培养与大国首都相适应的政治职能和国际交往职能。从国内形势来看，要适应"中高速、优结构"的新常态，北京需要率先加快经济发展方式转变，建设具有全球影响力的科技创新中心。从历史的角度来看，北京作为传承历史基因的古都、中华文明的一张金名片，应该成为支撑文化自信和道路自信的文化中心。

各个历史时期中央对北京工作的要求中，"为中央服务"和"为人民服务"贯穿始终，反映了首都城市建设发展的基本落脚点（表1）。针对不同时期国家发展建设的主要任务，中央对北京又提出了针对性的要求，突出强调了北京在各个时期的国家发展大局中的核心职责以及首都在全国重点工作中的示范带头意义。

长期来看，对于把握大国首都的特点来说，一是要突出功能，二是要突出形象。

首都的核心功能与城市战略定位密不可分，反映了首都在承担国家发展大局中最核心的职责，指的是全国政治中心、文化中心、国际交往中心、科技创新中心。首都核心功能的演变反映了国家的经济社会变迁。作为首都和世界著名古都，政治中心、文化中心始终是北京的核心职能，其他的职能则随着中央不同时期对北京的不同要求、外部环境的变化而相应地有所变化。改革开放前30年是国家关起门来发展，构建基本物质生产能力的阶段，相应的这一阶段的北京也比较突出经济职能建设，发展成为全国的工业基地。改革开放后，国家工业化布局已经基本完成，又面临全新的外部世界的挑战，参与国际交往的窗口平台建设成为重点，在此期间，国际交往职能得到强化。21世纪加入WTO后，国家以出口为导向的制造业发展迅速，成为世界工厂。作为全国的服务中心，金融、商务、总部管理等生产性服务职能成为北京近十年发展最快的部门。2008年金融危机后，各国经济低迷不振，外部需求大大下降，中国既有的经济发展模式也受到严峻挑战，这时国家需要通过创新来实现综合竞争力提升，科技创新职能成为北京在这一阶段需要突出强调的国家使命。

在形象上要弘扬大国首都的气魄和特色，塑造彰显大国首都城市精神的特色风貌。历史上中国首都的规划建设是有文化指向和鲜明特色的，"历史上的北京布局严谨、中轴明显、左右对称、层次分明，在世界城市中独树一帜"。要强调空间的整体性，造就前所未有的山水气魄和城市格

不同时期首都城市建设方针　　　　　　　　　　　　　　　　　　　　　　　　　　　　　　表1

	城市发展方针	出处
"三为"	为生产服务、为中央服务、归根到底是为劳动人民服务	1953年《改建与扩建北京城市规划草案要点》
四项指示	①要把北京建设成全国、全世界社会秩序、社会治安、社会风气和道德风尚最好的城市；②要把北京变成全国环境最清洁、最卫生、最优美的第一流城市，也是世界上比较好的城市；③要把北京建成全国科学、文化、技术最发达、教育程度最高的第一流城市，并且在世界上也是文化最发达的城市之一；④要使北京经济不断繁荣，人民生活方便、安定	1980年4月中共中央书记处关于首都建设方针的指示
"二为"	为党中央、国务院领导全国工作和展开国际交往，为全市人民的工作和生活，创造日益良好的条件	1983年中央对《北京城市建设总体规划方案》的批复
"二要一成为"	要保证党中央、国务院在新的形势下领导全国工作和开展国际交往的需要，要不断改善居民工作和生活条件，成为全国文化教育科技最发达、道德风尚和民主法制建设最好的城市	1993年中央对《北京城市总体规划》的批复
"四个服务"	为中央党、政、军领导机关的工作服务，为国家的国际交往服务，为科技和教育发展服务，为改善人民群众生活服务	1995年4月李鹏在北京市委常委扩大会议上的讲话，2005年国务院对《北京城市总体规划》的批复

局，塑造方正、秩序、大气的首都面貌。同时，首都虽然大，但同样应该是宜居宜人的，要做到"精、细、美"。

3.2 突出瘦身健体的目标

当前，中央提出的要求是：有序疏解北京非首都功能，解决北京"大城市病"，核心功能更加优化，建设以首都为核心的世界级城市群。疏解非首都功能的过程就是"瘦身"，优化核心功能、提升城市质量的过程就是"健体"。

回顾新中国建立以来首都功能体系的演变（图2），在特殊的行政体制和制度经济作用下，一方面各种功能高度复合并延伸、交叉，不断产生新的职能，这些功能的不断集聚带来了人口、就业的过度集聚，体量不断增大，城市运行的成本也不断加大，乃至引发了一系列城市问题。另一方面，以历版总体规划为代表的城市战略对规模和功能都始终在强调控制、转移和疏解，并采取了一系列政策措施，可以说，首都一直都处于功能不断积聚和调控导向疏解的双重作用力之下不断发展的。

在"瘦身健体"的过程中应突出三种思维，即发展底线思维、减量对冲思维、结构重组思维。

发展底线思维要求以资源环境承载力为刚性约束条件，坚持"以水定城、以水定地、以水定人、以水定产"的原则，确定人口总量上限，严格控制城六区人口规模；划定生态红线和城市开发边界，实现全域全要素空间管制，通过严格的"两线三区"边界管控，坚守城市发展的空间底线（图3）。由发展底线思维带来的一系列政策措施是为了取得坚定而广泛的社会共识，确保不突破。

减量对冲思维要求减少中心城区人口规模，到2020年下降15个百分点左右；约束建设用地规模，降低平原地区的开发强度，促进城乡建设用地"负增长"，尤其是现状低效集体建设用地实现较大规模的腾退、改造；在用地减量的同时，尝试建筑规模管控，通过压缩建设规模预期，调控人口、就业、水资源分配和基础设施配给。以上减量的约束可以认为是发挥总体规划的引领作用，对粗放增长、低效扩张、无序建设的一种对冲，遏制扩张预期，调控土地投放，是对人口经济密集地区优化开发模式的一种健康引导。

结构重组思维要求对城市的用地结构、功能结构、空

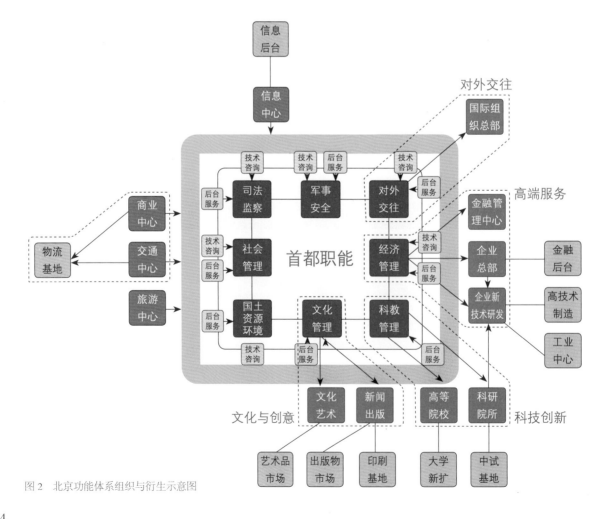

图2 北京功能体系组织与衍生示意图

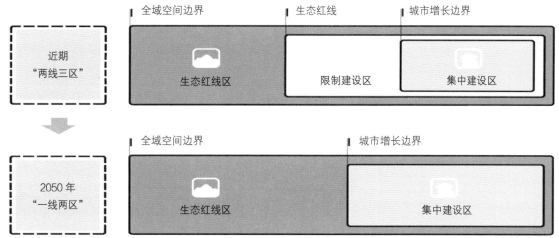

图 3　两线三区示意图

间结构、运行结构等进行重组和优化，在总量锁定、边界框定、减量运行的条件下，通过空间优化、疏通廊道、功能重组、职住均衡、存量更新、加强服务、提升品质等手段来获得新的城市的增长，这是一种更高层次的动力机制。换言之，以首都为核心的世界级城市群在未来参与全球竞争的过程中，比较的是结构优势（图4）。

3.3　推动改革创新破解难题

正如2004版总体规划总结会上吴良镛先生指出："北京城市总体规划编制完成之日，也是新的问题开始之时。""三分规划、七分实施"，面对错综复杂的规划实施环境和不断涌现的问题，解决规划的整体性和实施的分散性之间的矛盾，着力把城乡规划的目标和"蓝图"转化为实施规划的政策机制和"路线图"。

改革开放城市快速发展和建设，是在一种高效率的机制下实现的，表现为精英式决策，贯彻执行力强，资源要素集中投放，这种机制在央地分税的背景下，发展为以开发区、新区、房地产项目带动的增量模式，体现的是"项目—成本"导向。这种以"铺摊子"求增量的扩张方式，过度依赖房地产路径解决资金筹措的方式，以单个项目运作为主的"碎片式"实施方式带来的问题显而易见。

30年后的今天无疑需要更深刻的改革来释放红利，谋求更加科学高效的发展。未来的城市建设模式应当是规划和实施挂钩，单个项目和单元区域统筹，增量调控和存量调节并举，居住就业和公共服务配套的模式，注重存量更新、加强城市修补、提升城市品质，体现的是一种"统筹—价值"导向。

对于总体规划来说，需要把握以下几点：

（1）以"多规合一"为抓手，建立目标协同的决策机

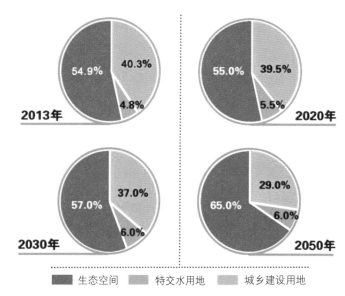

图 4　北京城乡建设用地结构变化示意图

制。做到从单一目标和条块思维转变为多目标均衡和多元素均衡的原则统一；搭建多规协同的城市发展目标体系，做到目标协同；建立"多规合一"的空间规划平台，做到底图合一；建立"多规协调"的规划管理和实施机制，做到政策协同。

（2）以"两线"为抓手，建立空间管制的约束机制。通过划定生态红线和城市开发边界（简称"两线"），优化国土开发格局，保护生态服务用地，倒逼城市集约、紧凑、有序发展；通过制定"两线"的管理框架与配套政策，建立全域空间管制的约束机制，切实保证目标落地。在两线划定的基础上，建立相应的审批许可机制、实施评估机制、生态补偿机制和动态监督机制，保障"两线"的严肃性和可执行。

（3）以规划实施单元为抓手，创新规划实施的统筹机

制。以规划实施单元作为统筹目标与路径、平衡各方利益与责任的平台，明确各级政府的权力职责，加强部门之间的统筹联动，落实总体规划全域空间管制要求，强化规划实施的全过程管理，推行同一主体跨实施单元、跨街区平衡的组织实施模式，尝试增减挂钩、以减定增、先供先摊等新的实施模式，建立规划实施统筹机制。

（4）以区县实施绩效评估为抓手，完善实施过程的调控机制。地方各级政府是组织实施、推进落实城乡规划的管理主体。进一步加强市级层面的统筹指导，建立差异化的区县政府绩效管理评价机制，有效发挥导向激励作用，着重加强实施过程动态监测，及时检讨修正规划实施策略，科学指导近期建设重点，促进提高城市管理综合效能。

（5）以社区治理和公众参与为抓手，创新多元治理方式。将规划参与治理的重点下沉至社区，推进"社区营造"，推进"参与型"社区协商模式，逐步将公共服务和公益事业纳入居民议事范畴；以"一刻钟服务圈"为支点，提高社区服务品质；依托市、区、街乡三级政府和社区居委会形成四级公众参与纵向组织框架，建立多级的规划公众参与制度，推进从决策到实施的全过程公众参与制度，逐步形成"政府—社会—市民"相统筹，"自上而下和自下而上"良性互动的共治共管机制。

4　结语

新时期新形势，为完成重要的历史时期国家赋予首都的使命，要求总体规划着眼"大国首都"，把握"四个中心"的战略定位，突出"控总量、守边界、调结构"等规划核心内容，转变规划理念，改革规划方法，突破目前的规划实施模式，改革规划制度，提升规划参与城市治理的能力。

面向实施的城市总体规划

杨明　施卫良

1 当前城市总体规划实施面临的困境

1.1 体制机制不适应——规划多头，职能渗透，空间冲突，效率低下

我国规划体系十分庞杂，除了住建部门的城乡规划、国土部门的土地利用规划、发改委的经济社会发展规划、城镇群规划、主体功能区规划等三大主管部门的规划外，还有经信委的产业（工业）发展规划、商委的商业物流规划、各类公共服务设施建设规划等。这些规划都是依据各自行政部门的法律编制，近年来各规划领域从广度和深度上不断拓展，相互渗透、彼此交叉，出现规划职能不清、内容打架。由于往往缺乏充分的协调沟通，利益不能形成统一，造成空间规划、财政投资和用地指标脱节，实施项目、位置、指标不一致，实施目标、措施、路径不一致。既带来规划的科学性、权威性不足，也在后期的规划实施、管理运营中消耗大量的人力物力来协调、弥补。

1.2 技术方法不科学——不尊重规律，被束之高阁

城市规划往往被外界认为"软"，科学性受质疑，很重要的原因是一些规划的原则经不起推敲，偏离一些基本的城市发展规律（如市场配置资源下经济集聚、人口流动、产业调整等基本规律，而政府的计划色彩太浓，行政指令太多，并强加到规划上，造成规划在指导经济社会发展时往往显得乏力）；一些分析和结论缺少量化分析，支撑和说理能力不足。如何让政府各个部门和社会各界认同城市规划、执行和实施好规划，需要在规划编制科学性上下功夫。

1.3 实施路径不落地——宏观目标和指标缺乏相一致的行动来落实

城市规划的宏观目标（如宜居城市）和指标（如总人口、城市化水平、建设用地、经济）由于缺乏具体化和实现的标志，同时未向各级政府、社会、市民指明实现规划的建设实施路径，从而形成各自为政的实施路径；各方博弈的结果，造成城乡规划确定的规模、结构、布局和实施时序失控，形成规划的整体性与实施的分散性的矛盾。结果是削弱了城市规划对经济社会发展的综合协调力和参与城市治理的能力。

1.4 政策机制不到位——削弱了规划实施的力度和效力

1.4.1 支撑规划实施的制度改革和政策没跟上

政府的公共政策是影响城市发展的最重要因素，也是保证城市规划实施的最有效手段。随着我国经济社会转型，城市规划的实施模式从以往的"增量发展+土地财政+'项目－成本'导向"向"减量发展+空间织补+'统筹－价值'导向"转变，但支撑规划实施的配套政策体系——土地政策、税收政策和收益分配的改革没有跟上。同时，一些大城市在面对"城市病"的治理时，没能制定与之相适应的人口政策、产业政策、交通政策、住房政策和环境政策等，规划实施起来显得乏力。

1.4.2 政府考核机制的科学性和执行力欠缺

如何实施好城市规划，关键要从"官本位"入手，即建立与规划目标相一致的政府考核体系。目前的政府考核体系及对官员的任免大多还是以近期经济建设为导向，缺乏对社会发展、民生建设和环境保护等长远可持续发展问题的关注，以及对城市性质定位、战略任务落实情况的考核。

1.5 跟踪预警不及时——规划内容和实施路径不能做出动态调整

城市总体规划的期限一般为20年，注重长远发展，体现很强的目标导向性。但规划实施的经济社会环境处在快速变化中，规划编制确定的目标、指标、内容等在规划实施一段时间后可能存在一定的不适应性，规划实施的路径和措施与规划目标之间往往也存在偏差，需要及时作出调整。但目前普遍采用的规划实施评估一般为5年左右的"实施结果的符合性评价"（"规划—结果"评价），缺乏年度的"实施过程评价"（"规划—行动"评价），前者呈现的是现象、表征，后者探求的是原因、机制（罗震东等，2013），是对整个规划实施过程的跟踪、预警和反馈。

2 实施导向的城市总体规划编制探索

2.1 改革体制机制——将"部门的规划"变成"全市的规划"，夯实规划统筹实施的基础

名义上城市总体规划是由城市政府负责组织编制，并

以城市政府名义报上级部门审批并主导实施，但实际上总体规划的编制是由城市的城乡规划主管部门牵头编制，而规划实施是由城市政府的所有组成部门及基层政府共同来完成。所以，如在总体规划编制阶段实现多部门的协同将为下一步的统筹实施扫清很多障碍，这也是规划实施的关键所在。

2016年2月20日和27日，央视《新闻联播》分别以《海南：多规合一"一张蓝图干到底"》、《浙江开化：一本规划一张蓝图》为题，报道了海南、浙江开化"多规合一"模式破解规划各自为政、互相掣肘的难题。"多规合一"其实是个老命题，与其说是创新，不如说是规划面临的问题。学界的理论研究和地方的实践探索始于十多年前，根据杨玲（2015）的梳理：2003年，广西钦州首先提出了"三规合一"的规划编制理念，即把国民经济与社会发展规划、土地利用规划和城市总体规划的编制协调、融合起来，在理念上提出了一些创新；2004年，国家发改委在江苏苏州市、福建安溪县、广西钦州市、四川宜宾市、浙江宁波市和辽宁庄河市等六个地市县试点"三规合一"工作；2008年，广东省住建厅以河源、云浮、广州为试点开展"三规合一"工作，同年，上海、武汉结合国土和规划部门的合并开展了对"两规"或者"三规"整合工作的有益探索；2010年，重庆市在全国统筹城乡综合配套改革试验区政策背景下，开展"四规叠合"；2012年，广州市在不打破部门行政架构的背景下，开展了一年的"三规合一"的工作探索；2013年，厦门、珠海等地相继开展"多规合一"探索工作。

各地的探索积累了宝贵的经验，推动了全国层面的工作，2014年8月，国家发改委、国土部、环保部、住建部联合下发《关于开展市县"多规合一"试点工作的通知》，全国共有28个市县确定为"多规合一"试点市县，试点工作旨在解决市县规划自成体系、内容冲突、缺乏衔接协调等突出问题，保障市县规划有效实施。2015年6月，中央全面深化改革领导小组第十三次会议，同意海南省就统筹经济社会发展规划、城乡规划、土地利用规划等开展全国第一个省域"多规合一"改革试点。这些试点城市和省份基本建立了"横向到边、纵向到底"的"多规合一"规划编制机制，形成"一本规划、一张蓝图"。试点城市代表开化县制定的规划体系、空间布局、基础数据、技术标准、信息平台和管理机制"六个统一"为目标的"多规合一"改革方案受到了中央肯定。

2.2 调整编制内容——从"大而全"的规划到抓"两头"，明确规划实施的重点

目前的城市总体规划编制周期长、内容过于全面，但无重点，实施导向性不明确。由于城市总体规划的编制内容有相关的法规条例来明确，规划界的探讨主要集中在学术理论层面，实践层面的探索在近两年才开始兴起。基于编制一个"可用的"实施性规划，这方面的探索在内容上主要体现为抓"两头"，来明确规划的刚性内容和实施重点，即包括定位、底线、结构等长远战略，以及近期以问题为导向，注重"城市病"治理，关注民生问题。

北京市在《北京城市总体规划（2015年）》编制中探索总体规划编制内容的革新，除了强化城市定位、底线、结构等长远战略的内容，也将大量的精力和时间投入到近期规划建设工作的编制，以问题为导向，对城市面临的"人口失控、职住失衡、产业低效、用地粗放、生态恶化、水资源紧张、大气污染、交通拥堵、设施保障不足、城市安全"等10类"城市病"的治理进行了深入细致的梳理，列出了每个问题在规划期要实现的目标以及实施中的若干具体任务。

2.3 制定实施路径——变"被动落实"为"主动推进"，掌握规划实施的主动权

囿于目前的规划编制体系，总体规划的目标、指标的落实，主要通过两个途径：一是在空间维度上，通过分区规划、详细规划向下逐级分解落实；二是在时间维度上，通过近期建设规划、年度建设规划来分时落实。由于规划落实的周期较长，为了防止从空间维度和时间维度分别对"被动落实"造成局部与整体、近期和长远目标出现偏差和离散，一些城市尝试将下一步"要落实的工作"在总体规划阶段主动落实到各个分区（区县主体和空间圈层），并划定规划实施单元统筹规划实施任务，即建立"总目标—分区目标—实施单元—工作任务"的规划实施路径，将规划目标、指标具体化，分阶段落实到具体的实施主体上，通过与目标相一致的行动来实现。

《东莞市城市总体规划（2016-2030年）》基于镇（街道）边界，将市域32个镇（街道）划分为五个分区单元，并从结构引导与要素管控两方面进行指引。在结构引导方面，构建"全境空间结构+特别政策地区的空间结构体系"，在分区层面予以落实、优化并突出空间发展的结构性与引导性。在要素管控方面，由"全景式终极目标引导"转变为"底线过程控制"，加强规划底线思维，实现

"提管控的要求，减具体的内容"，形成可监控、可考核的成果体系，提高规划的可操作性和实施性（葛春晖等，2015）。《北京城市总体规划（2015年）》将总体规划目标和任务分解到16个区，明确各区的功能定位和空间管控要求，提出分阶段的人口、用地、生态等调控目标方案，在此基础上各区结合自身具体情况制定实施方案，按照"变项目平衡为区域统筹"的原则，以乡镇为基本单元，建立"乡镇为实施主体、各区为责任主体、全市宏观调控"的市、区、镇三级单元统筹实施机制，在区域范围内结合实施成本与收益的综合平衡，统筹安排实施任务与建设时序，有效分解落实总体规划的目标与任务。

2.4　完善保障政策——从"附属品"到"着力点"，关注规划实施中的关键一环

基于对实施保障政策重要性的认识，先发地区的一些城市在规划编制和实施的过程中，改变以往规划实施相关政策作为总体规划搭配内容的方式，尝试逐渐建立一套支撑规划实施的政策措施，尤其是部分大城市从增量发展转向存量发展过程中，尝试在财税制度、土地制度、产业政策、行政审批、规划标准、利益分配机制等方面进行改革和创新，出台规划实施细则及技术标准。

《深圳市城市总体规划（2010—2020年）》被业内认为是中国第一个从增量为主转向存量为主的城市总体规划，基于这版总体规划，深圳市先后出台《深圳市城市更新办法》（深府第211号）、《深圳市城市更新办法实施细则》（深府〔2012〕1号）、《深圳市宗地地价测算规则（试行）》（深规土〔2013〕12号）、《关于加强和改进城市更新实施工作的暂行措施》（深府〔2014〕8号）、《市规划国土委关于明确城市更新项目地价测算有关事项的通知》（深规土〔2015〕587号）等规范性文件，构成了较为完善的城市更新政策体系，系统指导全市城市更新单元划定、城市更新计划制定、城市更新单元规划编制、城市更新地价政策。与此同时，为了更好地开展好城市更新工作，继广州市之后深圳市于2015年成立了城市更新局。《北京城市总体规划（2015年）》也将制定和完善政策机制作为规划编制和实施工作的重中之重，作为总体规划实施的有力保障，包括中心城城市更新办法、中心城疏解与新城对接联动机制、"两线三区"的管理办法、城乡建设用地"增减挂钩"实施政策机制、创新集体建设用地利用管理的相关实施政策机制、提高产业用地利用效率的相关实施政策机制等。同时，面对存量规划，规划部门也在呼吁进行土地收益分配改革，降低政府在土地出让中的收益，加大返还力度，推进规划实施。

2.5　推动协同共治——统筹政府、社会、市民三大主体，调动各方实施规划的积极性

2015年底的中央城市工作会议指出，要统筹政府、社会、市民三大主体，提高各方推动城市发展的积极性。城市规划编制和实施的过程，实际上是一个利益协调的过程。以往的精英规划模式更多地强调美好的蓝图愿景，而忽视了各方主体的利益平衡，也造成一些规划实施过程中的被动局面。建立多元共治的平台，将自下而上与自上而下相结合，在规划方式上实现公众参与的全社会化与全过程化，让更多的自下而上的微动力在这个平台上汇聚，以应对社会转型中公共治理模式的改革；在规划技术上实现大数据汇集与专业协同，以支持创新型总体规划的编制和实施。

《上海城市总体规划（2015—2040）》通过问卷调查、公众参与咨询团活动、网上参与规划编制、微信公众号等方式开展"城市愿景"调查、规划方案的在线设计与提交，拓展公众参与总体规划的编制渠道，提高城市规划的科学性和可实施性。《北京城市总体规划（2015年）》编制过程中建立面向公众参与的云规划平台汇集民意，市民的意见和建议涉及八个方面：城市发展环境、交通、社区服务、生态环境、规划编制、住宅、历史文化名城保护、公共设施。在规划实施中，选取试点，与各委办局、区政府、乡镇街道、管委会等行政主管部门搭建协作规划平台，评估各实施单元内公服设施、绿地、道路等，制定"补缺清单"，结合近期拟更新的存量用地补充短板，推进规划实施。

3　进一步增强城市总体规划实施性的建议

创新往往通过城市自下而上来推动，但真正的改革需要中央自上而下来完成。虽然近些年规划界作了很多创新性的探索，但要进一步增强规划的实施性，提升规划参与城市治理的能力，必须解放思想，将自下而上的实践创新同自上而下的改革结合起来。面向未来，提出几点建议：

3.1　机构改革，重划事权——通过调整生产关系增强规划实施的力度

"一张蓝图"需要一个"规划体系"去共同支撑，目前四部委和中改办分别牵头的"多规合一"试点城市的做法说到底还是试图通过技术整合解决体制机制的问题，多

个部门协调出来的"合一"规划也仅仅是规划体系和体制进行彻底改革之前的权宜之计，不触动体制的"合一"，不过是"整容式"的改善，空间分治的实质依然如故（赵燕菁，2015）。下一步要做的是在国家层面从体制机制上对目前各个部门的规划职能进行整合，对机构进行调整，明细事权，有效解决规划多头、部门分割的问题，这样将起到事半功倍的效果。在这方面，地方也已先行，上海、深圳、广州、武汉等城市已率先完成了规划和国土机构的合并，试图通过机构调整降低行政成本，减少规划矛盾冲突。但由于对应的中央部委改革没有进行，城乡规划和国土规划从技术标准、主要内容到实施管理还是面临"两套规划"的问题，尚不能做到"两规合一"。所以，最理想的改革还是应从国家层面开始，进行自上而下的改革。改革不可能一蹴而就，建议可先将涉及空间规划的城乡规划、国土规划、区域规划、主体功能区规划等进行整合，形成统一的空间规划体系，对相应的机构进行调整，在此基础上规范部门工作，建立完备的空间规划法律法规体系和统一的技术标准。

在完成自上而下的行政体制改革后，地方政府可以探索将规划的编制职能分离出来，成立由城市政府直接领导、与规划行政管理部门平行的综合规划编制机构，来综合协调和具体负责城市经济社会和统一空间规划的编制，从体制上形成"全市的规划"，而不是"部门的规划"。在规划的统一编制方面，广东云浮、福建厦门迈开了改革的第一步，成立了"规划编制委员会"，作为市政府工作部门，所有规划编制全部由"规划编制委员会"负责，取得了较好的效果。

3.2 属性转换，形成政策——通过提升效力位阶增强规划实施的力度

将城市规划作为一项公共政策或者通过政策措施保障规划的实施，在西方国家得到广泛的实行。这些年来，我国规划界一直在努力推动规划从"技术"向"政策"转变，尝试建立与规划相适应的政策体系，但政策和规划往往两层皮，并且我国的国情是"政策大于规划"，处于较高的效力位阶。在政策变动频率远远快于规划（总体规划周期15～20年）的现实条件下，规划按照既定目标实施往往没有政策保障而显得乏力。

尽快构建我国城市总体规划实施的政策体系成为当务之急，这一政策体系包括土地政策、税收政策、住房政策、产业政策、人口政策、交通政策、环境政策等，其中

既涉及到了国家层面的大政方针，也涉及了城市层面的具体规定；既涉及了城乡规划部门的职能，也涉及了其他部门的事权。处在转型发展的中国，一些国家层面的法律法规、政策应该做出及时的调整以适应城市转型发展的需要，同时，城市规划确定的目标、准则、治理措施等内容只有与既有的政策相结合，转化成为这些政策的一部分，才能得以全面贯彻执行，规划的目标才能最大限度地实现。

3.3 落实主体，夯实路径——通过制定行动计划增强规划实施的力度

一些国际城市的规划编制特别强调行动计划，具体表现在"目标具体化、行动项目化、主体明确化、时序清晰化、资金明细化"，即将宏观的发展愿景细化成几个具体的分目标，每个分目标通过若干个与目标相一致的具体项目来实施，项目的实施明确了实施机构、时间节点和资金来源等要素，以保证规划目标和指标的顺利落实。如《悉尼2030展望》中，提出了10个目标，通过5个重大行动、10个创意项目来实现这些目标，明确了悉尼未来20年各项规划实施的方向和引导实施的政策工具。《香港2030规划》向香港市民描绘了如何使香港成为亚洲国际都会的实施方法、程序、步骤、方向、目标、行动计划，并在附件中列出了已落实兴建以及在研究中的主要交通运输项目、止步区名单、香港未来扩充货柜港口选址比较等内容以及项目实施的时序。

如前文所述，内地城市在制定行动计划方面已有了很大进展，但在总体规划阶段从空间维度和时间维度"主动"做一些目标和指标落实工作的还不多，同国际城市相比，深度也不够，这也反映了我们"重编制、轻实施"的现状，尚有较大的提升空间。

基于我国"官本位"的国情，除了要充分调动政府、社会、市民三大主体实施规划的积极性，还应建立一套可执行、可评价的规划实施评价体系，作为政府绩效综合考评的重要组成部分。将规划确定的人口结构优化、空间约束目标、人居环境建设等涉及民生、环境的长远目标列入政府发展考核的重要内容，体现控制与引导、限制与鼓励的政策导向，摒弃单纯的GDP导向。

3.4 动态监控，过程预警——通过及时反馈机制增强规划实施的力度

没有一个规划是完美的，也没有一个规划能按照最初的意图完全实施，规划本身及实施路径需要根据环境变化

及时地进行修正。规划的实施评估应从目前的"实施结果的符合性评价"转向"动态监控，过程预警"来支持这种及时修正，通过建立一套多维城市发展模型支持的情景规划和基于政府运行的"规划编制—实施—评估—预警—调整"的常态机制，加强规划实施的动态监控和提高规划的应变能力。

研究政府的运行过程可知，城市规划的实施安排一般均体现在国民经济和社会发展五年规划以及政府年度工作报告中，包括城市五年和年度的投资计划、产业发展、土地投放、项目安排等。尤其是政府年度工作报告，辅以各行政部门的审批数据，可以分年度观察城市总体规划上一年度实施情况及本年度的建设安排，为动态评估和预警提供评价对象。一方面，利用上一年度的实施情况及规划、国土等部门的行政审批数据及时分析年度实施效果和进行趋势性评估，对偏离城市发展方向、突破空间布局、超越发展底线和基础设施支撑能力的建设进行限制、纠正；另一方面，将本年度的建设安排放到多维城市发展模型中进行模拟，来预测对城市发展的影响，提前发现问题并进行适当调整，起到支撑政府决策的作用。

4　结语

增强城市总体规划的实施性，提升城市规划参与城市治理的能力，一直是规划界关注的重点和讨论的热点。部分城市在这些年的创新实践中积累了很多经验，既为更多城市的探索提供了借鉴，又为国家层面自上而下的改革提供了参考。如果说城市层面的探索是摸着石头过河，国家层面的改革则进入了深水区，生产关系的调整必然会面临阻力、带来阵痛，但唯有改革才能释放生产力，规划的实施才更有效力和效率。

参考文献

[1] 罗震东，廖茂羽. 政府运行视角下的城市总体规划实施过程评价方法探讨 [J]. 规划师，2013（6）：10-17.

[2] 邹兵. 实施性规划与规划实施的制度因素 [J]. 规划师，2015（1）：20-24.

[3] 邹兵. 城市规划实施：机制与探索 [J]. 城市规划，2008（11）：21-23.

[4] 赵燕菁. 关于城市规划的对话 [J]. 北京规划建设，2015（5）：159-163.

[5] 施卫良. 微时代与云规划 [EB/OL]. [2015-10-10]. Cityif微信公众号.

[6] 葛春晖，张振广，张一凡. 大城市总体规划中分区指引的技术路径及发展方向——基于上海分区规划指引研究 [M] //. 中国城市规划学会. 新常态：传承与变革（2015中国城市规划年会论文集）. 北京：中国建筑工业出版社，2015.

[7] 杨玲. 基于空间管制的"多规合一"控制线系统初探——关于县（市）域城乡全覆盖的空间管制分区的再思考 [M] //中国城市规划学会. 新常态：传承与变革（2015中国城市规划年会论文集）. 北京：中国建筑工业出版社，2015.

备注

本文发表在《中国城市规划发展报告（2015-2016）》中。

借鉴世界城市经验论北京都市圈空间发展格局

李伟

国家"十二五"规划纲要明确提出，推进京津冀区域经济一体化发展，打造首都经济圈；在《全国主体功能区规划》中，也将京津冀区域列入国家层面的优化开发区域。面对新的形势，京津冀地区掀起新一轮区域规划研究热潮，河北省提出借助首都优势率先发展，建设环首都绿色经济圈，京津两地第一次共同开展首都区域空间发展战略研究工作。都市圈是当今世界城市发展的最高阶段，也是大城市发展的结果，以建设世界城市为发展目标的北京正向着北京都市圈的方向发展。都市圈和城市一样必然也有其发展客观规律，本文从调查东京、纽约等世界城市级都市圈的发展历程入手，借助城市经济学和区域经济学理论，探寻大都市圈发展规律和经验教训，提出北京都市圈空间可持续发展战略，包括规模、功能布局、空间形态。

1 都市圈的概念

本文的研究对象都市圈，是指在日常工作与生活中联系最紧密的城市地区，也叫都会区，指的是特大城市连绵地区，而不是大区域经济以及大区域规划领域里更大范围的城市群（如京津冀、长三角、珠三角等城市群）。世界上规模最大的都市圈非东京都市圈和纽约大都会区莫属，同时东京和纽约又都是世界城市，是北京的发展目标。因此，本文经验借鉴的重点是与北京规模相似的东京都市圈和纽约大都会区。东京都市圈是由日本内阁府指定，范围包括一都三县（东京都、千叶县、埼玉县和神奈川县），纽约都会区是美国统计局定义的地理单位（Greater New York）。由于伦敦、巴黎都市圈规模较小，与2000万人口

规模的北京可比性差，因此仅吸取部分经验。

2 北京都市圈未来空间范围

判断是城市地区还是非城市地区各国有不同标准，首先看看日本。日本将城市地区称作"市街地"，即人口密度不小于4000人/平方公里的地区。东京都市圈是从小到大逐步发展起来的，其半径从1920年的10公里，发展到1980年的50公里左右，且从1980年开始，其长轴半径一直稳定在50公里附近。

无独有偶，按照同样的人口密度标准，纽约都会区的发展轨迹也是从小到大向外逐步成长，与东京都市圈一样在1980年前后长轴半径在50公里附近稳定。东京都市圈和纽约都会区长轴半径随时间推移（图1）的轨迹，呈现出典型的成长曲线，经过了几十年的成长，进入了现在的稳定阶段。

东京都市圈和纽约都会区的长轴半径20多年都稳定在50公里附近，不是偶然的，这与人们日常生活规律、通勤范围、交通运输效率等因素息息相关。都市圈中绝大多数人都属于常态居民，他们每天要去上班、上学和回家，业余时间除了睡觉还要休闲娱乐，而人每天只有24个小时，除了工作、学习、睡觉、休闲之外，能够用于通勤或通学的时间所剩无几，另外，人对于通勤时间长度的忍耐性也是有限的，绝大多数人不能忍受长时间通勤。这就是尽管交通运输效率较过去有了长足提升（如新干线、轨道交通快线），但都市圈的半径并没有出现无限制的增长的主要原因。因此，大都市圈的长轴半径稳定在50公里附近有其客观规律性，即通勤圈的大小决定着都市圈的大小。这一

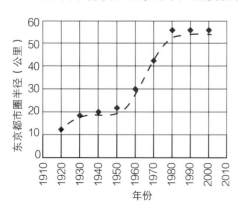

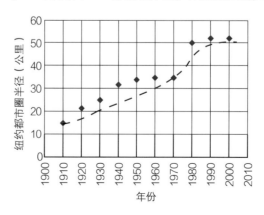

图1 东京都市圈、纽约都会区长轴半径的推移
（资料来源：参考文献[1]）

点，从日本首都交通圈轨道交通所示半径恰是50公里左右可以得到证明，法定的东京都市圈居民出行调查的范围（即通勤圈范围）就是这个范围。

北京目前通勤圈范围只有30公里左右，城市区域（人口密度不小于4000人/平方公里）的半径也仅在30公里上下，与上述两大都市圈相比相差甚远。借鉴东京、纽约两个世界城市的经验和事实，北京都市圈未来发展并稳定在半径50公里是极有可能的，其范围中近期为北京平原区，远期将延伸到河北省的廊坊部分地区。

3　北京都市圈未来人口规模

北京未来人口规模是一道规划界几十年来难以破解的题目。北京人口规模目前为2018万人，而与我们同属亚洲、与北京资源环境、建设密度相似的东京都市圈的人口规模达到3200万人。规划师不能忽视聚集这个城市的本质和城市发展的客观规律。城市经济学、区域经济学中有一条重要理论：大城市超前发展，城市越大其发展速度也越快，因为大城市客观上具有比中小城市更强的凝聚力与内在冲动，发展的速度更快、效益更高，更符合资源实现最优配置这一经济规律[4]。无论是对全世界还是京津冀地区城市的统计结果都证明了这点。京津冀地区过去十年的人口规模增长情况显示，北京市过去十年年均增加60万人，北京、天津两个特大城市人口增长的斜率明显大于其他城市，这一趋势会在未来一二十年内得以延续而难以发生根本逆转，因为北京的经济还要持续又好又快发展，而经济的发展是城市发展的根本驱动力。

在日益复杂甚至不利的国际环境下，中国要和平崛起，必须要有强大的经济实力作为支撑，发展仍是硬道理，也是最大的政治要求。国家层面要求北京、天津继续带动京津冀地区在更高层次上参与国际分工，成为具有全球影响力的区域。纵观京津冀地区，经济发展的两大驱动力除了"沿海"，另一个就是"大国首都"。由于我国实行高度的中央集权行政体制（中央集权制只是各种行政体制中的一种，不具有贬义），中央政府具有极高的决策力和影响力，对于高端人才、资本、重要经济机构具有高度的凝聚力。北京在科技、教育、医疗等方面全国领先，以及落户北京的全球500强总部数量仅次于东京位居世界第二的事实，都说明北京作为大国首都的独有优势和不可替代的地位。也正是因此，国家"十二五"规划明确提出打造首都经济圈，充分发挥首都的优势和潜力。

北京以建设世界城市为发展目标，而世界城市最主要的特征，就是具有强大的经济规模，具有全球影响力。鉴于北京地区存在严重的资源环境问题，调整经济结构，发展高端产业特别是高端服务业和文化产业将成为今后经济发展的重点。而高端服务业的发展意味着一方面需要更多的高端从业人员，另一方面也需要更多的基本服务人群（家政、餐饮、零售、快递等）为高端从业人员服务，如此，北京的人口规模势必将继续增长，除非限制北京经济发展。考虑北京目前的人均GDP刚刚超过1万美元，距离世界城市东京、纽约还有很大差距，国内区域之间存在较大经济差距，以及我国巨大的人口基数等因素，按照年均增加25万人的底限和50万人的高限估算，北京都市圈未来20年人口规模达到2500万～3000万人是可能的，远期峰值也有可能达到东京都市圈现在的水准3200万人左右的规模。

影响北京都市圈人口规模的最重要因素是未来就业岗位数量。与东京相比，北京的产业在规模和密度两方面存在相当大的差距。东京都市圈的非农就业岗位总量是北京市的2倍，就业岗位密度是北京的2.5倍。比较二者的主城区（东京区部617平方公里、北京五环内759平方公里），这组数据为1.32倍和1.62倍。东京都市圈人口从1955年的1750万发展到现在的3200万人左右，几乎翻番。因此，不能排除未来北京都市圈的就业岗位总量发展到1600万个、与此对应人口总量达到约3200万人的可能。

北京市、东京都市圈非农就业岗位规模、密度比较　　表1

比较项目	北京市 2008年	东京都市圈 1990年
面积（平方公里）	16400	13143
人口总量（万人）	1695	3180
人口密度（人/平方公里）	1033	2420
就业岗位总量（万个）	817	1644（2.0倍）
就业岗位密度（个/平方公里）	498	1251（2.5倍）

4　北京都市圈的功能布局

过去二十年来，北京的规划建设一直坚持两个转移的思想，即城市发展模式由外延式发展向内涵式优化转移、建设重点由中心城向新城转移。规划工作的核心是优化调整中心城，重点发展新城，并欲通过三个重点新城的快速发展建立反磁力系统，形成能够与中心城抗衡的多中心结构，分担中心城的人口和功能。经过近二十年的努力，虽然取得了较大成绩，但与预期效果还存在一定距离，各级政府最为关注的城市的高端要素（高端功能、高端服务业、高端人才等）并未明显向新城转移，却仍然不断向中心城聚集。究其原因，一定是多种多样，但最重要的是对市场的力量或者市场经济规律缺乏足够认识，虽然我们实行的是社会主义市场经济，但其落脚点还是市场两字，这一点十分重要。

打破一个中心模式，建立多中心的分散结构，并不是我们的发明，从老牌的伦敦到后起的东京为此已经努力了近百年，遗憾的是至今仍然是一个强大的中心结构。首先看看大伦敦地区，除了主城以外，几乎都是小镇，并没有出现能够与主城抗衡的百万级的次级城市。作为国际金融中心之一的伦敦，发达的金融业是其支柱产业，近些年发展起来的新的金融商务中心道克兰距离老金融城4.4公里，距伦敦塔桥只有3.7公里。伦敦的高端服务业，包括文化创意产业继续在主城聚集。巴黎的情况也是如此，新的商务区德方斯并没有离开主城区，距离埃菲尔铁塔不足4公里。纽约就更是如此，一极集中于曼哈顿。

再来回顾一下东京都市圈的奋斗历程。第二次世界大战后五次国土开发综合规划以及五次首都圈规划都坚持均衡发展的思想，以改变东京一极集中作为最重要目标之一，从20世纪50、60年代开始重点发展新城，到70、80年代开始重点发展周边的业务核心城市，力图打破城市高端服务功能在东京市区的一极集中。这种努力虽然坚持了50多年，中央和各地方政府也提供了足够的支持，但是远远没有达到规划预期效果，东京的一极集中问题依然如故，且十分突出，这一点从居民出行流向资料可以得到证实（图2）。著名的多摩新城只是人口15万人的睡城，著名的筑波虽有世界博览会的拉动作用至今也仅有20万人（东京市区常住人口800万人），相比较而言还远不如北京的大多数新城。

再看看幕张和埼玉两个新都心（地位超过副都心）的发展情况，幕张属于都市圈内的千叶县，距离东京25公里，1967年被规划为海滨城市，1973年被指定为新都心，1989年著名的幕张会展中心开业，1991年被认定为业务核心城市，发展目标是"职住学游"融合的未来国际城市。尽管如此，到2010年，居住人口与来访者相加也不足15万人，入驻的总部本来就极少，2007年，日本BMW总

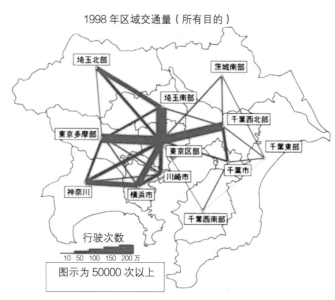

图2　东京都市圈居民出行流向分布示意图（图片来源：日本政府网站）

部、住能日本市场总部还移回了东京。埼玉位于都市圈的埼玉县，距离新宿19公里，发展目标有两个：一是高度独立的都市圈新都心，高度独立、有魅力的中枢都市圈，改变对东京的过度依赖；二是首都功能的一翼，区域交流据点，国家机关行政功能、高端商务、商业和文化功能。该规划得到中央政府罕见的大力支持，1986年被指定为业务核都市，1989年决定转移中央政府20个局级机关，1991年新都心开工，2000年新都心站运营、新都心开街，2003年指定为国家政令指定都市。但是，新都心的发展极不理想，2006年数字广播塔选址竞争失败，2010年名噪一时的约翰·列侬音乐厅闭馆，同年日本政府原则废止了国家机关转移计划。2010年埼玉新都心的就业岗位只有区区1.9万个。

与上述东京都市圈的新城建设、新都心建设效果形成鲜明对照的，过去十年，在东京市区的中心，沿山手线（周长34公里，与北京二环路相当）附近通过城市更新涌现出南新宿、汐留、品川、六本木4个副都心等级的、欣欣向荣的新商务区（图3）。人们不仅会产生疑问：为什么在市中心已经有了都心和7个副都心还不够，还会生长出4个新商务区？为什么还有那么多企业非要挤进来？日本休闲服装第一品牌"优衣库（UNIQLO）"的成长故事也许能够回答此问题。1984年，"优衣库"的创始人柳井正在广岛开设了第一家店铺，1994年公司在广岛上市，之后"优衣库"取得成功，风靡全国乃至全球，成功之后他将公司总部迁进东京，入驻六本木新商务中心。看来，一流

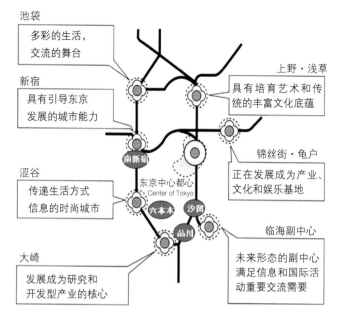

图3　东京都心、副都心示意图（环状黑线为山手线）
（图片来源：施卫良绘）

的公司的总部一定要进区位一流的地块、一流的大楼，似乎是难以阻挡的。尽管现在信息技术已经高度发展，人们还是需要方便地与人面对面交流，经济的高端要素还是需要更高水平的聚集，因为聚集的经济效益大于分散的经济效益。

到此可以基本断定，经济高端要素的选址遵循着市场规律，即在城市中心地区聚集，而不是远郊；即使是到了发达阶段也是如此。与市场规律反其道而行的，只能事倍功半，目前世界上只有失败的案例；反之尊重市场规律，顺势引导，将事半功倍，目前尚看不到失败的案例。

北京都市圈是北京城市增长、面向区域发展的必然产物，尽管北京将新城作为发展重点，但高端服务业在中心城的持续聚集是经济规律、大概率事件，未来在三环、四环等中心地带将不断出现新的高端商务区，城市基础设施应为此预留足够的承载力。新城将不断接收中心城产业更新转移，与中心城保持梯度发展而形成次级中心。新城建设是个长期滚动发展的过程，不应在短时期内有过高和超前的要求，否则定会事倍功半。应该制定切合实际的发展目标，踏踏实实、循序渐进地发展。

5　北京都市圈的空间形态

紧凑、高密度，是世界上公认的可持续的城市空间结构，除了节约用地以外，还具有巨大节能优势。图4反映的是世界主要城市人口密度与人均交通能耗消费量的关

系，可以看出以美国为主的低密度城市的人均交通能耗，是东京为代表的亚洲高密度城市的4倍。交通能耗在国民经济总能耗中所占比例正逐步上升，据专家预测，未来国际大都市区总能耗中，交通能耗将超过50%。

沿公交廊道轴向发展（TOD：Transit Oriented Development）是国际公认的可持续的城市空间形态，著名的案例有哥本哈根、斯德哥尔摩。即使是人口超过3000万的东京都市圈，也是典型的沿轨道交通廊道轴向连续发展的模式，加上其高密度结构，使之成为世界上人均能耗及碳排放最低的大都市区。世界城市东京及东京都市圈的空间形态和空间结构，以及与坚强的轨道交通网络的完美结合，无疑成为了大都市区空间发展的楷模。

为确保大都市圈良好的生态环境，需要保留和建设广域绿色生态空间，而广域绿色空间形态方面争论的焦点是应采用环形绿隔还是楔形绿隔。法国经过一二十年的酝酿，吸取了英国等经验与教训后，认为大城市是要发展的，用人为的强制手段去压制大城市的发展是不可能的，用建立环状绿带的办法来阻止城市的发展是徒劳无益的，甚至是幻想。巴黎在1961年规划中也曾采用过绿带，但城市人口跨越绿带继续向四周蔓延，甚至干脆最后把绿带吞噬了，巴黎周围如今没有绿带，而是在旧城区的左右保留了两大片森林公园[3]。而巴黎东部新区马恩拉瓦来的成功之处就在于采用了轴向发展模式。

日本的情况与巴黎极其相似。1958年首都圈第一次基本规划将首都圈划分为建成区、近郊区和周边地区三个区域，在建成区周围的近郊区设置绿环，抑制市区继续扩张；在周边地区建设数个卫星城作为人口和产业的分散

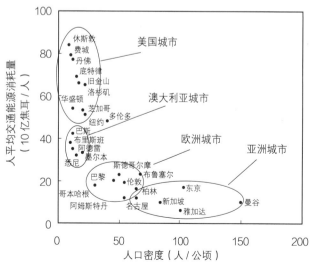

图4　城市人口密度与人均交通能耗的关系

地。之后日本经济迎来黄金期，人口继续向东京都市圈集中，城市规模继续扩大，绿环被不断蚕食。1968年第二次基本规划顺应城市化潮流，取消了绿环，将半径50公里的区域定为近郊建设地带，进行城市化建设，实现与绿地空间的共存。

理论上讲，环形绿隔相对应的是蛙跳式发展模式，由于绿隔内外属于同一通勤圈，势必大幅增加交通出行的距离，加大交通出行能耗和排放，与节能、低碳原则背道而驰。而楔形绿隔对应的是上文推荐的轴向连续发展模式，二者之间形成空间共轭关系，其最大的特点恰恰在于有利于大运量公共交通的发展和利用，有利于提高市政基础设施的效率，节省居民出行时间，能够取得节能、环保、低碳之效果。另外，这种模式还很有可能成为根治"摊大饼"式无序发展的一剂良方，因为一方面能遏制城市横向发展（横向粘连），另一方面引导城市沿轴向发展，如此一堵一疏，疏堵结合，方能引导大都市圈形成可持续发展的空间形态。而只堵不疏的话，极有可能像过去一样继续"摊大饼"。

北京是全国重要的交通枢纽，平原区已经形成京石、京开、京津、京秦等几条放射状复合交通走廊，北京的新城恰恰位于这些交通走廊，北京城市轨道交通网络也正在沿这些走廊延伸，城市建设用地已经出现沿走廊轴向发展的雏形，因此，北京都市圈应该采用轴向紧凑发展，与大楔形绿地共轭的空间形态，适时停止手掌的生长，开始伸展手指（图5）。

6 结论

经济的发展是城市和城市圈发展的根本驱动力，特大

城市率先发展是客观规律。东京、纽约等世界城市所在的大都市圈是一面镜子，向我们提供了宝贵的经验和教训。首都北京，具有大国首都独特优势，以建设世界城市为发展目标，肩负着带动京津冀地区成为具有全球影响力的区域的重任，北京都市圈的产业、人口还将有很大的发展，未来20年有可能发展到2500万～3000万人，北京都市圈的半径也将逐步扩展到50公里附近，以高端商务中心为载体的高端服务业将继续向北京中心城区聚集，重大交通市政基础设施需要预留足够的承载能力。从节地、节能、低碳、环保和建设良好生态环境的目标出发，北京都市圈应采用沿主要交通走廊紧凑发展并与走廊间大楔形绿地共轭的可持续空间形态，遏制城市无序蔓延。

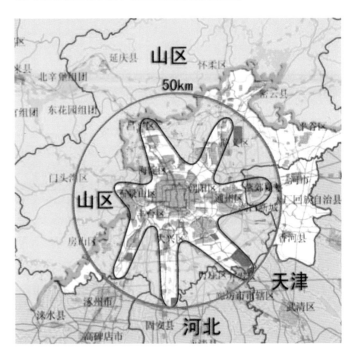
图5 北京都市圈未来空间形态建议示意图

参考文献

[1] 李伟，宋彦，吴戈. 北京城市轨道交通长远预期研究报告 [R]. 2008.

[2] 铁道部科学技术信息研究所. 国外典型大都市区域轨道交通发展研究报告 [R]. 2008.

[3] 陈秉钊. 反思大上海空间结构——试论大都会区的空间模式 [J]. 上海城市规划，2011（01）.

[4] 谢文蕙，邓卫. 城市经济学 [M]. 第二版. 北京：清华大学出版社，2008.

[5] （美）阿瑟·奥沙利文. 城市经济学 [M]. 第六版. 北京：北京大学出版社，2008.

[6] （日）东京市政调查会. 世界四大都市的比较研究 [M]. 东京：日本评论社，1999.

备注

本文发表在《城市时代，协同规划——2013年中国城市规划年会论文集》中，有删节。

北京和东南环京地区跨界协同发展：特征、问题和空间管制探索

王亮

引言

随着我国区域经济的发展，近年来跨边界城市融合发展现象不断涌现，并逐渐代替了行政区划调整，成为区域协调的一种新模式[1]。但是由于跨界地区发展存在非对称性和不稳定性[2,3]，将对行政边界两侧城市的协调发展与系统管理产生新的挑战。针对这一现象，大量研究主要以长三角、珠三角等地的城市—区域为例[1,4-7]。研究集中于经济合作发展与环境合作治理等内容，并从跨界协同治理的机制、模式和路径等方面提出建议，缺乏对空间管制的分析。但是，随着跨界发展需求的不断增加，直接影响着跨界区域的城市空间体系[8]，这要求从空间规划视角出发加强研究。

北京和市域周边地区是集中承载首都功能的核心区域。伴随城市化和经济一体化的快速发展，北京和周边地区的跨界联系不断增强。2004版北京总体规划提出："加强北京与京津冀地区，特别是京津城镇发展走廊及北京周边城市的协调，构筑面向区域综合发展的城市空间结构[9]。"当前，北京和东南环京地区的跨界发展已初现端倪，但目前以北京和周边地区为目标的跨界城市—区域研究尚不多见。2014年2月26日，习近平总书记在北京调研时指出："要围绕首都形成核心区功能优化、辐射区域协同发展、梯度层次合理的大首都城市群体。"2015年2月10日，在中央财经领导小组第九次会议上，习总书记进一步指出："走出一条内涵集约发展的新路子，探索出一种人口经济密集地区优化开发的模式。"区域协同发展"新常态"的背景下，要求北京和东南环京地区不仅局限于基于自身发展的基础，还要突破行政边界的限制，在区域层面上加强横向的跨界协作。本文即从北京和东南环京地区的发展特征入手，提出空间管制的路径。

1 研究对象及发展特征

1.1 研究地区的发展现状

北京东南部环京地区是"北京湾"接壤的平原地区，空间范围上包括河北省廊坊市区、廊坊市下辖的"北三县"（即三河市、香河市与大厂回族自治县）、固安县、永清县，保定市下辖的涿州市、高碑店市、涞水县以及天津

市的武清区等县市，涉及范围面积共约7600平方公里。这一地区，在城乡空间形态上具有连续性，在经济上处于北京直接吸引的范围内。

近年来，东南环京地区借助临近北京的区位优势加快了发展步伐：

首先，东南环京地区的经济发展增速显著。例如，河北的廊坊市区、三河市、固安县、高碑店市人口、经济的增速显著快于河北省平均水平，并已接近甚至超过与其毗邻的北京市通州区、大兴区。

其次，东南环京地区城乡空间扩展显著。从城乡空间用地增长的统计来看，河北的廊坊市区、三河市、固安县、高碑店市、香河县、涞水县、涿州市，以及天津的武清区、蓟县增长最为显著。其中，河北的廊坊市区、三河市，天津的武清区城乡建设用地年均增速超过北京市平均增速（图1）。

第三，在京津冀协同发展的大环境下，周边地区加快了对接北京的步伐。一方面推动交通基础设施对接北京，特别强调轨道交通和断头路的连接；另一方面，加快了承接首都非核心职能疏解的力度，特别是对商贸集散地和大型批发市场的承接。例如：永清县、白沟镇等地对接北京大红门、动物园等批发市场，强化对区域商贸物流功能的承接；廊坊市辖区、固安县等地对商贸服务和高端制造业的承接等。

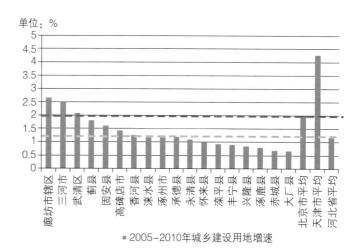

图1　2005-2010年环首都地区城乡建设用地年均增速比较
（资料来源：根据2005、2010年遥感解译数据核算）

北京周边部分县市和通州区、大兴区部分指标比较　　表1

		人口（万人）	GDP（亿元）	人均GDP（元/人）	建设用地（平方公里）
三河市	2006年	49.9	158.1	31691	129.8
	2010年	53.9	314.3	58314	147.1
	年均增速	2%	19%	16%	2.5%
廊坊城区	2006年	81.6	148.2	18162	156.2
	2010年	97.2	334.3	34393	176.8
	年均增速	4%	23%	17%	2.5%
固安县	2006年	39.9	32.6	8183	83.3
	2010年	43.3	63.8	14727	90.6
	年均增速	2%	18%	16%	1.7%
河北省	2006年	6898	11660.4	16904	12632
	2010年	7185	20394.3	28384	13408
	年均增速	1%	15%	14%	1.2%
通州区	2006年	63.7	163.0	25596	258.1
	2010年	118.4	344.7	29119	282.3
	年均增速	17%	21%	3%	1.8%
大兴区	2006年	57.5	170.2	29612	289.8
	2010年	136.5	311.9	22850	345.5
	年均增速	24%	16%	-6%	3.6%

（资料来源：根据《廊坊经济统计年鉴》、《河北省年鉴》、《北京市区域统计年鉴》以及相关年份遥感影像解译数据整理）

可以看出，北京及东南部环京地区已经初步形成以天安门为中心、空间半径达到30～50公里、具有共同劳动住房市场的大都会地区的雏形。

1.2 跨界空间发展的模式特征

北京和东南环京地区的跨界空间增长上呈现出不同的模式特征。

一是飞地式增长，以北京与东部的廊坊燕郊、"北三县"地区的跨界发展模式最为典型。由于占据着临近北京中心城和CBD的区位优势，"北三县"地区拥有大量在京就业人口在本地居住。其中，以三河市燕郊镇最具代表，辖区常住人口约50万，其中约15万在京就业人口在本地居住[10]。从功能组织来看，尽管位于行政边界以外，燕郊地区已经位于北京市通勤圈范围内，成为解决北京就业人口居住、生活的重要功能组团。因此，北京和东部的燕郊、"北三县"地区呈现出飞地式的跨界空间增长。

二是双城式增长，以北京房山区南部的城镇和保定市北部各城镇的跨界发展模式最为典型。历史上，房山区南部和保定市北部地区均属河北省管辖，1958年3月行政区划调整将房山地区划归北京市管辖，造成今天两地的行政分隔。从空间布局来看，城乡用地呈连续式分布。由于行政边界的存在，房山区的琉璃河镇与涿州市的码头镇，房山区的韩村河镇与涿州市的东仙坡镇，房山区的大石窝镇与涿州市的百尺杆镇和涞水县的石亭镇，房山区的张坊镇与涞水县的宋各庄乡等，均沿着行政边界呈"双城式"布局。

三是互补式增长，以北京大兴区南部地区和廊坊市辖区西部、永清县、固安县联合打造新机场临空经济区的跨界发展为代表。京冀双方合作开展临空经济区建设拥有不同的比较优势，北京方面拥有国际交往的需求和高端商务的职能，河北一侧在土地资源、现代制造业、商贸物流等方面具备优势，双方相互依托能够形成合作共同体，支撑新机场临空经济的发展需求。

四是竞争式增长，以北京大兴区的采育镇、通州区的永乐店镇和廊坊市辖区、天津市武清区北部地区的发展为代表。这些城镇均呈现出沿行政边界、沿京津塘高速公路发展的态势。同时各方的制造业集中在电子信息、汽车配件、建材等产业门类，同构竞争态势明显。

2 跨界发展存在的问题及成因

2.1 跨界协同发展存在的空间问题

尽管东南环京地区发展呈现显著优势，但是由于各级政府主体意识、区域竞争意识不断加强，跨界城市—区域空间发展出现了大量的无序与失范等问题。

2.1.1 规划用地圈层式快速扩张破坏了生态空间

东南环京地区各县市在地方利益的驱使下一味追求"做大"，规划建设用地围绕北京在市域边界上"摊大饼"，对首都形成"围堵"之势。而大量盲目、无序的规划建设导致区域生态廊道被切断，对首都的生态安全保障造成巨大压力。例如：燕郊北部地区规划切断了北京东部绿廊的延伸；武清区北部地区的规划切断了京津双城之间绿廊的连通性；廊坊市西扩战略切断了京廊绿廊的连通性；涿州市义和庄组团的规划切断了北京—白沟绿廊的连通性（图2）。

2.1.2 规划人口的快速增长给首都地区水资源带来更大压力

北京地区2020年可供水资源量按50%丰枯频率约53亿立方米，按95%丰枯频率不足38亿立方米，按最大供水量核算可承载人口仅约2400万人。而据不完全统计，预计

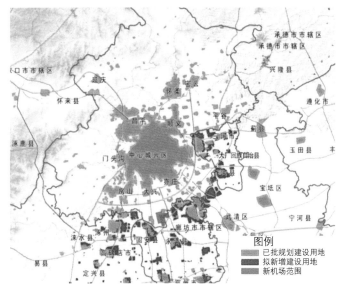

图2　北京和东南环京地区城镇规划用地空间示意图
（图片来源：根据环北京地区各县市区总体规划整理绘制）

图例
　已批规划建设用地
　拟新增建设用地
　新机场范围

2020年北京东南部平原地区接壤的县级城市人口将达到950万人左右，新增加300万人左右。就此估算，就业人口将达到400～500万左右。大量的就业需求仍需北京市产业进行消化，将进一步加剧地区愈发紧张的水资源压力。

2.1.3　交通基础设施对接存在矛盾

一方面东南环京地区交通设施对接北京意愿强烈，寄望于通过强化跨界交通通达带动自身经济发展。例如三河市筹划了9条进京通道、4座跨潮白河大桥以及轨道北京M6线、S3线、S5线通至燕郊等工程。

另一方面，北京对快速、超前式的开展交通设施对接持保守态度。一是由于交通建设超前于产业发展，将在短期内不可避免地促使周边地区人口、就业、产业进一步向北京快速集聚，形成"逆疏解"现象。二是当前北京的交通系统特别是轨道交通尚未满足自身需求，与其他国际城市相比运能运力仍显著不足（表2），无法承受周边地区的冲击，尚不具备将环京地区纳入通勤圈的能力。因此，从保障首都安全角度出发必须控制交通对接的时序。

北京与东京常住人口、轨道交通里程及运能比较　表2

都市圈	常住人口	轨道总里程	日运输能力
东京通勤圈（2008年）	3060万人	2200公里	4400万人次
北京及东南环京地区	约3000万人	527公里（2014年）	1000万人次

（资料来源：日本国土交通省《首都圈整备规划》，根据《北京市统计年鉴》、《河北省年鉴》整理，根据北京市交通委员会发布信息整理）

市域周边地区受到北京经济辐射，围绕北京发展，"摊更大的饼"趋势明显，并给首都的可持续发展和生态安全保障带来巨大压力。

2.2　跨界空间矛盾的成因

2.2.1　地区特征决定了跨界矛盾的突出性和紧迫性

从城市—区域发展特征来看，北京地区跨界发展面临的问题和挑战与长三角、珠三角等地的城镇存在显著的差别。一是大国首都和特大城市并存，城市安全面临严峻挑战；二是北京市和周边地区之间发展不均衡尤为突出；三是区域资源环境压力巨大，已超负荷承载过度开发。地区特征决定了跨界矛盾的突出性和紧迫性。

2.2.2　跨界地区主体多元

环北京跨界地区的发展涉及相互毗邻的多个县市区政府，甚至京津冀三地省级政府，缺乏能够代表毗邻各县市区共同利益的权威主体。而行政边界划定了地方政府的权力，造成每个地区都从自身利益出发，以"零和博弈"的态度力争在规划对接中获取最大的利益。从而形成了轨道缺乏连通、断头路、水电气热设施无法共享等现象。

2.2.3　边界两侧发展诉求不同

发展阶段不同，跨界各方利益指向不同，必定造成跨界区域规划难以形成统一。北京已经进入后工业化时期，从注重发展规模转向注重发展质量，在区域对接需求上要求共同保护区域资源环境、区域生态廊道联通、区域水资源统筹调配、部分产业功能向外疏解以及科技合作与协作。而毗邻的天津市、河北省各县市区正处于快速工业化阶段，"大干快上"式的扩张发展仍是主要方向，在区域对接需求上要求较高层次的产业转移承接，轨道、公路等交通对接以及生态保护的财政资金支持等，在空间上则表现为在北京市域边界贴边发展。

2.2.4　缺乏协调机制

由于缺乏有效协调机制，使跨省市的规划管制失位，跨界协调成本非常昂贵，各方利益无法平衡，致使本应该边界模糊、相互融合的跨界区域规划变成了行政区规划的"拼盘"。例如：北京大兴区南部各乡镇、保定涿州、廊坊市辖区、武清、固安等地都划出相应的建设空间和功能区希望纳入新机场临空经济区政策范围，从而在临空经济建设红利中"分一杯羹"。

3 跨界协同的空间管制的初步探索

3.1 跨界协同规划的经验借鉴

从发展特征来看，北京和东南环京地区的发展与日本东京首都圈具有较高的相似性。日本政府十分重视区域规划，从第二次世界大战后开始至今已经编制了五轮首都圈规划，在区域规划编制方面积累了五十多年的经验和教训，值得北京及周边地区借鉴。

2006年，日本国土交通省在前5轮首都圈规划基础上制定了《首都圈整备规划》，规划的核心是摆脱对东京的过度依赖，实现首都圈全面发展。规划提出划定"近郊绿地保障区域"实现区部和近郊地区生态廊道的连接（图3）。同时强调东京都市圈和周边都市开发地区的空间关联，并提出在周边远郊四县打造三个功能独立的地区（关东北部地域、关东东部地域、内陆西部地域），构建以据点城市为中心、自立性强的地区，形成功能分担与合作交流的"分散型网络结构"，改变对东京区部一极依存的状况。

北京及东南环京地区与东京首都圈十分相似，均存在着中心地区要素功能过于集中，外围地区对于中心具有高度的依赖，在空间上呈现出"摊大饼"式圈层蔓延的形态。从相似的问题出发，北京和周边地区的发展中必须打破行政区划的束缚，强调组团之间的跨界协作，打造区域创新共同体。这不仅要求北京的发展要在更大范围内统筹谋划城乡空间布局和城市功能体系建设，同时也要求东南环京地区城镇承担一定的区域责任。因此，必须对北京通勤圈以外的周边地区进行有效的空间管制，赋予不同的定位和导向。

3.2 跨界空间重建的方式——跨界城镇群

在上述发展背景和国际经验的基础上，本文提出按照优势互补、互利共赢、区域一体的原则，在北京和周边地区打造京东、武廊、京南、保北四个与京津职能互补、职住均衡的跨界城镇群。初步空间构想如下：

（1）京东跨界城镇群：包括通州东部地区、燕郊镇、三河市、大厂县、香河县等组团；

（2）武廊跨界城镇群：包括武清北部地区、廊坊市辖区、通州区的永乐开发区、大兴区的采育镇等组团；

（3）京南跨界城镇群：包括固安县、永清县、大兴区的榆垡镇和礼贤镇等组团；

（4）保北跨界城镇群：包括涿州市、高碑店市、涞水县、房山区琉璃河镇等组团。

借助打造四个跨界城镇群，在北京和东南环京地区构

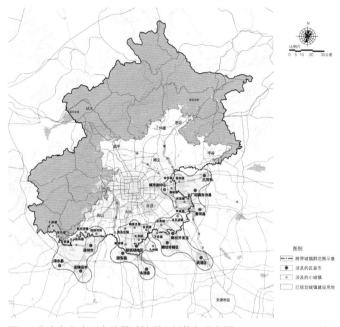

图3　北京和东南环京跨界城镇群空间构想示意图

建"紧凑型都市空间+开敞型区域空间"相结合的跨界发展模式，优化区域空间布局，整合跨界功能体系。推动地域空间上人口、产业、用地等要素在中心和外围的有机联动，实现区域协同发展。

3.3 跨界城镇群发展的空间管制要求

北京和东南环京地区在新常态下，需要从落实中央"三个率先突破"和联动机制建设着手加强空间管制，推进跨界城镇群的协同规划工作。

3.3.1 强调底线思维、保护生态环境

生态环境问题是整个京津冀区域面临的共同问题。京津冀地区处于我国水资源最为短缺的海河流域，平均水资源量只有370亿立方米，不足全国的1.3%，但却承载着全国约8%的人口和11%的GDP。东南环京地区处于北京的下风下水，水资源短缺，生态环境问题突出，需要改变城市发展模式。因此，必须将生态环境容量作为区域发展的基础和底线。具体体现在两个方面：

一是依托资源环境容量，合理确定规模。根据人口、资源、环境承载能力，突出发展求质不求量的战略选项，合理确定未来城市规模，避免城市低水平粗放式扩张。对于跨界城镇群中对生态环境构成威胁的组团，要从需求管理的角度严格进行核减。例如：燕郊镇北部组团、大厂县西部潮白新城组团、武清区北部组团、榆垡镇部分组团、涿州市义和庄组团等。

二是保护并向外延展北京市平原区的楔形绿地，建设

与区域生态空间联通的区域生态廊道，通过楔形绿地建设保证新城之间、主要城市发展轴之间的隔离，保证城市气流和生物流的畅通。特别是加强环首都国家公园和环中心郊野公园体系的建设，实现生态空间和城镇空间的共轭布局。

3.3.2 完善交通体系，实现有序引导

根据交通运输的特征，强调在不同圈层上，采取不同的交通运输方式来组织区域交通体系。将北京及周边地区的交通圈层划分为三个层次：一是服务半径为30公里的北京中心城、近郊新城，构建以轨道快线、城市快速路为主的交通系统；二是服务半径为50~70公里的圈层，主要包括远郊新城和周边县市层次，构建以市郊铁路和高速公路为主的交通系统；三是服务半径300公里左右，包括津冀主要城市，依托高速铁路、区域城际铁路和高速公路构建交通体系。

其次，在北京周边圈层上，强调依托市郊铁路和快速公交廊道采取"簇轴式和枢纽主导式"空间发展模式，引导城镇人口、产业和空间沿区域轨道交通紧凑高密度发展，形成京唐、京津、京石、京九四条集约发展轴线。在引导城镇空间簇轴式和梯度式发展同时，实现城镇空间和生态空间的共轭布局。

第三是控制好交通建设与产业发展的时序关系，避免交通基础设施过快发展造成人口和就业的"逆疏解"。

3.3.3 推动分工协作，优化空间组织

跨界市镇群的发展模式应从原来的强调其独立性，转变为将其作为大都会区整体功能的重要组成部分；从原来的职住空间错位造成的人口"钟摆式"流动，转变为产业功能按照"中心—边缘"呈梯度转移；从原来的周边地区对北京中心城的"一级依赖"，转变为组团之间相互依存、联动互补。这要求北京和东南环京地区做好两方面工作。

一是有序承接非首都核心职能疏解。这要求四个跨界市镇群按照比较优势和主导产业类型，依托四条交通走廊，实现北京中心城—重点新城—区域节点城市的产业的梯度转移，培育特色产业集群。同时遵循"技术研究—产品研发—营销展示—产品制造"的产业组织规律，形成地区间的明确分工、梯度联动。

二是优化跨界市镇群的空间组织。即依托跨界组团的产业优势和承接功能，推动跨界城镇群内部组团之间的功能互动和职住平衡，打造特大城市周边的次级中心

地，分担京津人口快速集聚的压力。例如，在燕郊地区依托毗邻通州副中心的优势，大力发展都市型产业；在廊坊市开发区和武清北部地区发挥高新技术产业优势，打造京津主轴上的重要发展节点；在永清县、固安县等地区发挥临近北京新机场优势推动商贸物流、出口加工等产业发展。在保定北部地区、房山区琉璃河镇等组团发挥资源环境优势，大力发展休闲旅游等产业。通过优势资源整合，实现跨界城镇组团和北京中心地区的错位发展。

3.3.4 强化机制创新，构建一张蓝图

跨界城镇群建设不仅要求京津冀三方强化体制机制创新，还要打破行政区划的界限，携手构建创新共同体，从而实现京津冀协同发展的一张蓝图。工作初期应以推动两方面规划相关工作为抓手：

一是京津冀三方共同建设区域城乡规划数据平台，实现北京和东南环京地区范围内用地空间基础数据共享、共用，为进一步实现京津冀地区协同规划及重大项目用地储备的"一张图"打下落地基础。

二是建立健全北京与周边地区协同规划机制。包括建立京津冀三地规划部门工作对接会议制度，在此基础上推动京津冀三方共同编制跨界市镇群发展规划，共同推动规划实施和项目落地，建立北京与周边地区规划实施评估机制。从而实现跨界地区规划的统一编制、统一实施和统一评估。近期依托新机场建设共同组织编制《北京新机场临空经济区规划》。

4　总结

京津冀协同发展意义重大，对京津冀三地既是机遇也是挑战。北京和东南环京地区在协同发展过程中，已出现了多种模式的跨界发展。但是由于北京和周边地区存在大国首都和特大城市、区域发展不均衡突出、资源环境约束压力巨大等特征，决定了北京和东南环京地区跨界发展呈现出的空间矛盾愈发突出和紧迫，并且不能简单地照搬长三角、珠三角等地区的模式开展跨界协同工作。

在新常态要求下，加强北京和东南环京地区的跨界协同规划，并在生态环境、交通体系、产业功能组织和机制创新等方面实现空间管制跨界联动。北京和周边兄弟城市必须克服行政辖区思维惯性的束缚，携手在协同发展的大局中谋划空间发展格局，为京津冀三地协同发展率先突破做出表率。

参考文献

[1] 吴蕊彤，李郇. 同城化地区的跨界管治研究——以广州—佛山同城化地区为例 [J]. 现代城市研究，2013（2）：87-93.

[2] Johnson. C. M. Cross-border Regions and Territorial Restructuring in Central Europe [J]. European Urban and Regional Studies, 2009, 16（2）: 15-35.

[3] Perkmann. M. Construction of New Territorial Scales: A Framework and Case Study of the EUREGIO Cross Border Region [J]. Regional Studies, 2007, 41（2）: 253-266.

[4] 罗小龙，沈建法. 跨界的城市增长——以江阴经济开发区靖江园区为例 [J]. 地理学报，2006，61（4）：435-455.

[5] 周素红，吴智刚. 快速城市化地区跨行政边界的城市增长模式探析 [J]. 城市发展研究，2009，16（6）：53-58.

[6] 陶希东. 跨界区域协调：内容、机制与政策研究 [J]. 上海经济研究，2010（1）：56-64.

[7] 余猛，吕斌，孙建欣. 都市圈中不同级别城市的跨界整合 [J]. 城市规划学刊，2009（3）：95-98.

[8] Shen J. Cross-border Connection Between Hong Kong and Mainland China Under "Two systems" Before and Beyond 1997 [J]. Geografiska Annaler, 2003, 85（1）: 1-17.

[9] 北京市规划委员会. 北京城市总体规划2004—2020年 [Z]. 2005.

[10] 中国社科院城市与环境研究所. 从三河看北京市人口产业疏解和京津冀协同发展的问题及建议 [Z].

备注

本文发表在《新常态：传承与变革——2015中国城市规划年会论文集》中，有删节。

北京城乡一体化建设实践的问题与对策刍议

陈猛

20世纪50年代以来，我国实行了以户籍制度为基础，包括土地、就业、社会保障等在内的一系列制度，"不仅仅存在于经济领域，而且反映在上述一系列体制下的多个方面，形成了我国特有的城乡二元结构体系"[1]，从此城乡二元化的特征反映在我国经济社会发展的诸多领域，在城乡建设和发展中也同样出现了城乡割裂的二元化现象。

城乡一体化是对既有城市发展方式的重新认识，为城乡协调发展提供了一种新的方向和判定标准。在过去的几年里，北京在推动城乡一体化进程中进行了大量的建设实践，也取得了一定的成效，但我们仍然有必要对已有的实践进行重新审视，如北京当前城乡一体化的实施方式和实施的结果有没有达到预期的目标，实施过程中存在什么样的问题，有何成功与不足之处等，都是我们需要正视的问题，这对于推动城乡一体化进一步健康有序发展也将起到重要作用。

1　当前北京城乡二元化的建设背景

1.1　中心城的进一步集聚和远郊农村空心化

北京中心城的进一步集聚和远郊农村空心化是当前北京城乡建设面临的一个重要背景。北京总规实施评估报告[2]的有关结论认为，自北京城市总体规划批复和实施以来，中心城人口和产业过度聚集局面未能根本改变，主要表现在常住人口的增长和建筑量的持续增加，"大饼仍然摊大摊厚"，"单中心聚焦引发城市空间无序蔓延"[3]的问题依然存在。据有关统计，从近五年的变化情况来看，中心城仍然是建设用地增长比重最大的区域，占全市新增建设用地的50%；从审批项目上看，52%商业金融类项目和42%居住类审批项目主要集中在中心城。

同时，北京远郊村庄户籍人口持续减少，存在一定的空心化现象。根据北京统计年鉴有关数据显示，北京农村人口从2003年到2009年，由305万人减少到263.2万人，平均每年减少7万人。另有关对典型村庄的调查[4]也显示，被调查村庄5岁以下的新出生婴幼儿数量很少，老人、中年妇女及学龄儿童占总人口的比例较大，而20～35岁年龄段的青壮年人口多不在本村就业与长期居住，其中多数在所在区县新城的企业就业并购房落户。

1.2　城乡二元化的建设管理导致村镇整体建设失控

城市和农村两套建设管理体系，导致城市在规划主动引导下不断扩张；村庄却在缺乏引导下持续蔓延，北京整体城市空间发展呈现出从"单中心蔓延"向"多中心集聚与粗放蔓延并存"的特点。

据有关统计，北京城镇建设用地规模由2004年的1150平方公里增加到2009年的1366平方公里，新增规模为216平方公里；农村的集体建设用地由2004年的842平方公里增加到2009年的1114平方公里，新增规模为272平方公里，集体建设用地增长速度反而超过城镇建设用地增长速度。与此同时，外来人口则大量进入农村居住，持续推动了农村建设的无序蔓延。有关调查[5]显示，在北京居住半年以上的流动人口从1997到2006年的9年间，由146.3万增长到383.4万人，共增长了237万人，而他们的居住地很多在农村。2006年末，居住在行政村的常住人口为501.6万人，其中本市农业户籍人口约占52%，本市非农业户籍人口约占16.6%，外来人口则占31.4%（约合157.5万人），近郊区特别是城乡结合部某些村庄外来人口比例甚至高达本地户籍人口的10倍以上。

1.3　对村级建设用地控制引导不够，违法建设增多，土地使用效率较低

北京郊区尤其是临近中心城的近郊地区由于受中心城辐射较强，发展需求旺盛，由于违法预期收益较大导致违法现象较多。根据北京市规划委员会卫星查违（章）结果显示，2009年北京市违章建筑面积约268万平方米，比前一年（2008年）违章建筑总量增加了约183%；从违法建设较高地区的分布变化趋势上看，仍然保持持续向近、远郊结合部地区蔓延。

从农村用地人均占地情况看，若以2009年北京市农村人口263万人计，农村人均占用集体建设用地规模约424平方米，大大高于人均城镇建设用地水平，导致了土地使用的不集约使用，同时农村用地的产出效率也较低，与市级以上工业开发区及全市工业用地相比，乡镇工企业用地存在明显的地均产出低、资源消耗量大、污染严重等现象。

2 北京城乡一体化建设的实践

2.1 北京城乡一体化建设实践的分类

当前，北京城乡一体化建设的相关实践类型比较多，但由于缺乏统一标准而不利于问题总结和经验提升。要全面客观认识北京城乡一体化建设实践，应该首先对相关实践有一个合理界定和分类，这也是评判和改进的重要前提。

基于城乡一体化建设的实践，笔者认为从建设领域的角度研究城乡一体化的问题，应充分结合本领域的特点，围绕空间建设形态、土地产权关系和实施动力等方面进行区分，因为建设形态将会影响到城市的空间格局、土地强度，从而也决定了城市需要达到的公共配套设施供应水平和基本承载能力；土地产权则会影响到土地使用方式、管理方式，涉及生产要素的资本化问题，这对于城乡一体化将起到更深层次的作用；实施动力则是决定城乡一体化建设的模式的重要因素和推动城乡一体化实施成功的关键要素。

根据上述分析，北京城乡一体化建设实践大致可分成城市化改造和村庄化改善两种类型，又根据土地产权关系及实施动力的不同进一步分为完全城市化的城市建设项目带动型、既有国有土地又保留部分集体土地的政策带动型、完全保留集体土地的自主城市化型以及以改造改善为主的新农村建设和新农社区建设。

其中，城市建设项目带动型中的"项目"是泛指推动局部地区改造的建设项目，该类型实践可以包括所有以市场开发项目带动实施的城市规划建设区内的村庄改造（实际上，由于政府很难有财力通过财政拨款直接进行大量局部地区的村庄改造，所以很多表面上没有开发项目带动的村庄改造与城乡一体化建设也是间接通过开发项目带动实施的，实施模式具有本质的相似性）。

政策带动类型是政府主导，为了解决特定的矛盾问题而制定相关的政策，推动城乡一体化的模式，当前北京代表性的政策即"三个1/3"试点政策。该类型实践是以"三个1/3"政策为核心依据的实施模式，"三个1/3"政策即以原有农村集体建设用地总量为基数，取基数的三分之一为村民回迁及集体产业用地，另取三分之一土地用以还绿，最后一个三分之一用来土地收储，以招拍挂形式回笼用以平衡拆迁及建设成本所投入的资金。

村集体自主实施的模式主要是指乡镇集体及农民个体依靠自己的土地、劳动力为主要生产要素，不经过土地征用，农民自主参与市场化与城乡一体化的实践方式。

社会主义新农村和新型农村社区建设则主要是政府通过政策引导和适当的资金支持，在充分尊重农民意愿前提下，帮助农民进行村庄改造和社区的建设，更多地体现了"政府主导、农民主体"的建设实施模式。

2.2 北京城乡一体化实践中存在的问题

2.2.1 城市化改造型的阶段性和村庄化改善型的长期性问题

城市化带动型操作模式简单，市场化程度高，符合现阶段我国城市化滞后于工业化的基本国情，能够迅速推动城市化进程，特别是近年来土地储备制度逐步建立完善以后将更加有效带动城市规划建设区城乡一体化改造。

然而对于北京而言，城市化带动型并不符合其特定的城市化发展阶段，而终将会是一种阶段性的发展策略。根据《北京市统计年鉴》有关数据显示，2009年北京城市化水平已经达到85%，按照城市化的发展规律，这个阶段已经是城市化的后期阶段或者称为城市化的自我完善阶段，这个阶段城市辐射力最强，城市文明普及最快，城市化水平也趋于平稳的阶段，然而，由于当前区域发展不平衡和强烈的极化效应，使北京面临过度城市化的压力。对于北京，城乡一体化进程中快速城市化带动的模式不仅是没有必要的，而且容易使保留在村庄的空间和文化特色随着快速城市化而消失；对区域而言，也将进一步导致不平衡的加剧。

实际上，城乡一体化不可能实现100%城市化，全世界也只有极少数城市或地区是完全城市化。农村、农业问题将作为一种形态、一种产业，而不是一种制度或一种身份而长期存在。长远来看，中国现代化进程要靠城镇化和新农村建设驱动"双轮驱动"，北京在相当长的时期内两种方式也将会并存。以新农村建设为代表的村庄化改善类型自从2006年迅速展开后取得了一定成效，但仍有很多村庄建设并未得到有效改善，资金、劳动力和产业发展动力仍然是制约新农村建设的重要因素，村庄化改善推动城乡一体化任重而道远。

2.2.2 实施模式的自上而下与自下而上的有机结合问题

当前北京的城乡一体化建设多为以政府主导、土地储备机构或开发企业为实施主体的"自上而下"的模式，具体操作方式以拆旧建新为主，涉及的土地征用与农民转非及拆迁、安置、各类手续办理等各种关系容易理顺，甚至政府部门可以"特事特办"、走绿色通道等，从而使整体建设推进变得简单、高效，但问题往往会出现在实施之后"农民"向"市民"转变过程中。如拆迁农民能不能通过职业培训提升自身素质，进行有效就业，成为自食其力的劳动者，而不是仍然依靠出租房屋为生，从原来的"吃瓦片"到新的"吃瓦片"；能不能适应新的生活方式和邻里关系，立足于不同文明去建设新的精神家园，而不是精神空虚，滋生不良社会风气等。

与此同时，以村委会为主导、村民或集体经济组织为主体的"自下而上"的实施模式也从未停止过自身的实践，北七家镇郑各庄村及高碑店乡的高碑店村都是"自下而上"较为成功的案例。由于我国以往更加注重城市建设与管理，而农村建设与管理相对不够健全，而且农民自身的摸索由于缺乏指导而具有模糊性，所以"自下而上"的实践模式更加难以成功，或者容易出现偏差，但也正是因为"自下而上"，往往受"条条框框"的影响较小，从而容易出现创新性的成功实践。

"自上而下"与"自下而上"的有机结合将有效避免过快城市化产生的社会问题和自主城市化中缺乏有效指导而出现过大的偏差，将有利于促进城乡一体化的健康发展。然而，北京当前的城乡一体化实践中常常缺乏两者的有机结合，虽然很多城乡一体化改造提出"政府主导、农民主体"的口号，但是无论从实施政策制定还是区域开发都与农民没有关系，无非是在农民安置和补偿上可能会有较高的补偿，使农民得到了实惠。探索如何实现"自上而下"与"自下而上"有机结合的实施方式将是真正实现北京城乡一体化的重大课题。

2.2.3 城乡一体化建设中村庄发展与既有城市空间体系衔接问题

城乡一体化的建设要求我们需要统筹考虑城乡建设与管理。北京中心城、新城外平原地区有行政村1629个，村庄建设用地418平方公里，其中仅有248个是在规划城市建设区内，1371个在规划镇区外，其村庄建设用地约334平方公里，这个规模约占相应区域规划城市建设用地比例的一半，这个比例对于城乡空间结构的影响是不容忽视的，甚至可能使局部地区的空间结构产生颠覆性变化。

城乡一体化的规划建设与管理可能会使原有农村地区承载与城市等同的职能分工与合作，但是按照当前的实施模式，大多数地区都倾向于增加开发强度，面对如此大区域的建设强度增加，对北京整体的资源环境承载能力将形成严峻考验。

3　北京城乡一体化建设的对策与建议

3.1　多种方式综合推进城乡一体化建设

城乡统筹是实现城乡一体化的重要方法，城乡统筹的方法论也决定了城乡一体化不可能仅从城市或农村单方面实现，所以利用多种方式综合推进城乡一体化建设将具有重要现实意义。

3.1.1　强化城市建设地区的建设与改造，以城市化推进一体化进程

城市化建设实施过程中，应始终坚持和运用城乡统筹的原则，综合利用财政、规划、土地等政策和手段，创新思路、着眼实施，推动规划城市建设区的城市化建设，同时要为村庄城市化过程中农民向市民的转变做好引导和服务，重点做好转居、社会保障及再就业等综合保障工作，以健康的城市化推进城乡一体化。

3.1.2　以城乡规划综合统筹，积极引导自主城镇化

自主城镇化是以村集体为主导，体现了大多数村民的意愿，有利于改造工作的顺利推动，由于实施之前需要村民代表大会通过，所以这个过程包含了较大程度的公众参与，同时自主城镇化多是以村集体经济的发展为基础，这就有利于促进农村相关产业发展，反过来，也有利于从根本上促进农民生活、就业的改善。积极引导自主城镇化，将有助于实现乡村、城市的自然融合和城乡一体化的健康发展。

3.1.3　稳步促进广大农村地区的新农村建设，推进一体化进程

积极稳步推进广大农村地区的新农村建设将成为城乡一体化的一种重要方式。无论是新农村建设还是新型农村社区建设归根到底都是农村社区的更新改造，这种改造借助于政府的扶持和资金支持，不容易受商业开发的影响从而有利于实现村民和集体的共同利益，实现政府的原本诉求和城市的综合发展要求。

从新农村建设角度实现城乡一体化关键在于进一步建立城乡生产、资本要素自由流动的制度环境，消除城市与乡村交流的障碍和政策隔离，为村庄预留自由发展的空间，避免不适当地推行村庄迁并和盲目安排各种产业发展，加强引导和政策支持，持续稳步推进城乡一体化进程。

3.2　转换农业生产方式，推进和落实集体土地及产业发展

尽管我们可以通过前述城市建设的手段影响或推动城乡一体化进程，但是否真正实现了城乡一体化却并非从城

市建设角度的单一评判可以认定，农村和农业本身的发展，很大程度上成为推动城乡一体化健康持续发展的重要一环。

农村集体土地的有效使用和集体产业的支撑将成为城乡一体化的内生动力和重要基础。国内外的城乡一体化的诸多实践经验也表明，对农村生产方式的改造，特别是将分散、落后、自给自足的生产方式，改造成适应现代化，具有集中和规模效益、具有科技含量的新型产业生产组织方式，提升集体土地使用的效率和土地产出水平将有效推动城乡一体化发展。当前北京市集体产业用地的发展存在管理混乱、使用低效的状况，我们应该进一步关注和着重研究集体用地如何与城市功能结合，如何优化土地利用方式、业态、经营方式，推进和落实集体土地及产业发展和管理等相关配套政策和办法。

3.3 维护生态安全格局，保障城乡建设用地的合理使用

根据北京市限建区规划，北京市平原地区的6338平方公里中，禁止建设区面积约2657平方公里，限制建设区3192平方公里，适宜建设区仅为496平方公里。当前，北京城乡建设用地已经达到2480平方公里，其中城镇建设用地1366平方公里，农村集体建设用地1114平方公里，用地总规模已经接近适宜建设区和限制建设区的总和。同时，当前北京市人口规模已达到1961万人，远远超出城市总体规划中2020年预测的1800万人规模，人口资源环境的压力巨大。

然而城乡一体化建设除了新农村建设之外，无一例外都会增加城市的容量，这将导致人口、资源、环境压力的进一步加剧，而且有很多村庄位于禁建区，所以城乡一体化无论是采用哪种实践类型，都应该维护城市的基本生态格局，保障城乡建设用地的合理使用，这其实也是城乡建设的根本底线。同时北京还要通过与周边区域的协调发展，通过外部疏解、内部优化的策略，缓解城市增长的压力，持续推动北京城乡一体化的健康发展。

参考文献

[1] 王伟光，付崇兰，曹文明. 中国城乡一体化——理论研究与规划建设调研报告 [M]. 北京：社会科学文献出版社，2010.

[2] 北京市人民政府. 北京城市总体规划（2004-2020年）实施评估报告 [R].

[3] 吴良镛，刘健. 城市边缘与区域规划——以北京地区为例 [J]. 建筑学报，2005（6）.

[4] 张悦，倪锋，赵亮，王鹏. 北京远郊w村入户调查报告 [J]. 北京规划建设，2006（03）.

[5] 赵树枫. 改革和农村宅基地制度的理由与思路 [M] //北京市农村经济研究中心. 北京城乡一体化发展的研究与思考. 北京：中国农业出版社，2010.

备注

本文发表在《多元与包容——2012年中国城市规划年会论文集》中，有删节。

利益冲突与政策困境——北京城乡结合部规划实施中的问题与政策建议

徐勤政　胡波　曹娜　高雅

1 研究概述及基本背景

1.1 城乡结合部研究概述

城乡结合部是一个国际性问题，有西方学者称其为"腐烂的面包圈"，然而北京的城乡结合部的主体是绿化隔离带（以下简称绿隔），是一个基于田园城市理念建构的"生态控制圈层"。从微观的城市生活样态来说，这里既是城市新贵和外来移民聚居地，也是城市低收入者的"湿地"。有研究表明高收入人群和低收入居民空间上更加接近于城乡结合部地区，前者关注其生态与环境用途，后者关注其经济用途[1]。

因此，对城乡结合部这个介于城市与乡村、建设与非建设之间的带状区域，其概念不可避免地带有了动态性、渐变性和模糊性。在定量测度研究中，许新国及团队[2]、姚永玲[3]、曹广忠及团队[4]、林坚及团队[5]就分别根据遥感分析和断裂点法、综合叠加法、阈值法、产业分析法等方法划分出了不同的空间范围。以北京为例，中心城城乡结合部的空间范围大致从新中国成立初期的二环路延伸到目前的五环甚至六环附近。正如姚永玲的观点——北京城乡结合部具有"三交叉"特征，即城乡用地交叉、农居生活交叉、街乡行政交叉。

随着北京城市空间不断扩展，良好的区位条件使城乡结合部地区发展动力十足，成为本地农民城市化和低收入外来人口集聚矛盾交织的区域，同时也是城市环境污染、违法建设最多和社会管理难度最大的地区。上述问题的本质是在土地资源的再分配过程中，社会利益的分割、分配与交易等权益的变化，是单一的技术性手段无法应对的[6]。城乡结合部的发展过程中，规划越来越多地面临着破解城乡二元制度、完善配套政策等新命题。例如集体建设用地流转、失地农民的市民化和利益补偿、土地价格机制、绿带政策、非城市建设用地规划等[7]。

基于上述认识，本文拟从城乡结合部现状及实施中的核心问题入手，分析绿隔政策等实施手段对规划实施的作用，寻求修正绿隔政策、优化规划机制、促进规划实施的路径。

1.2 北京城乡结合部规划及发展背景

1.2.1 规划背景

受当时"苏联"规划理念的影响，北京市自1958版总规就提出了绿化隔离带的设想，设置绿隔的初衷是防止城市蔓延、维护分散集团式布局、形成环境美好的生态控制圈层。规划第一道绿化隔离地区是中心集团与十大边缘集团之间、边缘集团与边缘集团之间约310平方公里的范围。第二道绿化隔离地区为"第一道绿化隔离带及中心城边缘集团外界至规划六环路外侧1000米绿化带，总用地面积1650平方公里"[8]。

随着北京城市化进程的加速，迫于种种建设压力，两道绿隔地区内的绿地规模和宽度不断缩减。1958版、1983版和1993版总规中绿隔占规划市区面积的比例分别为52%、35%和23%。与此同时，现状建设用地比例不断提高，"城进绿退"现象日趋明显。相比之下，伦敦绿带内的绿地面积占绿带面积83.45%，而北京绿隔内绿色空间只占绿隔面积的54%，并且存在大量的违法建设用地和未拆迁的村庄建设用地，相比之下更为破碎[9]。

1.2.2 实施背景

从城乡结合部地区的发展历程来看，在由"农村包围城市"演变为"绿带环绕城市"的规划实施过程中，城乡功能提升需要付出的成本，渐渐成为北京不能承受之重。第一个困难是：当城市化发展需要大量无法产生经济效益的生态用地时，没有人情愿为此买单，城乡结合部的建设进入了一个"以地养地"的"死循环"。第二个困难是：当农村土地资源转化为高额的土地资产时，拆迁安置补偿的缺口越来越大，乡村之间"肥瘦不均"的效应也逐渐放大。第三个困难是：当一部分农民先行上楼后，村民的职业仅仅是从"租民房者"转变为"租楼房者"，从事的依旧是变相的"瓦片经济"；本地农民和外来人口的就业和生活方式短时期内难以发生质变。

回顾几十年的绿隔建设，一个基本的逻辑是——在缺乏资金的条件下，为了实现绿化，采取"以开发带建设"的措施，使大量开发建设充斥于绿化隔离地区的范围之内。在城乡结合部绿化基金"自筹自建、就地平衡"背景下，必然导致绿隔空间"自我蚕食"。

从77号文到7号文、20号文、17号文，以至土地储备政策，因为实施资金的匮乏而衍生出诸多权宜之计——补偿形式由"货币补偿"为主转为"实物补偿"为主；人员由最早的"转居不转工"到"部分转居转工"又到"不转居不转工"；而土地由最早的"全部征为国有"到"商品房征为国有，农民新村划拨，企业用地保留集体所有，绿地不征用"。

2 现状及实施中的问题

2.1 人口调控问题：外来人口多、破除瓦片难，整体困局因人而起

城乡结合部范围内现有村庄当中本地农民与外来人口比例倒挂现象明显，2009年农村户籍人口与村庄中的外来人口比例为1：4.7。主要原因在于四个环节的关联：①城市发展需要外来人口。城市中心对大量低收入人口和低端服务业存在需求，而城市中心又不能及时满足这种需求，从而迫使这类人群在城乡结合部聚集。②城市近郊容纳外来人口。城乡结合部交通方便、生产成本和生活成本低，大量外来人口需要相对低廉的服务，由此形成了特定的基础设施和环境特征。③瓦片经济依赖外来人口。土地与房屋租赁锁定双方利益，外地人给本地人带来了丰厚的房租收益，便宜的租金使得企业自然在此聚集。④执法不力放纵违法建设。对违法建设的处理率低，违法成本低，而合法开发的成本相对较高[10]。

本地人口的突出问题体现在搬迁安置、劳动力就业、社会保障等三个方面，简称"转居、转工、社保"，突出表现为：①人口增长压力难以缓解。由于管理不力和规划时序问题，本地农业人口增长迅速，已拆迁人口和待拆迁人口同时增长，2003～2010年间本地农民数量增长了约20万人，出现了"拆一涨二"的现象。②农民实质就业不足。在已实施或正在实施绿隔的村庄中，村庄农民的冗余就业、失业和隐性失业问题比较严重，据有关数据统计，真正实现就业的占规划劳动岗位总数不到20%。

2.2 产业发展问题：低小企业多、反哺农民弱，产业发展后续乏力

城乡结合部现状集体产业用地88平方公里，其中有较多的工业大院[8]，多为村集体的"瓦片经济"，吸纳了大量的外来人口。其总体特点是："低、小、弱、散"，即：①产业层次低：以产业链中的低端制造业、批发零售业为主，二产约占60%，平均地块面积1.25公顷。②经济效益小：现状集体产业用地的地均产出普遍低于全市水平。以朝阳区为例，现状集体产业用地的地均产出效益约为19.2亿元/平方公里，而其现代服务业、高新技术产业的地均产出均为100亿元/平方公里以上。③反哺农民弱：现状大部分集体经济组织出于经营水平和风险的考虑，对其产业用地的经营以土地出租为主要方式，中间环节的利益流失造成农民收益较低。④空间布局散：现状集体产业用地大多依从了原村庄总体格局，以"离土不离乡"的模式进行空间拓展，空间布局分散、无序，并且区位在规划非建设

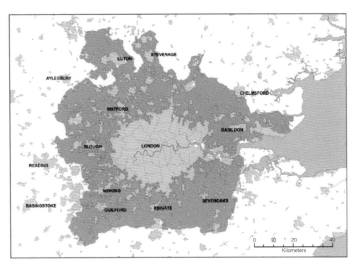
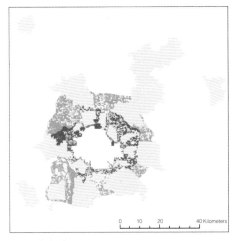

（a）伦敦大都市区　　　　　　　　　　（b）北京市域

图1　伦敦、北京绿带规模和破碎度对比
（图片来源：伦敦绿带引自 www.cpre.co.uk/resources/housing-and-planning/green-belts/item/.../467；北京绿隔为作者自绘）

区中约占70%，成为违法建设的最大来源。

2.3　公共服务问题：基础设施差、综合环境差，条件改善刻不容缓

集体经济组织担负着发展经济、股红分配和提供农村公共产品等三大职能。目前北京城乡结合部的公共设施、市政基础设施等公共服务基本都由乡、村集体组织提供，由于集体经济发展的差异，各个集体组织所能提供的公共服务的水平差异也较大。但总的来说，相对城市公共服务和基础设施水平，城乡结合部呈现出"两少一多"的局面，即支撑性基础设施少、公共服务设施少（尤其是对于外来人口）、敏感性基础设施（如垃圾处理厂、变电站等）多，本应成为"后花园"的城乡融合地区变为城市的"杂物间"。另外，由于外来人口流动性强，管理难度大，治安问题也层出不穷。

2.4　土地利用问题：开发建设快、拆迁成本高，整改模式亟待创新

城乡结合部地区土地利用呈现三个特征：①权属混杂：城乡结合部总面积为753平方公里，国有、集体土地约各占一半。②开发活跃：城乡结合部是目前城市建设最活跃的地区。根据总规评估相关专题的结论，2004～2009年，中心城新增城市建设用地约160平方公里，主要分布在边缘集团和绿隔地区（约101平方公里），约占全部增量的63%。③违建较多：2006～2008年，全市通过卫星发现并核实的违法建设中有20%处于中心城的城乡结合部地区，属于违法建设的高发地带。

城乡结合部村庄实施绿隔的过程中，土地问题的核心在于土地压力不堪重负，靠土地平衡资金换发展的模式已无法持续。目前已实施的村庄主要靠政府自上而下推进，而政府主导模式的成本过高。

2.5　生态建设问题：遗留问题多、绿化实施难，绿隔控制步履维艰

城乡结合部绿化建设任重道远，仅一道绿隔内就有约60平方公里的缺口[8]。建设用地对生态空间的侵占呈上升趋势，特别是中心城内部楔形绿地的保护愈发艰巨。其原因主要在五个方面：①政府投入不足。市财政未对绿地腾退和养护管理给予足够的资金支持，而是采用增加建设用地用以平衡资金的方式实现，而部分乡和村由于绿化负担重，无法实现以地养绿，导致遗留问题增多。②公共政策属性弱。绿化指标的制定并未充分考虑乡镇负担，并将上位统筹作为前置条件，人为造成了乡镇发展的"贫富

不均"，实施过程中主要依靠下达行政指令而缺乏系统的公共政策推动。③乡村统筹难。一道绿隔地区共有79个实施单位，各乡镇和村庄区位和资源差异很大，安置标准及规划绿地面积等方面与乡村行政管理不协调，难以兼顾公平，不利于规划实施。④绿地功能单一。部分实施绿地并未充分发挥预期的生态和游憩效益，配套设施不足、居民使用率不高。⑤实施监管力度不够。城乡结合部地区规划绿色空间中现状实施了60%，尚有约146平方公里未能实施，其中约40%为村镇建设用地，52%为国有单位占用；对违法建设查处力度不足，另外部分实施绿地并未由园林部门接管，养护和管理水平较低。

2.6　管理体制问题：政策变化多、平衡利益难，规划调整应对被动

城乡结合部发展过程中绿隔政策屡次调整，7号文、20号文、17号文虽然有力保障了农民"上楼"，但由于政策目标与实施手段的偏离，绿化美化替代空间引导成为绿隔建设的主要目标，渐渐导致当前"以开发带建设"反而威胁绿地建设的结果。

城乡结合部改造过程中面临的上述实施性问题，其根源是政府、市场、农民三者之间的利益关系没有理顺，城乡结合部改造过程中存在的几个基本矛盾没有得到有效解决，因此出现了上下利益错位、部门协调不足、乡村肥瘦不均、大型企业欠账等问题，最终导致各集团利益分化、互相掣肘、统筹协调不足、管理实施不力、规划屡遭突破。

3　规划思考与实施建议

北京城乡结合部的问题实际是由于城市绿化和农民城市化问题叠加，土地资本化和规模减量化相悖所造成的。对于如何科学编制规划，应从"功能"入手进行分析；对于如何有效实施规划，应从"政策"入手进行保障。

3.1　结构上的优化：加减结合，强化实际功能的实现

以绿道、公园环等规划建设为加法，以限建区、绿楔等规划控制为减法；以低效土地积极利用为挖潜手段，以财政转移支付和农游共进为开源手段，以增强查违力度和弹性预留置换为截流手段；严控生态节点，促进廊园串联。

（1）优先保护战略性生态节点和廊道。划定生态敏感区，用更严格的方式实现对生态敏感地区的保护，以取代越来越含糊和混乱的绿化隔离带地区。对生态不敏感地区可进行指标上的空间置换，适当降低区位较好、发展动力强劲区域的规划绿地规模，将其置换到生态敏感地带或通

风廊道等绿色空间内（图2）。

（2）从强调指标到强调功能，从强调面上的控制到强调点和线上的控制。用更积极的线性绿道取代消极的绿隔区域，促进游憩空间的延伸，提高公共可达性。

（3）从强调表面的控制到强调内在的活化。积极保留农业用地发展现代农业和以休闲为核心的第三产业，积极发展郊野公园，开展绿道规划。

3.2 空间上的转化：一绿蜕变为公园环，二绿变绿隔

随着城市的扩张以及一道绿隔外围新城的发展壮大，城市功能与原绿隔的空间关系和功能联系发生改变。一道绿隔已经被城市建成区包裹在内，成为城市的绿色"内环"。在这种背景下，一道绿隔的功能定位已不是"生态隔离"，而应向"游憩共享"转化。实际上，伦敦也经历了两道绿带的演变，1965年完成伦敦第一道都市绿化带，其具体的地理界线由所在的郡县来划定，同时每5年需要评定和审核一次。1988年，伦敦都市绿化带作了重大的调整，调整后的绿化带被称为伦敦第二道都市绿化带，其地理范围也大大地扩展了，远至距离伦敦市中心约60公里[11]。

2007年开始，一道绿隔地区启动了郊野公园建设，目前绿隔地区共计建设郊野公园60多处。发展郊野公园的主要目标是绿地空间的功能活化：功能上提高游憩性和参与

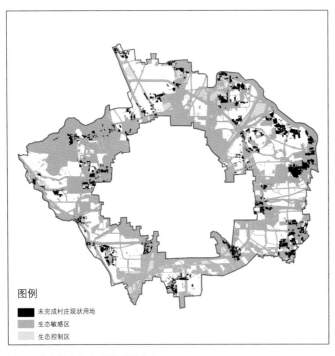

图2　城乡结合部生态敏感区分布
　　（图片来源：北京市城市规划设计研究院，《北京市城乡结合部地区建设实施情况及规划研究》，2011年）

性，交通上提高可达性，空间上强调整体性，使绿道和郊野公园系统成为绿意浓融的绿色开敞空间和百姓可以自由参与的游憩休闲空间，使一道绿隔成为名副其实的"公园环"。第二道绿化隔离地区作为城市重要生态功能区，主要目的是落实城市空间格局和生态环境建设，防止市区建设用地无限制向外扩展，形成良好的生态平衡圈。随着北京一道绿隔向休闲游憩功能为主的"公园环"转化，二道绿隔应逐步推进规划和控制工作。

3.3 功能上的活化：隔离型绿化带变综合性绿化带

国际经验表明，完全依赖公共财政来实现绿带的建设和养护是不可行的，绿带必须发挥一定的经济效益，通过游憩休闲、体育、娱乐等产业的带动，实现绿带的可持续发展。例如伦敦都市区绿化带中农业占一半以上（约57%），其中高质量的农业用地占绿化带土地的14%；而阔叶和混合林地并不占主要地位，仅占伦敦都市区绿化带土地的18%。而北京绿隔地区的绿化主要以景观林地为主：现状农业用地占绿化总面积的12%，景观林地占38%；规划农业用地只占4%，60%都作为景观林地。虽然为了解决绿隔地区拆迁农民的就业安置问题，在绿隔地区规划了部分产业用地，但比例较低，片面追求纯绿而消灭农业带来了不少问题。因此，北京城乡结合部的绿隔地区应避免片面追求"纯绿"，而是采用多种方式完善绿隔建设，推动绿地保护。对于生态敏感的地区，政府应征地并建设保护公园；对于其他地区，应鼓励发展都市农业和绿色产业，提升绿地的综合价值，在产业的带动下保护绿地，实现功能的复合和产业的活化。

4 结论

绿隔整治工作中曾经流传着"调、拆、建、转、管"五字箴言，"调"字为先，以往绿隔政策的推动很大程度上是靠"调规划"这一种途径来支撑的。当土地和空间成为解决绿化和城市化的救命稻草之时，规划却深深地陷入"工具化"和"不严肃"的泥潭，在整治城乡结合部这样的复杂问题面前，"拯救规划"被率先提了出来。

如何给规划解套？需要从"事理"、"管理"、"法理"三个维度进一步开展研究工作：

（1）充分考虑现状城乡发展的利益诉求，例如农民的需求、绿化的需求、公共设施建设的需求、公共财政支持的能力，应对城市增长弹性，明确功能定位，解决好具体的"事"。

（2）各个部门统筹配合，确定体现公共利益的"权责边界"和体现市场弹性的"权益边界"，特别是明确绿色空间的实施主体和责权关系，使城乡结合部真正"管"得合理。

（3）加强城乡结合部相关规划文本的法规化、法制化转化，城乡结合部规划管理的实质问题在于完善法律法规，明确各类空间保护控制的法律边界和准则。

以"政策引领规划、三农指挥规划、算账框定规划"为基本路径，最终实现规划实施"圈内有政策、圈外有法规"，做到城乡发展政策对等、城乡空间资源统筹、城乡功能结构优化。

参考文献

[1] 朱查松，张京祥. 城市非建设用地保护困境及其原因研究 [J]. 城市规划，2008（11）.

[2] 许新国，陈佑启，姚艳敏，等. 城乡交错带空间边界界定方法的研究——以北京市为例 [J]. 安徽农业科学，2010（2）.

[3] 姚永玲. 北京城乡结合部管理研究 [M]. 北京：中国人民大学出版社，2009.

[4] 曹广忠，缪杨兵，刘涛. 基于产业活动的城市边缘区空间划分方法——以北京主城区为例 [J]. 地理研究，2009（5）.

[5] 林坚，汤晓旭，黄斐玫，等. 城乡结合部的地域识别与土地利用研究——以北京中心城地区为例 [J]. 城市规划，2007（8）.

[6] 袁奇峰，杨廉，邱加盛，魏立华，王欢. 城乡统筹中的集体建设用地问题研究 [J]. 规划师，2009（4）.

[7] 徐勤政，吕海虹，曹娜，谢欣梅. 北京城乡结合部地区规划实施中的问题与反思 [M] //中国城市规划学会. 2013中国城市规划年会论文集. 青岛：青岛出版社，2013.

[8] 北京市城市规划设计研究院. 北京市城乡结合部地区建设实施情况及规划研究 [R]. 2011.

[9] 北京市城市规划设计研究院. 北京中心城城乡结合部地区绿色空间规划及实施研究 [R]. 2012.

[10] 孟晓晨. 中国（大陆）土地利用规划实施中的问题、成因及出路 [R]. 北京大学城市经济学课件，2007.

[11] 曹娜，徐勤政，吕海虹. 国际城市绿带政策的类型、演变及对北京绿隔建设的启示 [M] //中国城市规划学会. 2013中国城市规划年会论文集. 青岛：青岛出版社，2013.

备注

本文发表在《国际城市规划》2014年第4期，有删节。

北京应注重城市空间格局的顶层设计

杨宝林　杨俊峰

1　引言

改革开放以来，北京的发展可谓突飞猛进、日新月异，城市规模和城市空间格局随之不断发展变化，北京的"大城市病"也日益突出，体现在环境、人口、交通等诸多方面。习近平总书记在北京调研之后，强调城市的发展要注重顶层设计，城市的空间格局是关乎城市形态和发展方向的大问题，我们应该在时间和空间两个方面从更宽的视野和更高的视角重新审视北京的城市空间格局发展。"城市空间格局"，一般而言是指各种人类活动与功能组织在城市地域上面的投影，是城市地域各种空间的组合状态。城市空间格局受自然、社会、经济等各种因素的影响，我们今天所谈的城市空间格局主要是城市的空间形态与城市周边自然环境的相互关系，城市空间格局是研究城市谋篇布局的大问题，北京无论是整个城市的发展还是区域建设都应该注重城市空间格局的顶层设计。

纵观世界较为成功的国家首都的建设，我们可以清晰地发现城市空间格局形成的脉络，例如巴西利亚的"飞机形态"城市，澳大利亚堪培拉的花园城市，都是从城市总体空间格局的角度对城市空间发展进行控制；而法国巴黎的低矮的城市空间，美国华盛顿的中央轴线，则是对城市地区空间特色控制的典型范例。可以说这些城市的发展都是在遵循一个贯穿整个城市建设的顶层设计，是从一个较高的空间视点和较宽的时间维度出发来制定的整个城市空间格局的发展方向，从而形成独特的城市形态，成为人们印象深刻的世界著名城市，我们也应该站在这个高度来看待北京的城市空间格局的发展。

2　古都北京是一个山水城市

那么什么是北京空间格局的顶层设计？这就应该追溯一下北京从哪里而来。古都北京的选址就是站在一个很高的视点下进行的，北京城选址在燕山脚下，永定河边，西倚燕山，多水环绕，体现了古人的天人合一的哲学思想，可以说北京是容纳在山水之间的一座城市，远望西山，引水入城。从太液秋波、银锭观山、琼岛春荫等北京古景不难看出北京城的建设也充分考虑引水纳山，体现了古都与山水的联系。古都北京在打造皇城的同时，也在挖太

液、堆景山，在紫禁城中塑造着自然山水。北京既有皇家工整的气派，也有山水洒脱的秀美，这样才是一个完整的北京。

纵观北京的建城史，造园和造城是相辅相成、融会贯通的，可以说皇城体现了北京的庄严宏伟，山水体现了北京的自然秀丽，没有中轴线，不是北京，同样没有山水园林，也不是北京。北京城是从元大都逐步发展而来，明朝重修北京城，在明嘉靖年间凸字形格局基本形成。而作为北京城建设的另一个重要时期，清朝基本继承明朝的北京城，只是对城内建筑物进行小范围的改建和增建，更主要是大规模地建设北京城西北郊的三山五园，使其成为与紫禁城并重的又一个政治中心，形成清代北京一南一北的"双城制"。三山五园的打造是北京建城史上重要的组成部分，如果把三山五园及周边山水共同考虑进来，应该说古都北京是一个地地道道的山水城市。

3　现代北京应是一个花园城市

古都北京是一个山水城市，这个融山近水的空间格局一直影响着北京城市的空间发展，当历史走到现代，我们依然应该坚持。在1958年北京的总体规划中明确提出了分散集团式的总体空间布局，这个总体规划方案同霍华德的田园城市理论非常契合，是北京城市空间未来发展的总体目标。

一个城市的空间格局应该从历史深度和区域广度来统筹考虑。无论从依山傍水的自然禀赋，还是引山纳水的建城过程，北京都应该成为一个花园城市。但在北京后期的城市建设过程中，花园城市空间格局的具体形态并没有明确提出，致使北京的城市空间格局逐步走到今天，如今的北京与山水渐行渐远，花园越来越模糊，北京的顶层设计哪里去了？北京应该以山水城市、花园城市作为城市空间格局的顶层设计来引导城市发展，寻回北京的山水，恢复古都的乡愁。

4　城市地区同样要注重城市空间的顶层设计

一个城市要注重顶层设计，一个城市地区的空间格局同样要注重顶层设计，正如我们在通州和密云新城城市设计中所思考的那样，这样才会抓住城市地域的特点，有的

放矢地指导城市空间未来发展。

4.1　营造通州北方水城

在考虑通州运河核心区的城市设计之前，我们首先提出几个问题：通州从哪里来？通州的核心区应该在哪儿？通州应该建设成什么样的城市？

通州源于运河，兴于漕运，是一个多河富水的区域。五河交汇之处是京杭大运河的源头，是通州老城的所在地，可以说是通州的源头。通州的核心区不应在长安街的延长线（原规划新华大街两侧），而应该在五河交汇源头岛的周边，这是一个源于历史与自然之上的总体考虑。

根据对通州历史和空间发展的思考，我们将城市的中心区北移，而后沿运河向南发展。规划制定因燃灯、借古城、集五河、绘水乡的规划策略，规划强化运河源头，历史源头，城市源头所汇聚的核心，扩大源头岛周边的水面，结合老城及运河保护规划打造一个具有较大规模的低矮水乡区。北京市陈刚副市长在通州调研时，对着最初的城市设计方案提出："水乡区的规模应该与新城的规模相匹配，现在规划的水乡区范围应该更大一些。"而后新方案将水乡区及源头岛周边低矮空间区域扩大到1平方公里，成为整个通州新城低矮、开敞、富水的新核心，形成了通州的特色。继而顺着五条河道延展绿色空间，平移道路，下钻主要城市干道，形成指状绿色空间，充满整个核心区，把一个低矮的、生态的、人性化的特色空间留给城市，而不只是一个高楼大厦的聚集区。在一个高密度的城市建设区打造一个约1平方公里的低矮水乡区域，营造出独具魅力的京东北方水城，在北京的新城建设中是独一无二的。

高楼大厦如果没有低矮开敞空间的衬托，将会黯然失色。试想一下没有浦江的浦东，没有维多利亚湾的香港，没有中央公园和海湾的曼哈顿，将只留下钢筋混凝土的建筑森林，那这样的城市将不堪入目。而在通州新城，这个

大开大合、富水开敞的通州运河核心区，就是通州的顶层设计。这是通州运河核心区城市设计的精髓，也是一个北方富水城市规划的精髓。

4.2　打造密云田园商务区

密云是北京的生态涵养发展区，亲水近山，在这样的条件下怎样构思密云商务区的城市设计呢？

密云新城的原规划是围绕京密路发展的，随着京承高速的建设及京沈高铁的即将开通，密云新城迎来了新的发展阶段，我们适时地提出了生态商务区的建设，将密云新城的重心南移，打造密云的新城区，也是站在一个城市总体发展角度的思考。

考虑到密云新城无出其右的生态环境，我们制定出以山为景，以水为魂，打造绿色生态示范区的规划理念，引导整个商务区的规划建设。在密云生态商务区的规划国际研讨会上，北京市规划委黄艳主任及北京市规划院施卫良院长提出："不能所有的新城都像CBD，每个新城应该有每个新城的特点。"因此，我们在规划中考虑山水关系，规划出宽阔的绿色走廊及视线通廊贯穿于南山及潮河之间，与南部浅山相连形成开阔的田园景观；丰富潮河及潮河干渠水系，将水系渗透到整个商务区内；提高区域的公共绿化率达到40%，总体建筑高度控制在30米以下，形成绿色亲水、尺度宜人的城市空间。

在这样一些规划要素的统领下，这个区域就能够建成符合密云特点，融山纳水，富有田园特色的城市新区，这就是我们对密云生态商务区的顶层设计。

顶层设计包含多个层面，本文所谈的是关于城市空间规划层面的一些思考。一个城市应该有根，应该属于所在的特定区域，应该与历史人文、自然环境统一融合。习近平总书记所说的"望得见山，看得见水，记得住乡愁"，也是对城市规划顶层设计的要求，这是城市规划的关键所在。

备注

本文发表在《北京规划建设》2014年第4期，有删节。

北京市产业空间布局演变特征

李秀伟　路林

引言

产业空间布局是城市或区域社会经济发展特征的空间反映，是社会生产与经济活动的空间地域体现，其本质是企业组织、资源要素和生产能力在空间上的集散与流动。城市产业的结构升级、经济的转型发展，必然体现在产业空间布局的优化和城市空间的重组上[1]。

《北京城市总体规划（2004—2020年）》中产业研究的侧重点是产业发展与城市发展和城市空间结构的关系[2]，总体规划中指出，加快产业结构调整，改变中心地区功能过度集聚的状况，疏散传统制造业，在市域范围内建设多个服务全国、面向世界的城市职能中心[3]。自2004年总体规划实施以来，尤其是2008年奥运会之前，焦化厂、化工二厂、有机化工厂等企业逐步搬迁，2005年开始，首钢涉钢产业开始搬出，钢铁、化工等传统优势领域逐渐调整退出，山区矿山关闭和低端工业淘汰转移也在加快。2004～2008年，北京市三产比重由1.4：30.9：67.7调整为1.1：25.7：73.2，其中工业结构调整成效明显，以现代制造业和高技术制造业为主导的首都特色工业体系基本形成；第三产业中以现代服务业为主，主要包括金融业、租赁与商务服务业、信息传输、计算机服务和软件业、科学研究、技术服务和地质勘查业、房地产业。

2004～2008年是北京市产业转型的重要时期，随着北京市的产业结构的不断调整[4-6]，产业空间布局也出现了较大的变化。本文利用GIS空间分析方法，通过对北京市就业密度的空间演变特征分析2004～2008年这一时期北京市产业空间布局的演变特征。

1　研究区域、数据来源与分析方法

1.1　研究区域与数据来源

本文以北京市域作为研究对象，北京市下辖16个区县（原西城区和宣武区行政合并为西城区，原东城区和崇文区行政合并为东城区），街道及乡镇共有307个。本文采集数据的基本单元为街道及乡镇。数据来源于北京市第一次、第二次经济普查中的就业岗位数据，即2004年、2008年各街道及乡镇就业岗位数据。

1.2　分析方法——空间自相关分析

本文主要采用GIS空间自相关分析法，单一要素的空间特征可以通过空间自相关校验方法来定量度量。全局自相关指数Global Moran I（GMI）和局部自相关指数Local Moran I（LMI）[7-8]可以定量测度空间集聚特征，识别区域经济的"热点区"的分布，进而探测空间布局模式。GMI定义为：

$$I = \frac{n}{S_0} \frac{\sum_{i}^{n}\sum_{j \neq i}^{n} w_{ij}(x_i - \bar{x})(x_j - \bar{x})}{\sum_{i}^{n}(x_i - \bar{x})^2} \qquad (1)$$

式中：n是样本总数，x_i和x_j分别是位置i和j处的观测值（本研究中指不同地区的GDP和人均GDP），$\bar{x}$是观测值x_i在所有位置处的平均，w_{ij}是空间权重矩阵（$n \times n$），S_0是空间权重矩阵w_{ij}中所有元素之和。利用Moran I可以测度空间自相关性，发现观测值在空间分布的差异性和相关性。当位于一定距离d内的观测值相近时，Moran I显著而且为正，不相近时为负，当观测值随机排列时为零。GMI是对观测值空间模式的整体定量描述。另外，在全局空间随机分布的样本中，也可能存在局部空间自相关的观测值，其目的在于分析某一空间对象取值的邻近空间聚类关系、空间不稳定性及空间结构框架。因此在全局分析的基础上，采用LMI进行局部自相关的测度。LMI定义为：

$$I = \sum w'_{ij}Z_iZ_j \qquad (2)$$

式中：Z_i和Z_j是观测值的标准化值，w'_{ij}是w_{ij}的行标准化。在显著水平下（p值小于0.05），当I_i和Z_i均为正时，表明位置i处的观测值和它周围的观测值均为高值区，即高高集聚（HH）；当I_i为负、Z_i为正时，表明位置i处的观测值大于它周围的观测值，即高低集聚区（HL）；当I_i为正、Z_i为负时，表明位置i处的观测值和它周围的观测值均为低值区，即低低集聚（LL）；当I_i和Z_i均为负时，表明位置i处的观测值小于它周围的观测值，即低高集聚（LH）。

2　北京产业空间布局的演变特征

2.1　总体空间特征

2004年北京市就业岗位702万，2008年北京市就业岗位816.9万人。图1为2004～2008年各区县的就业变化情况，图中表明，朝阳区、海淀区、丰台区、大兴区、顺义区是北京市就业岗位的主要增长区域，就业增长量在10万以上；东城区、西城区、昌平区、通州区就业岗位变化不大，就业增长量在10万以下；石景山区、房山区、密云县、怀柔区、平谷区、延庆县、门头沟区出现了就业岗位的负增长。

从就业量变化空间特征看，中心城及近郊区域是就业增长量较大的区域，而石景山随着首钢的外迁，就业量不断减少；远郊区县就业量呈现不断减少的特征。

采用全局空间自相关方法分析北京市就业密度的总体空间特征，以拓扑邻接关系和反距离加权构建空间权重矩阵，对各街道及乡镇的就业岗位密度进行分析，两个时段的计算结果见表1。

根据表1中北京市各街道及乡镇的就业岗位密度的两种计算结果的Moran I 值，2004～2008年北京市各街道及乡镇的就业岗位密度均为集聚分布，但集聚性有降低的趋势，这表明，北京市有一个集聚性较强的就业中心，就业岗位的空间总体特征表现为集聚区式增长的特征。

拓扑邻接和反距离加权构建的空间权重矩阵计算所得的
就业岗位全局Moran I 值（GMI）　　　　　　　　　　表1

	拓扑邻接关系		反距离加权	
	2004	2008	2004	2008
I（d）	0.75	0.63	0.98	0.81
E（d）	−0.003	−0.003	−0.003	−0.003
Z Score	22.7	19.1	80.9	66.8

采用局部自相关方法分析北京市就业密度的空间布局，北京市各街道及乡镇就业岗位密度局部Moran I值（LMI）的计算结果表明，2004～2008年就业岗位密度局部空间特征差异不大。

图2、图3是依据各街道及乡镇就业岗位密度的LMI值绘制的散点地图，由HH区和HL区所表现的逻辑关系可见，2004～2008年，北京市就业岗位主要集聚在北京市中心城区，HH集聚区主要集中在南二环、北五环、东西四环的范围，从行政区来看，主要是东西城区、朝阳区、海

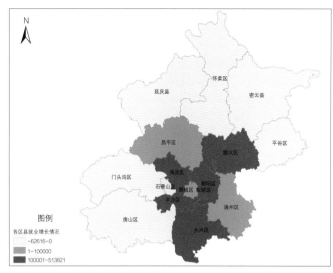

图1　2004～2008年各区县就业岗位变化图

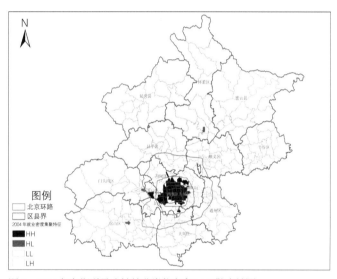

图2　2004年各街道及乡镇就业岗位密度LMI散点地图

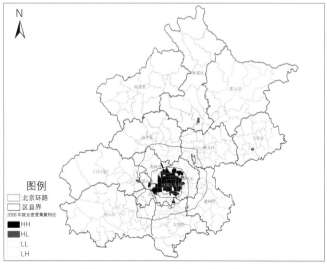

图3　2008年各街道及乡镇就业岗位密度LMI散点地图

淀区、丰台区、石景山区，HH集聚区的就业密度由122人/公顷增加到158人/公顷，由此可见，北京市单中心的产业空间布局未发生明显的变化，并且有不断加强的趋势。另外，HH集聚区南部到南二环，北部到北五环，就业主要集中在中心城北部地区，南北差异较大。

2004～2008年，HH集聚区变化较大的区域主要是在石景山区、原崇文区的前门街道，首钢搬迁后石景山区就业密度呈现明显的降低趋势，前门拆迁改造后就业密度也有一定的降低。

LL集聚区范围较大，五环以外的地区基本都是就业密度较低的地区，其中怀柔街道、平谷滨河街道、门头沟大峪街道为HL集聚区，呈现出比周边地区较高的密度，但街道范围小，没有形成较大范围的就业集聚区。

LH集聚区分布在HH集聚区周边，2004～2008年，LH集聚区有扩大的趋势，一方面表明就业中心区的集聚特征更加明显，另一方面也表明周边地区与中心区的就业密度差距不断扩大。

2.2 制造业空间演变特征

2004年，制造业就业岗位141.5万个，2008年，制造业就业岗位138.7万个，就业岗位数有一定减少。

采用全局空间自相关方法分析制造业就业密度的总体空间特征，以拓扑邻接关系和反距离加权构建空间权重矩阵时，对各街道及乡镇的制造业就业岗位密度进行分析，两个时段的计算结果见表2。

根据表2中北京市各街道及乡镇的制造业就业岗位密度的两种计算结果的Moran I值，2004制造业就业岗位密度为集聚分布，2008年就业岗位密度的空间布局有明显的分散化趋势。

拓扑邻接和反距离加权构建的空间权重矩阵计算所得的
制造业就业岗位全局Moran I值（GMI）　　　表2

	拓扑邻接关系		反距离加权	
	2004	2008	2004	2008
I（d）	0.17	0.076	0.24	0.077
E（d）	−0.003	−0.003	−0.003	−0.003
Z Score	5.38	2.55	20.3	4.15

采用局部自相关方法分析制造业就业密度的空间布局，北京市各街道及乡镇制造业就业岗位密度局部Moran

I值（LMI）的计算结果表明，2004～2008年制造业就业岗位密度空间布局变化较大。

图4、图5是依据各街道及乡镇制造业就业岗位密度的LMI值绘制的散点地图，图中可以看出，2004～2008年，三环内的制造业就业密度HH集聚区不断减少。2004年，三环内HH集聚区面积为11044公顷，制造业就业岗位117069人，制造业平均就业密度为10.6人/公顷；2008年，三环内HH集聚区面积为7620公顷，制造业就业岗位69558人，制造业平均就业密度为9.1人/公顷。从三环内所有街道看，制造业就业密度由2004年的8.1人/公顷降低到5.2人/公顷，制造业就业密度有较大的降低，由此看出，中心城的制造业调整效果明显。另一个HH集聚区不断减少的区域为东三环与东五环之间，朝阳区CBD的建设及高端服务业的发展带动了工业的外迁。

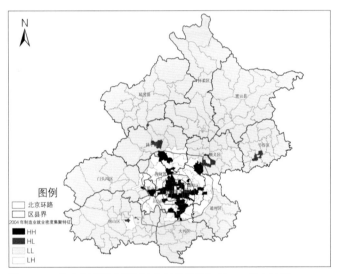

图4　2004年各街道及乡镇制造业就业岗位密度LMI散点地图

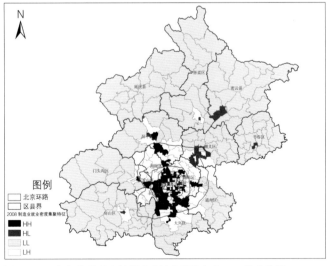

图5　2008年各街道及乡镇制造业就业岗位密度LMI散点地图

总的来说，制造业向外转移的空间特征非常明显，主要转移方向为北京市南部的大兴区、丰台区、亦庄，以及北部的顺义区、昌平区，其中顺义区和亦庄的制造业就业密度增长最快，就业密度较高。但从2008年制造业就业密度的空间布局看，制造业布局由城区集中逐步向城市周边地区延伸，目前主要向近郊区转移，但整体布局较为分散，应逐步调整中心城区制造业外迁的同时，形成以开发区为主的优势区集聚分布。

2.3　服务业空间演变特征

高端服务业是北京市产业结构调整的重点方向，本文服务业就业人数包括交通运输、仓储和邮政业从业人数，信息传输、计算机服务和软件业从业人数，批发和零售业从业人数，住宿和餐饮业从业人数，金融业从业人数，房地产业从业人数，租赁和商务服务业从业人数，科学研究、技术服务和地质勘查业从业人数，水利、环境和公共设施管理业从业人数，居民服务和其他服务业从业人数，教育从业人数，卫生、社会保障和社会福利业从业人数，文化、体育和娱乐业从业人数，公共管理和社会组织从业人数。

采用全局空间自相关方法分析服务业就业密度的总体空间特征，以拓扑邻接关系和反距离加权构建空间权重矩阵时，对各街道及乡镇的服务业就业岗位密度进行分析，两个时段的计算结果见表3。

根据表3中北京市各街道及乡镇的服务业就业岗位密度的两种计算结果的Moran I 值，结构表明，2004～2008年，服务业就业呈现明显的集聚特征。

拓扑邻接和反距离加权构建的空间权重矩阵计算所得的

服务业就业岗位全局Moran I 值（GMI）　　　　表3

	拓扑邻接关系		反距离加权	
	2004	2008	2004	2008
I（d）	0.75	0.66	0.97	0.83
E（d）	−0.003	−0.003	−0.003	−0.003
Z Score	22.9	19.9	79.9	68.6

采用局部自相关方法分析服务业就业密度的空间布局，北京市各街道及乡镇服务业就业岗位密度局部Moran I 值（LMI）的计算结果表明，北京市服务业的布局不断向中心城区聚集，且就业密度不断提高。

图6、图7是依据各街道及乡镇服务业就业岗位密度的LMI值绘制的散点地图，图中可以看出，2004～2008年服

务业HH集聚区的面积基本没有变化，服务业就业中心主要在南二环、东西四环、北五环的范围，但就业密度增长较快，HH集聚区服务业就业密度由111人/公顷增长到148人/公顷。由此看出，北京市中心城区对服务业的吸引力不断提高，集聚性不断增强。

3　北京市产业空间布局演变机制分析

2004年以来，尤其是2008年北京奥运会的助推作用，北京市加大了产业结构调整的力度，也对产业空间布局进行了相应的调整，通过搬迁改造传统制造业，逐步向外迁移，中心城区主要发展金融、商务办公等现代服务，2008年就业密度空间特征表明，中心城区对人口的吸引力仍然十分巨大。

另外，北京市规划的新城由于发展机遇和配套设施方面的差距，目前尚未形成反磁力，对疏解中心城区职能作

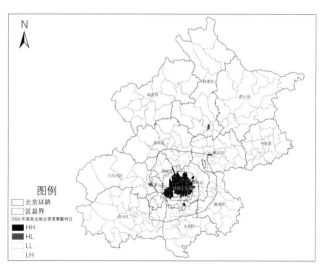

图6　2004年各街道及乡镇服务业就业岗位密度 LMI 散点地图

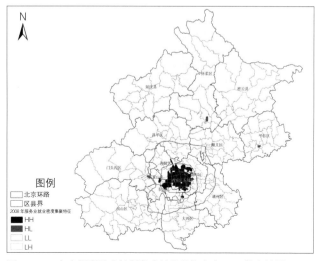

图7　2008年各街道及乡镇服务业就业岗位密度 LMI 散点地图

用较小，北京市单中心的就业结构特征更加明显，多中心的空间结构尚未形成。

4 结论与讨论

服务业单中心集聚越来越明显，集聚效应下信息和资源可以最大限度地共享，节省成本，但随着单中心就业密度不断增高，北京市的交通拥堵问题已经非常严重，迫切需要采取各种措施来缓解，而空间结构的调整是缓解交通问题的根本途径，即由单中心向多中心转变，2004年总体规划中，北京市提出优化空间结构，逐步向多中心格局转变，但目前的效果并不理想，北京市需要进一步加强产业对空间结构的支撑作用，利用产业布局调整进一步优化空间结构。

首先，土地资源紧张、水资源不足、能源外部依赖严重等约束了北京市工业的大规模发展，因此，工业布局调整的过程中，在更大的区域范围内考虑北京的发展，应当更多地采取同天津、河北分工合作的方式，使得北京市的一部分传统工业扩散到北京市以外的地区。

其次，新城发展过程中要加强产业的支撑作用。就业机会始终是居民选择居住地的首要条件，因此，新城提供什么样的就业岗位就会吸引相应的就业者集聚，目前，随着工业逐步向近郊转移，北京市新城发展仍主要以工业发展为主，很难吸引中心城区的人到新城就业，反而成为外省市来京人员向北京迁移的集聚地，进一步造成中心城区的蔓延和人口的增加，不利于北京市疏解中心城区职能，因此，新城的发展也应加快产业调整，发展适合首都职能的服务产业和高技术产业。

参考文献

[1] 梁进社，楚波. 北京的城市扩展和空间依存发展——基于劳瑞模型的分析 [J]. 城市规划，2005，29（6）.

[2] 崔承印. 北京产业发展与布局解析 [J]. 北京规划建设，2005（01）.

[3] 北京城市总体规划（2004—2020年）[Z].

[4] 周长林，孟颖. 国家战略下的天津产业空间发展思考 [J]. 城市规划（增刊），2009，33.

[5] 中国城市规划设计研究院. 北京城市空间发展战略研究 [Z]. 2005.

[6] 景体华. 北京产业结构调整与经济空间布局变化 [J]. 北京规划建设，2009（05）.

[7] Cliff. A. D, Ord. J. K. Spatial Processes, Models and Applications [J]. Pion, 1981.

[8] Anselin. L. Local indicators of spatial association：LISA [J]. Geographical Analysis, 1995, 27：93-115.

备注

本文发表在《城市发展研究》2011年第10期，有删节。

市场经济语境下对"三规合一"的再思考——发展脉络、问题成因及策略分析

高雅

"三规合一"（三规即国民经济和社会发展规划、城乡总体规划和土地利用规划）是国家新型城镇化规划针对提高城市规划建设水平提出的明确要求，也是正在进行的北京市总体规划修改工作的一项重要议题。目前，"三规"之间往往缺乏有效的对话与衔接，这既不利于各项规划的有效实施和对城市发展的合理引导，同时也带来了人口、资源、环境等多方面的城市问题。本文在充分把握"三规"背后的经济发展与人口、用地内在联系的基础上，对北京的"三规"进行比较与分析以寻找其中存在的问题，进而在剖析"三规"不合的深层次原因的基础上，提出促进三规合一的工作方向和初步策略。

1 "三规"及"三规合一"的概念及演变
1.1 "三规"的概念与渊源

在城市的范畴内，通常进行比较的"三规"是国民经济和社会发展规划、城乡总体规划和土地利用总体规划。在我国城市中，"三规"分别由发改部门（国民经济发展与改革委员会）、规划部门（规划局）和土地部门（国土资源局）负责编制与管理工作。

1.1.1 国民经济和社会发展规划

国民经济和社会发展规划（以下简称"经规"）是政府调控经济和社会发展的纲领性文件，是各项专项、行业和区域规划编制的依据。"经规"的法律依据为《中华人民共和国宪法》，我国宪法第99条规定"地方政府应该制定经济和社会发展规划"。

"经规"来源于"五年计划"。"五年计划"是我国从1953年开始编制的国民经济和社会发展计划，主要是（国家层面上）对全国重大建设项目、生产力分布和国民经济重要比例关系等作出规划，为国民经济发展远景规定目标和方向。"五年计划"从2006年起更名为"五年规划"，目前"十二五规划"正在实施过程中[1]。

我国的"五年计划"模式是对前苏联"五年计划"的借鉴。前苏联"五年计划"自1928年发起，由斯大林推展，由苏联国家计划委员会在生产理论的基础上制订细节

及执行，目标是使前苏联的经济迅速发展。斯大林模式的五年计划存在着对经济系统的高度控制，极大程度地促进了当时苏联工业的快速发展[2]。

1.1.2 城乡总体规划

城乡总体规划（以下简称"城规"）是城市的社会、经济和环境等各项事业发展在空间上的反映，是为在城市发展中维持公共生活的空间秩序而作的空间安排，重点统筹安排各种资源和要素，旨在构建最符合城乡发展需求的空间格局，是政府指导和调控城乡建设和发展的基本手段。"城规"的法律依据是2008年颁布的《中华人民共和国城乡规划法》。

我国的城乡规划体系同样是向前苏联学习的计划经济产物。新中国成立后，党的工作重心由农村转向了城市。基于"土地国有"和"计划经济"两项共同点，我国向前苏联学习了以建筑师和工程师为主的城市规划经验，初步确立了城市总体规划编制中"城市性质、拟定近期和远期人口发展规模、选择城市发展用地及划分功能分区、拟定各项用地的经济技术指标"的几大内容并沿袭至今。自解放初开始，全国各个城市全面开展了总体规划的编制。以北京为例，截至目前共编制了六版城市总体规划。自从2008年《城乡规划法》颁布以来，乡村地区也纳入了规划的考虑范畴，城市总体规划延伸为城乡总体规划。

1.1.3 土地利用总体规划

土地利用总体规划（以下简称"土规"）是在一定区域内，根据国家社会经济可持续发展的要求和当地自然、经济、社会条件，对土地的开发、利用、治理、保护，在空间上、时间上所做的总体安排和布局。"土规"的法律依据是《中华人民共和国土地管理法》。

我国一共进行过1989年、1997年和2006年三轮较大的土地利用总体规划编制，其中第一次是国家土地管理局刚刚成立不久，应国家对土地的宏观管理要求而生；第二次结合1999年《土地管理法》的施行，标志着我国土地利用规划作为一项制度正式确立，提出实行土地用途管理制度，形成五级规划体系；第三次以节约利用土地、严格保护耕

地为基本方针，明确提出了18亿亩耕地红线的目标[3]。

1.2 "三规合一"的思路演变和概念界定

1.2.1 "三规合一"：法律要求和政府工作方向

"三规合一"是法律的明确要求。我国宪法第99条规定"地方政府应该制定经济和社会发展规划"，并在第5条中提出"一切法律、行政法规和地方性法规都不得同宪法相抵触"[4]。《城乡规划法》第5条要求，城乡总体规划应依据国民经济和社会发展规划编制，要求与土地利用总体规划相衔接[5]。《土地管理法》第22条提出："城市总体规划中建设用地规模不得超过土地利用总体规划确定的城市和村庄、集镇建设用地规模"[6]。

"三规合一"也是政府下一步的工作方向。2014年政府工作报告第5条提出："以国家新型城镇化规划为指导，做好相关规划的统筹衔接。"[7]《国家新型城镇化规划》第十七章明确提出应"……加强城市规划与经济社会发展、主体功能区建设、国土资源利用、生态环境保护、基础设施建设等规划的相互衔接，推动有条件地区的经济社会发展总体规划、城市规划、土地利用规划等'多规合一'"[8]。

1.2.2 "三规合一"的理论探讨和城市实践

然而在地方实际的规划管理、编制、审批、实施和监督的过程中，"三规"往往是"不合一"的，具体体现在"三规"在其内容和空间范围、法律地位和效力、编制和审批程序、技术和标准上存在不同[9]。而正是因为"三规"不合一现象的存在，才在学界和业界展开了"三规"乃至"多规"合一的讨论和实践。

"三规合一"的理论探讨主要是针对规划编制体制的合一展开，有建议进行规划机构的整合，建立"三规合一"的规划编制体制。韩仰君分析了三规之间的关系及其各自之间应该采取的协调方式[10]；黄叶君提出"应实行多维度的协调融合"[9]；郭耀武、胡华颖认为建立有效和可持续的权益协调机制是克服矛盾的关键所在；韩青则认

为主体功能区规划应该成为三规合一的基础[11]；丁成日提出"三规合一"的整合方法和技术的核心是土地供给分析、土地需求分析、土地空间分配分析[12]。

在地方政府的实践方面（表1），上海、天津、深圳、武汉、沈阳等地着眼于行政机构与职能的调整以及规划编制部门的体制改革，如规划局和国土局的机构合并；广州、重庆、浙江等地则着眼于规划调整与衔接，其中广州率先编制完成"三规合一"的规划，实现了"一张图"的管理平台[13-14]。

1.2.3 "三规合一"的概念界定

基于法律要求、政府工作方向和目前存在的种种问题，本文认为由于"三规"的法律依据不同，各自的管理部门不同，要求"三规合一"即合并成一个规划并不现实。"三规合一"应理解为"三规"之间仅针对城市作用力的合一，即在同样的空间规划平台上，服务于共同的城市发展愿景。"三规"彼此之间目标不矛盾，相交叉的规划内容统一一致，其他的规划内容实现相互协调，在规划的实施和管理上相衔接。

2 "三规"不合现象与问题分析：以北京为例

"三规"的交集是对城市空间的规划、限制和引导，之间的不合也往往造成了反应在城市空间上。以北京为例，"三规"在空间层面存在的不合具体体现在规划内容及采用的技术手段不同，在基本问题上缺乏衔接与对话；规划指标核算不统一；规划实施方式不同；规划事权不同等方面。

2.1 规划内容及技术手段不同，在基本问题上缺乏衔接

对北京市最新的"三规"内容进行比较（表2）。从规划年限及规划基准年来看，"经规"的规划年限为五年，属于近期规划；"城规"和"土规"都属于中长期规划。"经规"通常与地方政府的执政年限相对应，因此在地方上话语权往往高于"城规"和"土规"，同时并不能和

"三规合一"各地实践经验 表1

侧重方向	工作内容	城市
行政机构与职能调整	通过规划局和国土局合并率先实现"城规"与"土规"的两规合一	上海、天津、深圳、武汉、沈阳
规划调整与衔接	编制"三规合一"的规划，实现"一张图"、"一个标准"、"一个平台"	广州、重庆、浙江

北京市"三规"主要内容比较　　　　　　　　　　　　　　　　　表2

	北京市"十二五"规划[15]	北京城市总体规划（2004-2020年）[16]	北京市土地利用总体规划（2006-2020年）[17]
规划年限	5年	15～20年	15～20年
规划基准年	2010年（"十二五"）	2004年	2006年（基期年为2005年，近期目标年为2010年，规划目标年为2020年，展望到2030年）
土地分类标准		《城市用地分类与规划建设用地标准》（GB50137-2011）	《土地利用现状分类》（GB/T21010-2007）
空间范围	全市域整个行政区划	全市域规划建设用地范围	全市域整个行政区划
城市定位（性质）	国际活动聚集之都、世界高端企业总部聚集之都、世界高端人才聚集之都、中国特色社会主义先进文化之都、和谐宜居之都	国家首都、国际城市、文化名城、宜居城市	
规划目标	居民收入较快增加、城乡环境更加宜居、社会发展和谐稳定、文化大发展大繁荣、改革开放深入推进	（1）按照中央对北京做好"四个服务"的工作要求，强化首都职能； （2）充分发挥首都优势，加快发展现代服务业、高新技术产业，适度发展现代制造业，不断增强城市的综合辐射带动能力，提升国际化程度和国际影响力，把北京建成现代国际城市； （3）弘扬历史文化，大力发展文化产业，形成具有高度包容性、多元化的世界文化名城； （4）创造充分的就业和创业机会，建设空气清新、环境优美、生态良好的宜居城市	实现"城乡和谐发展、节约集约用地"的总目标，严格落实各项用地调控指标
空间结构	两城两带，六大高端产业功能区，四个高端产业新区；主体功能区	两轴两带多中心	三圈九田多中心
规划思路	指导性内容，侧重于经济发展	控制性内容，侧重于城市用地规模结构布局	限制性内容，侧重于耕地保护

"城规"中的产业部分相对应。"三规"的基准年和目标年不一样（除"城规"和"土规"目标年一样），因此在规划编制期面临的问题和相应采取的对策不一样，为相互之间的衔接造成了困难。

此外，"三规"在用地分类标准与空间范围上的差异也是"三规"难以协调的原因所在。从用地分类标准来看，"城规"的《城市用地分类与规划建设用地标准》与"土规"的《土地利用现状分类》对土地的分类不同。从空间范围上看，"经规"和"土规"涉及整个行政区划，"城规"则重点研究城市规划建设用地。

"经规"和"城规"对北京的城市定位（性质）、城市发展目标都存在差异。"经规"对产业空间布局的安排并未按照"城规"的"两轴两带多中心"提出，而是自成体系；"土规"则以非建设用地为重点，提出了"三圈九田多中心"的空间结构，可以被视为是对"城规"城市空间

结构的补充和完善。

在规划内容上，"经规"是指导性内容，涉及空间的考虑多服务于经济发展；"城规"是控制性内容，侧重于全面均衡城市用地空间结构与布局，"土规"则是限制性内容，侧重于对耕地的保护。

2.2　规划指标核算不同

"经规"以经济发展为首要任务，围绕着每个发展目标设定控制指标体系（表3），并将指标分为"预期性"和"约束性"两种，对于空间指标，仅在"绿色发展"中提及"耕地保有量"，设定约束性目标为2205平方公里（2015年）。"城规"确定建设用地规模则是在人口预测的基础上，根据2020年的预测人口规模，将2020年北京市城镇建设用地规模控制在1650平方公里以内。"土规"则以供定需，以中央分配的用地指标为调控目标（表4），以"耕地保有量"和"基本农田面积"为"约束性"

"经规"的调控指标 表3

类别	序号	指标	目标	属性
经济发展	1	地区生产总值年均增速（%）	8	预期性
	2	服务业占地区生产总值比重（%）	>78	预期性
	3	最终消费率（%）	60	预期性
	4	地方财政一般预算收入年均增速（%）	9	预期性
社会发展	5	城镇居民人均可支配收入、农村居民人均纯收入年均增速（%）	8	预期性
	6	城镇登记失业率（%）	≤3.5	预期性
	7	城乡居民养老、医疗保险参保率（%）	95	约束性
	8	城镇职工五项保险参保率（%）	98	约束性
	9	全市从业人员平均受教育年限（年）	12	预期性
	10	亿元地区生产总值生产安全事故死亡率降低（%）	＞［38］	约束性
	11	重点食品安全监测抽查合格率（%）	＞98	约束性
	12	药品抽验合格率（%）	≥98	约束性
创新发展	13	全社会研究与试验发展经费支出占地区生产总值的比重（%）	＞5.5	预期性
	14	每万人发明专利授权量（件）	8	预期性
	15	年技术交易额（亿元）	1800	预期性
绿色发展	16	万元地区生产总值能耗降低（%）	［达到国家要求］	约束性
	17	万元地区生产总值水耗降低（%）	［15］	约束性
	18	万元地区生产总值二氧化碳排放降低（%）	［达到国家要求］	约束性
	19	城市空气质量二级和好于二级天数的比例（%）	80	约束性
	20	二氧化硫、氮氧化物、化学需氧量和氨氮排放减少（%）	［达到国家要求］	约束性
	21	中心城公共交通出行比例（%）	50	预期性
	22	再生水利用率（%）	75	约束性
	23	生活垃圾资源化率（%）	55	约束性
	24	全市林木绿化率（%）	57	约束性
	25	耕地保有量（平方公里）	2205	约束性

（资料来源：《北京市国民经济和社会发展第十二个五年规划纲要》）

土地利用的主要调控指标（单位：平方公里）　　　　表4

规划指标		2005年	2010年	2020年	指标类别
耕地保有量		2334	2260	2147	约束性
基本农田面积		2333	1867	1867	约束性
建设用地		3230	3480	3817	预期性
	其中：城乡建设用地	2396	2520	2700	约束性
	其中：城镇工矿用地	1516	1685	1970	预期性

（资料来源：《北京市土地利用总体规划（2006-2020年）》）

指标，分别为2260（2010年）、2147（2020年）和1867（2010年、2020年）。"土规"确定的城镇建设用地规模为1803平方公里，与"城规"存在出入——"土规"将工矿、水利水面等认定为城镇建设用地（"城规"为非建设用地）。

2.3　规划的实施手段和事权不同

"经规"的实施手段主要通过固定资产投资和重大项目安排来实现。地方政府为了经济发展速度而积极安排固定资产投资，进而直接决定产业的布局和规模，进一步影响到城市形态；"城规"最重要的实施手段是基于控制性详细规划的规划许可"两证一书"（即规划意见书、建设用地规划许可证和建设工程规划许可证）发放，从而实现对城市用地规模和空间形态的控制；"土规"则通过自上而下、刚性地分配土地利用指标（耕地保有量、建设用地规模）以确保指标刚性调控目标的实现。"三者"相比较，"经规"以项目为主，缺少对城市空间形态、城市生态环境等方面的考虑；"城规"以空间形态控制为主，缺少对城市经济与社会方面的考虑；"土规"则局限于对土地指标的分配。

3　"三规"不合的源头分析

3.1　计划经济思路是"三规"的共同点

"三规"的共同点在于规划编制与管理背后的计划经济理念。"经规"产生于计划经济色彩浓厚的"五年计划"，"城规"过于强调理想的物质空间规划，"土规"也是计划经济时代的遗留产物。三者均以指标追求、指标控制和指标分配为目的，和现在的市场环境明显脱节。与其说三规之间存在不合，不如说三规和市场经济的现实不合。

在"经规"的逻辑体系里，政府规定了GDP增长指标，并将指标分解到各个产业，进一步通过固定资产投资

来左右经济增长，由于有效期和政府任期重合，往往直接服务于当届政府的政绩工程，进而在规模上脱离了"城规"划定的空间框架；在"城规"的逻辑体系里，城市的性质、规模和布局得以确定，但是在规划实施方面仅通过规划许可这项工具来保障，并没有在规划中明确实施路径和其他规划的衔接路径；导致现实很难靠近理想。"土规"则严守18亿亩基本农田红线，中央政府无法知道城市真实的土地需求的情况下对土地指标进行刚性管理，在完全市场经济的国家完全没有这类管理机制。

3.2　市场经济环境下的城市发展动力机制激化"三规"之间的不合

我国计划经济思想浓厚的规划体系面对的是改革开放以来蓬勃发展的市场经济，以及在"分税制"和"土地财政"双重驱使下地方的城市发展热情。对地方官员来说，GDP是其政绩的重要考核部分，财政收入则是完成诸多建设理想的重要一环。自从土地出让方式改革以来，土地财政成为地方财政收入的重要来源。"圈地"现象和产业区的建设层出不穷，地方的发展冲动往往和政府的五年任期结合起来，导致空间被政绩左右，土地资源浪费情况严重；与此同时，"城规"过分强调空间理想，而缺乏对经济、社会、政策的充分考虑，以预测人口来定用地的模式不利于规划应对未来发展的不确定性，导致规划实施性较差、土地资源使用效率差；在"土规"的土地指标分配模式下，地方政府出于自身需求，往往上报的指标超过实际需求，而为了不影响下一轮指标分配，争取到的指标往往被粗放地利用[12]。

与市场经济不协调的"三规"彼此之间也因此产生了不协调。例如"经规"为了满足经济增长指标带来的建设突破了"城规"和"土规"确立的城市建设用地规模指标，导致"城规"的理想空间形态和"土规"的土地指标控制得不到实现。例如自从2004版总规实施以来，北京市

各区县建设的产业功能区有相当一部分都落在了北京市总规确定的建设用地范围之外。而"经规"认为"城规"和"土规"对土地指标脱离市场实际的限制不能有效地服务于城市的经济发展。由于"三规"自上而下的理念对市场经济环境下城市的管制失效,城市也因为空间的盲目扩张造成了一系列的城市问题,如人口急剧扩张、资源日益短缺和环境严重恶化等。

3.3 条块分割的规划管理体系使得"三规"的协调难上加难

由于三大规划独立进行编制、编制程序不同,在内容上各自"以我为主",主管部门之间缺乏协调配合,导致长期以来"三规"存在着规划内容不一致、相互衔接差等缺陷。虽然规划部门在空间上最具有技术和管理实力,但是和国土局一样均属于专业管理部门,在综合管理上事权范围有限。发改委虽然具有综合协调发展的职能,但是在空间规划的技术和管理上力量薄弱,在综合考虑经济发展与人口、资源、环境的关系上缺乏考虑。"三规"各自编制、各自管理,不仅与市场经济的协调存在问题,各自之间实现协调更加困难。

4 结论与建议

基于以上分析,在市场机制的趋势不可避免的情况下,既有的计划经济思路主导的"三规"问题凸显,然而由于在编制和实施中缺少协调和配合,"三规"在各自规划年限、规划基准年、规划范围和用地分类上的不一致,对城市的规划目标和规划思路的不协调,使得所导致的城市问题更难解决。虽然体制问题的解决不能一蹴而就,但是随着城市在人口、资源、环境上的问题日益严峻,"三规"不合的难题急需破解。本文认为,"三规合一"在技术上的问题固然重要,但是"三规"首先应对城市的未来取得基本共识,即在各自的规划中统一城市发展远景和目标、城市用地规模、空间布局结构;进一步来看,"经规"应对应"城规"和"土规"的年限,增加中长期规划,如城市战略规划的编制,以便更好地实现统筹和对接。在具体的工作中,可以就规划的细节如何对接进行详细部署,类似广州"三规合一"工作实现的"一张图"工作平台,在同一个空间规划平台上进行工作;从长远来看,"三规"应该各自改变编制思路和体制,在充分分析经济、社会和环境的基础上,向世界城市"以人为本"的规划编制和管理思路看齐,真正顺应城市经济的自然发展脉络,在确保公共利益实现的同时,提供政府在城市发展过程中应起到的引导、服务和保障作用。

参考文献

[1] 中华人民共和国国家发展和改革委员会发展规划司. 国民经济和社会发展五年规划(计划)简介 [EB/OL]. http://tgs.ndrc.gov.cn/ggzs/200511/t20051111_49686.html.

[2] 维基百科. 苏联五年计划 [EB/OL]. http://zh.wikipedia.org/zh-cn/苏联五年计划.

[3] 中华人民共和国国土资源部. 着眼未来的事业——我国土地利用规划工作30年历程回顾 [EB/OL]. http://www.mlr.gov.cn/sy/gd1/200901/t20090112_113906.htm.

[4] 中华人民共和国宪法 [Z].

[5] 中华人民共和国城乡规划法 [Z].

[6] 中华人民共和国土地管理法 [Z].

[7] 2013年中央人民政府工作报告 [R].

[8] 国家新型城镇化规划 [Z].

[9] 黄叶君. 差异·融合——对"三规合一"的再思考 [M]//中国城市规划学会,南京市政府. 转型与重构——2011中国城市规划年会论文集. 南京:东南大学出版社,2011:12.

[10] 韩仰君. 对城乡规划与土地利用规划、国民经济和社会发展规划——"三规"协调关系的思考 [M]//中国城市规划学会. 城市规划和科学发展——2009中国城市规划年会论文集. 天津:天津科学技术出版社,2009:7.

[11] 郭耀武,胡华颖. "三规合一"还是应"三规和谐"——对发展规划、城乡规划、土地规划的制度思考 [J]. 广东经济,

2010，01：33-38.

[12] 丁成日. "经规"、"土规"、"城规"规划整合的理论与方法 [J]. 规划师，2009，03：53-58.

[13] 黄叶君. 体制改革与规划整合——对国内"三规合一"的观察与思考 [J]. 现代城市研究，2012，02：10-14.

[14] 谭都. 资源紧约束条件下的新型城市化道路探索——广州"三规合一"规划研究 [M] //中国城市规划学会. 城市时代，
　　协同规划——2013中国城市规划年会论文集. 青岛：青岛出版社，2013：14.

[15] 北京市发展和改革委员会. 北京市国民经济和社会发展第十二个五年规划纲要 [Z].

[16] 北京市规划委员会. 北京城市总体规划（2004-2020年）[Z].

[17] 北京市国土资源局. 北京市土地利用总体规划（2006-2020年）[Z].

备注

本文发表在《城乡治理与规划改革——2014年中国城市规划年会论文集》中，并作为宣讲论文，有删节。

第二部分

建设规则与控制引导

关于北京"多维"理念城市规划建设用地实施指引体系的思考

陈玢

进入21世纪，伴随着经济高速发展，北京市城市人口急剧增加，城市化进程快速推进，出现了以城市建设用地急剧增长和绿地、耕地等的快速消退为主要特征的大规模建设用地蔓延现象。北京城市规划建设也频繁出现偏离规划目标而被批评指责的现象。中国工程院院士邹德慈指出："我国城市规划理念并不落后，但城市建设却不叫人非常满意，实际上是在实施操作中有偏差。"

目前，北京以静态空间布局为主要内容的城乡规划体系基本完善，城市规划形式处于转型发展期，如何更加科学、整体、动态地推动总体规划的实施成为关键。而北京城市规划建设用地实施领域尚缺乏系统而科学的积极引导城市规划建设用地实施的技术手段和方法。如何针对北京的政治体制、社会经济环境，构建适用于北京的城市规划建设用地实施指引体系，是发挥城市规划统筹引领作用、破解北京城市发展建设难题的有效途径。

1 解读城市规划建设用地实施

1.1 城市规划建设用地实施的内涵与外延

城市规划建设用地实施是将城市规划的综合要求落实到规划建设用地载体上的一种行为与过程，包含两个方面的内涵，它首先是一种引导公共和私人建设开发过程的公共性、政府性的行为，需要预测发展的需求，制定发展战略和后续的行动计划；它同时也是一种合理控制公共和私人建设开发过程的公共性、政府性的行为，对需要控制发展的地区，制定相应的管理规范；它还是一种"动态"完善的过程，需要在规划实施过程中不断调整完善。

城市规划建设用地实施的外延非常丰富，涉及了规划建设用地空间上所承载的城市发展与建设的方方面面，如人口、用地规模控制、历史文化名城保护、经济发展与产业布局、生态环境保护与建设、综合交通、市政基础设施建设等。

1.2 城市规划建设用地实施的综合性

城市规划建设用地实施是一种全局性、综合性、战略性的工作。在政府层面，主要涉及发改、国土资源、规划、财政、工商税务等多个部门的管理职责；在学术研究层面，是多学科的交叉领域，涵盖了土地科学、城市规划、房地产、经济社会学以及城市管理等方面的内容。

1.3 北京城市规划建设用地实施的关键环节

1.3.1 "三驾马车"并行管理模式

北京城市规划建设用地的管理构架是典型的"三驾马车"并行模式。发改部门负责编制实施国民经济和社会发展规划，对北京重大建设项目、生产力分布和国民经济重要比例关系进行规划和管理；规划部门负责编制实施城市总体规划和城镇体系规划，对北京城乡空间资源进行合理配置、建立空间发展秩序；国土资源部门负责编制实施土地利用总体规划，对北京市域范围内的全部土地的开发、利用、治理、保护等做总体安排和布局。这种实施管理模式由于部门权益争夺、政府事权分配、政府计划与市场矛盾等原因，出现三大规划内容交叉、标准矛盾、实施分割、相互打架等问题。

1.3.2 三大规划实施"衔接点"

北京城市开发建设过程中，实施项目在从选地、土地整备到入市交易或划拨阶段这个环节，三大部门会在项目立项、规划指标控制、土地使用权取得方式与供应方式等审批环节互为条件、协作密切，这个环节是北京城市规划建设用地实施的起始环节，也可称之为北京"城市规划建设用地实施的初始阶段"，这个阶段是促使发改、规划、国土部门形成城市规划建设用地实施合力的有效"衔接点"。

1.4 北京规划建设用地实施引导的技术手段

本文的研究目标是为加强城市规划对建设用地实施的主导引领作用，立足于建立城市规划的空间实施秩序，探索在城市规划建设用地实施的起始环节，即从项目选地、土地整备到入市交易或划拨阶段，构建明晰的城市规划主导思路和技术手段与方法，为城市总体规划实施奠定坚实的基础支撑。具体来说，就是以评价现状静态实施水平、动态实施过程为基础依据，以梳理"可利用规划建设用地资源"（以下简称"资源"）为重要平台，以构建实施指引体系为根本手段，积极引导城市规划建设用地的空间实施。

2　北京城市规划建设用地实施面临的突出问题

在当前北京城市规划建设用地实施的初始阶段，存在着一些突出的问题，可以概括为以下几个方面：

2.1　缺乏对资源潜力的全盘掌控

至2009年底，北京市域可利用规划建设用地约555平方公里，约占总体规划确定的建设用地总量（1650平方公里）的33.63%，而北京每年土地储备约在30~50平方公里左右，每年土地供应量基本上都在50平方公里（包括基础设施、工业等）以上。建设用地快速无序扩张与有限的资源潜力之间的矛盾成为城市发展建设的突出矛盾。而北京规划部门目前缺乏对资源动态信息、综合特征的全盘掌控，也就缺乏对资源进行合理配置、建设时序安排的掌控能力。

与此同时，北京市以土地储备和供应为手段的政府宏观调控能力显得较弱。截至2009年底，北京市土地储备库内有建设用地资源约31平方公里，占已办理一级开发意见书的总用地面积162平方公里的19.63%，土地储备库资源入库比例偏小，尚无法形成土地供应"蓄水池"的宏观调控作用。从土地供应来看，土地供应增长滞后于北京城市需求，停留在随行就市阶段，起不到调控的效果，土地供应缺乏一定的"提前量"。

2.2　对城市公共系统与空间结构的控制能力不足

对公共系统控制能力不足主要体现在北京市建设用地扩展与其人口、产业、社会、交通等方面的变化在空间维度上协同度不高。如基础教育配套设施的数量与分布同城市人口的发展与分布不协调；公益性设施用地所占比重增量与建设用地总量增量在空间上协同度不高等。

对城市空间结构控制与引导能力不足主要体现在对非开发建设区的控制力度不够，如北京的第一道绿化隔离地区，缺乏行之有效的实施引导策略，规划绿地不断流失。

2.3　规划目标与政府发展目标和市场动向未能有机结合

在北京城乡规划体系中，作为实操层面的近期建设规划、年度实施计划未能提升到市政府层面真正发挥实施力度，总规目标在空间、时间维度上的分解与市政府、区政府年度发展建设重点内容未能有机结合。

另一方面，规划编制中缺乏对诸如土地价值、实施成本与收益等市场规律内容的研究，导致规划目标与市场客观规律脱节而难以实施，因此急需我们将规划目标与市场发展规律与动向进行有机结合，对规划作出合理调整，才能保证规划目标更好的实现。

2.4　微观项目实施层面缺乏系统有效的实施策略

在微观项目实施层面，城市发展中的各种利益与需求会转化成空间资源配置上的尖锐冲突，如果缺乏实施机制保障平台以及系统而科学的策略方法，使得单个项目在微观层面与城市规划建设用地实施的综合目标背离，问题逐步堆积，最终会导致实施结果与总体规划的远景目标背道而驰。

3　北京规划实施环境的复杂性与多样性

城市就像一个复杂而多样的生态系统，包括了自然生态系统、社会生态系统、经济生态系统，城市规划建设用地实施是一种公共性和政府性的控制与引导过程，也是复杂的动态完善过程，应该充分认识到规划实施的"复杂性"以及实施条件的"多样性"。

3.1　北京规划实施的复杂性

《北京城市总体规划（2004—2020年）》（以下简称"2004年北京总规"）确立了未来北京发展定位目标为国家首都、世界城市、文化名城和宜居城市，城市发展目标内涵非常丰富，因而在实施过程中需要统筹协调更多的发展内容；其次，作为全国发展的首善之区，为适应快速多变的发展环境，起到示范作用，北京实施政策更新更快，实施程序更加多变；再次，北京比其他城市需要统筹协调从中央到地方、从国外到国内更多层面的空间发展利益诉求。另外，从实施时间来看，一个项目从立项转化为城市公共产品，需要3~5年甚至更长时间，在这个过程中，规划部门需要与政府各种相关的"条"、"块"管理部门进行沟通协调，使其发展目标与规划目标相协调。

3.2　北京规划实施条件的多样性

北京城市规划建设用地实施条件更加多样。从实施主体来看，对象更加多元化，包括中央单位和军队、外事单位及机构、国家事业发展机构、科研院校，市、区、乡镇政府，国有企事业单位、外资或合资企业、民营企业；从实施模式来看，渠道较多，通常有企业主导型、国有独资公司主导型、储备机构主导型等几种模式，其中储备机构主动型近年来成为实施主流方式，具体又包括储备机构实施、储备机构委托乡镇所属的房地产开发企业负责项目的实施、储备机构通过招投标方式确定开发企业负责项目的实施等方式；从项目类型来看，涵盖面较广，包括了基础设施项目、城区危改和历史文化名城保护区项目、市级开发区或产业、科技园项目、绿隔住宅或产业项目和绿色产业项目、保障性住房项目、商品房项目、挂账村项目、城市单位及农村自有用地建设项目等。

4 "多维"理念的提出

4.1 由"单维"模式到"多维"理念

过去，城市规划建设用地实施方法是单维模式，即从城市规划自身空间发展目标出发，去简单地控制各种规划指标，导致实施方法单一，缺乏适应性调整与多向衔接，最后往往实施项目因为市场成本与效益难以平衡，或与政府目标不符等原因，实施结果与规划初衷背道而驰。

规划实施的"复杂性"和实施条件的"多样性"决定了其求解的路径不是唯一的模式。这里提出"多维度思维模式理念"，即是主动将实施引导方法与实施载体、相关要素进行多维衔接，通过搭建GIS技术为支撑的多维度动态空间数据平台，运用多维度空间关联分析方法，构建起北京多维理念城市规划建设用地实施指引体系。

4.2 搭建GIS技术支撑的多维度动态空间数据平台

搭建多维度动态空间数据平台，充分运用GIS技术手段，在空间上，将现状、规划、审批等不同实施阶段的数据进行梳理；将规划、国土、发改等不同部门的数据进行对接；将用地与人口、经济、社会发展等不同学科的数据进行整合，并定期对平台数据进行定期动态更新，为全面地把握实施静态水平、动态过程及资源特征奠定技术基础，为客观地分析建设用地扩展与各种动力因素在实施过程中的关联性提供技术条件（图1）。

4.3 运用多维度空间关联分析方法

为客观分析规划实施与其背后动力因素的相互作用关系，运用多维度空间关联方法，将用地与人口、经济、社

会、交通、市政等的多样数据进行空间关联分析，判断建设用地的总体扩展变化与其空间上承载的人口、经济、社会等物质内容在实施过程中是否协调发展，发现存在问题。

4.4 构建多维度规划实施指引体系

由于规划实施面临复杂的实施环境、多元的实施对象、多样的实施条件，对于同一个项目，如果它经历的时间节点、社会经济环境、政策条件不一样，规划实施过程中所要解决问题的侧重点就会不一样，所采取的实施路径也会完全不同。

运用多维理念，从资源维度、空间维度、时间维度、政府维度、市场规律维度、微观项目维度等不同层面去与城市规划建设用地实施的控制与引导方向寻找关系，建立起一张网状的规划实施指引体系，便于在规划编制和管理工作中，无论遇到哪类实施项目，无论需要从哪个侧重点去求解实施方法与路径，都可以从多维度实施指引体系寻求到较好的引导思路和策略（图2）。

5 关于北京多维度规划实施指引体系构架的思考

下面从资源、空间、时间、政府、市场、项目六个维度初步搭建北京规划实施指引体系构架，为市政府建设用地管理综合决策提供参考依据。其中各维度提出的指引策略并不相互孤立，而是相互支撑的内容，目标都为总规实施目标，只是角度和侧重点不同。

5.1 基于资源维度的实施指引

资源是总体规划实施的核心物质载体。从资源潜力特征与规划实施关系视角，对北京全市资源进行梳理，通过摸清资源潜力、判断全市各区域资源余量特征进行实施指引。

5.1.1 资源潜力指引

资源潜力实施指引内容包括可储备、可供应建设用地

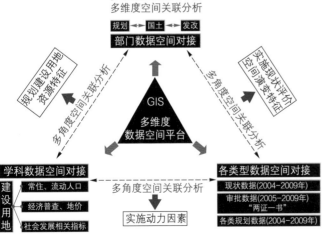

图1 多维度数据空间平台图解

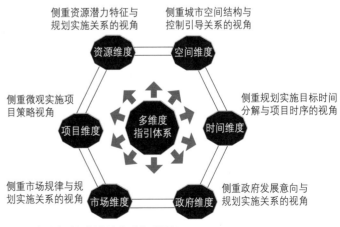

图2 多维度动规划实施指引体系图解

资源的总量、空间分布特征、用地类型结构；资源与城市轨道站点辐射影响范围、重点功能区等规划要素之间的相互关系；对资源的地上拆迁物、规划指标给予的改造空间、实施成本与效益进行估算，综合分评判资源利用难易程度等内容。

5.1.2　各区域资源余量特征指引

国际大都市中各地区发展通常都要经历增量推动、余量提升和存量更新阶段。这三个阶段的甄别标准是地区资源的余量特征，当资源余量与规划区面积的比重大于30%为增量推动阶段，在10%～20%之间为余量提升阶段，在10%以内为存量更新阶段。其中余量提升阶段是城市提高发展质量、构建核心竞争力和完善城市功能的关键阶段。各个阶段的发展特征、实施引导策略有可遵循的共性规律。我们以北京城市规划所确立的中心城、新城的规划片区或以北京行政管辖区县界为研究单元，分析北京各规划片区或行政辖区所处的发展阶段，寻求可借鉴的共性实施引导策略。

5.2　基于空间维度的实施指引

2004年北京总体规划确立了中心城（包括旧城、旧城以外中心地区、边缘集团、绿隔）、新城、乡镇的城镇空间结构体系，从城市空间结构与规划控制引导关系视角，把握各圈层发展的特殊问题，对发展不完善的区域进行指引。

5.2.1　各空间圈层实施策略指引

通过实施评估，归纳各规划圈层在实施过程中的主要现状问题，提出实施策略，作为规划管理中对北京各圈层空间结构发展的综合评价依据，在建设用地项目审批管理规则中制定相应对策。

5.2.2　待提升完善区域指引

针对现状和实施过程中存在问题及有欠缺的区域，提出专项发展及综合发展上待提升完善区域，对建设用地项目审批原则，起到中观层面的引导作用。其具体方法是以北京中心城、新城的规划街区为实施评价单元，通过评估城市公共系统中各项用地指标的控制与引导水平，如公共服务设施、市政基础设施用地比例，人均建设用地、城业比例以及关于交通用地发展的路网密度、道路面积率、开发强度等指标，提出各专项上待提升完善区域指引；再通过GIS空间叠加技术，得出各方面发展均严重欠缺区域，即综合待提升完善区域。

5.3　基于时间维度的实施指引

城市的建设和发展是一个动态过程，每时每刻都处于变化当中，尤其是北京作为首都，既与全球化息息相关，又与国内发展紧密相连，城市发展速度较快，构建北京城市规划建设用地实施指引体系必须适应这种动态变化，需要从总规目标时间分解和项目时序安排视角进行实施指引。

5.3.1　总规目标实施时间分解指引

将北京总规实施目标在时间维度上进行分解，提出五年近期建设目标和年度实施目标，切实落实年度实施计划的执行力度，加强城市规划对土地储备与供应年度计划、固定资产投资年度计划以及市、区政府重点建设项目安排等内容的前置引导作用。

5.3.2　项目实施进程指引

在建设时序安排上，将项目分为立项或选址、土地整备、土地供应等不同实施进程阶段，细化时间节点，动态跟踪统计，统筹安排实施过程中经营性项目与公益类项目的建设时序，确保实施过程各类用地结构比例的协调性。

5.4　基于政府维度的实施指引

北京市、区两级政府既是经济发展的推动者，也是城市规划的执行者，是规划实施的重要力量。在政府维度层面，协调政府发展意向与总规目标的相互关系，对需要政府作为的实施要素进行指引

5.4.1　政府发展意向与总规实施关系指引

对市政府、区县政府、发改部门、国土部门的部门工作计划、重点推进项目、意向发展区域进行动态跟踪，分析其与北京总规长远目标与近期建设规划、年度实施计划的关系，分析其中符合城市规划建设用地实施的要点，指出需要协调改进的要点，并通过一定的渠道和机制谏言，保障城市长远健康发展。

5.4.2　政府主导和推动的实施要素指引

这里将需要政府作为的规划实施要素分为政府主导型和政府推动型。其中政府主导型实施要素是指特别需要按规划形成良好的城市环境的地区，或者对于城市来说特别重要的项目等，由政府亲自组织实施的要素，如北京历史文化街区、重点功能区的实施；政府推动型实施要素是指对于民生类、公益类项目，需要政府积极推动引导，并由市场来实施的要素，如公共服务设施、市政基础设施项目等。

5.5　基于市场维度的实施指引

市场动力是规划实施重要影响因素。从市场规划与规划实施关系视角，充分考虑建设用地实施的市场因素，对土地价值潜力、优势与劣势资源进行指引，以利于规划管理中统筹一定区域的实施成本与效益。

5.5.1 基于地价潜力的实施指引

北京城市土地经济基本遵循价值递减规律，并且价值的外溢体现出圈层扩散的特征，自旧城到中心大团、绿隔、边缘集团、新城五个空间层次价值组合特征各不相同，因此规划需要在实施过程中通过调整资源配置和空间结构优化其经济效益和综合效益，该项指引可从地价潜力因素分析规划各圈层规划调整策略。

5.5.2 优势与劣势资源指引

考虑居住、产业、三大设施（指公共服务、市政交通、公共安全三类设施）类用地的市场价值因素，研究各类优势建设用地资源的支撑要素，评判各类用地中的优势资源与劣势资源，在规划实施管理工作中统筹优劣、平衡成本与效益。以产业用地为例，该项资源的支撑要素主要为产业集聚区层级、交通可达性、市政基础设施综合成熟度，通过GIS技术手段，综合评价出优势产业资源的分布区域，该研究成果可用于支持重点产业项目选址分析工作（图3）。

5.6 基于项目维度的实施指引

总规目标最终通过微观项目来实施。在微观项目维度，依据项目特点提出实施模式、实施主体选择等方面的实施策略，为规划项目审批管理提供依据。

5.6.1 依据规模提实施策略

参照北京规划地块尺度（5～10公顷）、规划街区尺度（200公顷左右），将拟实施项目分为10公顷以下、10～200公顷、200公顷以上三类，依据资源特性、开发规模对周边地区造成影响的大小，土地的集约使用原则、系统整合原则等并分别提出实施策略。

5.6.2 依据项目权属提实施策略

依据北京土地权属类型，分为军产和央产国有建设用地、一般国有建设用地、集体建设用地，充分考虑与各类权属用地相关政策的衔接，结合资源特性，提出实施策略。

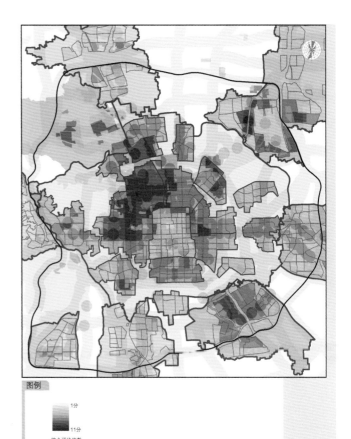

图3 2009年底北京优势产业用地资源分布指引图

5.6.3 依据项目类型提实施策略

充分考虑与现行北京城市规划管理模式中项目分类相对接，分为选址类项目和规划条件类项目，总结各类型项目实施特点，分类提出实施策略。

以上六个维度构建起北京宏观、中观、微观层面网络状的城市规划建设用地实施指引体系，本文只是初步探索，具体内容还需在实践中动态完善。多维理念的城市规划建设用地实施指引体系作为北京空间规划实施管理的技术支撑手段，必将使规划管理更有章法和依据，从而科学、高效、动态地推进总体规划目标实施。

参考文献

[1] 杨家文. 市场经济下的空间规划实施 [J]. 城市规划学刊，2007，172（8）：67-71.

[2] 北京市规划委员会. 北京市规划委员会关于我市规划建设用地资源情况的意见 [Z]. 2009.

[3] 郭耀武，胡华颖. "三规合一"还是应"三规和谐"——对发展规划、城乡规划、土地规划制度思考 [J]. 广东经济，2010，01：33-38.

备注

本论文发表在《北京规划建设》2012年第4期，有删节。

规划实施新型定量评价模式探索——"城市发展规划指数"体系构建及实证研究

张朝晖 邱红 何闽 魏科

引言

伴随我国城市化的快速发展，城乡规划的实施绩效日益受到社会的广泛关注。面对发展目标的长期性与建设过程的复杂性，科学评测处于量变过程的规划实施效果，增强动态监测和决策支撑能力，已成为城乡规划实施精细化评估管理的需求热点。

目前国内规划实施评估的实践，在综合评价中多以定性分析为主，定量支撑更多体现在单项专业评价，在反映各领域间的内在发展关系、深层次揭示发展规律等方面尚显不足。如何突破常规评估方法的局限，深层次挖掘专业指标之间的内在联系，多维度揭示规划实施过程的发展特征，及时洞察城市建设的变动趋势，积极探索集综合定量评测和动态预警响应于一体的新型评价模式，是评估领域面临的新课题。目前国内针对规划实施评估方法的探索，已经开始向定量评价更具优势、关联分析更具深度的"指数"评价层面拓展延伸。

2012年，由北京市规划委员会组织，北京市城市规划设计研究院启动了"城市发展规划指数"课题研究工作，旨在立足"城乡规划实施绩效评估"领域，建立以"定量评测、多维比较、趋势预测、科学预警"为特色的综合评价体系。课题研究将"指数"评价方法引入到城乡规划实施的定量评测体系中，界定了"城市发展规划指数"的基本内涵和功能特征，建立了客观揭示城市规划实施进程、发展特征及水平的综合评价体系，并在中观层面得到深化实证，形成从理论方法到应用实践的系统研究结论。

1 相关理论与研究动态

"广义的指数"泛指所有研究社会经济现象数量变动或差异程度的相对数，是用来表明现象在不同时间、不同空间、不同总体等相对变动情况的统计指标。作为经济统计学的重要技术方法，指数通常是对不同领域的指标进行标准化处理并赋权计算后形成的一种相对指标，可视为"指标"应用的一种"高级形态"。

指数评价方法的优势在于，能够把不能直接相加或比较的多专业指标，通过同趋化、无量纲化、赋权计算后形成可以在同一平台上比较的综合评测数值。由于指数通常是由多项指标按照合理的内在逻辑关系复合而成，其多维度的考察视角使得评价结果更加全面客观。

目前，涉及评价城市发展状态的指数体系研究在世界范围内已成为极具应用价值的研究热点。现有相关研究与实践，主要集中在宏观层面的社会、经济、生态、公共管理等领域的顶层设计[1-7]，以城乡规划实施评估为视角、向中观层面递进的探索研究尚处于起步阶段，需要从理论方法到应用实践进行深层次、多维度的学科融合和技术创新。

将指数理论方法引入到规划实施评估领域，可以为系统化、多维度、科学反映城乡规划实施进程和发展效果提供一种客观评价标尺，体现出5个方面的功能特征与应用潜力：第一，可以直观地反映城市经济、社会和环境发展水平的基本状况，具有状态描述功能；第二，可以为分析城市发展的客观现象及成因提供逻辑线索和相关数据，具有成因解释功能；第三，可以对规划实施过程中的发展状况和政策措施做出评判，具有客观评价功能；第四，可以针对所评价的规划实施领域或区域进行发展趋势的预测，为制定公共政策和预防措施提供参考，具有情景预测功能；第五，可以动态监测并及时预警规划实施过程中出现的问题和程度，具有监测预警功能。

2 概念界定与体系建构

2.1 核心概念界定：综合定量评测城乡规划实施绩效

"城市发展规划指数"（city development planning index，CDPI），是客观反映城市规划实施过程中，经济社会及空间发展等现象在规模、质量、结构方面的综合变动程度及变动趋势的相对数。其内涵是将城市发展的宏观定性目标分解为中观定量目标，以"指数"为表征手段，通过对城市发展关键特征的定量考核，系统化、多维度地反映城市规划实施进程和效果，揭示复杂城市巨系统在规划实施过程中的发展特征和质量内涵。

"城市发展规划指数"可以作为评价城乡规划实施进

程、城市发展状态及特征的风向标和晴雨表，为各级政府和管理部门科学制定和调整公共政策提供技术依据，从规划实施的视角发挥定量评测和辅助决策的技术支撑作用。

2.2 体系框架构建：动态适应城市发展的复杂性

作为一种综合反映经济、社会、环境协调发展水平的客观标尺，"城市发展规划指数"体系构建，以促进人口资源环境协调发展为目标，突出对规划实施效果和城市发展质量的评价导向；以把握城市发展过程主要特征为重点，综合反映经济社会环境的协调发展程度。

针对复杂的城市巨系统，如何实现科学定量评测，是体系构建的技术关键和主要难点。在方法路径上，一是通过保证系统框架稳定、保持核心指标开放、检验运行流程可靠等工作环节，提升体系构建的科学性；二是从基础数据挖掘、评价准则制定、计算方法适用性考察等工作环节，提升指数化过程的可靠性；三是将实践经验判断及定性分析研究，作为校核修正量化方法的重要手段，提升评价方法的合理性。

按照"系统完整、架构稳定、动态开放"的构建原则，以规划目标为导向，"城市发展规划指数"体系框架由1个总指数、4个二级指数以及可动态扩充的系列核心指标构成（图1）。总指数、二级指数、核心指标的设计遵循了"目标—准则—指标"的建构逻辑，使得"城市发展规划指数"体系兼具完整性和开放性的特点，既保证了评价内容的全面性，同时也为适应城市发展变化预留了扩展的弹性。

2.2.1 总指数：综合反映城市发展水平

"城市发展规划指数"是客观反映城市规划实施过程中，经济社会及空间发展等现象在规模、质量、结构方面的综合变动程度及变动趋势的总指数。重点是从提升"城市发展的核心竞争力"、"城市生活环境的吸引力"、"城市资源利用的可持续能力"、"城市生态安全的保障能力"等4个评价目标出发，综合考察城市的规划实施效果和发展

建设水平。

2.2.2 二级指数层：兼具典型性与稳定性

在整体框架体系中，与总指数的4个评价目标相对应，建立了"城市职能发育指数"、"公共服务支撑指数"、"资源效益提升指数"和"生态安全保障指数"等4个二级指数，每个二级指数均具有典型的评价意义。

4个二级指数共涉及12个考察方面，基本涵盖了经济社会、城市规模、功能结构、公共服务、基础设施、资源节约利用、生态保护等规划实施评估的核心领域，支撑了体系框架的完整性和稳定性。

2.2.3 核心指标层：兼具特征性和开放性

针对4个二级指数的12个考察方面，进一步制定评价准则，深入挖掘能够准确反映重点评价领域和主题的核心指标。核心指标的选择和设计，既体现评价领域的关键性特征，又具有多维复合特征，能够综合反映该领域基础指标之间的内在联系。同时，核心指标层还保持了动态开放的延展性能，为不同的发展阶段和评价需求预留了动态延展空间，可以随着城市发展变化进行动态调整扩充，体现了指数体系对城市建设复杂性的适应能力。

2.3 评价流程设计：实证检验系统运行的可靠性

遵循"从定性到定量综合集成"、"从专业到一般客观表达"的逻辑思路，将"城市发展规划指数"的评价流程划分为4个阶段：①挖掘提取数据，建立权威稳定的指标库；②明确各层级评价导向和评价准则，遴选特征性强的核心指标；③通过分项指标运算、各项指标综合加权以及校核修正，进行指数运行和情景分析；④通过解析评价结果、启动预警响应机制和信息发布，实现评价结果的输出和政策反馈。

在设计和完善评价流程理论模型的同时，课题组还通过运行典型的二级指数进行实证检验，来确保运行流程的合理和可靠。

3 深化设计与实证应用

在宏观层面理论框架设计的基础上，课题选取发展规模和功能定位各异、处于城镇化快速上升阶段的北京10个新城作为研究样本，对整体框架下的二级典型指数——"城市职能发育指数"进行了深化设计和实证运行，取得了可靠的应用检验结论。

城市职能发育指数，是反映新城从基准年到评价年，城市在规模增长质量、空间结构优化、核心产业发展方面的协调发育程度的相对数，是衡量城市核心竞争力提升水

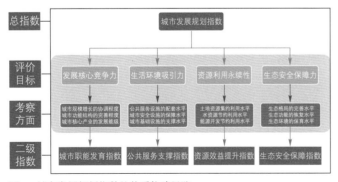

图1 城市发展规划指数的体系构建思路

平的二级指数。重点从"城市规模"、"空间结构"、"产业能级"3个方面进行综合考察：在城市规模增长的协调程度方面，重点考察新城在发展过程中人口、经济和建设用地增长之间的同步性，是衡量新城增长质量的重要内容；在城市功能结构的完善程度方面，重点考察新城各类用地投放在规模、结构、时序上的协调程度，是衡量新城生活环境吸引力的重要内容；在城市核心产业的发展能级方面，重点考察新城第三产业的提升水平与第二产业的优化水平以及重点功能区的发展能级，是衡量新城经济发展水平和发展质量的重要内容。

北京各新城的总体规划期限为2005～2020年，根据新城规划实施的阶段性特征，综合考虑各新城数据样本的完整性和统一性，本次针对"城市职能发育指数"的实证研究，分别将2005年、2010年、2015年和2020年定为评价的基准年、评价年、规划预测年以及规划目标年。未来伴随数据库和评价平台的完善，可逐步实现每两年甚至每年进行评估，实现评价周期的常态化。

3.1 实证样本选择：增强评价方法的普遍适用意义

北京10个新城均是依托各区县的城市中心地区作为发展基础，在发展规模上包括了城市人口规划为15万～35万、60万～100万左右的大中型城市（现状区域总人口分别为30万～47万、88万～166万，规划区域总人口分别为34万～63万、107万～160万）；在城市职能方面体现了定位的多样化（生态涵养发展型、城市发展新区型）；其发展阶段均处在完善功能、形成系统、规模发展的城镇化上升时期，各项指标具有较强的典型性、特征性和灵敏度，表现出的发展规律具有较强的普遍性，有利于运用类型研究与比较研究相结合的方法，把握城市发展的普遍规律，增强研究方法的适用性，对其他城市开展同类研究具有借鉴意义。

3.2 基础指标挖掘：强化经济社会数据与空间属性的对接

年代连续、属性完整、空间对应的基础数据，是支持指数运行的基础条件。数据的质量和数量，直接影响到评价方法的选择和评价结果的准确性。立足北京市规划委与规划院长期动态维护的共享平台，课题组首先建立了经济社会与空间属性相对应、具有行业权威的基础指标库，形成了支持指数稳定运行的数据平台。

在指标的选择标准上，注意选择能够反映评价领域的核心要素、反映评价对象的共性要素、反映发展变动的敏感要素的关键特征指标。在指标的来源上，强调部门数据的权威性、统计口径的一致性、动态维护的连续性、经济

社会数据与规划空间属性的对接。

人口、经济、社会数据主要源自《全国第六次人口普查报告（2010年）》、《北京市统计年鉴》、《北京市工业开发区年报》等官方数据。空间数据主要包括北京市规划委"规管2011综合信息服务平台"中连续完整的规划审批数据，以及北京市规划院"城乡规划综合信息平台"中较为完备的多时态、多尺度的城乡规划及现状基础数据。

3.3 核心指标设计：体现注重发展质量、尊重定位差异的评价导向

3.3.1 指标遴选方法

在"城市发展规划指数"基础指标库中，结合对北京新城当前发展典型问题的分析，综合运用德尔菲法、主成分分析法、决策实验与评价实验室DEMATEL等方法对指标进行初筛；并采用相关性分析和数学模拟方法对粗筛指标做进一步遴选，去掉重复表征、冗余信息以及相关性较高的部分指标，提取出8个具有反映评价领域的核心要素、反映评价对象的共性要素、反映发展变动的敏感要素等3方面特点的核心指标项，保证每项核心指标所表征领域的特征性和独立性。

3.3.2 指标作用导向

核心指标的设计及选取具有较强的代表性和客观性。城市职能发育指数的8项核心指标，在评价内容上涵盖了经济社会发展、公共基础服务和资源环境效益等核心评价领域。按照其所属的功能和作用，可以分别体现出领域特征型、价值导向型、目标导向型、过程引导型等4大类型的特点，突出了注重考核发展质量、促进资源环境协调、加强过程合理引导、尊重城市定位差异的价值导向。

例如，在8项指标中有5项指标运用了人均值和地均值进行评价，强化了对城市发展综合效益的考核导向；有7项指标强调了对城市发展过程进行"均衡性"和"提升性"引导的价值导向；有4项指标紧扣城市发展的空间属性特征，把宏观层面的人口、经济、社会数据向中微观空间层面进行分解衔接，保证评价结果更接"地气"。

3.4 评价准则制定：采取多维度决策模式，增强评价过程的客观性

评价导向和评价准则是决定评价过程科学性的重要标尺。在综合指数形成过程中，为每项核心指标设计多维度的考核因子、差异性的考核方法、导向明确的评价准则，是科学考察各新城城市职能发育水平的关键。

针对每项核心指标的考察方向和具体特点，对其采取多

维度的评价决策模式。以各个新城的规划目标值作为基本评价依据，每个核心指标均由2~3个评价因子复合而成。例如：

"人均三大设施规模保障水平"是反映新城高品质生活吸引力的核心指标。运用"个体规划目标值"和"整体发展平均值"双因子，来综合考量各新城的基本公共服务保障能力，采取个体目标实现度比较和整体平均值趋近度比较相结合的评价方法，既反映新城个体的目标实现度，也反映新城个体相对于新城整体的发展水平。

"人均GDP发展水平"指标，旨在充分考量新城功能定位和发展条件差异性的前提下，综合反映新城人口增长与经济发展的关系，运用"人均GDP绝对优势"和"人均GDP比较优势"双因子来综合衡量各新城的经济发展水平和潜力，采取综合优势领先度比较与人均值领先度比较相结合的评价方法，有利于对不同功能定位和发展规模的新城开展较为公平的评价。

"市级及以上开发区综合效益水平"是衡量新城所在地区优势产业集聚和规模化发展程度的重要指标，采用"人均工业总产值"、"土地工业总产值产出率"、"万元GDP能耗"、"万元GDP水耗"等4个评价因子来反映市级及以上开发区在提高土地产出、节能降耗、发挥技术密集优势等方面的综合效益水平。

总之，在每项核心指标评价因子和评价准则的制定过程中，通过充分考量各新城在发展基础、职能定位、发展目标上的差异性，确保评价过程更为科学公正。

3.5 指标综合测度：强调定性经验判断与客观量化技术互校修正

在指标初筛到精选、数据标准化处理、指标权重计算、指数综合生成过程中，一方面，结合数据特点和评价需求，注意选取具有适用性、成熟可靠的计算方法；另一方面，鉴于城市发展的复杂性，采用实践经验判断与客观量化技术相结合、类型研究与比较研究相结合的方法，有助于辅助验证、反馈修正量化分析方法，提升定量评价结果的准确性。

"指标综合测度"是将不同量级和单位、不同专业和性质的指标进行同趋化和无量纲化，并进行加权赋值得到综合指数的过程。城市职能发育指数的深化实证涉及到4个关键环节：

（1）在"初始指标整理"环节，根据514个原始数据在时态和空间方面的质量特点，研究采用线性回归和多元模拟回归方法对评价年的目标参考值和预测年的阈值范围进行数量拟合推算，从而获得现状实施情况与规划目标之间的相对关系。

（2）在"数据标准化处理"环节，以考察城市规划实施过程中的相对绩效为研究重点，采用"Min－max标准化"方法将指标数据线性等比例映射到［0.1，1］的区间，通过去除数据的单位限制，将其转化为无量纲的纯数值，便于对不同单位或量级的指标进行比较和加权。

（3）确定权重是判断指标重要程度的关键环节。因规划实施与城市发展过程是一个涉及领域广、部门多的复杂巨系统，课题组采用德尔菲专家打分和层次分析（AHP）的"主观赋权法"来进行多目标的综合评估，在决策过程中通过层次分析计算，把专家主观判断打分进行模型量化，使指标权重结果具有权威性和客观性。

（4）通过对标准化处理后的各项指标数值进行赋权并加和计算，逐级形成各分指数和综合指数。

3.6 评价结果输出：形成多角度、多时态的直观表征和深度解析结论

指数最终运行结果的表达方式直观多样，如采用雷达图进行可视化输出，可以显示各新城城市职能发育指数的8项核心指标的增长度（反映各指标相对发展水平，数值越大表明在该方向的发展水平越高）和均衡度（表明各指标发展的同步程度，运用均方差方法考察波动幅度和离散度，数值越小表明同步性越好），并通过与3个标准区域（位于新城值前20%的定为发展较优水平、介于新城值前20%与平均值之间的定为发展一般水平、低于新城平均值的定为发展较低水平）的对比，直观反映新城个体与整体发展水平的差距（图2、图3）。

在指数化过程中，除对8个单项核心指标分别进行分析，还可针对城市职能发育指数的3个考察方面，将其所包含的核心指标进行组合，进一步对3个组合指标——"规模增长协调程度"（考察人口、经济和建设用地增长之间的同步性和相互适应性）、"功能结构完善程度"（考察各类用地投放在规模、结构、时序上的协调程度）、"核心产业发展能级"（考察第三产业的提升水平与第二产业的优化水平）进行关联分析和量化评价。在从"单项核心指标（8项）"→"组合指标（3项）"→"城市职能发育指数"的逐级生成过程中，输出的不同阶段的各类分析图表，有助于从不同角度、不同领域深入解析新城规划实施进展和发展特征，可以为评价和预测新城规划实施绩效提供丰富的技术参考依据。

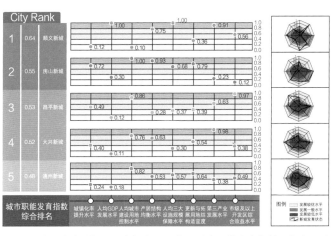

图2　北京城市发展新区 5 个新城 2010 年 "城市职能发育指数" 状态显示

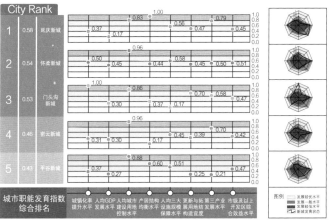

图3　北京生态涵养发展区 5 个新城 2010 年 "城市职能发育指数" 状态显示

4　应用价值与前景展望

4.1　具有综合评测和客观排序功能

针对复杂的城市巨系统，规划实施的指数化评价模式通过把不能直接相加或比较的多专业领域指标，进行同趋化、无量纲化、赋权计算后，形成可在同一平台比较的综合评测数值，有效弥补了常规评价方法的不足，具有评价维度多元复合、定量评测综合客观、预测预警反馈灵敏、评价周期动态灵活、表征方式直观鲜明等突出优势，丰富拓展了规划实施评价的定量分析技术，为城市规划管理部门从规划实施角度参与政府绩效评价提供了新型技术手段。

4.2　具有动态监测和预警响应功能

基于"指数"评价方法在揭示内在联系、判断发展趋势、捕捉异常状态方面所特有的功能优势，在对城乡规划实施状态进行现状客观评价的基础上，还可对落后于整体水平的指标领域形成预警，并对未来发展的指标阈值进行预测，为及时反馈和检讨现行发展策略提供决策依据，延伸了规划实施评价的范畴和作用。

4.3　具有多维评价与拓展解析功能

在"单项核心指标"→"组合指标"（二级指数下的12个考察方面）→"二级指数"→"总指数"逐级生成的过程中，会产生不同阶段的评价结果及多角度、多时态的衍生分析结论。可根据城市规划管理的实际需要，将指数逐级生成过程中所产生的丰富多样的衍生分析结果，以图、表等多种直观形式进行可视化输出，为政府决策提供多角度、多时态、具有针对性的技术支持服务。

4.4　具有灵活务实的运行机制

基于对城市发展不确定性的综合考量，"城市发展规划指数"设计了具有典型性和相对独立性的4个二级指数以及可动态扩充的核心指标层。在不同的城市发展阶段，可以动态适应发展变化和管理需要，结合数据支撑条件，4个二级指数可以独立开展运行，增强评估管理的应用实效。

5　结语

构建"城市发展规划指数"评价体系，是涉及多学科、多领域的复杂研究过程，由于指数结论具有公共性和敏感性，从建立、完善到应用，需要经历设计研发、运行测试、动态维护的螺旋式提升过程，持续开展基础数据库建设、指数运行反馈、方法校验修正、体系维护拓展等深化工作。

北京市率先启动"城市发展规划指数"研究，契合了科学化、精细化的管理要求，在科学定量评价城乡规划实施效果的理论方法和关键技术方面具有实践意义。根据城市管理需求和数据支撑条件，将逐步开展后续深化设计和实证研究，通过持续推进，分步实现总体目标。

参考文献

[1] 联合国人类住区规划署. 全球人居议程城市指数 [R/OL]. http://www.unhabitat.org/ programmes/guo/documents/urban_indicators_guidelines.pdf.

[2] 全球城市指标机构. 全球城市指标（摘要报告）[R/OL]. http://www.cityindicators.org/Deliverables/GCIF%20-%20Overv

iew%20Report%20-%20Fall%202013_1-7-2-14-1051267.pdf.

[3] 西门子公司，经济学人智库. 绿色城市指数 [R/OL]. http://www.siemens.com/entry/cc/features/greencityindex_international/all/en/pdf/gci_report_summary.pdf.

[4] 亚洲开发银行. 中国城市环境宜居性发展指数和监测体系 [R/OL]. http://www.adb.org/sites/default/files/pub/2014/developing-indicators-monitoring-systems-prc.pdf.

[5] 中国城市科学研究会，中国城市网，等. 宜居城市科学评价指标体系研究 [R/OL]. http://yjcs.city188.net/Uploadfile/20101793410397.doc.

[6] 中国宏观经济学会. 中宏城市发展指数 [Z/OL]. http://city.macrochina.com.cn/helpcenter/cityindex.html.

[7] 中国城市科学研究会. 中国低碳生态城市发展报告（2011）[M]. 北京：中国建筑工业出版社，2011.

备注

本文刊于《城市规划》2014年第7期，有删节。

北京市五线划定标准及综合规划研究

苏云龙 荣博

引言

2002～2005年，建设部在传统红线之后相继颁布了《城市绿线管理办法》、《城市紫线管理办法》、《城市黄线管理办法》和《城市蓝线管理办法》，要求将其纳入城市规划编制和管理，由城市规划建设主管部门负责规划管理工作。长期以来，北京城市规划管理对城市红线的管理已经形成了比较成熟的管理体系，经过长期的积累大部分能落实到具体定线坐标，但对绿线、蓝线、黄线、紫线的管理一直未形成系统，其基础条件参差不齐。城市"五线"设施建设即市政交通基础设施建设、绿化建设、河湖水系建设、历史文化街区、历史建筑以及文物的保护等往往滞后于城市的发展，在建设过程中相互之间，与其他建设用地之间，时常发生冲突。经常出现独立选址、改变用途、被其他工程挤占、缺少必要的保护措施、与周边环境不协调难以实施等情况，这种状况一直困扰着城市规划管理，给"五线"设施的建设带来很大的困难。

五线划定和五线管理的主要作用和意义在于落实规划确定的五线设施用地，使其成为现有规划编制和管理体系的有益补充，是保障规划实施的重要手段。本课题将结合北京市的实际情况，重点研究北京市五线划定标准，五线综合规划的编制方法，搭建北京市中心城五线标准数据库平台，为北京市五线规划管理和中心城控规动态维护提供技术支持。

1 法规解读和国内调研

1.1 关于四线管理办法中定线深度的解读

关于四线划定深度的描述，四线管理办法中并不一致。

2002年颁布的《城市绿线管理办法》中要求在总体规划（下文简称"总规"）、控制性详细规划（下文简称"控规"）、修建性详细规划（下文简称"修规"）三个阶段都要划定绿线，控规阶段要求给出绿化用地界线的具体坐标，总规和修规阶段绿线划定的深度没有明确要求。[1]

2003年颁布的《城市紫线管理办法》中明确要求国家历史文化名城的城市紫线在编制历史文化名城保护规划时划定，要求控制范围清晰，附有明确的地理坐标及相应的界址地形图。[2]

2005年颁布的《城市蓝线管理办法》中提出划定城市蓝线应与同阶段城市规划的深度保持一致，但只提到了在总规和控规阶段划定蓝线，且在控规阶段就要求明确城市蓝线的坐标和界址地形图，没有要求修规阶段划定城市蓝线。[3]

2005年颁布的《城市黄线管理办法》中提出划定城市黄线应与同阶段城市规划内容及深度保持一致。在总体规划阶段，应确定城市基础设施的用地位置和范围，划定其用地控制界线；控制性详细规划阶段应划定城市基础设施用地界线，并明确城市黄线的地理坐标；修建性详细规划阶段应当依据控制性详细规划，按不同项目具体落实城市基础设施用地界线，提出城市基础设施用地配置原则或者方案，并标明城市黄线的地理坐标和相应的界址地形图。[4]

从以上分析可以看出，随着时间的推移管理办法中关于定线深度的描述越来越具体，而且提出了划定深度应与同阶段城市规划内容及深度保持一致，这一要求使得划定五线具有较强的可操作性，同时可以与现有的规划编制和规划管理体系较好的衔接。但是在控规阶段和修规阶段都要求明确地理坐标，显然两个阶段地理坐标的精确程度是不同的，主要是因为两个阶段的定线依据和定线方法不尽相同，所以对于这一点还需要进一步区别，不能混淆。

1.2 国内其他城市调研

南京市的六线规划紧密结合规划管理，保证了六线规划成果能够及时有效地纳入规划管理，为保证六线设施的空间布局发挥了重要作用。但六线规划与控制性详细规划之间没有形成有效的联系和互动机制，故六线规划并没有充分发挥其应有的作用；另外六线规划中仅包含了轨道交通和电力设施两部分，关于黄线的其他设施没有涉及。

上海轨道交通控制线的划定标准及思路值得学习；天津市出台的规划控制线管理规定将建设部文件中要求在控规中应确定控制线坐标的要求下移至修规阶段的做法具有现实意义，值得借鉴；武汉市将五线纳入控制性详细规划的编制和管理中，与北京市街区控规优先安排"三大设施"的思路最为接近。

淮安市的五线控制规划比较全面和详细,对我们开展五线综合规划提供了很好的思路,但该方法对于中小城市比较适合,对于北京这样的特大城市有很大的局限性。

1.3 北京市红线划定的经验

北京市开展道路红线的划定工作已有50多年的历史,中心城范围内约80%的道路已经完成了地理坐标深度的定线工作,在这个过程中我们积累了丰富的经验。以往这种深度的道路红线定线主要是在修建性详细规划阶段开展的,这个阶段将给出红线的钉桩坐标,作为规划管理和审批的重要依据。北京市在道路红线没有确定钉桩坐标之前,道路用地是由总体规划和控制性详细规划中给出的道路用地边界线来控制的,目前规划管理没有将其作为道路建设及其周边地块开发规划行政许可的依据。管理办法中提出在控制性详细规划阶段明确地理坐标,以目前控制性详细规划编制的方式、方法和依据,多数区域无法达到这个深度,即使有些区域控规编制的时候能够给出地理坐标,但在建设项目进行具体规划审批时也需要重新落实地理坐标,因此在控规阶段就明确地理坐标,对规划管理和审批的基础作用并不明显,所以本课题将明确地理坐标的工作移至修规阶段更具实际意义。

2 北京市五线划定的标准研究

2.1 五线的定义

红线是指规划城市道路和公路用地范围的边界线(包含毗邻规划道路的城市广场用地的边界线)。

蓝线是指城市规划确定的河、湖、渠、库等地表水体的规划用地界线(上口线),在划定蓝线的同时,须将河、湖、渠、库的保护和控制界线(滨水绿线)一并划定。

黄线是指对城市发展全局有影响的、城市规划中确定的、必须控制的城市基础设施的规划用地界线或控制界线,在划定黄线的同时,需明确基础设施影响范围的控制要求。

绿线是指规划确定的公共绿地、防护绿地、生产绿地、生态景观绿地(其他绿地)四类绿地的边界线。

紫线是指国家历史文化名城内的历史文化街区和省、自治区、直辖市人民政府公布的历史文化街区的保护范围界线,以及历史文化街区外经县级以上人民政府公布保护的历史建筑的保护范围界线。

2.2 五线划定的内容和深度

根据上节对住建部四线管理办法的解读,并结合北京市的实际情况,考虑与现有规划编制和管理体系的衔接,

五线按照以下三个阶段确定划定内容和深度较为合理。

总规阶段:明确"五线"控制保护的原则和技术要求,确定"五线"的规划用地控制线,与总体规划的内容和深度保持一致。

控规阶段:明确"五线"的控制指标和保护要求,确定"五线"的规划用地控制线,与控制性详细规划的内容和深度保持一致。

修规阶段:明确"五线"地理坐标和相应的界址地形图,与修建性详细规划的内容和深度保持一致。

2.3 五线划定的技术要求

划定五线时,要依据上位规划,满足各专业技术标准或规范的要求。对于相关标准或规范中没有明确要求的,本课题进行了专题研究,并予以明确,例如轨道交通黄线划定技术要求(表1)。

2.4 五线划定的方法

由于五线划定工作是一项实践性、综合性很强的工作,且不同项目考虑的因素和侧重点也会有所不同,所以除遵循基本步骤和原则外,五线划定方法应以案例的形式予以说明。下面给出道路红线划定的案例。

2.4.1 道路红线与古树

道路与古树发生矛盾时,首先应该确定古树的具体位置,然后征求园林部门和文物部门的意见,请其给出古树的保护范围及要求。这种情况一般有两种处理方法,一是道路用地完全避让古树,一是在道路用地范围内设置环岛保护古树。

案例1:道路完全避让古树——长辛店北二十四路(图1、图2)

案例2:道路用地内兼容古树——西便门豁口外路(图3)

2.4.2 道路红线与文物

案例3:道路与文物对景——天宁寺路(图4)

案例4:道路避让文物——京开东路(图5)

案例5:道路用地兼容文物——西便门桥(图6)

2.4.3 道路红线与铁路

案例6:展览路与京九铁路(图7)

案例7:京开东路与京沪高速铁路(图8)

2.4.4 依据"拨地"划定道路红线

案例8:国家话剧院东路、国家话剧院北路(图9)

2.4.5 依据"拨地"及保留建筑划定道路红线

案例9:四合庄五号路、四合庄六号路(图10)

轨道交通黄线划定要求[5-7]　表1

设施	阶段		黄线
线路	总规	道路红线不足40米	中心线两侧各20米
		道路红线40~60米	按照道路红线
		道路红线大于60米	中心线两侧各30米
	控规		左中心线左侧13米，右中心线右侧13米
	修规	地下线路	结构轮廓外6米
		地面和高架线路	坡角及结构投影外2米/用地界线
车站	总规	道路红线不足70米	250米×90米
		道路红线大于70米	长250米，红线外两侧各10米
	控规		设施外边线外10米
	修规	地下车站	结构轮廓外6米
		地面和高架车站	结构或结构投影外2米/用地界线
出入口、风亭等附属设施	控规		——
	修规	出入口	——
		风亭、冷却塔等附属设施	外边线外10米
车辆基地	总规、控规		规划用地界线
	修规		实际用地界线

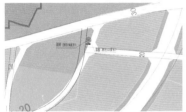

图1　定线方案一：古树西侧方案

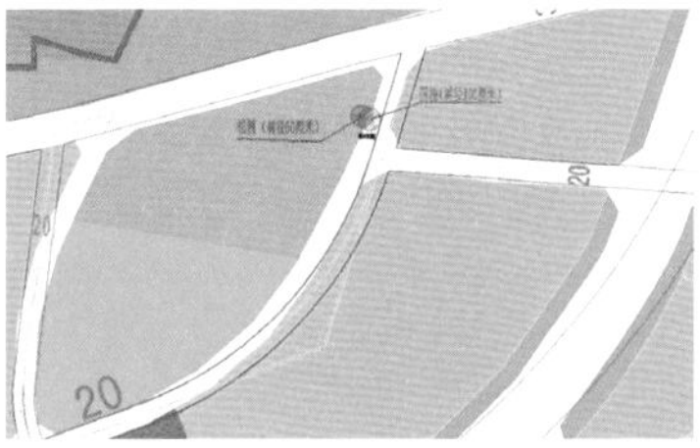

图2　定线方案二：古树东侧方案

图3　道路用地内兼容古树

图4　道路与文物对景实例

图5　道路避让文物实例图

图6　道路兼容文物实例图

图7　与铁路相交段道路红线划定实例图

图8　与铁路相交段道路红线划定实例图

3　五线综合规划研究

　　为了集约和节约使用土地，同时也为五线划定和综合规划提供依据，本课题对五线的兼容性进行了研究。在此基础上，选取了一个实验片区开展五线综合规划（图14），并据此提出了五线综合规划的编制方法。下面以实验片区五线综合规划为例来说明五线综合规划的编制方法。

3.1　五线综合规划基础资料搜集

　　基础资料主要包括1:2000新测地形图、试验片区自20世纪50年代至今的拨地钉成果、试验片区内的地籍资料、试验片区内各专项规划图以及以往划定道路红线的相关资料。

3.2　五线综合规划

　　将上述五线划定的成果叠加在一起，所生成的图纸就是五线综合规划的平台，查找五线之间的矛盾点，对产生

图9　依据拨地钉桩成果划定道路红线实例图

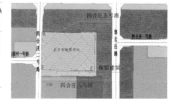

图10　依据拨地钉桩成果及保留建筑划定道路红线实例图

矛盾的原因进行分析，给出解决矛盾的规划建议（图11）。

　　下面以长河路北侧西段红线、绿线、黄线之间的矛盾为例加以说明。

3.2.1　矛盾点分析

　　（1）绿线与现状建设用地的矛盾：绿线与国家体育总局冬季体育运动训练中心、首都滑冰馆的用地存在矛盾，

国家体育总局冬季体育运动训练中心、首都滑冰馆为1984年拨地钉桩（图12）。

（2）绿线与红线的矛盾：绿线与长河路北红线、五塔寺西路西红线有矛盾。

（3）绿线与轨道交通黄线的矛盾：地铁4号线白石桥站的东南出入口黄线与绿线有矛盾。

3.2.2 五线综合规划方案

规划方案一：按照已定道路红线确定规划绿地的东边界、南边界和西边界，按照长河路北红线向北偏移35米确定北边界。对于轨道交通黄线侵入该规划绿地的情况按兼容性的基本原则处理，允许兼容（图13）。

规划方案二：红线避让绿线方案，长河路红线由20米变更为15米（已定北红线向南偏移5米），五塔寺西路由20米变更为7.5米（已定西红线向东偏移12.5米）。按照西颐路已定东红线、长河路新定北红线、五塔寺西路新定西红线确定规划绿地的西边界、南边界和东边界，按照长河路新定北红线向北偏移35米确定北边界。对于轨道交通黄线侵入该规划绿地的情况按兼容性的基本原则处理，允许兼容。

规划方案三：按照已定道路红线确定规划绿地的东边界、南边界和西边界，考虑到中心城中心地区体育设施用地不足的状况，建议规划绿地不占用现状体育设施用地，按照北侧体育设施用地拨地钉桩成果及现状围墙确定规划绿地的北边界。对于轨道交通黄线侵入该规划绿地的情况按兼容性的基本原则处理，允许兼容（图14）。

3.2.3 五线综合规划方案比选

方案一的优点是既维持了已定道路红线的宽度，也保证了规划绿地面积，但该方案并没有考虑绿地占用了现状体育设施用地，考虑到中心城中心地区体育设施用地不足的状况，认为方案一非最优方案。考虑到长河路道路、五塔寺西路用地为2006年已拨地，红线变更难度较大，同时结合现状条件，长河路、五塔寺西路维持原红线宽度更为合理，故方案二非最佳方案。

综合各种因素，认为方案三既充分考虑了现状条件，又最大程度地减少了绿地的损失，各线之间的矛盾处理较为得当，具有较强的实施性。

4 北京中心城五线数据库

为了保证中心城五线数据的完整性，并为今后五线数据的动态更新和维护奠定良好的基础，本课题分总规、控规、修规三个层面对中心城范围内的五线进行了划定，并建立了数据库。该数据库的建立将为各层次规划编制提供基础资料参考。

5 总结

该课题研究的创新点：①结合北京实际，明确了"五线"的内涵；②首次系统、全面地研究了五线划定的标准；③研究了五线的兼容性，并提出五线综合规划的编制方法；④搭建了北京市中心城五线数据库。

本研究成果已在日常的规划编制中得到应用，并以红线、蓝线作为试点纳入了北京市规划委员会规划管理系统，为规划审批提供依据和参考，待条件成熟后，拟将五线全部纳入该系统。

如何将五线综合规划纳入现有的规划编制和管理体系，形成高效的五线规划管理机制，是能否真正落实住建部四线管理办法的关键。为此提出以下建议：

（1）建议将五线综合规划纳入规划编制体系，并与各阶段规划成果一同审批。修规阶段以往仅划定建设项目周边的道路红线，对于其他各线部分内容虽然也有所考虑，但并不系统。划定的五线与建设项目一并审批并公示，将有助于规划的实施和增强规划的透明度，特别是对于建设项目周边的变电站、垃圾处理厂、污水处理厂等敏感性设施。

（2）结合中心城控规不断深化的要求，主动深化和完善五线专项规划，根据每年城市规划的重点、热点、难点工作需要，分片区、分系统对五线数据库进行滚动更新和维护，并定期将审批的五线综合规划成果纳入中心城控规动态维护程序。

图11 试验片区五线综合规划图

图12 长河路北侧西段绿线与现状用地矛盾图

图13 综合规划方案一示意图

图14 综合规划方案三示意图

参考文献

［1］城市绿线范围管理办法［Z］. 中华人民共和国建设部令第112号，2006-11-1.

［2］城市紫线范围管理办法［Z］. 中华人民共和国建设部令第144号，2006-3-1.

［3］城市蓝线范围管理办法［Z］. 中华人民共和国建设部令第145号，2006-3-1.

［4］城市黄线范围管理办法［Z］. 中华人民共和国建设部令第1119号，2004-2-1.

［5］北京市市政管理委员会. 北京市地下铁通风亭管理规定［Z］. 1992-12-19.

［6］中华人民共和国住房和城乡建设部，中华人民共和国国家发展和改革委员会. 城市轨道交通工程项目建设标准［S］. 2008.

［7］中华人民共和国住房和城乡建设部. 城市道路交通规划设计规范［S］. 1995-9-1.

备注

本文发表在《城市时代，协同规划——2013年中国城市规划年会论文集》中，有删节。

北京新城细节化规划管控之探索

白劲宇　赵晔

引言

2005年底，北京11个新城陆续完成了总体规划的编制和审批。由于全覆盖式的控制性详细规划（下文简称"控规"）无法适应城市的动态发展特性，各新城未直接在总体规划的基础上编制地块级控规，而是先以街区为单位编制了街区控规，在空间上落实了三大基础设施（公共设施、道路交通设施、市政设施），提出了街区建设强度等控制内容。2006年，新城街区控规获得了市政府的审批通过。

按照《北京市新城控规管理办法》，下一步将进入新城地块级控规的编制阶段，编制完成后的成果将作为规划审批、实施的直接依据。

然而，虽然北京市现有地块控规的编制方法和控制管理日趋合理，但仍仅限于物质层面的空间安排，控制指标局限于对建设强度、建筑高度、用地性质等的一般控制，缺乏控制细节和技术理性，从而导致北京市的部分地区出现了公共空间匮乏、城市景观相对粗糙等一系列问题。现行控规管理方式只能满足新城建设品质的最低标准，而不能满足市政府提出的"按照高标准、高水平、高起点建设新城的要求，积极探索创新城市建设管理的体制机制，运用先进的现代管理理念，实行细节化的城市管理"的要求。

本文拟通过借鉴国内外先进的规划管控经验，探索适合新城现有规划管理体制的细节化规划管控对策，及精细化的设计控制要素，提升新城建设品质。

1　细节化规划管控思路——规划控制中加入城市设计控制

城市设计是从美学、形式、功能、社会、认知等角度研究城市三维空间形体环境及行为问题，通过建构政策或行为规则来指导城市建设的重要手段。目前在许多国家及我国许多城市的建设管理实践中（尤其是城市细节问题的控制方面）起到了积极的作用。

但由于城市设计在北京未能列入法定规划体系，再加上其成果形式五花八门，缺少统一的技术标准和审批管理办法，使得城市设计难以付诸实施。

因此，城市设计作为一种城市精细化规划控制的重要手段，只有通过完善编制方法与规划管控体系，实现规划、设计与管理之间的有效衔接，在完善原有控规的基础上补充控规对公共空间和公共景观控制层面的不足，才能发挥有效作用，实现新城的细节化规划管控。

2　新城细节化规划管控新模式的探索

为了更好地与现状规划管控机制相衔接，我们通过分析国内外城市规划管控经验、城市设计的层次，结合新城现状规划管控体系，积极探索了一种细节化规划管控的新模式。

2.1　国内外城市规划管控经验借鉴

2.1.1　美国的区划与城市设计

美国的地区实施方案的制定、规划的审批以及开发控制主要以"区划"（相当于北京市的控制性详细规划）为法定依据（zoning control），由地方政府主导实施。城市设计常通过与区划相结合，以区划为工具予以实施。

其中，以纽约为代表，直接将城市设计导则纳入市区划的相关设计规则中，使城市设计成为法定规划中的内容之一；以波特兰为代表，则在区划基础上对特殊地区增加设计审查程序，并将该程序写入区划法，通过城市设计的程序化来实现其有效的控制作用。总的来说美国的城市设计管控是一种规划控制与设计控制相结合的管控体系。

2.1.2　巴黎的土地利用规划与特别地区规划控制

巴黎的地区实施方案的制定、规划的审批以及开发控制主要以"土地利用规划"（相当于北京市的控制性详细规划）为法定依据。但对于历史保护区，可单独编制"历史保护区保护和利用规划"；对于需要慎重思考与研究的特殊地区，由政府根据城市发展需要或公共利益划定"协议开发区"，单独编制"协议开发区规划"。在这两种规划中加入较详细的城市设计研究，作为项目审批、实施的依据。

2.1.3　伦敦的地方规划与设计导则

伦敦的地区实施方案的制定、规划的审批以及开发控制以"实践性地方规划"（相当于北京市的控制性详细规划）为法定依据。城市设计的控制作用完全是通过规划委员会的自由裁量制度来实现的。规划委员会通过综合实践性地方规划的各种政策、原则，组织编制非法定的、但对某地段具有针对性的城市设计导则或开发概要，作为规划设计条件来控制项目的实施。

2.1.4 香港的分区规划大纲与城市设计

香港的地方实施方案的制定、规划的审批以及开发控制以"分区规划大纲"（相当于北京市的控制性详细规划）为法定依据。为了实现城市的精细化管理，2003年，香港出台了《2003香港城市设计指引》，这仅是规划管理部门的一种规范性文件，不具有法定效力，能否发挥作用有赖于政府对各项准则的确切了解、灵活运用以及开发商的积极遵循，因此起始阶段未能起到应有的控制作用。经过几个阶段的探索，香港认为将城市设计单独立法现实性较差，因此，开始通过逐步将城市设计指引的内容纳入分区规划大纲，或者划定特别设计区，通过实施特别政策来加入城市设计的控制内容，并取得了一定的成效。

2.1.5 深圳的法定图则

深圳是目前国内城市设计与规划体系结合得较好的城市，通过城市规划体系的改革，将"控制性详细规划"改为"法定图则"，而法定图则实质上就是加入了城市设计要素的控规。深圳通过城市设计与控规的绑定，实现了城市设计的有效控制作用。

2.1.6 小结

由以上不同城市的规划管控经验分析，城市设计大都是通过纳入或借助规划控制体系来实现其设计控制作用的，也就是说，规划控制与城市设计控制相结合，是目前多数城市采用的规划管控方式。

2.2 城市设计的层次与类型

根据城市设计的相关研究，城市设计一般可以分为综合型（包括城市级总体城市设计、地段级城市设计）和专项型2种类型。金广君在《图解城市设计》中将城市设计分为"整体城市设计"和"局部地段城市设计"。

城市级总体城市设计侧重于对城市整体形态特征与控制开发战略的研究，设计起点高，考虑范围全面，可为下一步设计控制提供宏观依据。但是该类城市设计的制定必须建立在对城市完整的研究基础上，耗费人力物力较多，所以迄今为止城市级城市设计在国内外各城市中并未普及。

相比之下，地段级城市设计在国外多数城市的设计控制中一直占据主体地位，这主要是因为城市建设通常是按地段来逐步推进的，且以地段为研究对象既具有实用性、

针对性，又可以减少编制成本和时间。

此外，专项城市设计主要是针对城市或地段中的一些重要且具有一定代表性的要素（如公共艺术、道路空间、滨水空间、某类用地等）的建设控制提出系统性规定，可以对综合型城市设计起到补充作用。

2.3 北京市新城的规划管控现状解析

北京新城的规划编制体系包括总体规划、街区控规、地块控规、修建性详细规划，其中地块控规是规划实施管理的直接依据（图1）。目前各类规划的编制情况与主要内容如下：

新城总体规划（已审批）：明确了整体功能布局、道路网系统、绿地系统、重要设施等内容，指导下一步规划的编制，而在三维空间方面未作详细研究。

新城街区控规（已审批）：以街区为单位，落实了三大设施（医疗卫生、文化、交通市政）的位置、规模，完善道路网结构、提出了初步城市设计指导原则，指导下一步地块控规的编制，而未落实地块用地性质、高度等具体指标。

新城地块控规（待编制）：需提出各具体地块的控制指标，作为提出规划设计条件或规划意见书的直接依据。

2.4 新城规划管控新模式的探索

2.4.1 "规划控制+城市设计控制"式的细节化规划管控模式

由以上现状规划编制及审批情况可以看出，新城总规及街区控规阶段仅确定了一些宏观控制内容，为细节化城市设计控制的纳入预留了空间与可能性。因此，我们试图提出了一种加入城市设计控制的规划管控新模式（图2）。

首先，我们希望在新城总体规划的基础上补充"总体

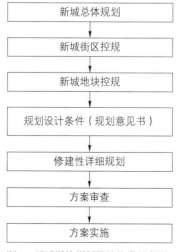

图1 新城现状规划管控体系示意图

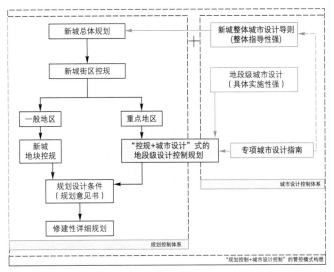

图2　规划管控新模式示意图

城市设计导则"，其次在街区控规的基础上结合地块控规，编制"地段级设计控制规划"（一种控规式的城市设计控制规划），并逐步形成街道空间、滨水空间、建筑色彩等一系列"专项城市设计指南"。

结合现实情况，我们提出了新城总体城市设计导则、地段级设计控制规划以及专项城市设计指南的主要内容与实施对策：

1）总体城市设计导则的主要内容与实施对策

（1）主要内容

结合新城文化特色，在城市公共空间系统、历史文化保护、特色街区、城市天际线、主要视廊、城市边界、出入口、标志物、交通系统、建筑风貌、夜景照明、公共艺术等方面提出总体控制要求。作为下一阶段的地段城市设计编制、审查和修规方案审查的依据。

（2）实施对策

北京各新城的实施重点不同，发展建设速度也不同，在目前总体城市设计经验不足的情况下，要求所有的新城全部开展总体城市设计无论从成本上还是从规划管理需要来看都没有必要。因此，可以先对几个重点新城开展总体城市设计研究，待总体城市设计导则的内容成熟后再向其他一般新城推广。

2）地段级设计控制规划的主要内容与实施对策

主要作用是直接指导特定地段的规划审批与建设，内容须针对性强、可操作性强。

（1）编制内容

以目标为导向，重点对城市空间（主要包括公共空间及其两侧的景观）、城市交通以及其他对该地区发展具有

重要作用的内容进行控制（表1）。且最终必须将设计方案转译为一页纸或两页纸的图则形式，作为规划实施管理的依据。

新城地段及城市设计控制规划主要内容列表　　表1

1	城市空间
	公共空间：重点提出公共空间的分类、具体位置、具体控制要求。
	功能分区：划定各类功能区的分区，并提出各功能区的建设控制要求。
	建筑界面：主要对重要建筑界面的各类控制线提出控制要求。
	标志性建筑物：应提出具体位置及具体建设要求。
2	城市交通
	普通机动车：应确定道路断面、机动车的出入口方向、具体交通流线组织、停车场配置等内容。
	公交系统：确定公共交通停车场站的位置及线路组织。
	轨道交通：确定站点位置、出入口位置、地下空间的建设要求等。
	自行车：确定自行车行车路线及停车场等内容。
	步行通道：确定包括人行道、过街设施等内容。
3	其他发展目标
4	成果转译为"控规+城市设计"式的设计控制图则

由于地段级设计控制规划内容及成果制作较复杂，为节约编制与管理成本，此类规划不需全面展开，由各区政府根据开发建设时序、新城布局结构等，选择一些对新城空间布局及城市发展有重要影响的重点地区，分批编制即可。

（2）审批实施对策——重点地区

对于地块控规已编制完成的重点地区，由区政府组织相关规划机构、开发主体、城市设计专家等，在不调整地块控规的基础上，制定该地段的城市设计指导纲要（集中相关城市设计要素，形成附在地块控规之后的城市设计图则和文字性导则），与地块控规共同作为规划设计条件提出的依据，指导规划的精细化实施。

对于未编制地块控规的重点地区，由区政府与开发主体在街区控规的基础上，共同组织编制"控规+城市设计"式的设计控制规划，由设计审议委员会（以责任规划师、建筑师、相关专家、政府官员、开发商等组成）审议通过后，以增加了城市设计内容的"控规式"图则作为规划意见书提出的依据，指导规划的精细化实施（图3）。

（3）审批实施对策——一般地区

对于未编制地块控规的一般地区，由区政府组织相关规划机构、开发主体、城市设计专家等在不调整地块控规的基础上，制定该地段的城市设计指导纲要（结合专项城市设计指南，集中相关城市设计要素，形成附在地块控规之后的城市设计图则和文字性导则），与地块控规共同作

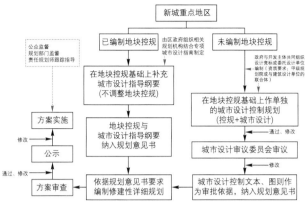

图 3　重点地区细节化规划管控流程示意图

为规划设计条件提出的依据，指导规划的精细化实施。

对于地块控规已编制完成的一般地区，以地块控规作为规划设计条件提出的依据，指导规划的实施（图4）。

3）专项城市设计指南的主要内容与实施对策

（1）主要内容

对一些通则性的、具有共性的控制内容可以进行专题研究，如城市街道尺度与街区尺度、滨水空间、公共艺术等，避免每个地段级城市设计中都要重复研究这些内容。

指南的重点内容建议包括夜景照明、城市公共艺术、建筑色彩、街道与街区尺度、滨水空间等，同时逐步开展各类用地的建设导则研究，如居住、商业或混合用地设计指南等。

（2）实施对策

建议有条件的地区作为试点先行编制，结合实践的检验，逐步完善并推广为整个新城或全市的专项城市设计指南，用以补充完善总体城市设计导则和地区级设计控制规划的内容。

2.4.2　小结

新城的细节化规划管控体系建设是一项系统工程，在

目前各界缺少城市设计经验的情况下，不可能短时间内形成理想的管控体系，只能在不断的实践中，通过经验总结逐渐形成上述较成熟的管控体系。

3　城市设计控制要素的精细化

细节化的规划管控不仅仅体现在体系的完善方面，控制要素的精细化也是体现细节的重要手段。

城市设计要素涵盖空间要素、环境要素以及社会经济等隐形要素（图5）。由于环境因素和社会经济因素涉及的管理主体复杂，纳入规划管理体系的现实条件不足，因此，我们仅对空间要素进行分类分析与研究，并建议各个方案根据自身情况具体问题具体研究需要重点考虑的环境及社会经济要素。

3.1　城市设计空间要素构成

3.1.1　城市空间的分类

由土地使用功能图分析可知，城市空间的构成，无外乎建设地块空间和独立的公共开放空间2大类。

其中建设地块空间由建筑本体及其周边的场地空间构成；而独立的开放空间则包括街道、绿地、广场和水体4类（图6）。

3.1.2　城市空间要素的构成

城市设计的空间要素一般包含宏观要素、中观要素和微观要素，由于本次研究是为了结合新城地块层面控规达成精细化的空间控制目的，因此，我们仅对城市空间的微观设计控制要素进行分类分析与归纳。

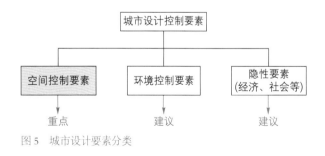

图 5　城市设计要素分类

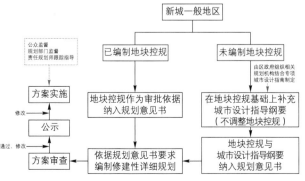

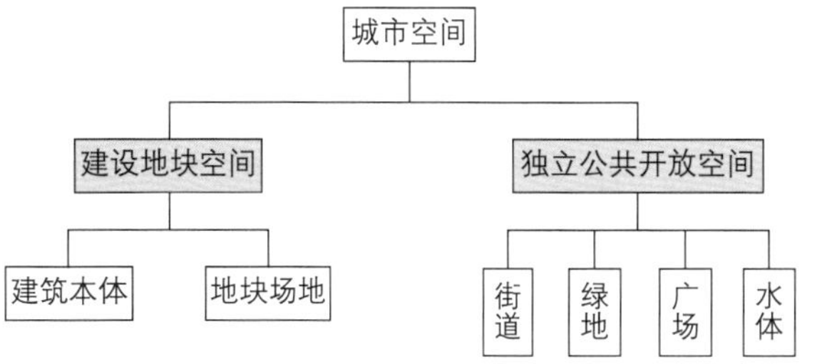

图 4　一般地区细节化规划管控流程示意图

图 6　城市空间分类表

3.2 城市空间控制问题分析

为了提出更能针对北京新城的设计控制要素，我们分析了目前北京市在城市空间控制中存在的一些不足，避免重蹈覆辙。

3.2.1 建设地块空间控制中的问题

（1）建筑本体：建筑高度只规定上限，不利于形成起伏变化的街景建筑天际线；忽视建筑体量的协调控制，以至于出现了一些新老建筑在空间肌理方面格格不入的现象；

（2）建设地块场地：仅规定了建筑退线、建筑红线的一般原则，而对街道尺度有特殊需求的地区，缺乏建筑沿街建造线的相关规定；相邻地块间缺少公共空间连续性的相关控制规定，如步行通道的位置以及与相邻地块的连接位置等；缺少地块内地下空间利用的相关内容，以及与周边地块地下空间的连通性控制。

3.2.2 独立公共开放空间控制中的问题

（1）街道：道路断面的控制不严格，尤其是绿化隔离的宽度未作硬性规定；断面内林木量偏少，致使某些街道空间缺乏亲切感和人情味；缺少对过街设施位置或间距的有效控制，使得行人在穿越有中央隔离带的街道时非常不方便；缺少对过街设施形式的有效控制，出现了一些形式粗俗的天桥、过街通道等。

（2）绿地：仅强调绿线范围的控制，对于绿地中乔、灌木的立体绿化缺少有效控制，导致了大草坪、无遮荫的公园景观。

（3）广场：对于广场的合理空间尺度、软硬地面铺装的比例关系、广场小气候等舒适度指标缺乏研究，出现了一些缺少人气的"大广场"、"秃广场"。

（4）水体：缺少对水上构筑物的有效控制，出现了一些形式粗俗的桥等；此外对于护坡的形式缺少生态质量的考量。

3.3 城市设计控制要素库

针对目前北京在设计控制中的问题，并通过归纳总结巴黎、台北、香港等城市的设计控制要素（图7~图9），我们提出了北京新城城市设计控制要素库（图10）。

各地段级设计控制规划在编制时，编制者可根据地段的具体情况，从要素库中选择适于该地区的要素，并分出强制性控制要素和引导性控制要素。

其中，强制性要素是指与公共空间或历史文化保护有关的控制内容，且应强调必须在修建性详细规划或者建筑设计中严格落实，不得修改。引导性要素指主观性较强的、涉及美观的要素，这类要素可作为方案审查的参考条件，是否写入规划设计条件由规划管理人员自由裁量，并建议落实在修建性详细规划或者建筑设计中。

4 细节化规划管控的实施保障

4.1 完善设计审议制度

在我们提出的细节化规划管控新模式中，无论是总体城市设计导则、地段级设计控制规划、还是专项设计指南的编制，其成果科学与否以及可操作性与否，都需通过权威机构认定后，才能作为规划管理者的审批依据，付诸实施。

因此，应该逐步完善设计审议制度，构建专业性强、结构完善的审议团队。为了避免权力寻租现象的发生，还要定期调整团队人员，并且将设计审议作为规划审批的必须程序来执行。

4.2 逐步完善公众参与形式

从国外的发展来看，城市规划管理在理念上日益趋向于由"公众"来决策"公众"的事物。但现阶段我国参与人员的素质、水平、能力和经验还较欠缺，对于全程参与城市规划控制的决策仍有一定的问题。因此，新城规划控

—— 用地分区：主体功能、附加功能与容积率
—— 建筑高度
—— 保护建筑要求（特定禁止与义务:保留于维护、材质、高度、立面等）
—— 地块内可建设范围和绿地面积
—— 保护区场地、绿化和树木：
　　属于历史建筑的地面；
　　现有的公共绿化空间；
　　将被种植绿化的建筑庭院；
　　现有的树木；
　　将被种植的树木；
　　预留作为公共绿化空间的场地；
　　预留作为公共设施的场地。
—— 通道：
　　将被开通的通道；
　　必须保留或将被留做步行的通道。

图7 巴黎城市设计要素

建筑物和空间
建筑物的组合
建筑物的结集程度和高度
建筑设计和风格
地标
都市空间和城市广场
休息用地和公园
街道及其模式
行人路和行人连接通道
观景廊
建筑物之间的连接和融合
街道设施
广告和指示牌
用料、色彩和材质

图8 香港城市设计要素

图9　台北城市设计要素

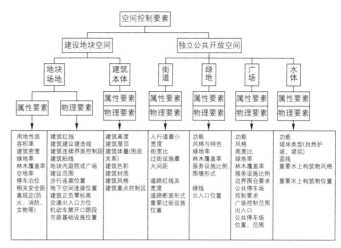

图10　北京新城城市设计控制要素库

制的公众参与可采取分阶段逐步开展的方式，主要体现在前期的意见征集和后期的实施监督上。

首先，在设计控制规划、总体城市设计导则或专项设计指南编制的各个阶段，应通过问卷调查、座谈会、展览等方式征求群众意见并合理采纳，同时作意见采纳纪录。其次，待设计控制规划、总体城市设计导则或专项设计指南编制完成并通过审批后，通过媒体宣传、印刷简易成果册等方式，向公众宣传地区发展目标、理念及空间特色，逐步加强公众对城市设计控制的理解和认知。鼓励城市居民对公示方案的实施进行监督，提出建设性意见，并承担共同维护城市环境的义务。最后，待公众的城市规划意识逐步提高后，逐步将"公众决策"纳入"公众参与"。

参考文献

[1] 高源. 美国现代城市设计运作研究 [M]. 南京：东南大学出版社，2006.

[2] 金广君. 美国城市设计导则介述 [J]. 国外城市规划，2001（2）：6-9.

[3] 唐燕. 城市设计运作的制度与制度环境 [D]. 北京：清华大学建筑学院，2007.

备注

本文发表在《城市规划》2008年第11期，有删节。

北京新时期乡镇域规划编制与实施的若干思考

邢宗海

引言

北京进入"后奥运"时期，城市建设发展的重点已经从中心城向周边新城和近远郊乡镇转移，在城市化水平已经接近90%的情况下，中心城的存量土地资源已经十分有限，而北京的进一步发展还将着眼于区域的城市化发展和经济总体水平的提高。换言之，北京已经进入由城市规划到城乡规划的转型阶段，这个阶段决定了城市的未来发展需要更多地关注近远郊乡镇的新型城镇化发展，需要更多地关注农民收入、住房条件、社会保障等民生问题，缩小地区差异，加强城乡统筹。

北京近年来进行了大量的乡镇域规划编制工作，这些乡镇（包括村庄）从位于距离市区最近的第一道绿化隔离地区拓展到位于第二道绿化隔离地区再到远郊的乡镇，反映了城乡发展的脉络。从实施效果分析，在取得一定成绩的同时，暴露的问题也越来越突出，面临的矛盾也越来越尖锐。由于乡镇的发展涉及农民和集体土地的问题，关乎民生与社会稳定，是北京市未来发展面临的全局性问题，因此该地区的规划编制与实施具有举足轻重的重要意义，应引起规划行业的充分重视。

然而，分析近年来北京的县镇域规划，仍有若干共性的问题没有得到彻底解决，而新的问题又不断涌现，需要规划编制在理念和方法上进行更深层次的探索。

1 原有乡镇域规划实施面临的主要问题：指标、路径、政策

1.1 "重城轻乡"的传统观念导致乡镇域规划指标的先天不足

重视乡镇域规划有一个必然的过程。2004版北京城市总体规划与1993版北京城市总体规划相比，最主要或最重要的内容是加入了关于新城规划的部分。在此期间，中心城外远郊乡镇的发展基本处于自发的无序状态，规划的引领作用未得到充分的体现。在"重城轻乡"的观念下，在编制新城总体规划的过程中，与新城交界的乡镇，其优势的用地资源往往向新城集中，而新城外则留下了大量难以解决的问题。

通过对北京大兴区西红门镇、通州区宋庄镇、张家湾镇、台湖镇等新城城乡结合部乡镇的调研和研究，发现这类乡镇存在明显的城乡空间资源（建设用地指标）分配不合理的问题。大体分为两类情况：

一类是建设用地指标不足。例如通州区张家湾镇，该镇北部约37%的用地位于通州新城规划范围内，其余大部分为新城外的农村地区，该镇是典型的城乡结合部乡镇。张家湾镇新城外现状农村人口约3万人，然而受新城总规人口规模控制严格、城乡等级体系划分不明晰、老观念对农村地区不重视等因素影响，该地区现有规划的控制人口规模为2万人。张家湾镇新城外规划控制人口数与现状人口数严重脱离，导致用地指标不足，发展空间受阻。如何用2万人的"粮票"养活3万人，是张家湾镇现阶段面临的主要难题。

第二类是城乡空间资源僵化难以流转。例如通州区宋庄镇，镇域南部约15%用地位于通州新城之内。而通州区宋庄镇著名的画家村（小堡村）就位于规划的新城城镇建设用地范围内，随着艺术区的发展，该村已不适宜采用土地开发的方式进行城镇化改造，因此新城内规划的城镇建设用地指标难以实现，而该镇同时又面临新城外规划指标不足的问题。因此，新城内外指标能否流转以及如何流转成为困扰宋庄镇当前改造和发展的瓶颈。

从前以"全市总体最优"视角进行的城乡空间资源配置，往往将最优的建设用地资源集中到新城范围内，新城外围乡村则以大片绿地与几片集中建设区的方式予以简化处理，忽视了外围地区的实际情况，给外围地区的发展造成困境。而建设用地指标（农村地区更加关注的是集体建设用地指标）是城乡一体化发展的基础，任何规划理念、方法的创新都不能忽视或代替"指标"对乡镇发展所起到的核心作用。

对北京市位于新城城乡结合部的50个乡镇建设用地资源情况进行统计分析发现，50个实施单位新城内建设用地占镇域总面积比例的平均水平为53%，但其中有33个乡镇的平均水平在17%左右，有11个乡镇的平均水平接近50%，只有6个资源较多的乡镇平均水平达到77%。在优势资源全部集中新城，而"以城带乡"又无措施保障落实的情况下，新城外的农村地区该如何在保障生态功能的同时又解决好农民的生产、生活问题，是困扰规划部门和乡镇政府的难题。

1.2　路径不明延缓了乡镇改造的时机

所谓路径（或模式），笔者认为是指为达成某种目标所采用的一系列方式方法的总和，包括政策制定、规划调整、措施跟进和执行监管等，是一种从实践中来，又可以指导实践并加以推广的方法论。

国家新型城镇化发展战略强调人的城镇化，即以人为本的城镇化。这就决定了北京新时期乡镇发展的目标是通过地区空间资源的合理分配与有效利用，达到农村地区生产、生活、生态的就地城镇化，其实质是一种真正的"转化"而非从农村到新城或集中建设区的"转移"。

北京市近年来进行了大量的城乡统筹实践工作，包括第一、二道绿化隔离地区的规划实施、50个挂账村的规划实施、城乡结合部改造试点等实践探索工作。但由于整体上处于"摸着石头过河"的城镇化转型初级阶段，没有成熟、完善的理论经验可以借鉴，因此探索往往是以"试点"的方式加以开展。多年来的工作积累，虽然取得了一定的成绩，但城乡规划的实施受其复杂性的影响，仍没有找到一种有效的路径（或模式）可以推广，而远郊乡镇的发展更加没有成熟的经验可以借鉴。

绿隔和挂账村的改造基本采用一级开发（房地产开发带动、资金就地平衡）的改造模式，由于改造成本越来越高，导致规划调增的建设用地越来越多，而绿色空间越来越少，严重背离了改造的初衷，此种模式自身已经难以为继，更加不适宜在更广泛的农村地区推广。而2011年开展的大兴区西红门镇城乡结合部整体改造试点探索，虽然找到了新的方式方法，前期也取得了一定的成绩，但仍处于实践探索的初期阶段，该模式能否推广以及如何推广，至今尚无定论。

路径要解决的是"怎么干"的问题，在面临京津冀区域协同发展和新城大发展的有利时机，如何将远郊乡镇发展的热情导入实操层面的正轨，路径的科学选择需要多部门来共同研究。

1.3　政策缺失制约乡镇发展进程

通过近年来的实践探索，笔者认为农村集体建设用地上的"产业升级"是促进集体经济组织（乡、镇等实施主体）未来发展壮大的关键一环。集体产业升级一方面不但关系到农村的生产和就业问题，同时还关系到农民的社会保障（农民的社会保障依托于集体经济组织的财力，只有集体经济组织发展壮大，才能为农民提供更好的社会保障）；另一方面集体产业升级会使现状集体建设用地更加

集约高效地利用，不但促进了产业的转型升级，同时腾退后的土地"退耕还林"还有助于生态环境的建设。

2011年，我市现状集体建设用地总面积约1200平方公里，与现状城镇建设用地的量（约1430平方公里）基本相当。其中，农村居民点面积约700平方公里，集体产业用地约410平方公里，另有约90平方公里为农村公共设施用地。[1]其规模远高于土地利用总体规划确定的730平方公里和《北京城市总体规划（2004-2020年）》确定的300平方公里。而从地域分布上分析，集体建设用地更多地分布于与中心城和新城相交的乡镇地区（即城乡结合部地区）（图1）。

而集体建设用地如何才能实现产业升级，如何推动"产业向规模经营集中、工业向园区集中"的城镇化战略，除规划采用的空间资源调配手段外，现阶段面临的最核心问题是集体建设用地使用新政策的问题。

我国《土地管理法》的精神是集体建设用地不得入市流转，而被寄予厚望的《物权法》实则并没有突破这一点（在入市流转等问题上《物权法》提出参考《土地管理法》的相关规定）。由于受到土地使用法律、政策的制约，集体建设用地无法实现与国有地的"同地、同价、同权"，只得低价低效利用。

而集体产业升级的关注点在产业类型、产权界定和企业参与三个方面。所谓产业类型是指与地区功能定位相吻合的二、三产比例；而产权界定是指集体建设用地"地上

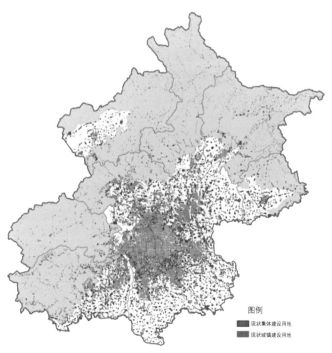

图1　北京市现状集体建设用地分布图
（图片来源：北京市集体建设用地规划研究课题报告）

物"产权的落实。企业参与是指社会资本参与集体建设用地的建设、使用和管理等，包括企业直投、合作联营等多种形式。其中，产权界定与企业参与息息相关。在集体经济组织无法凭借自身力量进行产业转型升级的情况下，只有靠引入外脑，吸引社会资本来助力集体产业升级。而外来资本无论采用何种方式参与集体产业，都需要对其投入的资本拥有产权的法律保障（同时房屋产权证还可向银行进行抵押贷款）。

由于现阶段集体土地归集体所有，房、地无法分离的政策，导致社会资本很难取得相关的产权保障，限制了社会资本流入集体建设用地的热情。政策的缺失，阻碍了集体产业升级的步伐，也影响了近远郊乡镇推进城镇化的进程。

2 对策及建议

从现阶段北京城乡规划实施的体制、机制及实施效果判断，北京近远郊乡镇在不依仗指标增长、路径指引、政策倾斜等外力的作用下，单纯依靠自身的力量是很难有效推进城镇化进程的。且在规划、政策不认可的前提下，所有冒进的尝试（如小产权房等）反而会增加地区改造的成本。因此，要积极有效地推进该地区城镇化进程，必须在诸多方面进行改革和创新，为乡镇发展创造有利的条件。

2.1 集体建设用地指标应向城乡结合部乡镇倾斜

集体建设用地的指标分配问题一直是困扰北京城乡规划编制的难题。在2004版总体规划中，明确了全市200万的规划农村人口及300平方公里的规划集体建设用地指标，但这300平方公里的规划指标是如何落地的实则并没有明确交待。

2014年，北京开始了新一轮总体规划的修改工作。在此次总体规划修改中，北京市的人口规模预计会有所增加。若规划人口增加，城乡建设用地指标也会相应地增长。在中心城已基本实现城市化的背景下，人口和用地指标的增长势必会向新城和近远郊各乡镇集中。

若指标平均分配，则无法体现城乡空间结构的地区差异，而依据新城发展带理论，同时也是与现状情况最吻合的一种方式是将增加的建设用地指标向城乡结合部地区的乡镇倾斜。这样不但有利于地方乡镇的城镇化改造，同时也有利于新城发展带功能的强化，有利于疏解中心城的职能，同时在地域分工中也有利于形成新的地

区增长极。

具体指标倾斜的比例与规模尚需进一步研究确定，但其用途也不应是单一的集体产业用地。在北京市现状城镇居住用地少（现状占比约20%，低于国际大都市一般水平）、工业用地多（现状占比约15%，高于国际大都市一般水平）的情况下[2]，应更多地关注保障房的建设。而乡镇的集体产业用地也可以进行保障房的建设，虽然从使用功能上来说是居住，但其实也是集体产业的一种，集体经济组织同样可以从保障房建设中得到相应的租金收益。此方式在大兴区西红门镇的试点中已经得到应用。而保障房的建设也为北京市外来人口的居住找到了出路。

2.2 以乡镇政府为主导的实施模式更加符合时代的要求

在新型城镇化的转型时期，城镇化的着眼点在于农村就地城镇化过程中的生产、生活、生态三个方面，此三方面均需要新的模式加以推进。

已有的改造模式之所以难以为继，主要是因为由政府主导的一级开发模式因"土地城市化"和"被动城市化"而饱受诟病。在土地财政的依赖下，城市向农村不断地"吸血"。但随着土地整理成本的上升和房地产市场的疲软，政府举债的压力也不断增大。在此过程中农民的意愿得不到重视，利益得不到保障，而改造政策的不断变化，又引发了农民心里的失衡。作为治理体系组成部分的城市规划也因为各方利益诉求的"此消彼长"而导致不断调整，权威受到挑战。

笔者认为，新的模式应坚持以乡镇政府为主导（统筹各村利益），充分尊重农民意愿，在土地坚持农民集体所有（不征地）的前提下，探索生产、生活、生态全面改善的新思路。

产业升级方面，大兴区西红门镇的试点改造案例可以借鉴。该镇的改造首先解决的是产业升级的问题，通过镇里统筹（27个村成立股份联营公司，整合村与村之间的利益），政府扶持（区产促局负责招商引资等），引入外脑（与亦庄经济技术开发区合作，采用现代化园区管理模式），政策创新（集体土地所有权和经营权分离），融资渠道创新（区国有公司担保，把集体土地未来20年使用权收益进行抵押）等多种方式保障了集体产业的升级。

新农村建设方面，笔者认为农民是否上楼应充分尊重村民的意愿，迁村并点或宅基地自主改造需在条件成熟时采用分期分批区别对待的政策。同时，无论迁村并点还有宅基地改造都应坚持以农民为主导的方式，而安置办法和补偿标准等也无需参照现有城市征地的安置政策，应由各

镇视自身的现状和历史情况等进行综合确定。

生态建设方面，由于传统农业在新城城乡结合部乡镇的产业结构中已逐渐萎缩，该地区也很少有还从事基础农业生产的农民，因此地区的生态环境建设更多地体现在传统农业向现代农业的转型，除立足于自身特色农产品打造品牌农业（产业链向二、三产业延伸）之外，还应根据自身的文化旅游资源发展现代乡村旅游业，包括建设观光农园、科技农园、休闲农园等，为城市居民提供观光、学习、休闲和体验等活动。

2.3 完善相关政策措施为新城城乡结合部乡镇发展保驾护航

乡镇域规划的实施是一项强调实践性的系统工程。从实践的角度而言，一切有效的行动必然受法律、政策的制约，同时行动能否顺利开展也需相关措施的扶持。

政策方面：鉴于城乡规划实施的复杂性和系统性，不可能通过一个或某几个政策就能彻底解决，因此需要市区甚至国家层面的一系列法律、政策的创新与完善。但是针对现阶段面临的主要问题，我们需要在以下三个方面进行重点攻关：①加快农村集体建设用地使用权流转政策的研究；②加快集体建设用地房屋建设审批发证制度研究；③加快新农村改造模式新政策研究，加强农民安置标准政策研究。

措施方面：①为保障在城镇化过程中农民的利益不受损害，需积极推进各乡镇农村集体产权制度改革；②为治理脏乱差的城乡面貌，消除安全隐患，需完善相关对策坚决制止违法建设；③为解决城乡改造的资金问题，除需加大市、区财政支持力度外，仍需进一步探索拓宽市场融资的新渠道。

3 结语

北京市的近远郊乡镇已经成为北京新型城镇化转型时期推进城乡一体化的前沿阵地。然而受"重城轻乡"等传统观念的影响，现阶段地区发展面临指标不足、路径不明、政策缺失等种种挑战。

在国家新型城镇化发展的战略转型期，在京津冀一体化发展的起步期，加强对城乡结合部地区乡镇发展策略的研究具有十分重大和深远的现实意义。

现阶段，北京市正在开展北京城市总体规划的修改工作，希望本文的若干建议可以对总规修改起到一定的参考价值，更加希望指标倾斜等具体建议可以在总规修改中得到一定程度的体现。

参考文献

［1］北京市规划委员会. 北京市集体建设用地规划研究［R］. 2012.

［2］北京市规划委员会. 关于北京城乡建设用地规划和实施总体情况的汇报［R］. 2014.

备注

本文发表在《小城镇建设》2015年第4期，有删节。

北京城市设计导则运作机制健全思路与对策

王科　张晓莉

随着经济社会的快速发展，北京正逐渐由生长期进入成熟期，由外延式"量"的扩张逐渐转向内涵式"质"的提高。目前，控制性详细规划（以下简称"控规"）也已基本实现全覆盖，以现行控规为核心的规划编制管理体系能够有效地满足城市发展的一般性需求。就城市品质而言，精细化设计与管理的需求日益显著，无论是政府还是规划师，都希望将城市设计纳入规划管理，并通过城市设计的控制与引导提高城市整体品质。但城市设计缺乏法律地位，种类繁多，如何将其纳入规划管理体系成为当前一大难题。故此，健全城市设计导则的运作机制，从城市设计导则编制与管理的角度探讨如何通过规划控制与引导提高城市整体品质，就成为现阶段需要解决的主要问题。下文将结合《北京中心城地区城市设计导则编制标准与管理办法研究》，对如何健全城市设计导则的运作机制进行探讨，以期为规划师们提供有益参考。

1 关于北京城市设计导则运作机制的几点思考

健全北京城市设计导则运作机制对于满足城市建设发展的需求能起到非常积极的作用，但在真正付诸实施并进行制度建设时，将会面对许多现实的问题，需要做进一步深入的思考。

1.1 是否需要赋予城市设计相应的法定地位？如果需要，如何赋予？

在决定城市设计实施效果的各种因素中，城市设计的法定地位起着非常重要的作用。面对大量的城市设计成果因"无章可循"、"无据可依"而无法纳入规划管理体系的问题，城市设计导则的"权威性"和"合法性"在哪里？《城乡规划法》中没有涉及城市设计方面的内容，赋予城市设计相应法定地位的法律基础又是什么？针对北京的城市客观发展需求，解决这一问题已是刻不容缓。

1.2 城市设计如何实现标准化编制？标准化编制会不会限制设计理念的发挥？

城市设计要纳入规划管理体系，应当逐步实现规范化、标准化。但城市设计本身即具有较强的专业性、创意性特点，标准化编制会不会限制设计理念的发挥？如何避免这种可能性？规范化的重点是什么？编制目标、原则是

什么？要素语言是什么？程序步骤有哪些？内容要求有什么？这些均是健全北京城市设计导则运作机制的技术性难点。

1.3 城市设计如何纳入规划管理体系？怎样把握弹性与刚性的尺度？

城市设计导则主要是关于空间的系统性原则和细节化指引，与控规相比较，其具有很强的弹性，而规划管理的主要特点是通过相应的行政许可明确强制性内容，保障规划实施，这两者之间存在一定的矛盾。怎样把握弹性与刚性的尺度？需要采用什么样的程序设计来协调这一矛盾？这些也是健全北京城市设计导则运作机制的技术性难点。

1.4 城市设计控制与引导是否应覆盖城市每个地块？主要管控对象何在？

城市设计可以对城市的空间布局、尺度、建筑形态等方方面面进行控制与引导，那么城市设计的控制与引导是否应覆盖城市每个地块？这样是否对建设单位限制过多？是否造成城市建设的雷同？如果不针对各个建设地块，那么控制与引导的重点是什么？

1.5 如何推广城市设计导则运作机制？怎样区分重点地区与一般地区？

在建立相应的城市设计导则运作机制后，应对推广实施问题进行研究，如怎样推广实施？是否需要先通过试点区进行反馈？此外，结合管理成本、周期分析可以发现，在中心城地区全面推广实施城市设计导则存在巨大的困难，因此，"先重点、后一般"的推广思路更加切实可行。那么如何区分重点地区与一般地区？在重点地区的实施中又应采取何种途径呢？

以上这些都是在健全北京中心城地区城市设计导则运作机制中需要深入分析的问题，只有妥善解决以上问题，运作机制才能合理可行。

2 北京城市设计导则的主要管控对象

Jonathan Barnett在1982年出版的《城市设计概论》中指出：城市设计是"设计城市而不是设计建筑"。在研究西方国家的城市设计导则的相关内容后，可以发现，各国所确立的主要管控对象具有一定的共性，即重

点关注城市公共空间的品质，以及建筑和城市公共空间之间的相互关系。在美国圣地亚哥市总体城市设计导则中，明确把编制内容分为5个主题：①城市整体意向；②自然环境基础；③社区环境；④建筑高度、体块和密度；⑤交通，并从宏观尺度上提出了城市设计所需关注的重要内容。1997年英国环境部和规划部修订的《规划政策指导》明确了城市设计导则的编制重点，包括"不同建筑之间，建筑与街道、广场、公园、河道以及公共区域的其他空间之间的关系，公共领域自身的特性和质量，概括而言，是关于建成和未建成空间中所有要素之间的复杂关系"[1]。

相对于西方发达国家，新中国在城市建设领域起步较晚，许多方面还有待完善。目前，我国在规划编制、管理、实施方面已经逐步摸索出一套适合中国国情的机制，这套机制能够较好地满足城市建设的一般性需求，但对于提升城市品质方面尚显不足。从规划编制来看，城市总体规划到详细规划再到建设工程方案似乎是一条整体贯穿的链条。然而，作为目前主要管理依据的控规，由于要素和手段有限，造成控规与建设工程方案之间"真空地带"的产生。城市设计导则作为控规的补充与完善，应当首要关注这个"真空地带"。基于此，导则管控的重点是除控规六要素（用地面积、用地性质、建筑高度、容积率、绿地率、空地率）之外有关公共空间品质的部分，尤其是单个建设工程方案所不能触及的公共空间系统设计方面。具体到空间上，包括两个部分：

（1）公共空间的设计，公共空间由城市街道、绿地、广场、水域等构成，导则管控内容涉及步行空间、活动空间、景观环境、服务设施、休憩设施等诸多方面。

（2）影响公共空间品质的建筑实体部分，即建筑组群关系、建筑界面设计，导则管控内容包括建筑群在功能、高度、体量、色彩等方面的分区以及建筑沿街界面、底层功能和屋顶形式等。

3　北京城市设计导则运作机制的思路

3.1　健全北京城市设计导则运作机制的着眼点

健全北京城市设计导则运作机制需要从三方面着眼分析，分别为：城市设计导则自身特点，北京规划管理的特点和北京的具体情况。

城市设计导则自身特点包括：①编制重点是公共空间。由于公共空间的设计中常常涉及公众利益，规划决策

中也常常涉及社会价值分配，使城市设计导则具有了公共政策的属性。②关注细节化、人性化的设计。城市设计导则涉及内容广、总量大，同时设计成本高、周期长。③弹性强。城市设计导则非量化、非属性化内容多，通过单纯的行政许可手段进行管理的难度较大。

从北京规划的管理特点看，现行"一书两证"的规划许可制度以总体规划为指导，以控规为直接依据。可见，控规在现行的规划管理体系中具有举足轻重的作用，规划管理体系是依托控规这个平台进行的。

从北京的具体情况看，中心城和各新城的街区层面控规已基本编制完成，给城市设计导则的开展提供了很好的基础，下一步可结合地块层面控规的编制和功能区的建设逐步深化。

3.2　健全城市设计导则运作机制的主导思路

健全北京城市设计导则运作机制应当包括三个方面的内容：①规范编制、纳入管理和推广实施，其中规范城市设计导则编制、制定相应的编制标准是健全整个运作机制的前提与基础；②将导则纳入现行城市规划管理系统是完成该运作机制的核心动力；③研究推广实施策略则是这项工作的延展与落实。这三个部分相辅相成、互为依托。

4　北京城市设计导则运作机制健全的对策

4.1　明确法定地位问题，以便于纳入规划管理体系，提供实施保障

将城市设计导则纳入规划管理体系，关键在于解决城市设计导则的法定地位问题，使其成为指导城市建设实施的法定依据之一，在此基础上，制定相应的管理实施办法，使城市设计导则真正付诸实施。

根据其他国家、地区、城市的相关借鉴，一般而言，赋予城市设计导则法定地位有两种方式：①将城市设计导则作为一种规划编制类型单独立法，如目前台北市城市设计管理办法就采用这种方式。这种方式具有单独成体系、技术环节便于理顺与现有法定规划的关系、约束力强、有利于保障实施的优点，但由于我国《城乡规划法》未涉及城市设计的内容，使这种方式目前缺乏直接的法律依据，推行存在难度。②通过地方性法规、政府规章，将城市设计导则纳入现有法定规划中，如美国纽约就将城市设计内容纳入区划条例。这种方式可以避开与《城乡规划法》的直接衔接，便于按既有运作模式实施管理，程序也相对简单。

依据《城乡规划法》和《北京市城乡规划条例》，考虑北京市城市建设的客观需求，结合北京目前实行的以"控规"为核心的城市规划编制、管理体系，建议采取"依托控规的城市设计导则"的运作机制，并结合地块出让环节纳入实施。城市设计导则作为控规的补充和深化，属于控规的一部分，与地块层面控规指标共同作为确定规划设计条件的依据，以法定形式指导建设实施。

在"依托控规的城市设计导则"的运作机制中，每个部分各有侧重。街区层面控规侧重于城市建设的有序性和公平性，地块层面控规和城市设计导则在街区层面控规的指导下编制，作为街区层面控规的落实和完善，其中，城市设计导则重点控制控规与建设工程设计方案之间的盲区，即公共空间的系统性，建筑界面的整体性、协调性，以及重要公共空间的人性化、细节化设计。在进行规划行政许可时，依据控规和城市设计导则共同提出规划设计条件，并在建设工程设计方案审查时加以审核，直接指导具体工程项目的建设，实现城市规划精细化管理。

4.2 解决编制标准问题，统一形式、规范内容，以便于具体管理操作

健全城市设计导则运作机制要注重的一个重要方面是城市设计导则的可实施性，这就需要导则编制成果便于与管理相结合，即解决导则编制标准问题，统一形式、规范内容。为了方便管理，主要对成果表达进行规范，至于设计理念和手法，则应当依据具体项目由设计师自由发挥。

建议将城市设计导则编制的内容分为以下三个部分：①前期研究部分，包括上位规划解读和前期规划实施评估。重点分析控规及相关专项规划的要求，并归纳要点。同时，结合现状情况与城市设计导则编制相关内容，就原有规划实施情况进行评估。②导则编制部分，从宏观到微观、从系统到局部进行编制。分析整体空间意象，依据城市设计导则编制的目标和原则，深化完善控规确定的地区空间布局，协调公共空间与建筑组群关系，突出地区空间特色。微观部分包括公共空间设计导则和建筑设计导则。其中，公共空间设计导则确定地区公共空间系统及其要素的构成及属性，对重要的公共空间进行环境景观与相关设施的控制与引导；建筑设计导则主要划定地区建筑组群分区，明确地区标志物及视觉通廊，对重要的建筑界面进行细化控制与引导。③实施衔接部分，主要提出保障导则实施的策略与计划，包括管理运作机制、规划实施手段、市场推广策略、资金策略和维护措施等。

目前，城市设计导则编制的要素语言比较繁杂，未形成统一的标准，这对于城市设计导则的编制、审批、实施均造成不利的影响。因此，建议建立统一的城市设计导则要素库，为参与导则编制与管理的设计者、管理者、开发者以及公众提供一个统一的技术基础，同时，要素库不应限制设计理念，要为设计创意提供足够的发挥空间，并具有一定的灵活性。

4.3 明确管理办法，与行政许可的衔接，纳入规划管理

城市设计导则最终纳入规划设计条件中，与行政许可衔接。考虑到城市设计导则的特点，量化指标更灵活、更细腻，并包含大量非量化内容。为了更易于与现行规划许可衔接，需要对城市设计导则的成果形式进行规定，明确规定性内容和绩效性内容，并将这两部分同时纳入规划设计条件。对于规定性内容，在下发行政许可及竣工验收时可以将其作为直接依据进行；对于绩效性内容，应制定相关配套机制，如评估机制、设计师跟踪机制、部门协作机制等。

4.4 制定实施策略，规范导则实施

4.4.1 城市设计导则分区管理模式

由于城市设计涉及要素多、工作量大，考虑到编制、管理的成本和周期，多数城市采取分区管理模式，一般分为重点地区和一般地区进行管理，其管理的政策、程序、力度均有所不同。对于重点地区，往往是通过实行特别政策、程序进行管理，如美国的特别意图区、巴黎的历史保护区、香港的特别设计区、台北的特定地区及大规模基地开发区等；对于一般地区，或不编制城市设计，直接执行法定规划，或编制整体的城市设计指引或基本指南，指导地区建设，而不针对每个地区单独编制城市设计，如波士顿、台北、香港、深圳等。

借鉴其他国家和地区的管理模式，建议北京城市设计导则也采取分区管理的模式，分为重点地区和一般地区进行管理。重点地区是指对城市整体的环境品质有重要的影响的区域，分为四大类：①在历史、文化方面对城市整体品质有重要影响的地区；②在空间格局方面对城市整体品质有重要影响的地区；③在地形、地貌、自然环境方面对城市整体品质有重要影响的地区；④在功能活动方面对城市整体品质有重要影响的地区。这些区域在建设或改建之前，需要针对每个地区单独编制城市设计导则。一般地区是除重点地区以外的其他地区，可以结合方案审查，从城市设计角度进行引导，同时鼓励开展城市设计导则的研究

与编制工作。

4.4.2 城市设计导则配套机制

为了保证城市设计理念得以实施，避免成果信息传递中的误读和遗失，配合城市设计导则刚性与弹性相结合的特点，还应研究制定相应的配套机制，如设计师跟踪机制和部门协作机制。

1）设计师跟踪机制

目前北京市正在逐步建立责任规划师制度，责任规划师的作用包括：①针对某一地区，充分理解各级规划的指导思想，熟悉掌握技术规范和法规，充分了解现状情况和规划的变动情况，成为规划管理者和设计者之间的桥梁，对规划的前期准备、设计过程、审批管理等提出优化建议，尽量减少不合理现象的出现；②贯彻规划的指导思想，使规划的指导思想和亮点在下一步的设计与实施中得以充分保存；③做好政府和社会各层面的沟通工作，认真听取居民、设计师、开发商等各个阶层的意见，及时总结上报，积极反应情况。

配合责任规划师制度，为了使城市设计导则的实施更加全面、准确，建议建立设计师跟踪机制，即在城市设计导则编制完成后，编制单位有责任指定相应的设计师对导则的实施提供跟踪服务，对设计要点进行解释和指导，并参与建设项目的设计审查。具体的跟踪制度可以参考责任规划师制度，并应根据导则类型（如涉及的专项）选择相应的设计师或工作小组。

2）部门协作机制

部门协作机制主要针对目前城市设计导则实施阶段城市规划行政主管部门无法单独完成、需要多个部门共同参与的情况，通过各部门之间的协商，从而达成共识，共同努力，从各个领域实现城市设计导则的目标。

目前在城市规划领域主要的部门协作模式包括以下几种：①召开部门联审会，共同决策。如土地一级开发

的四委联审，主要由市国土资源局、规划委员会、发展改革委员会、住房和城乡建设委员会联合审查，其他相关委办局参加，确定一级开发主体等相关事宜。②由某部门牵头，几个部门联合开展项目，有固定部门的人员组成，这种模式多见于一些城市级重大项目。③以某部门工作为主，基本独立完成，之后征求相关部门意见，此类协作模式常见于一些小型专题项目。④由两个或多个部门共同主导开展工作，针对不同的侧重点，各负责一部分，这类协作模式主要应用于一些专业领域的空间规划，如医疗卫生、教育、民政、体育、商业专项规划等，分别由规划主管部门与这些领域的专业主管部门协作，一方面侧重于空间布局，另一方面侧重于业态需求，不分主次，统筹合作。

城市设计导则部门协作主要涉及城市规划行政部门及各相关单位，如国土资源局、交通委员会、园林局、市政管理委员会以及环保部门、文保部门、水务部门等。部门协作机制可在导则实施过程中逐渐摸索，并在实践中不断完善。

5　结语

本文主要就北京城市设计导则运作机制进行深入探讨，内容集中在编制标准、管理办法和实施策略三个方面。编制标准主要是规范成果的表达与要素语言；管理办法主要规范城市设计导则的审核，并将成果纳入行政许可，包括导则审批、方案审查、行政许可、竣工验收四个部分，同时规范城市设计导则运作中的公众参与程序；实施策略主要规范城市设计导则的实施，保障其真正指导建设，包括实施计划、分区管理、配套机制三个部分。通过城市设计指导建设实践、提升城市整体品质、塑造城市特色、体现人文关怀是规划工作者多年的愿望，通过本文的研究，希望向此愿望迈进坚实的一步。

参考文献

[1] UK Environment Agency, UK Planning Agency. City of Stoke-on-Trent: Urban Design Strategy [S]. 1997.

[2]（美）乔纳森·巴奈特. 都市设计概论 [M]. 谢达，庄建德译. 台北：尚林出版社，1988.

[3] 唐燕. 制度环境下的城市设计 [D]. 北京：清华大学，2007.

[4] 高源. 美国现代城市设计运作研究 [D]. 南京：东南大学，2005.

[5] 北京市规划委员会. 关于中心城控规实施工作中市规划院相关工作分工的通知（市规函 [2007] 1005号）[S]. 2007.

[6] 北京市规划委员会. 建设项目规划审批流程图（试行）[S]. 2005.

[7] 全国城市规划执业制度管理委员会. 城市规划实务（试用版）[M]. 北京：中国计划出版社，2008.

[8] 黄大田. 以详细城市设计导则规范引导成片开发街区的规划设计及建设实践——纽约巴特利公园城的城市设计探索 [J]. 规划师，2011（4）：90-93.

备注

本文发表在《规划师》2011年第8期，有删节。

大型传统工业区"进行性"更新改造规划思考——以首钢工业区为例

鞠鹏艳　赵庆楠

引言

随着现代产业的升级转型发展，城市中以传统制造业为主导的工业区逐步淘汰，旧有的产业用地得到进一步改造利用，产业内容与产业用地规划的新旧交替是城市发展进程中的普遍现象，并不是城市更新发展的新课题。以北京为例，从20世纪90年代开始，在"优二兴三"、"退二进三"等一系列产业调整政策的推动下，北京市中心城地区大约有25平方公里[1]的传统工业用地实现了腾退，著名的CBD地区就是在这样的背景下、在旧产业区基础上建设起来的，这种区域范围大幅度的产业重组大约经过了20年。

20世纪北京大规模的传统工业区改造兴起于城市从工业化向后工业化转型时期，在特定的产业发展时期与鼓励政策的引导下，旧产业更替以及土地再开发利用的速度比较快，"推平头"、"一蹴而就"的改造模式非常普遍，改造后的大量土地资源很快就被市场消化了，同时在城市中快速消失的还有独特的传统工业文化。

当前大城市产业发展背景情况发生了变化，仍以北京为例，到目前为止北京市的三次产业结构已趋于合理，从20世纪50年代的22.2：38.7：39.1到2010年的0.9：24：75.1（数据来源：2011年北京市统计年鉴），已基本达到总体规划确定的到2020年第三产业比重超过70%、第二产业比重保持在29%左右、第一产业比重降到1%以下的发展目标；经济总量增速放缓，全市GDP在20世纪90年代保持在20%左右，进入21世纪后下降到15%左右；城市产业结构和功能布局的大规模快速调整时期已经过去，新型高端产业布局结构已趋于稳定。

现代城市发展理念不断更新，在更高、更好、可持续的理念下，城市中心区传统工业区的更新改造规划建设与发展模式值得我们重新认识与思考。首钢近8平方公里的生产用地，作为北京市中心城最大的一片传统工业区，历经了近百年的工业化发展后被赋予城市新型高端产业功能区的新职能。首钢地区的更新改造将展现新时期城市中心地区传统工业区改造的新模式，本文将通过对首钢改造特点的分析，提出对传统工业区更新改造规划的新思考。

1　首钢工业区更新改造特点

首钢搬迁所带来的影响是复杂而多面的，涵盖了地区经济结构调整、替代产业的发展、劳动力就业岗位的安排、城市发展战略以及生态环境恢复、城市景观重塑等方方面面，在对传统工业区的转型发展研究中极具代表性。

1.1　场地更新改造条件的"复杂性"

1.1.1　极其丰富的现状资源

首钢地区集聚了大量的工业建构筑物、文物、绿化、水域、山体、道路、铁路、管廊等各类资源，在约8平方公里的规划区域内具有设施关联度强、覆盖面积广和布局分散性强的特点，规划既要考虑各类资源密集区域合理的土地开发模式，也需要深入研究局部改造可能产生的对整个区域可持续发展的影响。同时，各类建筑、设施布局依生产流程形成了厂区内部标志性的斜向空间肌理（图1），这种独有的结构性特征也为规划场地再利用研究增加了复杂程度，规划需综合考虑其与周边既有城市网格空间共同作用下的场地利用条件和用地功能布局。

1.1.2　相互关联的场地要素

历经近百年的发展，首钢工业区现状工业建筑的基础、道路、市政设施、架空管廊、场地污染区等密布且交织于地上地下空间，对局部工业场地、工业设施的改造牵一发而动全身。评估用地规划条件需要综合考虑交通、市政、污染、工业资源等多方因素，静态的判断分析难以应

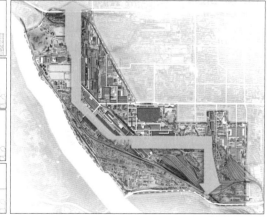

图1　首钢地区历史发展脉络与空间肌理示意图

对改造进程中变化而复杂的现实状况。

1.1.3 统筹兼顾近远期基础设施

首钢地处北京中心城边缘，长时间发展形成了以企业为主导的基础设施建设模式，其水、电、气、热的供给和污水处理主要依靠厂区内的相关设施，呈现出高度的独立与自制性。随着未来更新改造建设，该地区将以新的城市市政基础设施网络逐步替换旧有的基础。然而，首钢场地高程情况相对复杂，永定河大堤、丰沙铁路、京门铁路对外形成了道道屏障，厂区内现状道路系统封闭于外围城市系统，增加了现状与规划基础设施体系逐步有序联通的难度。此外，场地尺度大、更新改造周期相对较长，从经济性和安全性角度出发，规划既需要综合考虑现状与规划基础设施的有机衔接问题，还应额外关注依托旧有基础的"过渡性"市政设施保障问题。

1.2 城市产业发展状况的"不确定性"

1.2.1 文化创意产业的发展困局

首钢规划定位为北京市"城市西部综合服务中心"及"后工业文化创意产业区"，文化创意产业是北京市重点发展的新兴产业之一，但目前还存在产业发展势头乏力的问题。以北京二通"动漫城"为例，政府主导实现了有特色的空间及产业平台的搭建，但入驻企业寥寥无几，一些文化创意企业还是趋于向低成本空间集聚。此外，北京市从2006年开始分四批认定了30个文化创意产业集聚区，总面积已达1128.2平方公里（部分集聚区按行政界线划定），先期建成的宋庄、798等文化产业集聚区以各自优势确定了在文化创意产业中的发展地位。对于在竞争中并不具有开发成本和先发优势的首钢地区来说，如何对接目前尚处于"孵化期"的城市文化产业需求、制定合理的发展路径，还需要长期的扶持与引导。

1.2.2 先期入驻产业的不确定性

由于首钢在区位条件、场地特色和城市功能等方面所具有的综合优势，使得该地区发展在预测市场需求时，对于未来可能先期入驻的产业及其规模存在极大的不可知。未来发展的不确定性是城市产业高端化发展进程的客观事实，在此情况下合理安排8平方公里空间范围内的用地功能布局成为了规划编制需要解决的难题之一。此外，受某个未知的产业"触媒效应"影响，在一定区域内的产业主导方向可能发生合理的"偏离"，这就更需要规划在编制过程中充分研究具有动态特征的空间规划控制与引导方法，保障地区主导功能均衡发展。

1.3 更新改造实施的"复杂性"

1.3.1 目标体系复杂

传统工业区更新改造承载的历史使命与一般新建区不同，需要面对复杂的现实问题，并实现社会、经济、文化、环境等综合转型发展目标。除此以外，通过反思20世纪传统工业用地拆迁改造问题，首钢地区的发展应采取可持续更新发展模式，更新改造规划既关注终极发展目标的实现，还需在改造中稳步实现各项阶段性目标，保障整个改造过程的平稳实施。不同于常规规划对终极目标的关注，首钢规划对阶段性目标的研究更需关注动态的建设时序及建设内容的关系，从规划角度相应地加以过程性的控制引导。

1.3.2 更新改造实施方案不确定

作为城市"棕地"，传统工业区的土地开发还涉及工业资源的保护、污染环境的治理以及未开发土地的可持续利用等。由于上述种种复杂性和不确定性，使得首钢地区的更新改造实施方案在未来建设过程中存在一定程度的可变性。土地更新改造实施方案关系空间和时序的安排，直接影响建成区的形态、产业的发展预期和地区改造的整体效益，首钢地区更新改造实施方案的难度和可变性也进一步增加了地区规划的复杂程度。

2 首钢工业区更新改造规划模式分析

2.1 传统工业区改造规划一般模式

根据工业资源保护与再利用方式的不同，传统工业区的场地再利用模式一般包括博物馆模式、主题公园模式、以商业文化娱乐为主的综合功能模式等，模式的选择在很大程度上取决于场地规模、区位、资源特点和城市功能需求。

博物馆模式：这类改造模式有德国弗林根铁厂、亨利钢铁厂、沈阳冶炼厂中的工业博物馆，主要关注设施本身的历史价值、科学价值、艺术价值，强调原貌保护，展示特定的工业生产设备、工艺及其蕴含的工业化历史与文化，一般作为城市的一个观光景点或教育基地。已有的工业博物馆大都规模较小，占地一般在10公顷以下。

主题公园模式：这类模式有北杜伊斯堡钢铁厂景观公园、西雅图煤气厂公园、中山岐江公园等，主要强调设施的景观价值或特殊利用价值，改造场地较博物馆模式大，占地面积一般在几十公顷至2平方公里左右，一般远离城市主要功能区。

综合功能模式：这类模式有鲁尔区的奥伯豪森购物旅游区（购物中心、美食街、娱乐场所）、匹兹堡科技研发中心（大学、研究所、企业研发设计机构）、纽约苏荷文化艺术产业区（艺术品经营、餐饮、旅游、时装）、伦敦道克兰综合开发区（商业、居住、游憩）。这类场地内的工业资源历史价值、科学价值不高，不具有典型工业景观特色，场地内的厂房可灵活改造为文化娱乐、商业、办公、居住等设施。这种模式依据新的使用功能对建筑内部进行更新改造，继承建筑外观的工业特色以形成地区独特风格。该模式的场地一般位于城市发展确定的新功能区内，占地一般在3平方公里以内，改造后的场地得到集约化的再利用。

2.2 首钢更新改造规划适用模式分析

纵观国内外工业区改造的各种案例，总结梳理更新改造的不同模式，可以看出传统工业区的更新改造必须综合考虑既有场地利用、产业转型时期、城市发展阶段、场地区位条件等特点。由于首钢工业区改造与既有案例在上述方面的诸多不同，需要我们从多角度对其更新改造模式与方法进行再思考。

2.2.1 场地规划模式的静态分析

从场地资源条件看，首钢8平方公里的场地尺度在城市中心区内的工业区改造案例中是偏大的，近百年发展留下的工业资源其可利用方式相当多元，在这里既可以看到工业主题园的雏形，也可以找到工业博物馆的历史踪迹，还可以畅想大厂房用作各种公共活动的可能。同时中心区的区位和资源条件使这里成为北京市西部建设高端商贸与研发产业区的重要地段。从与城市发展关系看，首钢工业区位于城市中心区，区位条件重要，是北京市"十二五"时期建设的"六高四新"重点功能区之一。

静态地分析首钢场地再利用模式，与国内外传统工业区案例相比，首钢场地再利用承载了城市经济、社会、文化、环境等方方面面更加综合的诉求，单一的场地利用模式对城市中心区内这样大尺度的产业区改造显然是不适用的，首钢工业区应建立新时期城市中心区工业用地多元、综合、特色、高效的再利用模式。

2.2.2 场地规划模式的动态变化分析

场地更新的静态状态是不存在的，对首钢场地再利用的安排不是理想化的设想就能够决定的，较长的改造周期和城市大环境不断变化的背景，使得首钢场地再利用模式除了多元混合特征外，还要关注动态发展的规划建设过程。

处于新时期北京发展进程中的首钢改造，在城市发

展理念、速度和模式方面与20世纪的状况已不可同日而语。加之8平方公里场地的复杂性和发展不确定性，使得以长期、动态的视角来研究首钢场地再利用模式成为必然。以德国西部鲁尔区的杜伊斯堡市改造规划为例[2]，该地区从20世纪90年代至今历时20余年，改造规划内容随着城市发展阶段性目标不断地完善，规划范围从89公顷扩展到2.7平方公里，在提升城市活力与品质的同时，城市建设重点得以适时调整。因此，对传统产业用地的再利用模式应从动态发展的角度，将时间元素融入到三维的空间规划中。

2.3 传统工业区更新改造规划方法问题

目前，国内规划学术界围绕传统工业区的更新发展研究，在工业遗产保护、更新改造方式、用地功能结构调整、工业区发展历史等方面开展了大量有益的探索[3]，从理论角度丰富和完善了传统工业区更新改造规划的方法和内容，但还都属于单一领域的深入研究，实施层面的传统工业区更新改造是一项长期而复杂的系统工程，面临的问题和目标具有相当的综合性，在时空四维空间里呈现出高度重叠与交织的特征，尤其像首钢这种大尺度、改造模式多元、场地条件复杂、发展目标综合的地区，更是需要我们对既有的更新改造规划方法进行再创新，探索将多样性的技术与方法合理地交叉性地应用于研究对象中，建构综合的、可操作的、动态的方法体系。北京市城市规划设计研究院在《新首钢高端产业综合服务区控制性详细规划》中对这一综合性的分析评估、规划与管理方法进行了积极探索。

3 "进行性"更新改造规划 —— 首钢规划的探索

3.1 "进行性"规划概念

常规规划方案往往偏重于最终理想空间形态的塑造，对方案实现过程的关注多停留于开发时序安排等方面，缺少对方案实现过程的指导。且方案本身往往不具备结合外部条件变化进行自我优化的适应性，使得方案常常被动地进行修改，因而偏离了最初的方向。

针对首钢工业区场地改造的复杂性和各种外部条件的不确定性，《新首钢高端产业综合服务区控制性详细规划》提出了"进行性"规划概念，以科学量化分析手段为支撑，以从现状到规划的首钢地区时空维度的发展变化为研究对象，试图探索传统工业区更新改造的可生长的空间布局模式，通过对地区更新改造不同阶段、不同地段的发

状况、需求，以及周边条件的综合评估，得出相应的城市规划策略并将其融入到规划方案中，让城市中心区大尺度工业场地的转型再利用始终保持活力。

3.2 "进行性"规划策略

"进行性"规划是一种时空并重的规划方法，方案编制在传统的空间规划中增加了对不同时间阶段区域发展情况的综合考虑，使规划目标能有序地"生长"实现，这对于大尺度场地更新来说尤为重要，这种规划策略需要在规划技术手段和规划内容等方面进行全方位的创新。

3.2.1 建立传统工业场地要素量化分析平台

规划方案在制定过程中对现状道路、管廊、绿化、工业资源的详细信息（如层高、结构形式、建设年代）等都进行了GIS数据录入，同时将各类规划要素也进行了详细地数据化录入，在模型中建立了一套覆盖整个规划区域的、能反应各类要素特征的数据系统。通过研究综合评估内容与具体方法，形成了对传统工业场地要素进行综合条件分析、保护与利用适宜性分析、用地功能适宜性分析、过渡功能适宜性分析等一套系统性的分析手段，在空间和时间维度全面支撑规划布局及滚动实施的研究（图2）。

3.2.2 提升全过程的场地利用适应性

场地利用充分考虑现状要素的特征，以有机的设计手法将现状绿地、道路、铁路及保留再利用的建构筑物与新的规划系统融为一体，同时考虑工业场地污染治理方案和时间周期的要求，功能布局与场地条件相适应，

实现了政府主导下灵活多样的场地发展模式，保证了不同发展阶段场地利用的效益，实现了场地利用适应性的最大化。

3.2.3 研究过程性的场地利用与管理模式

规划关注全过程的场地利用状况，通过综合评估局部地段的发展条件，以及对整体场地的影响，合理选择先期建设区，并安排相应功能；对于非先期建设区，规划暂时保留现状功能和基础设施，并加强过渡性功能的安排；通过分析轨道交通、市政基础设施、地下空间逐步开发建设的影响，将场地功能在时空维度下合理安排。适应未来发展的不确定性，规划还创新控制与管理手段，建立相应的"进行性"规划控制图则与评估管理方法，使城市空间资源的调配可以合理适应市场的变化，延长了场地利用的生命周期。

4 结语

本文结合《新首钢高端产业综合服务区控制性详细规划》的实践，提出"进行性"规划概念和方法，试图在传统工业场地的综合量化分析评估、动态规划与管理方面丰富既有的传统工业区更新规划方法体系，其主旨是探索传统工业区改造有活力、有特色、可持续地发展。这种"进行性"规划方法将理论层面的"动态规划"意识应用于传统工业区更新改造中，针对这一特定研究对象所呈现的规划复杂性与改造长期性，以创新的规划理念与方法体系解决城市发展进程中此类地区的系统性问题，支持综合性发展目标的全面贯彻落实。

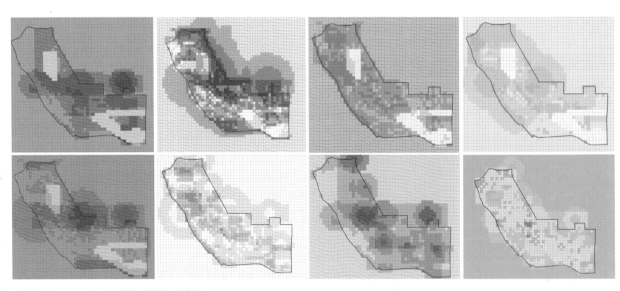

图2 首钢工业区场地利用量化分析示意图

参考文献

[1] 施卫良，杜立群，王引，刘伯英. 北京中心城（01-18片区）工业用地整体利用规划研究 [M]. 北京：清华大学出版社，2010：14-22.

[2] 李艾芳，张晓旭，孙颖. 德国杜伊斯堡市两次规划比较研究——对首钢工业改造的启示 [J]. 华中建筑，2011（4）：122-125.

[3] 阳建强，罗超. 后工业化时期城市老工业区更新与再发展研究 [J]. 城市规划，2011（4）：80-84.

[4] 王潇文."白地"、"棕地"及其他：土地使用兼容性制度研究 [M] //中国城市规划学会. 城市规划和科学发展（2009中国城市规划年会论文集）. 天津：天津科学技术出版社，2009：1141-1149.

备注

本文发表在《多元与包容——2012年中国城市规划年会论文集》中，有删节。

精细规划重塑北京精明的滨水空间

环迪　白劲宇

引言

人类的生活一直与水有着密切的联系，滨水空间更是城市中最富魅力的组成部分。许多世界著名城市都因河而生，譬如伦敦与泰晤士河、巴黎与塞纳河、纽约与哈得逊河，这些河流在城市发展中扮演着重要的角色，成为城市文化的摇篮和城市风情的展廊，甚至是城市名片。

北京地处燕山脚下，属于海河水系，全市拥有五大河流（拒马河、永定河、北运河、潮白河、泃河）及诸多支流，水体在城市规划用地构成中占有非常显著的位置（图1）。同时，北京的建城史、建都史都与水系有着密不可分的关系，京杭大运河、护城河、圆明园、颐和园都在北京的经济和政治中留下了耐人寻味的城市乐曲。在当前以建设世界城市作为发展目标的北京，研究城市与水的关系、确定未来北京滨水空间发展愿景与策略是一项具有战略意义与现实价值的重要工作。

1 北京城市滨水空间的主要症结

1.1 市域滨水空间管制标准缺乏

北京目前属于资源型重度缺水城市，人均水资源量已降至100立方米，地下水严重超采，同时因为城镇开发圈占滨水土地、地表水利工程的大批兴建，河道渠化、混凝土衬砌、不透水的道路和硬质铺装等粗放型城市建设方式，造成了城市林木覆盖率的损失及河道透水性的严重减弱。并且，根据对北京市70条河流，2300公里河段的调研，有54条河流环境质量不达标，河道渠化和滨水空间的硬质化不仅影响整个市域滨水生态环境的整体质量，也影响了城市的可持续发展和人们的身体健康。根据相关数据统计，在同一地点相同暴雨量的情况下，洪峰出现的时间提前了2小时，洪峰的流量增加了1倍，当遇到"7·21"等极端天气，也就形成了"地铁瀑布"和"到北京二环来看海"的景象。因此，为了能够更有效地回补地下水，改善水质，建设可持续的生态滨水空间，应划定水生态保护分区，明确标准，科学指导北京滨水空间建设的管制。

1.2 市域滨水空间建设系统性缺失

北京市域范围内一共包括五大流域和两大水库，由于北京的快速发展，人口的不断增加，各区县各自为政的开

图1　北京市域五大流域分布图

发建设模式，导致整个市域的滨水空间环境质量下降，呈现出市域滨水空间碎片化的趋势。近些年，随着人们生活水平的提高，人们越来越想亲近水、感受水，使得对滨水空间的整治和对滨水空间的建设规划成为带动地区发展不可或缺的重要工作。为此，针对区域内的河道，现阶段各区县也分别开展了多处流域地区不同层面、不同深度的滨水空间环境提升和两岸开发建设的规划工作，包括永定河、北运河、潮白河，以及玉河、通惠河、护城河、萧太后河、亮马河等。但这些以往的规划编制工作大多只是针对某一区域、某一河流进行研究，缺乏市域五大流域之间，以及各流域内不同河段的统筹协调，使得现有发展成效仅限于局部，滨水公共开放空间整体缺失系统性，同时面对有限的地表水资源"区""县"争抢现象，由于缺少必要的滨水公共开放空间廊道层级划分，资源分配略显依据不足，无法按层级差异化区分对待。因此，迫切的需要统筹全市的生态恢复、功能区建设、历史文化保护与恢复等相关要素，通过全市域滨水空间的系统管制，建立市域滨水空间一盘棋的科学规划，确定不同区域的建设原则、重点及建设时序，才能真正根治北京滨水空间建设无序化的问题。

1.3　城市滨水空间功能合理性不足

城市滨水空间是城市极为稀缺的战略性资源，应当成为布局城市活力功能和高价值功能的重要地区。但是，由于历史的原因，规划滨水绿化空间被大量的低效用地侵占严重，日渐没落的工厂、仓库、铁路、棚户区占据了绝大多数的滨水高价值地区，给滨水空间的改造带来了无形的障碍。使得目前五大流域整体经济实力相对落后，水岸经济带尚未形成，流域辐射力弱，部分流域地区产业类型低端、粗放、特色不突出，环境、经济效益低，河流沿线土地综合利用程度低，土地价值严重流失。例如，永定河周边大量的国有企业厂房和铁路分布，通惠河滨水区现状的东郊批发市场、建材市场，以及大量的集体住宅和违法建设，严重影响了滨水空间应有的土地价值。同时通过对市域水系两侧1公里范围内的规划建设用地实施情况梳理，可见，在该范围内现状仍以村镇建设用地为主，规划的滨河绿化带的实现率仅不到30%。主要由于早期滨水地区规划建设用地实施未能与滨水绿带的实施进行有效捆绑实施，导致现有的河道绿化带的实施推进成为城市建设中的"硬骨头"，造成目前实施河道绿化带的实施代价较大，工作难以推进。这就要求我们必须要探索一种滨水空间的开发建设模式，以实现生态带动地区经济发展的良性循环。

1.4　滨水空间的整体建设水平偏低

城市滨水空间是城市吸引力、生命力和承载力独具魅力的地区，滨水空间效率的发挥取决于滨水空间与市民工作、生活、活动联系的紧密性。而北京以防为主的传统理念导致城市滨水公共空间亲水性差，滨水空间尺度不宜人。

1.4.1　可达性差

被交通及市政廊道割裂、缺乏有效公共交通支撑。目前北京滨水空间交通组织存在着较大问题，早期规划考虑到滨水空间的不确定性，规划给滨水区两侧预留了较宽的绿化隔离带，随着城市的发展，由于滨水区的拆迁量较少、矛盾不突出，使得在滨水区附近开辟了大量的城市快速道路、铁路、市政设施、高压线等，例如，永定河与城市之间被五环路和大量的铁路所阻隔（图2），通惠河与南北的城市之间被城市快速路、铁路和高压走廊分离，使得城市与水岸之间成为难进入的"空中楼阁"。

1.4.2　可留性差

滨水空间的公共服务设施缺乏和简陋也成为影响城市公共生活介入的主要因素，年久失修、陈旧过时、缺少公共活动场地、缺乏人性化考虑的配套服务设施，如公厕、

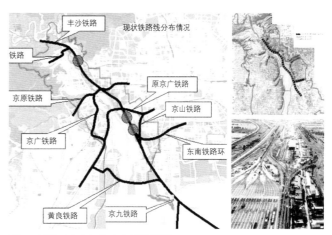

图2　铁路对永定河滨水空间的割裂

报刊亭、休息座椅、滨河步道及临时性的水吧等，使得滨水空间环境品质差、亲水性差、可留性差。例如在昆玉河长达10公里的范围内，除一座餐厅外，几乎再无其他滨水服务实施，导致昆玉河良好的景观条件却很难成为市民理想的生活目的地；北护城河由于缺乏滨水服务设施，市民只好自带桌椅、自带午饭围坐在河边休闲。

可见，需要编制一个精细合理的城市滨水空间设计导则及指引，为北京市民创造更多的舒适宜人的滨水空间。

2　重塑北京滨水空间的核心目标

建立清晰合理的滨水空间体系是统控市域滨水空间的前提条件，精明引导滨水空间功能则是高效利用好有限滨水空间资源的必要条件，生态宜人的滨水环境更是市民亲近滨水空间的首要条件。因此，重塑北京精明的滨水空间的工作路径就是在建立市域滨水空间体系的基础上，打破专业设计壁垒、打破部门管理壁垒、打破价值标准壁垒，全面实现河道蓝线"内"与"外"的统筹，将"滨水空间"与"用地功能"结合研究，以将北京建设成和谐可持续发展的"珍水城市"（a water-smart-use city）为目标，从保育滨水空间资源、恢复水生态方面着手，引导滨水空间功能的有序组织，管控滨水空间的合理建设，打造布局合理的"蓝网体系"，配置精明的"珍水空间"，以及精致宜人的"微观环境"。最终实现滨水空间生态价值、社会价值、文化价值、经济价值的综合提升。

3　北京滨水空间建设的主要策略
3.1　建立蓝网、分区控制、保护修复

针对北京市域五大流域进行系统梳理，建立蓝网系统作为分区规划管控及统筹空间资源的技术依据。

3.1.1 建立市域蓝网系统

因地制宜地建立市域蓝网系统，蓝网系统是以现有水系为骨架，由"水体"、"两侧开敞空间"以及"滨水建设用地"共同构成的滨水空间网络系统。在蓝网系统的建立过程中，首先将全市域的滨水空间资源进行盘整与评估，对滨水空间进行适应性评价。在此基础上，以"织补"的方式将全市域的滨水空间进行统筹衔接形成网络。最终，实现生态保育空间、特色引导空间和环境修复空间的一体化的整合。实现在北京原有的城市印象的基础之上，叠加"蓝网"开放空间系统，实现从"灰格"到"蓝网"的引导，塑造更有活力和人情味的北京新印象。

3.1.2 制定分区策略指引

北京市域内的五大流域均纵跨山区、城市区和郊野区，应从流域的角度对五大流域进行总体的定位和划分，制定更加综合的流域管理的计划，以明确各流域的分段开发建设的规划策略：一方面，对于集中在市域西北部的山区流域滨水空间（面积约9710.84平方公里），明确其以提升生态涵养功能为主，并建议大力发展生态农业、生态旅游和低碳高端产业，鼓励加快旅游注入和生态田园村庄建设的策略指引。另一方面是对于城六区及新城的滨水空间（面积约3222.74平方公里），应采取生态优先、交通引导、文化先导、产业升级、城乡统筹、区域联动的策略指引。第三，对于城市平原的郊野区的滨水空间（面积约3476.42平方公里），则采取注重生态修复，实现有水则清、无水则绿的策略指引。

3.1.3 制定分区保护与修复政策

针对滨水空间的生态安全与工程安全问题，规划在"蓄、排、渗、防、管"的思想指导下，明确建立了蓄排结合的综合防洪排涝体系，划定了五大水生态保护分区，即地表水源涵养区、饮用水水源保护区、面源污染控制区、景观休闲区、地下水保护区（表1）。进而依据水生态分区及保护目标，制定分级、分类的水生态系统保护与修复政策，并针对城市建设提出了空间布局及建设限制要求。依据水生态保护分区的指导，对于重点控制区域内的不适宜的开发活动严格禁止。

3.2 梳理功能、精明配置、开发引导

针对蓝网系统中与各类区段滨水空间利用紧密相关的功能，进行全面梳理，建立合理的特色功能支撑。同时针对北京市地表水资源有限的现实条件，提出将地表水资源精明化的分级配置，实现有限水资源利用的最大效益。

3.2.1 滨水空间功能与蓝网廊道等级的划分

基于蓝网承载的不同功能和所连接的资源，搭建蓝网评价体系，根据水系周边1公里范围内的文化性要素、游览性要素、开放性要素、公共性要素、重要性要素（表2），对用地功能进行全面梳理，将水系廊道划分为一级廊道、二级廊道及一般廊道，实现对滨水空间分级分类控制，以便更好地对接滨水空间的功能要求。在廊道等级划分的基础上，建立以中心城蓝网系统路径为主线，打造

评价要素体系表　　　　表1

序号	水生态服务功能类型	三级区名称	特点	城市发展限制要求
1-1	地表水源涵养区	潮白河—山区—林灌—地表水源涵养区	生态保护以及水源涵养地	禁止一切破坏污染水环境、生态环境和破坏水源林、护岸林、与水源保护相关的活动
1-4	饮用水水源地保护区	密云水库—山区—林灌—饮用水水源地保护区	地表饮用水水源地，富营养化状况有逐年加重趋势	一级保护区禁止新建、改建、扩建除水利或者供水工程以外的工程项目，禁止从事旅游、垂钓或者其他可能污染饮用水水体的活动。二级保护区内不得建设直接或者间接向水体排放污水的建设项目。三级保护区内不得建设对水质有严重污染的建设项目，建设项目的污染物排放浓度按照IV类标准控制
IV-6	面源污染控制	通州大兴房山—平原区—农田—面源污染控制区	水质差	严格限制农业化肥和农药的用量，改善农业生产种植结构
V-1	景观休闲区	中心城及新城东北部—平原区—城镇建成区—景观休闲区	水质较差	污水截流，完善城市管网系统；生态水系建设、体现亲水性
V-2	地下水保护区	中心城区及新城中部—平原区—城镇建成区—地下水保护区	地下水水源地，有水源一、二、三、四、五、七厂和大兴水源地，为地下水严重超采区	限制发展大规模城市建设；限制耗水量大、污染严重的建设项目或地下工程设施；没有回灌措施时原则上禁止取水、禁止开凿新机井；严格限制新建渗坑等；严格限制建设加油站等贮存液化工原料或其他有毒有害物质的地下水工程设施；严格限制电镀、冶炼等项目；严格限制新建、扩建、改建排放污水的项目；禁止利用污水灌溉农田

北京市水生态分区控制引导 表2

要素类型	指标	具体解释
文化性要素	世界文化遗产	水系周边1公里范围内世界文化遗产个数
	国家级历史保护单位	水系周边1公里范围内国家级历史保护单位个数
	市级历史保护单位	水系周边1公里范围内市级历史保护单位个数
	历史河道	水系自身是否为历史河道
游览性要素	5A级旅游景点	水系周边1公里范围内5A级旅游景点数量
	4A级旅游景点	水系周边1公里范围内4A级旅游景点数量
	3A级旅游景点	水系周边1公里范围内3A级旅游景点数量
开放性要素	规划绿地和林地面积	水系周边1公里范围内规划公共绿地和林地（G类用地）面积
公共性要素	内规划公共设施用地（C类）以及多功能用地（F类）面积	水系周边1公里范围内规划公共设施用地（C类）以及多功能用地（F类）面积
重要性要素	国家级功能区	水系周边1公里范围内是否有国家级功能区
	市级功能区	水系周边1公里范围内是否有市级功能区

"生活漫旅、古城巡迹、活力劲带"等特色主题路径。

3.2.2 精明集约的分级配置水资源

规划对水系廊道采取三级划分和三级控制的方式，实现有限水资源的精明集约配置。在划分方面，将现状水系条件、可利用用地资源、功能特点、轨道站点分布等要素综合考虑，通过评分评估将一级"蓝网"廊道划定重点优先实施区及一般优先实施区，分级配置水资源。在配置地表水资源方面，避免不必要的河流拓宽和水量增加，依托现状条件，优化美化小型滨水空间，为城市输送活力的同时节约水资源。充分考虑枯水期和丰水期的水量变化特点，采取复式断面设计指引等技术方式，以便通过地表水的精明配置，实现"小水面的大效力"，为市民提供更多的优质亲水空间。

3.2.3 探索滨水空间可持续的开发建设模式

为避免以往出现的滨水空间建设用地完成建设后，规划绿地难以实施的尴尬局面，研究探索滨水空间的有效实施方式，即通过生态带动地区经济发展的良性循环的开发建设模式。以永定河为例，首先，通过堤内治水、堤外治沙和建设生态型湿地等手段，进行生态修复及环境治理，并同步实施河道蓝线外的主要功能区建设。随着这些功能区的全面启动，永定河的生态示范效应将通过"点、线、

面"的方式初步显现。地区生态环境品质的提升将会直接推动周边土地的升值，同时也会扩大永定河流域的社会关注度，吸引更多的市场资本介入，最终，通过土地溢价、税收返还等方式反哺生态环境的修复、整治，实现经济、社会、生态效益的统筹平衡（图3）。

3.3 系统管控、重点指引、协作实施

市域滨水空间的系统管制采取系统管控通则与重点地段城市设计导则相结合的方式组织技术内容的编制。即针对"蓝网"廊道编制了滨水地区城市设计指导通则，针对一级"蓝网"廊道又进一步编制了重点滨水地区城市设计指引。

3.3.1 系统管控指导通则

滨水地区规划建设通则主要是针对蓝网廊道，按照主导功能和地区特质的不同，进行分级分类指导控制，主要内容包括对生态保障、景观控制、文化活化、功能选择、交通可达、活力提升、城市形态与建筑细节等七个方面提出了控制的重点内容（表3），确立了统一的标准，以全面提升城市滨水公共空间水平。重点要做到以下几点：首先，强化水岸可达性和公共性，增加与城市生活的关联度，保证绝大多数访客能够便捷到达，而且根据个人喜好自由选择步行、骑车、地铁及公交车等多样性的出行方式。第二，在条件允许的情况下逐渐移除靠近水岸的城市快速交通和大型交通场站，减少交通性通道对于滨水地区的切割造成的伤害。第三，将滨水地区作为城市开放空间系统的核心，发挥滨水地区的串联作用和集聚作用，与城市公园、广场、街道等城市特色开放空间形成紧密关联的整体，建立滨水区域附近（500米）内公园的步行联系。第四，提升水岸空间公共设施品质，平衡软质与硬质的比例和关系，强调与自然景观相融合与协调，以满足日常需要为主，通过灵活设置临时设施满足事件性的要求，并应减少对栖息地的影响和能源的过度消耗。第五，强调历史文化的再生与传承。创造有地缘感的公共文化艺术，激发当地市民的自豪感，保护、挖掘、再现滨水区历史建筑和文化，避免城市更新过程中的大拆大建，并以其深厚的文化内涵和丰富的物质景观有效地促进城市旅游业的发展，提升城市的知名度和软实力，让滨水文化有机传承、生生息息。

图3 生态带动地区发展示意图

北京滨水地区城市设计指导通则   表3

		居住生活区	公共中心区	工业生产区	郊野休闲区	自然生态区
1	生态保障					
	保护自然中陡的坡地和植被密集的区域，最小化水土流失	•	○	•	•	•
	强化流域的水文功能：保护场地的汇水区和地下水，最小化雨水径流	○	•	•	•	•
	保护现有和未来潜在的植被区域和生境群落	○	•	○	•	•
	提升或恢复本地生态系统	○	—	○	•	•
	生物多样性行动计划：提升并强化场地的生态价值	○	—	○	•	•
	采用本地植物提升场地的生态价值	○	○	○	•	•
	提升生态系统的连续性	○	○	○	•	•
	与自然环境的整合，确保场地于周围自然环境特征的和谐	○	—	•	•	•
2	景观控制					
	采用较高的绿化率，最大化场地内开放空间	•	○	•	—	—
	确保开放空间的可达性	•	•	•	○	—
	开放空间应靠近居住和工作地	•	•	•	•	•
	最大化公共空间的潜在价值，强化场所特征和区域间的联系	•	•	•	•	○
	新增开发应结合现有设施形成紧凑的开发走廊以保护滨水自然空间和资源	•	•	•	•	•
	土地再利用：鼓励重复利用曾经开发过的土地避免占用未开发的自然空间	•	•	•	•	•
	提升滨水道路的景观设计	•	•	○	•	•
3	文化活化					
	注重历史文化资源的继承	—	•	•	•	○
	挖掘地区文化特色，提升软实力	—	•	•	•	○
	创造有记忆的空间					
4	功能选择					
	滨水开发建设选址应位于生态敏感性低的用地，不应开发具有生态价值的用地	•	○	•	•	•
	避免在不适当的区域开发以减小建设对滨水环境的影响	•	○	•	•	•
	滨水区的土地使用应强化公共活动	○	•	○	○	—
	紧凑的开发：集约利用土地并提升步行性	•	•	•	•	•
	多样的土地使用：提升宜居性，步行性和交通效率	•	•	•	•	•
	确保最有效最集约的土地使用	•	•	•	•	•
	职住平衡：鼓励社区中有多样的功能和就业机会	•	•	•	•	•
	提供多样的住宅类型：鼓励社区中的住宅能满足不同的家庭和人群	•	○	○	•	•
	与已建成的城市环境相和谐	•	•	•	○	○
5	交通可达					
	避免快速道路、主干道隔离滨水区与城市	•	•	○	○	○
	提供通往水边的道路/适宜步行的道路	•	•	•	•	—
	连续的自行车和步行网络	•	•	•	•	•
	提供多样的公交选择/减少对小汽车的需求	•	•	○	•	•
6	活力提升					
	开放的社区：提升社区之间的联系性	•	•	•	—	—
	包容性的设计	•	•	○	•	○
	促进滨水公共活动	•	•	○	•	○
	促进水上娱乐活动	○	•	○	•	○
	健康与宜居	•	•	•	•	•
	安全性	•	•	•	•	○
7	城市形态与建筑细节					
	滨水空间的特色与识别性	•	•	○	—	—
	保持滨水空间的视线通透	•	•	○	—	—
	保持滨水空间的层次	•	•	○	•	—
	标志性的天际线	○	•	○	•	—
	积极的建筑界面：确保建筑的界面能提升街道的步行性，并提升经济活力	•	•	○	•	•
	通过建筑体量塑造明晰、富有活力的城市环境	•	•	○	•	•
	采用最合理的建筑布局以确保建设中土地和材料最有效地被使用	•	•	•	○	—

注：• 相关性强   ○ 相关性中   — 相关性弱

3.3.2 一级廊道开发设计详细指引

对于一级廊道提出开发设计详细指引，在系统通则控制的基础上，增加更加详细的控制性内容。其中重要内容包括滞洪控制区、湿地和特色河道形态的自然功能节点要求；对于容纳城市公共活动的公共活动场所控制；具体的交通组织调整要求；以及具体的特色城市项目策划与内容要求。

3.3.3 建立多部门滨水空间协作实施对接机制

市域滨水空间贯穿了山区林地、郊区农田、城镇市区等不同类型的地区，同时滨水空间自身蓝线内外也涉及了多个部门的管理范围，包括规划、国土、水务、园林等多部门，因此滨水空间的实施必须建立在多个部门协作的平台之上。城市设计指导通则和一级廊道开发设计指引也将作为各部门协作规划的重要技术参考依据，并可有效指导实施过程中详细设计的规划编制，有利于规划建立多部门的对接机制，加强规划的协同性。

4 结语

在《全国城镇化工作会议》中，习近平总书记提出我们的城市应"望得见山，看得见水，记得住乡愁"的总体要求。对于首都北京的滨水空间的系统梳理、科学规划、合理利用是关系群众生活和首都形象的重要内容，滨水空间是人活动的重要场所，是老百姓享受城市、游客感受首都的窗口。滨水空间的规划是从人的角度出发，关注滨水空间给每个人带来的感受，满足人亲水性的本能需求，提升水对于城市特色、活力等方面的应有价值。同时，北京的水系有着十分深厚的文化底蕴。如何实现"望山，看水，记乡愁"，就要求我们应积极地把重塑北京滨水空间作为北京城市公共开敞空间的一个重要组成部分，更好地将河道建设与两岸滨水城市空间有效结合，用最少的水带动更多的城市公共功能，形成缺水城市河道水系建设的成功典范。作为以世界城市为发展目标的北京，在水环境建设方面具有很大的潜力，与伦敦、巴黎、纽约这些丰水城市相比，北京必将走一条更加务实的发展道路，当然这也需要我们更加理性的思考与更多实践的探索。

参考文献

[1] 北京市地质矿产勘查开发局，北京市水文地质工程地质大队. 北京地下水 [M]. 北京：中国大地出版社，2008.

[2] 北京市城市河湖管理处. 北京城市河湖史 [M]. 1997.

[3] 北京市水务局. 北京市"十二五"时期水资源保护及利用规划 [Z]. 2010.

[4] 潘一玲. 北京城市基础设施规划面临的挑战 [R]. 北京：北京市城市规划设计研究院，2010.

[5] 冷红，袁青. 韩国首尔清溪川复兴改造 [J]. 国际城市规划，2007（04）.

[6] 俞孔坚，王思思，乔青. 基于生态基础设施的北京市绿地系统规划策略 [J]. 北京规划建设，2010（03）.

[7]（美）勃尼·菲舍. 都市滨水区规划 [M]. 马青，马雪梅，李殿生，等译. 沈阳：辽宁科学技术出版社，2007.

[8] 宋伟轩，徐岩，朱喜钢. 城市滨水空间公共性现状与规划思考 [J]. 城市发展研究，2009（7）.

[9] 施卫良，乔全生，等. 中国北京：可持续的世界城市 [R]. 北京：北京市城市规划设计研究院；AECOM世界城市研究院，2011.

备注

本文发表在《城乡治理与规划改革——2014年中国城市规划年会论文集》，有删节。

北京地铁沿线地下空间利用的机遇和挑战

吴克捷　石晓冬

引言

　　北京的城市发展面临土地资源紧缺、环境污染、交通拥堵以及历史文化保护等一系列问题，地下空间的有效利用对解决这些问题具有重要作用。近些年来，北京的城市建设从侧重高度和平面的扩张发展模式，逐渐调整为更加注重地下空间资源的开发利用，尤其是地铁的大规模建设为北京地下空间的开发利用带来新的契机。轨道交通的建设不仅带动了沿线土地的开发建设，同时对地下空间的发展具有促进作用。发达国家近40年的发展经验表明，城市地下空间的发展多以轨道交通沿线地区为先导，进而形成整个城市地下空间体系。2008年奥运会后，北京的地铁建设进入了高速发展期，目前轨道交通（包括地铁和轻轨）运营里程约372公里，平均客运量达到700多万人次/日。截至2015年北京轨道交通总里程将达到700余公里，地铁正逐渐成为北京最为重要的公共交通方式之一。人们的城市活动正从地面转入地下，地铁在改变人们出行方式的同时，也在改变着人们的生活方式。这无疑给其沿线地下空间的开发利用带来机遇，但对城市建设也提出新的要求。

1　北京地铁沿线地下空间开发利用的机遇

　　地铁的发展为其沿线构建地下空间网络创造了条件。伴随经济的发展，近10年来，北京地下空间的开发利用得到长足发展，但其形式还是以建筑物配建的地下室为主，地下空间彼此孤立，没有形成网络，功能相对单一，人流的可达性较差，地下空间的整体利用率较低。作为地下的线性空间，地铁多建于城市道路之下，地铁站的建设可有效串联周边的地下空间，构建相互连通的地下空间网络，便于形成舒适宜人的地下步行系统。另外，地铁输送的大量客流给"沉闷"的地下带来新的活力，使地下空间融入更多城市功能成为可能。

　　地铁沿线地下空间为缓解历史文化保护与城市发展之间的矛盾提供了新思路。一方面，北京是一座有着悠久历史的城市，位于城市核心的旧城拥有大片的历史文化保护区，建筑高度控制严格。但另一方面，"寸土寸金"的旧城内机关单位众多且人口密集，社会、经济发展对于城市

功能的客观需要与传统风貌保护的矛盾突出。地铁的建设不仅有利于解决北京旧城交通问题，也为地下空间的利用提供了新机遇。围绕地铁车站适当开发地下空间，在保护地面传统风貌的同时，对于缓解旧城内城市空间匮乏，改善居民生活质量具有积极意义。

　　地铁的发展带动了北京外围新城地下空间的发展。与日本的东京类似，北京的城市用地布局是"强中心"的密集型模式，地铁等轨道交通的建设有利于疏解城市中心区的功能和人口，并带动外围新城的发展。TOD的发展模式初现成效，在某些发展较快的地区（如顺义、大兴等新城），地铁站点周边地区与中心城一样，形成了建设强度较高的功能聚集区，地铁周边用地与地铁站点的连通需求为其地下空间开发利用创造了条件。

　　快速的城市化进程和地铁的迅猛发展，为地下空间的发展带来了机遇，但面对如此突如其来的变化，北京地铁沿线地下空间的发展并不顺利，反而出现了一些值得我们思考的问题。

2　北京地铁沿线地下空间开发利用的问题

　　面对交通拥堵等城市问题的压力，北京地铁正在以前所未有的速度高速发展，但在地铁的设计和建设中很少考虑与周边地下空间的联系和整体利用。众所周知，与地铁车站的连通程度是影响地下空间有效利用的重要因素，但北京地铁与其周边地下空间没能形成协调发展，连通效果差强人意。地下空间建设的不可逆和施工难度大等特性，客观要求在地铁建设时应考虑周边地下空间利用的可行性，但北京的相关机制尚不健全，地铁建设和周边地下空间缺少政策和技术层面的对接平台，地铁周边地下空间的建设远远跟不上地铁的建设速度。在近乎苛刻的竣工时间要求之下，地铁建设公司与周边用地开发单位的谈判举步维艰，很难在短时间内达成共识，造成地铁与周边地下空间各自发展的尴尬局面。根据北京地铁运营公司2010年的统计，地铁与周边物业实现有效连通仅29处，这与北京地铁的快速发展状况极不相称。

　　城市地下空间合理开发利用需要政策和法规的支持与保障，虽然近些年针对地下空间开发的立法工作取得了一

些成果，但还不能完全满足实践的需要。尤其在规划制定、地下建设用地使用权取得和土地出让金标准、地下建设项目的产权登记、投（融）资机制等方面都是空白。另外，面对地铁沿线地下空间发展新局面，相关政策和法规内容过于原则化，缺少针对性且不易操作。

完全由政府主导的建设模式并不适用于地铁沿线地下空间的开发利用。北京地铁的现有建设模式，基本以政府为主导，市级政府成立专门的部门负责督导和协调地铁建设，各级区县政府负责沿线的征地和拆迁事宜，地铁公司主要负责地铁的建设。这种政府主导的模式执行能力强，对于地铁建设的快速推进具有积极作用，却不利于其周边地下空间的开发利用。地铁建设的目标相对简单明确，而地下空间的合理开发利用则受诸多市场因素的影响，其规划、建设、经营相对复杂，投入和回报的不确定因素较多。受条件所限，政府往往在这些方面缺少足够的"动力"和"耐心"。而北京地铁周边地下空间的开发利用却沿用了地铁的运作模式（政府主导模式）。因此，多年来北京地铁沿线的地下空间利用并不理想，地铁快速发展并没有带来其沿线地下空间的繁荣。

北京地铁周边地下空间发展所暴露出来的问题，是中国经济迅猛发展和城市化高速推进所引发的一系列城市新问题的缩影。分析问题的根源，面对城市发展的新需求，我国的政策、法规建设相对滞后，对于地铁周边地下空间的利用主要依靠政府的控制和引导，缺少行之有效的管理手段和方法，导致效果并不理想。因此，根据北京地下空间的实际发展情况，我们不难发现：政府在地铁及其周边地下空间的协调发展中扮演什么样的角色，以何种方式控制和引导地下空间的良性发展，并把握控制和引导的尺度，是解决问题的关键。

3　北京地铁沿线地下空间开发利用问题的对策与建议

在相关法规政策没有明确的情况下，城市规划是政府当前最为行之有效的管理手段之一，无论地铁建设还是其周边地下空间的开发利用均需遵循城市规划的各项要求。因此，在地铁线路规划之初，应针对其周边地下空间开发可行性进行专题研究，系统梳理地铁周边可发展地下空间资源，并以土地使用功能、建设强度、地价水平、地铁客流情况以及地下空间开发难度作为主要判定因子，对于新建地铁站点的地下空间开发可行性做出判定，提出地下空

间开发利用等级，从宏观层面引导地下空间的开发建设。根据研究，一般情况下地铁站域地下空间开发强度与客流量、站域土地开发强度、站域商业用地平均地价以及站域商业用地比例正相关，与地下空间开发难度负相关。但不同站域类型也会表现特殊性，如地下空间开发难度，在其他4项因素表象强烈需求的情况下，开发难度可通过技术、政策和资金等多种手段平衡（图1～图3）。

结合地铁的建设，将地下空间的建设要求融入城市控制性详细规划，并以此作为地铁与其周边地下空间开发利用的技术和政策对接平台。明确地铁与周边地下空间的接驳要求，并落实到地块规划图则之上，形成法规性文件，纳入地铁沿线土地出让条件，即使在地铁与其周边建设没

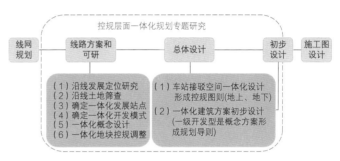

图1　北京地铁规划设计流程优化示意图

图2　地下空间开发强度判定因子

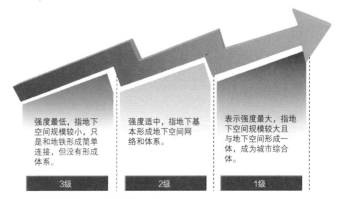

图3　地铁周边地下空间开发分级

有同时开展的情况下，仍旧保证了相互连通的可能性。另外，控制性要求对于地铁的设计和建设具有同等约束力，在未来有条件实现地下接驳的方向，要求优化地铁设计方案，调整结构方式，预留连接可能。规划控制既有刚性的内容，也有弹性的要求，在技术和政策层面为地铁建设方和周边用地单位实现"对话"提供了契机，根据规划要求，双方必须思考彼此之间的需求，并依次进行更为详细的设计。北京地铁周边地下空间控制性内容主要包括：地铁连通方向、通道设置范围、必须与地铁连接地块、建议与地铁连接地块、建议与地铁一体化建设地块、道路下地下空间建议开发范围以及地下空间主导功能等多项内容。

探索地铁周边地下空间建设新模式，改变完全由政府主导的方式，转而由地铁公司作为地下空间开发利用的推动主体，政府作为协调部门进行宏观指导。与地铁不同，地铁周边地下空间在创造社会效益的同时还具有较强的经济价值，其发展和运作方式符合市场经济的客观规律。从北京、上海、广州等城市地下空间近些年的实践来看，完全由政府主导的轨道沿线的地下空间开发，受体制等诸多因素的影响，存在投资风险大、人力和物力成本高以及融资渠道有限等问题。建议参照香港地铁模式，以地铁公司作为主体，以市场作为调节手段，遵守政府的宏观要求，开发利用地铁沿线地下空间。从而降低投资风险，避免不必要的浪费和盲目性发展，也有利于拓展融资渠道，实现社会效益与经济效益的双赢。

4 结语

进入21世纪，中国的城市化进程突飞猛进，伴随城市的迅速扩张，城市轨道交通建设方兴未艾。北京地铁的飞速发展为城市地下空间的开发利用带来前所未有的机遇，但"跨越式"的发展也使我们不得不同时面对发达国家几十年才会遇到的问题。因此，需要我们结合国情，通过不断探索，因势利导才能找到一条真正适合北京地铁沿线地下空间开发利用的可行途径，而这一过程也必将艰难而漫长。

参考文献

[1] 刘美芝. 我国城市地下空间开发利用政策法规研究 [J]. 工程质量，2011（3）.

[2] 陆锡明. 亚洲城市交通模式 [M]. 上海：同济大学出版社，2009.

备注

发表于《第13届国际地下空间联合研究中心年会论文集》。

北京中关村丰台科技园地下空间精细化设计

杨天姣　吕海虹　苏云龙　奚江波

引言

近年来，中国轨道交通建设进入举世瞩目的快速发展时期，地下空间建设成为城市发展的热点。从1965年轨道2号线建设至2013年，北京地下空间开发建设已经超过5500万平方米，并以每年10%的速度递增，但是地下空间的品质却不尽如人意，在交通组织、利用效率以及空间形态等方面均有待提升。如何利用好地下空间已成为北京当前刻不容缓的课题。

目前，我国有关地下空间规划编制的现状主要是总体规划和详细规划两部分[1]，地下空间总体规划注重城市总体地下发展战略、开发策略、确定重点开发区等，详细规划阶段包括控制性详细规划和修建性详细规划两个层次，其中修建性详细规划是对特定某一区域的具体地下空间设计方案，总体规划的内容较为宏观，无法具体指导某一区域地下空间开发建设，而修建性详细规划确切说是一个设计方案，无法对大范围的地下空间建设进行控制，而大范围地下空间的实施需要一个地下空间的建设主体，由这个主体来统一负责该地区地下空间公共部分的建设实施。以往规划部门对二级市场核发的规划意见书中，主要内容是控制性详细规划的一些基本指标如性质、容积率、建筑高度等，缺乏对地下空间建设的控制要求，或者只提到原则，而无法监督落实，主要原因就是缺乏控规层次的地下空间规划作为依据。并且从地下空间规范编制上也存在滞后性，上海刚通过《上海市地下空间编制规范》的技术审查，《中国城市地下空间规划编制导则》还处于送审稿阶段，北京也没有一个明晰的地下空间编制依据。

1　概念的提出

北京的地下空间利用存在很多问题，2010年"7·21"北京特大暴雨，使人们重新审视地下空间的安全性问题；笔者对北京的地下商场进行调查，发现有80%的人群在地下商场有过迷路现象，在很大程度上影响了人们对地下空间的认可度，地下空间的可达性和可识别性差。同时，地下空间不重视人性化设施和景观环境等细部设计。一般的地下空间都是规整的几何形体，一个商铺挨着一个商铺，单纯的线形空间，通道内无变化，缺乏缓冲、过渡等交往休憩空间，使人感到空间单调无趣，没有特色。

如何创造安全、舒适、有活力、有趣味的地下空间呢？针对以上剖析出北京地下空间所存在的问题，探讨改进城市地下空间问题的思路与建议。

《2011~2012年中国城市发展报告》中明确提出，微观城市设计工作的核心是城市公用空间的精细化设计[2]。规划从以往的注重宏观的战略目标规划，到逐步重视微观的精细化规划。城市公共空间承载着人们的日常生活和社会交往，是城市中不可缺少的构成元素，是城市的细部，它协调着人与自然环境的关系。对公共空间的建设是城市建设的核心内容之一，可以说，城市设计的精细化重点体现在公共空间设计的精细化。

随着城市建设的发展和科学技术的进步，城市地下空间由最初的人防空间、地下交通通道、地下商铺等单一功能逐渐承载城市更多综合功能[3]，并具有一定的规模和特色，从地下空间与连接建筑的基本形式可以看出，地下空间建设不再是简单商业的扩充，转向更加关注城市功能的扩展以及与地面使用功能的连接。地下空间的组织与建设，使原本无法连接的地上城市公共空间连接起来，出现了城市新的路径[4]，这种路径不受天气和地面交通的影响，比如人们在原有的城市街心绿地公共活动转向城市下沉广场区域，当下沉广场与相联系的地下空间设计合理和足够大时，大量的地面活动就会引入到地下空间中，这样地下空间就成为城市公共空间的组成和延伸。而城市公共空间承载着人们的日常生活和社会交往，是城市中不可缺少的构成元素，是城市的细部，它协调着人与自然环境的关系。地下公共空间是开放型的场所，地下交通、市政、安全是地下公用设施的组成部分[5]，地下公共空间和公用设施都属于地下空间规划的核心内容。本文重点研究分析作为城市公共空间的组成和延伸的地下公共空间的精细化设计。

2　设计要点

丰台科技园是丰台区重点发展的功能区之一，也是中关村国家自主创新示范区的重要组成部分，是北京市重要的总部经济区、高新技术产业基地和中小型科技企业的孵化地[6]，总占地1.8平方公里。其地下空间是服务于丰台科技园高新技术产业和商务社区的功能延展区，规划地下空间建设总规模约100万平方米，因此打造一个安全、舒适、有活力、有趣味的地下空间显得尤为重要。

由于地下空间的建设具有前瞻性、技术性和不可逆性，规划要统筹好用地、交通、市政和各相关部门情况。在丰台科技园地下空间编制中，创造性地提前介入市政工程设计综合工作，实现用地规划、市政规划、交通规划三位一体，即在一张图纸上实现地上、地下、市政工程三方面控制。其中，地块控制图则包含地下一、二层图则用以刚性控制地下公共空间、地面控制指标和城市设计导则要素、地下功能配置引导三部分。工程控制图则包含管线综合和小市政接口条件两部分。这样，对同一地块，进行地面、地下、市政工程管线同时控制，为各地块业主提供翔实、明了的图纸，规划图纸方便实用，有效地控制和指引各地块的开发建设，真正做到地上、地下一体化开发。

2.1　地下空间刚性要素与弹性要素的确定

为保障实施效果，规划将地下空间的各地块分图图则以刚性控制要求和弹性引导建议以及地下控制指标和地块控制指标组成。对各个地块的主要功能、开发密度、标高；地下公共空间的通道宽度、高度以及主要节点的位置、设计要求；市政工程管线的位置与接口等要素进行刚性控制；同时考虑到地下活动的舒适性、宜人性，首次将地下空间组织和创造手法放到引导性规划设计中，研究地下公共空间尺度感、主题、中庭、界面、流线以及地下环境景观设计进行弹性引导建议。空间的设计从人的活动出发，创造开放的、动态的、与外部环境相联系的地下公共空间体系。规划按地铁周边不同步行吸引圈距离划分为三级空间节点，同时对各级节点进行控制和引导。

2.1.1　刚性控制性要素——建设安全可达的地下空间

1）开发模式与规模控制

采用什么样的开发模式是地下空间导则首先要确定的问题，规划参考了国外较成熟的加拿大并联模式和日本串联模式[7]，结合丰台科技园实际情况，确定以轨道交通为引导，串联、并联、混合的开发模式，同时规划研究了大量日本地下空间开发规模案例，如梅田、难波虹、大阪爱、水晶长掘等地下商业街，根据日本中央复建工程咨询株式会社编制的《日本城市地下空间利用事例》，分析

总结出地下开发规模适宜值为地下建设量的30%~60%，其中商业娱乐功能占地下空间总面积的10%~25%，交通功能占10%~30%，停车场面积占25%~65%，设备用房及其他占10%~30%。地下控制指标中明确每个地块的主要功能（商业或者停车）；同时对商业面积、开发密度、停车面积予以量化，同时有一定的浮动值，如地下商业空间建筑面积可上下浮动5%，地下停车面积控制下限、地下空间开发密度控制上限等。

2）通道净宽与净高

根据对吸引到地下空间的人流分析，主要有两类：一是快速人流，他们直接在轨道交通与其他交通之间穿梭，没有停留，是纯粹的交通人流；二是慢速人流，他们的目的性不强，可以停下来看看周围，去购物游览。宽度上合理区分这些人流，将通道分为两类，即纯粹的通道——只有人行走，无商业，最小净宽为6米，宜8~10米，净高最小为3米；室内街通道——两侧或一侧有商业设施，最小净宽为8米，宜10~20米，净高最小为3.9米。

3）管线的位置与接口

综合考虑地铁站点出入通道、地块下通道走廊布局以及与市政管线之间的关系，本着统筹安排、统一规划、近远期结合的原则，从各类工程平面、纵断面、横断面及施工工艺等方面予以综合协调。在市政工程规划中，充分考虑大市政干线与区域内各地块小市政分支衔接的需求，对于已实施二次开发建设的地块，小市政管线支线甩口以现状甩口为准，结合现状对规划方案进行调整；对于尚未进行二次建设的地块，小市政管线支线甩口按规划方案进行预留。

2.1.2　弹性引导性要素——营造"近人尺度"的地下场所

1）空间尺度

长度：地下空间通道的长度规划上没有明确的限制，但从人的舒适尺度上来说，作为步行者活动时，一般心情愉快的步行距离为300米，作为人的领域得体的规模是500米，能看清人存在的最大距离为1200米。所以建议地下步行街直线长度小于1200米。每隔300~500米在路径上创造活动的可能和空间的变化，可以改变人们对距离的认知，即"感觉距离"。地块内公共使用的通道总长度，不应超过地块内可提供最短连接距离的1.5倍。

高宽比：根据外部空间理论，建议通道宽度与净高的比控制在1~4，即$1<D/H<4$，使地下空间尺度既没有紧迫

感，也没有远离感，创造"近人的尺度"空间。

通道节奏：为了使地下空间显得有生气，把通道里面换分为W/D<1的若干段，即临街商店的面宽比通道宽度小于1。W是指临街商店的面宽，也就是面对进行方向的街道节奏，由于比D尺寸小的W反复出现，街道就会显得有生气，以便为建筑和步行空间带来变化和节奏[8]。

2）空间主题

规划采用凯文·林奇在《城市意象》中的五要素之一的路径的设计手法。因路径是连续的要素，区域体现了良好完形轮廓之内各个组成要素的接近性和类似性，便形成了一个相对完整的通道主题。城市活动、文化与记忆是城市公共空间的一个重要魅力，引入地下空间，只需透过内部空间的合理规划，就能向消费者提供有趣的城市体验，形成地下空间场所精神。例如，引入城市活动（小型集会、展览活动），结合当地文化或移植异地文化，创造城市记忆场所等。地下空间的主题设计主要考虑的是通道两侧墙面、地面铺装、吊顶以及街道家具等方面。例如，上海人民广场1930风情街，就是结合城市规划展览馆地下部分空间，将其地下街步行通道两侧店面设计成老上海石库门建筑风格，达到了重现城市旧有记忆的目的。

3）空间界面

为了创造宜人的步行环境空间，规划引导界面要有交流的可能，互相可视的可能，活动参与的可能和休憩的可能。因此，界面一定是柔性的，或用通透材料界定，或用灰空间界定，或完全打开，给商业空间和人流互动的多种可能[9]。

4）环境景观设计

在地下空间中，空间导向是一个重要的问题。除了入口醒目可读与空间布局组织良好外，室内还应提供一个清晰、完整的标识体系以帮助行人辨别方向。同时，地下空间采光应尽可能地利用自然光线（下沉广场、采光、中庭等），在需要进行人工照明的地方采用科学的照明设计。

色彩的运用影响到整个地下环境的吸引力及可接受程度。利用色彩的温度感（冷暖的感觉）、重量感（地面用色深、明度低，天花反之）、体量感（暖色膨胀，冷色收缩）及距离感（暖色近，冷色远），创造出一个温暖和宽敞的地下人工环境[10]。

广告橱窗与公共家具设计会影响人们对空间的宽敞感、温暖感以及舒适性的感受，根据地下空间不同的使用功能和通道主题设置。

2.2　规划实施管理与维护

与地下空间实施管理和维护直接相关的有国土资源、城市规划、建设、园林、人防等10多个部门，目前尚未形成专门针对城市地下空间建设的综合性管理体制，各专业工程各自为政，同时，土地控制线的二维管理造成土地边界的平面分割[11]，这些都影响了城市地下空间在不同权属的城市要素之间的横向联系和立体整合。鉴于对以上问题的考虑，在丰台科技园三期地下空间设计中，规划充当起统筹制衡角色，由规委牵头，将专家团队（德国SBA公司）、交通委、园林主管部门、人防部门、业主方、地铁运营方、相关利益团体（开发建设意向单位中铁、华电等）组织开展项目专题会，主动推动地下空间的实施，公共通道以及位于道路红线内和公共绿地下的地下空间开发建设，提出应配套相应的实施管理办法，明确实施主体和管理责任，在政府统一的规划下，由相关部门全程监督、管理、实施。

规划建立"规划方—科技园管委会—申请业主"的三方体系，使规划设计成为管委会与运营单位的对接平台，实现方案设计到实施层面的引导与互动。规划设计团队在地下空间政策的制定、前期工作、设计工作、工程期、开始运营各阶段分别承担专业顾问、决策参与者、设计工作者、设计协调者的角色，促进地区规划的有效落实。

3　结语

精细化设计是城市规划的必然发展方向，地下空间的建设与利用也是城市可持续发展的必由之路。北京城市地下空间规划已经从人防建设、地下市政管线，逐渐进入到地下空间综合发展阶段[12]。本文以北京中关村丰台科技园三期地下空间规划为例，提出精细化城市地下空间设计理念，详细探讨精细化地下空间规划的设计要点，初步构建了控规和地下空间设计导则共同控制地区建设的精细化编制体系，以期为建立成熟的城市立体化规划体系积累一些经验。

以城市设计导则的方法来研究城市地下公共空间，既要从人的角度和人的活动入手，准确分析人在地下空间的活动与需求，为营造"近人尺度"地下空间环境提出引导性建议，同时又从城市层面，深入研究地下公共空间与城市公共空间、城市广场、道路、绿地、城市市政工程及商业开发的关系，提出合理的刚性控制要求。在此基础上完成的地下空间设计导则纳入到控制性详细规划环节，成为地块出让规划条件的组成部分，有效地指导了地区地下空间建设，并对城市公共空间地上、地下整体发展起到推动作用。

参考文献

[1] 北京商务中心区地下空间规划（文本）[R]. 北京：北京市城市规划设计研究院，1996.

[2] 中国城市科学研究院，中国城市规划协会，中国城市规划学会，等. 中国城市规划发展报告（2011—2012年）[R]. 北京：中国建筑工业出版社，2010.

[3] 童林旭. 地下空间与城市现代化发展[M]. 北京：中国建筑工业出版社，2005.

[4] 刘皆谊. 城市立体化视角地下街设计及其理论[M]. 南京：东南大学出版社，2009.

[5] 我国城市地下空间开发利用"十五"规划纲要[S]. 2001.

[6] 北京市中心城控制性详细规划[R]. 北京：北京市城市规划设计研究院，2006.

[7] 王文卿. 城市地下空间规划与设计[M]. 南京：东南大学出版社，2000.

[8] 芦原义信. 街道的美学[M]. 北京：百花文艺出版社，2006.

[9] 邢晓霞. 城市地下空间的人性化设计[J]. 上海建筑科技，2012（2）：14-16.

[10] 卢济威，陈泳. 地下与地上一体化设计——地下空间有效发展的战略[J]. 上海交通大学学报，2012，46（1）：1-6.

[11] 城市地下空间设计[M]. 许方，于海漪，译. 北京：中国建筑工业出版社，2005.

[12] 北京中心城中心地区地下空间规划（2004—2020年）[R]. 北京：北京市城市规划设计研究院，2004.

备注

文章发表在《第四次国际地下空间学术大会论文集》中，并由核心期刊《解放军理工大学学报》2014年第3期自然科学版刊出，文章曾获2015年度北京市青年优秀科技论文三等奖。

第三部分

文化内涵与名城保护

名城保护应设立"历史文化精华区"

历史文化街区保护规划实施评估——以北京景山八片（东城区）街区为例

探索从人口构成与需求出发的历史街区规划——北京南闹市口地区人口构成和公共服务设施研究

北京市工业遗产保护与实践

构筑基于文化价值梳理的古村落保护体系——以北京水峪古村为例

革故鼎新：文物保护区划新策略刍议

基于文化脉络梳理历史资源的思路与方法——以北京西部地区为例

历史文化遗产保护规划实施的术与道——以海淀西山中法文化交流史迹群规划为例

以实施为导向的城郊型大遗址保护规划策略——以琉璃河遗址保护规划为例

名城保护应设立"历史文化精华区"

邱跃　杜立群

随着历史文化名城保护工作的不断深入，保护的内容也在不断拓展。在世界遗产（包括自然遗产、文化遗产和自然文化双遗产）和文物建筑（包括国家级、省级、县级和普查登记）之外，还有历史文化街区、优秀近现代建筑、工业遗产、特色民居、名木古树、河湖水系及十类非物质文化遗产等。而上述内容大部分位于旧城（古城）内。

古人建城，城外有郭，郭外有乡、野，"城以卫君，郭以卫民"，"城"绝不是孤立存在的，一定有乡野村镇、山川水系衬托、拱卫。这些地区与旧城（古城）密不可分，同样包含着深厚的历史文化资源。在有些历史文化资源密集地区，会形成与旧城（古城）相映生辉的形态。这些地区与旧城（古城）一样，作为历史文化名城的组成部分，是名城保护工作不可或缺的重要内容。

在我国121座历史文化名城中，旧城（古城）占地面积一般是：县级约为2～3平方公里，州府级约5～6平方公里，省会级约15～20平方公里，古都约30～40平方公里，北京大约60平方公里。

根据各个城市现行的城市总体规划，城市中心区规模都比旧城（古城）扩大了20～30倍，行政区域更是大了百倍，甚至更多。在扩大了的城市建设区内及其行政区域内，遗留着大量的历史文化资源，历史文化遗存在分布上呈点、线、片、面的特征。这些集中于"面"且与旧城（古城）一样的历史文化资源集聚地区即为"历史文化精华区"。这些地区既有完整的文化脉络，也包含了点、线、片等文化要素。

以正在进行的北京西部地区历史文化资源梳理工作为例，通过研究整理发现，在大约4000平方公里的五个行政区域范围内，存在着6大类约1500多项历史文化资源（约占全市资源总量的1/3），梳理出十大文化脉络，总结了四大文化价值。它们都集中分布在相对特色鲜明的四个地区，这四个地区总面积约300平方公里，其中的资源总量约为800项（约占西部地区资源总量的1/2）。如何正确认识这些地区、如何针对其特点有区别地保护与建设这些地区，成为摆在我们面前的课题。

我们认为，首先需要给这些地区定名、定义，"必也正名乎"，名不正言不顺，言不顺则事不成。在总结前人研究的基础上，我们提出设立"历史文化精华区"的构想，使其与旧城（古城）里的"历史文化街区"一样，列入历史文化名城保护的范畴，形成历史文化名城的空间结构框架，从而把"挖掘内涵，扩大外延，突出重点，协调全面"的工作原则落到实处。

1 "历史文化精华区"的概念

所谓"历史文化精华区"，是指在一定区域范围内，由某种历史文化脉络或自然现象串联而成的历史文化价值集中体现，以及历史文化资源集中分布的地区。

北京的"历史文化精华区"，其位置一般在旧城（古城）之外，范围一般以十数平方公里计，布局一般都有山川水系依托或以重要人文景观园林寺庙为中心，数量一般能达到十处以上。如本次北京西部历史文化资源的梳理工作中，就有永定河地区、大房山地区、三山五园地区和八大处地区等四个地区可设为"历史文化精华区"。其他省府县级名城的"历史文化精华区"或可按此比例确定。

2 设立"历史文化精华区"的意义与作用

设立"历史文化精华区"有利于从更高和更广的视角理解历史文化名城保护的意义。历史文化名城保护规划一般包括文物建筑保护、历史街区保护及旧城的整体保护三个层次。虽然近年来又增加了优秀近现代建筑和工业遗产保护的内容，但多偏重于物质空间，而少关注对非物质文化脉络和文化事件的影响与分析，更少关注当今人类活动对文化脉络、文化现象的发扬与发展的正面影响。"历史文化精华区"的设立则有助于通过对文化脉络的梳理和文化资源的整合，从而形成一种发扬历史文化特征的文化线路，促进文化的发展与繁荣，让历史文化名城成为教育和影响现代生活并具有活力的区域。

设立"历史文化精华区"有利于跳出囿于旧城（古城）之内的单纯以文物保护为主的历史文化名城保护工作思路，从更广阔的时间与空间层面来理解历史文化与城市发展的关系。在北京历史文化名城保护规划以及保护条例中，都把历史文化名城保护的重点放在了旧城区，这当然是必要的和必须的。但是在梳理西部历史文化资源和文化脉络并归纳其历史文化价值时发现，"三山五园地区"的历史资源数量与价值以及集聚程度与旧城相映生辉，于是提出该地区与旧城"双核心"的保护思路，共同构建新的历史文化名城保护体系；对于"大房山地区"其独特的自然地貌、北京早期的人类活动，以及北京建城、建都的演变，都做了恰当的文化价值判断。同时，在实际工作中，旧城的历史价值研究也从没有离开旧城以外的自然、人文环境的大背景。因此，设立"历史文化精华区"，对于形成更加完善的历史文化名城保护体系具有重要的作用。

设立"历史文化精华区"有利于调动更多的区县和部门，参与到历史文化名城保护工作中来。由于历史文化名城保护是有重点的，在现有管理体制下，重点地区所在政府部门就会相对重视历史文化名城保护工作，并设有专门的部门和机构进行管理。而其他地区，不仅在历史文化名城保护工作中找不到抓手，也形成不了专门的部门和机构来抓这项工作。如在每一个行政区县都能挖掘梳理历史文化资源，设立"历史文化精华区"，则有利于健全全市历史文化名城保护工作的组织，能够进一步挖掘各地区的历史文化资源，从而充分发挥各地区保护历史文化名城的积极性。

设立"历史文化精华区"有利于全社会更多地了解和理解我们国家和民族源远流长的历史文化价值。此项工作对于完善旧城（古城）的历史文化系统至关重要。"历史文化精华区"与旧城（古城）相辅相成，二者缺一不可，在理论和实践方面都大有文章可做，也会引起社会各个方面的关注。这对于让全社会都来关心历史文化名城是非常有益的。

当然，"历史文化精华区"的定名、定义都可以进一步加以探讨。例如，有的专家提出可以用"国家公园"，或者"风景名胜区"或"文化生态区"的概念，2012年，在北京市委第十一次会议中曾称之为"景区"；还有的专家提出"精华区"界定的范围和面积是否过大等问题。我们认为这些讨论甚至争论都是十分自然的，特别是对于在更大范围内去保护历史文化名城、形成更加完善的历史文化保护规划体系，这种探索也许是大有裨益的。

备注

本文发表《在北京规划建设》，2014年第4期。

历史文化街区保护规划实施评估——以北京景山八片（东城区）街区为例

崔琪

1 研究背景

北京从1999年开始先后公布了旧城33片历史文化街区的名单，并编制完成大多数保护规划，成为街区保护与发展的基本依据和行动指南。但有保护规划，街区保护是不是就有了保证？时至今日，保护规划实施的实际情况如何？在街区保护中起到怎样的作用？存在哪些问题？未来应当怎么办？带着这些疑问，2012年至2013年，北京市规划委员会组织在京的6家规划设计单位，创新性地对14片历史文化街区的保护规划进行实施评估工作，客观总结其实施以来的经验教训，进一步明确街区的未来控制和引导方向。笔者有幸参与其中，以景山八片（东城区）历史文化街区（以下简称景东街区）为例，阐述本次评估工作。

2 评估内容、技术路线与工作组织

本次评估主要对保护规划实施以来街区的保护发展状况和居民生存状态进行全面梳理和展现，客观评估保护规划对街区保护所起到的作用，总结存在的主要问题，并提出未来规划编制与实施管理的建议（表1）。本次工作不拘泥于技术层面，除对规划编制内容实施情况进行评价外，

重点关注街区实施的路径与模式，总结不同实施模式的方式、成效与问题，并深入分析问题产生的机制政策等深层次原因，希望针对保护规划在实施层面面临的政策机制难题，提出合理的规划建议。

由于北京历史文化街区的面积、主导功能、发展情况与实施特点各不相同，因此本次工作突破传统规划评估模式，强调针对街区特点分别采用适宜技术路线（图1），多途径探索保护规划实施评估方法。对于景东街区，除对文化遗产保护和居民生活改善的基本情况进行评估外，针对实施模式多样的特点，重点对实施模式与效果、头施机制及产权问题等方面进行了研究。

本次评估是历经十多年再次对街区未来走向进行的大讨论，为从更大范围统一思想，搭建了社会多方参与的工作组织平台。在景东街区的评估工作中，除实地调研外，多次与相关政府部门、实施主体、街道社区、居民代表、各专业专家等进行访谈与座谈，并借助媒体进行宣传，通过各相关利益团体的多方参与，广泛凝结社会共识，反思保护规划编制与实施，以应对街区尚未解决及新出现的问题。

3 景东街区及其保护规划概况

3.1 景东街区

1999年北京市划定第一批旧城25片历史文化街区，"景山八片"是其中景山周边八片历史文化街区的统称，

保护规划实施评估重点内容　　表1

序号		评估分项	主要内容
保护措施及保护效果	1	遗产保护与文化传承情况	人文环境变化、文化事业发展、街区文化设施建设、文化传承政策、非物质文化遗产的传承等
	2	人口情况与问题	人口疏解情况、人户分离情况、原住民情况、绅士化情况等
	3	居民生活改善情况	住房改善水平、公共空间塑造、社区建设情况等
	4	用地、建筑产权情况	用地产权、建筑产权等
	5	三大设施情况	城市安全设施、市政交通基础设施、公共服务设施等
	6	功能优化和活力复兴情况	土地利用、功能疏解情况、街区特色挖掘、适宜功能植入、创意产业发展、旅游业发展、其他特色发展等
公共政策	7	规划实施管理	审批与实施管理机制，存在的矛盾与问题等
	8	实施路径与政策机制情况	实施主体、实施模式、相关政策等
	9	公众参与情况	对保护规划的认可程度、社区归属感、公众参与积极性与程度等

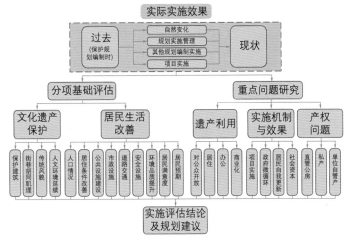

图1　景山八片（东城区）保护规划实施评估技术路线示意

本次评估对象是其在东城区行政辖区内的部分，位于东城区北部，北京传统中轴线东侧，处于皇城的东北角，南接故宫，西临景山，北临南锣鼓巷，东临东皇城根，处于北京城市最为核心的区域，总面积72.76公顷（图2）。

元代该街区便处于皇城之内，属于皇家的御苑，明代成为直接为皇室服务的机构和官办手工业集中的地区，到清代以后逐渐演变为以居住为主的街区，清末至民国出现了著名近代建筑。新中国成立后，北京以旧城为中心进行城市发展建设，街区内四合院加建日益严重，行政办公、医疗、教育、工业等功能逐渐渗透，原本相对安静的居住环境被部分侵蚀，不过目前仍以居住功能为主。

虽然历经沧桑，但街区目前还存在很多价值极高的历史文化遗存，如北大红楼、京师大学堂遗存、毛主席故居等。街区胡同、四合院平房区大部分仍然存在并基本保持原貌，体现了皇城内居住区的建筑、空间形态和传统风貌，具有较高的历史价值和文化价值。

3.2　原保护规划

街区原保护规划于2000年7月至12月编制完成，属于《北京旧城25片历史文化保护区保护规划》，2002年2月1日得到北京市政府正式批复后实施（表2）。

4　保护规划实施总体情况及作用

4.1　实施总体情况

据统计，保护规划实施至今，景东街区大部分地区维

原保护规划主要内容　　表2

规划要素	规划内容
街区保护范围与面积	规划范围及面积；重点保护区范围及面积；建设控制区范围及面积
历史研究	历史沿革与各时期特点
现状情况	人口分布、密度、容量、问题；用地性质、构成；交通现状；建筑质量、风貌；市政设施；社会生活
街区性质与价值分析	街区性质；重要地位；历史价值；城市景观价值；文化艺术价值；旅游价值
保护内容与规划原则	保护内容；规划原则
规划措施　人口调整	人口调整目标；人口调整的办法和措施
规划措施　用地与建筑功能调整	问题分析；规划目标（调整不合理用地，规划用地以居住、旅游为主）；规划措施
规划措施　传统街巷保护与交通规划	现状分析；规划目标（保护传统街巷空间环境，解决街区可达性）；规划原则；远期规划措施；近中期规划措施
规划措施　建筑保护与更新	文物类建筑；保护类建筑；改善类建筑；保留类建筑；更新类建筑；沿街整饰类
规划措施　屋顶平面与建筑高度控制	问题分析；规划目标
规划措施　古树保护与绿地建设	现状分析；规划目标（保护古树名木，扩大街区绿化覆盖率，规划达到40%以上）；规划措施
规划措施　市政设施改善	规划原则；规划措施
规划措施　消防防灾措施	规划措施
近期实施设想	陟山门街保护与更新规划设计
政策建议	政策与法规；机构；宣传；资金；运作机制

持了原状，实施更新改造区域建筑面积仅占总建筑面积的13%左右，主要包括：政府背景实施主体主导的玉河重点项目改造，占总建筑面积的5%左右；以单位、居民等社会资本为主体的房屋自我更新和置换改造，占总建筑面积的3%左右；以政府各部门和专业公司为实施主体，以直管公房修缮和基础设施改造为主的渐进式改造，占总建筑面积的5%左右（图3）。

4.2　保护规划实施作用

总体来讲，保护规划使景东街区进入了有章可循的新局面。在当时的历史背景条件下，它统一了社会各界对于保护范围和保护对象的认识，实施十多年以来，景东街区历史文化遗产保护状态普遍良好，文物保护单位、保护院落、玉河古河道与古树名木等均得到很好的保护，部分还得以修缮，地区胡同肌理与整体风貌也基本得以维持。

在保护规划的原则和理念指导下，通过具体实施，景东街区的居民生活也得到一定程度改善。通过公房修缮与居民房屋自我翻建，约有五分之一的住房质量得到较大提升。安全设施和市政交通基础设施条件明显改观，煤改电、水表改造和卫生间新建等工程使居民生活更为便利；

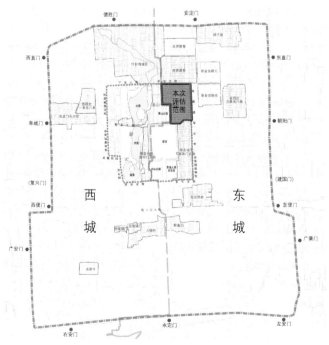

图2　区位示意图

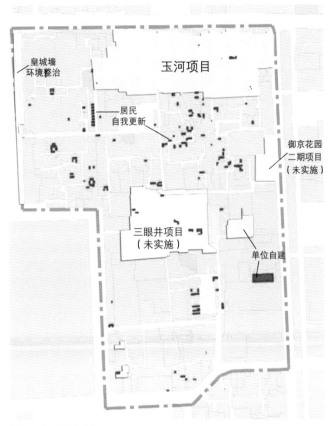

图3 实施区域分析

公共交通系统日益发达，地铁的通车大大提升了本地区的出行能力；部分集中绿地与健身场所的设置以及公共服务体系的不断完善，也为居民带来了实惠。

5 实施主要问题

5.1 产权复杂与历史遗留问题是影响街区复兴的瓶颈问题

景东街区的房屋产权类型非常复杂，特别是平房，主要包括私产房、直管公房和单位自管产房屋，比例大约是2：5：3。其中每一类又包含有许多具体的产权种类，比如直管公房就包括宗教产、纠纷产、经租产和代管产等（图4）。

每一类产权房屋自身均存在问题，特别是很多遗留的历史问题。比如直管公房中的经租产房屋问题，加上目前直管公房上市流转交易渠道不畅通，使其修缮或更新问题成为死结。此外，目前直管公房的房租极低（3.05元/月/平方米），房管部门"以租养房"难以实现，政府总是投入巨大来保障此部分房屋的安全，在此情况下风貌保护根本无从谈起。

对于私房和单位自管产房屋来讲，一方面，随近年历史文化街区整体改造项目的实施，有实力的业主担心区域面临拆迁，不敢自己投资进行系统修缮。另一方面，经济条件差的业主（占大多数）无力自我修缮，而此类房屋也

没有类似于政府修缮直管公房的资助政策，因此很多房屋年久失修，存在很大的安全隐患。

此外，还存在一种包含多种产权的公私混合院落，会出现公房与私房居民之间的矛盾，如政府修缮直管公房，邻近的私房主认为会影响自己而阻挠不让修。

总之，在目前的平房房屋产权体系下，保护规划提倡的居民协商下的自我更新困难重重，难以实现。

5.2 适宜历史街区的机制体制与政策法规保障存在欠缺

景东地区保护规划实施目前缺乏必要的机制与政策保障，比如保护资金投入渠道较为单一（以政府投入为主），缺乏部门联动与旧城内外联动机制，缺乏适宜历史街区的法规和标准等。比如在街区市政设施的更新改造过程中，各主管部门与专业公司"多头管理"，每家均恪守行业规范，无动力研究与采取适宜历史街区的做法，如综合管廊、设备地下设置、部分采用软管等突破规范的做法，技术上均可实现，但由于责任无法划清，所以未能采用。在街区的精细化管理方面，各部门责权不清，造成私搭乱建、开门打洞等现象屡禁不止，保护规划的实施难以保障（图5）。

5.3 尚无探索出适宜的保护规划实施模式

受到复杂产权体系的影响，在景东街区出现了多种实施模式，但每种方式均存在问题和局限性。①由政府背景国有企业主导运作的大规模更新改造（如玉河项目），时间短见效快，还可一次性解决产权等历史遗留问题。但除部分历史遗迹保留外，大部分原貌重建，"拆旧盖新"的方式存在一定社会争议；政府投入巨大，却受产权和机制政策影响，项目实施与产业植入困难，收益较低；外迁大部分原居住居民，由于缺乏统一延续和公开透明的政策，拆迁期望值虚高，外迁难度日益增加，居民不满情绪强烈；外迁居民邻里关系弱化，归属感显著下降，部分居民由于补偿标准不断升高而后悔搬迁过早。②政府主导，以公房修缮、

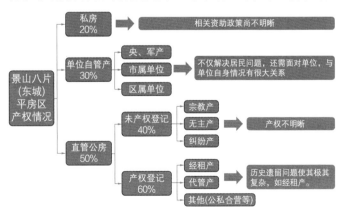

图4 景山八片（东城区）平房产权情况

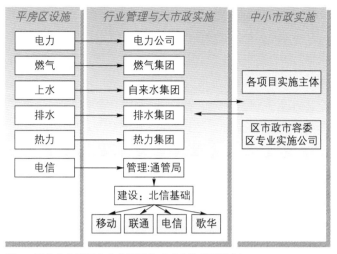

图5　历史文化街区市政基础设施"多头"管理体制

基础设施完善及环境整治为先导的小规模渐进式更新方式，相对成片改造政府投入低，并且易于调动居民共同参与的积极性。但实施周期长，政府统筹协调及运行管理的工作量巨大；各项成本尤其是外迁安置成本不断攀升，加上产权问题难以解决，实施难度不断增大；随时间迁移和人口自然增长，渐进式改造的成绩可能被抹杀（比如修好的房屋几十年后要再次修缮），需要继续进行投入。③以居民和单位等社会资本为主体的自发更新和置换改造模式，政府无须投入就能有效提升街区风貌品质，也可促进街区风貌的多样化延续。但由于市场交易综合成本高，符合条件的院落越来越少，目前仅适合于私房院；对院落周边现有市政设施基础条件要求高；市场化利用及保护政策不明或手续复杂，使个人和单位投资者缺乏对政府的信任，投入意愿低；综合以上因素，此种方式在街区内所占比例很小。

总之，景东整个地区尚未找到适合的实施方式，大部分地区未能按保护规划实施。

5.4　功能聚集明显给街区保护带来压力

保护规划实施以来，虽然街区内工业、仓储用地基本得以置换，居住功能为主（现居住用地占总用地的50%）得以保持，但景东街区仍然聚集了众多功能，如公共服务、商业服务、行政办公、科研院所、驻京办、文化单位（出版社）、旅游服务（宾馆）等，使得街区承受的保护与发展的压力较大，不堪重负。

5.5　人口疏解和居住条件改善未能实现

出于改善居民居住条件的目的，原保护规划提出街区人口疏解目标：如使居民达到较为理想的居住水平，要向外疏解5000人以上。但由于街区功能集聚严重，加上未找到合适的实施模式，大部分地区未能实施，因此目标未能

实现。相比2000年（常住人口16000人左右），目前的人口总量还有所增加（2013年常住人口18500人左右）。因此地区人居居住条件未能得到改善，普遍在4～6平方米/人，且随时间推移人口自然生长，居住压力会越来越大。

5.6　外来人口聚集和人户分离问题严重

从人口结构来看，街区居民老龄化日益明显，大部分属于中低收入人群，不具备承担保护与自我改善的能力。由于景东街区处于北京核心地区，拥有优越的区位条件和公共服务资源，生活便利，因此人户分离情况愈发严重。而人户分离致使大量房屋空置，房租又相对便宜，因此外来人口不断聚集，对本地居民生活与环境产生影响，地区管理压力不断增大。

5.7　私搭乱建严重对整体风貌和地区改造造成影响

人居居住面积较低，外来人口不断涌入，加上监管与处罚力度不足，因此景东街区的违章搭建现象非常严重。有统计的违法建设就在10000平方米以上，院内加建厨房、储藏室，一层房屋加盖二层简易板房的景象随处可见。这种现象一方面对街区整体风貌造成影响，另一方面严重影响到地区的更新和基础设施的改造。

5.8　三大设施整体落后是影响居民生活改善的重要问题

首先是安全设施亟待加强。房屋质量整体堪忧，特别是无力改善的私房和单位产房屋。消防问题依然严峻，防火栓虽已按规划设置，但水压难以保证。胡同狭窄停车拥挤，正常消防设施无法进入。房屋屋顶杂草丛生，极易发生火灾。院内私搭乱建严重，炊事以煤气罐为主，存在火灾隐患。低洼院落仍然存在，防洪防涝仍需加强。

市政基础设施虽有改善，但其老化与落后仍是困扰居民生活的一大问题。比如排水管道，很多胡同仍是依靠清代或民国遗留的方沟，且基本都是雨污合流管，气味难闻。由于胡同狭窄和违章建设较多，热力、燃气等新建管线难以入院。市政设施设备箱（如电表、配电箱、电信交换机等）或是占道设置，或是挂在院落大门口或墙外，放置凌乱，严重影响风貌。架空线混乱，影响景观，入地较为困难。

交通设施现阶段主要依赖项目实施进行建设，所以原保护规划提出的很多设想并未实现，如部分胡同的打通连接、公共停车场的建设等。随着城市整体交通的发展，景东街区交通压力逐渐增大，特别是静态停车问题，由于胡同狭窄，停车资源稀少，居民、就业、旅游停车需求叠加，停车矛盾激烈，胡同乱停车问题严重。此外旅游交通对地区的影响也日益严重。

地区公共服务设施相对完善，周边教育、医疗等大中型设施较为齐全。不过据居民反映，洗澡、买菜、活动空间等社区级设施有所不足。公共卫生条件差也是居民反映的一大问题，垃圾占道堆放，小装潢店在胡同内直接施工影响环境，外来人员聚集也会产生卫生问题，街区的整体环境品质亟待提升。

5.9 街区发展缺乏必要的规范引导及与居民利益共享的机制

原保护规划未涉及产业发展与活力复兴内容。街区目前存在产业无序发展、低端化和扰民等问题，最重要的是与居民生活未能协调，缺乏与居民利益共享的机制。比如嵩祝寺与智珠寺，在对文物保护的基础上进行商业开发，但产生了噪声影响、垃圾堆放、停车矛盾等扰民问题。同样街区旅游发展也存在这一问题，本地居民不但未从中获利，反而深受其扰，意见很大。

5.10 自上而下的实施使居民满意度低、意愿趋于复杂

从以上内容可以看出，原保护规划采用的主要是自上而下的实施方式，并且缺乏与居民利益共享的机制，因此景东街区居民的整体满意度较低，特别是对于人均居住条件、旅游扰民、胡同环境卫生、外来人口、胡同停车和市政设施条件表示不满，对保护规划提出的保护理念表示难以理解。此外，居民的意愿日趋复杂，有的希望原地留住、改善环境，有的期盼外迁改善居住条件，还有很大一部分居民期盼"拆迁致富"。在这种情况下，街区未来的保护与实施困难重重。

5.11 民生未改善的前提下建筑保护与更新无法实现规划

居民生活水平未得到根本改善，也直接影响到地区的整体保护与更新。原保护规划结合风貌和质量评价，将建筑分为文物类、保护类、改善类、保留类、更新类、沿街整饰类六大类别，并提出相应的规划措施。但景东街区还有五分之四的房屋未得到修缮，大部分房屋基本维持原貌甚至变得更差，原保护规划提出的传统建筑保护与更新规划大部分未能实现。

6 规划建议

6.1 关于保护规划

从评估情况来看，景东街区保护规划由于编制时间较早，在编制技术层面还有待完善。比如需要与新的法律法规要求进行对接，应补充完善产业发展、活力复兴、地下空间利用等方面的内容，相关规划指标应当探索适宜历史街区特点的做法等。

但从景东街区的情况来看，保护规划目前最大的问题在于，与实际实施和建设管理未能较好配合，导致很多理念与设想无法真正实现。实际上，历史文化街区保护工作是一个体系，只有完善必要的法规、政策与机制保障，才能保证保护规划较为理想的实施。哪一个环节出现问题与疏漏，都会影响保护工作的效果。因此，未来的工作重点应当在于探索建立与保护规划契合的街区常态性保护实施机制。

6.2 关于街区实施

对于景东街区乃至北京历史文化街区，保护规划究竟应当采取何种实施方式？不妨采用实施模式的场景分析进行预判。

（1）维持现状。在风貌保护基础上，政府继续进行公房修缮、基础设施改造等工作，维持居民的基本生活需求。按照此种实施模式，部分私房和单位产房屋质量堪忧，三大设施改造有限，会进一步老化，并出现安全隐患；居民居住条件会日益变差，私搭乱建越来越严重；随时间推移和人口出生，政府阶段性成绩会被抹杀，需要继续投入；居民不满情绪会日益明显，原住民会不断迁出，街区内会出现外来人口的聚集；地区的整体环境品质不断降低；地区土地价值难以实现，变差的环境品质影响地区发展。长期下去，地区的社会结构会最终发生变化，历史环境与风貌保护无从谈起。

（2）整体改造。由政府背景公司主导，短时间内实现地区大部分人口的外迁，按照市场开发模式整体进行更新。此种实施模式会对地区历史环境和传统风貌造成影响，受到公众舆论质疑；政府投资巨大，在现有产权制度和政策机制条件下，容易遗留产业植入困难、居民预期水涨船高等众多问题；产业业态难以达到预期效果，收益难以预料；外迁居民使地区文脉丧失，会产生新的社会问题。

（3）政府负责公益性投入的有机更新。由政府主导，对公益事业进行多年投入与跟踪实践（如房屋的安全隐患排除、三大设施条件提升、街巷环境整治等），并制定政策鼓励居民自我改造或社会资本介入，或是政府通过资本运作收购或租赁院落，逐步实现多方参与下的人口疏解和更新改造。该种方式保留了街区的历史环境、文化脉络、人口构成的延续性，实现街区风貌的多样性；通过基础设施改善与环境整治，建立居民对地区发展的信心，调动居民参与自主修缮的积极性，实现居民与社会资本的共同参与；相比整片改造，政府投入较低。此外，政府也容易取得较好的社会效益。

可以看到，相比前两种实施模式，政府负责公益性投入的有机更新模式更为适宜历史文化街区的实施，也是规

划推荐的方式。

6.3　关于街区实施机制改革

但就目前而言，有机更新模式仍有许多瓶颈性问题没有解决，比如产权制度及历史遗留问题，比如街区实施现行的机制体制问题等。因此，首要的就是制定涉及街区实施机制改革的保护与复兴策略。

（1）破解产权难题。产权的市场化改革是街区复兴的前提，应从战略高度、用发展眼光、以极大勇气和改革魄力破解难题。

（2）转变发展方式。重新认识现阶段下街区保护与城市发展的关系，做好历史文化街区存量发展，实现文化遗产保护的经济社会综合效益。

（3）理顺政府与市场的关系。明确政府责任，强调街区保护与更新过程中财政投入的公益性属性，其余依靠建立健康的市场机制实现。

（4）重构街区保护和民生改善的关系。应以民生改善为当前街区工作的重点，尽快弥补历史欠账，在民生改善的基础上提倡遗产的保护。

（5）扭转目标。由以人口疏解为目标转变为加大旧城功能优化，提升优质资源的利用效率，形成内外联动发展良好格局。

（6）居民主导，注重社区营造。以"自下而上"的社区建设与营造为切入点，居民主导、兼顾多方，把历史街区保护建设成为政府和市民共同的"信心工程"，政府的政策机制需稳定、延续，给百姓思考的时间和决策自由。

参考文献

[1] 北京市城市规划设计研究院. 北京景山八片（东城区）历史文化街区保护规划实施评估 [R].

备注

本文发表在《城乡治理与规划改革——2014年中国城市规划年会论文集》，有删节。

乐道潜思——北京市城市规划设计研究院论文集

探索从人口构成与需求出发的历史街区规划——北京南闹市口地区人口构成和公共服务设施研究

赵幸　叶楠

1　研究背景

1.1　北京旧城历史街区微观人口研究背景

《北京城市总体规划（2004—2020年）》（下文简称"总体规划"）中明确提出了"积极疏散旧城的居住人口"的规划理念，但自总体规划公布实施至今，实际人口控制效果却并不尽如人意：2005～2010年旧城内常住人口总量仅由138.9万降至136.5万，在常住户籍人口被拆迁疏解的同时，大量外来人口涌入旧城，外来人口占常住人口比例已由18.1%增至28.3%，预期的"人口疏解"被"人口置换"取代。在人口构成变化之下，旧城内　方面继续暴露出市政基础设施、托幼设施等公共服务配套持续供应不足的问题，另一方面外来就业人口、择校就学人口等人群亦产生新的设施需求，对城市公共服务水平和城市治理能力提出了更高要求。

由此可见，现阶段规划必须将工作重心由关注物质空间转移到理解人的构成情况、满足人的发展需求，但旧城历史街区内围绕微观人口构成与行为模式的现有研究仍非常有限，严重制约了规划的科学编制精细化管理。因此，本文特以南闹市口历史文化街区为例开展人口构成研究，并针对人口特征提出公共服务设施改善建议。

1.2　南闹市口历史文化街区概况

南闹市口历史文化街区位于北京市西城区，是北京市第三批历史文化街区之一。该地区是辽、金、元、明、清五朝城址的汇集地，自形成以来一直是以居住功能为主的街区，具有深厚的历史积淀与研究价值。同时街区内及周边各类功能区高度聚集，包括北京市第二实验小学（下文简称"实验二小"）、鲁迅中学等优质教育资源，西单、金融街等功能区，多座高档写字楼，及墨臣建筑师事务所、繁星戏剧村等新兴文化创意产业，这些功能的聚集对就业人口、就学人口产生了较大吸引力，具有典型代表性。不仅如此，该地区是传统平房四合院与多层住宅小区共存的混合风貌街区，区内不同居住形态和居住人群共存，有利于对不同居住形态下人口的生活状态进行比较分析，无论对于旧城历史文化街区还是一般平房区均有较强

的代表、借鉴意义。

本文以南闹市口周边较大范围[2]为"扩展研究范围"，分析了解人口构成概况；同时，以南闹市口历史文化街区内的温家街、受水河、东太平街、新文化街四个社区为"重点研究范围"，试图了解人口的具体构成特征和不同人群对公共服务设施的需求特点。

2　区域内的人口分布与构成概况

2.1　常住人口情况

根据第六次全国人口普查（下文简称"六普"）数据，2010年本次扩展研究范围内总人口约6.57万人，人口密度约为179.8人/公顷。其中南闹市口历史文化街区范围内居住用地较集中，常住人口总量约1.5万人，人口密度约331.8人/公顷。其中东太平街、新文化街社区由于高层住宅小区聚集，人口密度已达448.1人/公顷和414.6人/公顷。

2.2　常住外来人口情况

扩展研究范围内常住外来人口约2.01万人，占常住人口总量的29.1%。常住外来人口中的一部分为本市户籍外来人口（即居住在本街道，但户籍在本市非本街道的人口），占常住人口总量的10.3%、常住外来人口总量的29.3%，这部分人口主要受实验二小、奋斗小学等优质教育资源吸引，因此主要在距离较近、居住条件相对较好（以楼房为主）的东太平街、新文化街社区集中（图1）。

2.3　人户分离人口情况

近年来长安街沿线拆迁项目较多，但拆迁居民外迁时大多选择把户口留在本地以便于子女使用西城优质的教育资源，故扩展研究范围内户籍人口的"人户分离"现象较突出，分离比例达到53%，高于西城区43.3%的平均水平。其中文昌、手帕两社区由于拆迁面积最大且涉及实验二小学区，故人户分离已高达到83%和75%（图2）。

3　重点研究范围内的人口具体构成特征

3.1　人口的基本构成

依据六普数据，2010年南闹市口地区东太平街、新

138

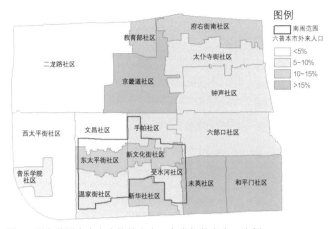

图1　研究范围内本市户籍外来人口占常住外来人口比例
　　（图片来源：根据第六次人口普查数据绘制）

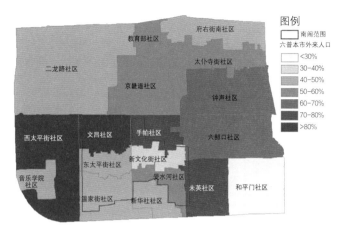

图2　扩展研究范围内"人户分离"人口占户籍总人口比例
　　（图片来源：根据第六次人口普查数据绘制）

文化街、温家街、受水河四社区内的户籍人口总量约1.74万人、常住人口约1.42万人、常住外来人口约5000人，其中外来人口约占常住人口总量35.1%。本次对该四社区开展10%抽样问卷调查后发现，目前人口总量与2010年相比发生了一定变化，常住人口减少至约1.33万人，其中常住外来人口减少1275人，降幅约25%。通过对社区居委会的访谈了解到，常住外来人口的减少主要由于街区内租金上涨、建筑工程结束、辖区范围缩小等客观原因。

由于新文化街社区以楼房单位大院为主，管理较为严格，故目前在四社区中外来人口比例最低，仅占15.3%，尚不足其他三社区平均值（32.1%）的一半。

3.2　人口的社会构成

比较四社区的年龄、学历及家庭构成可以发现，受平房居住模式和教育资源分布影响，街区内有老龄化程度高、学龄儿童家庭比重大的特点。此外，由于外来人口年龄层和教育水平普遍偏低，外来人口比例小的社区中居民学历水平和老龄化度均相对更高。

学龄儿童：学龄儿童家庭比重为21.31%，达到西城区平均水平11.66%的近两倍。

老龄人口：60岁以上老龄人口占常住总人口的16.8%，高于西城区平均水平（12.7%），其中外来人口最少的新文化街社区老龄人口比例最高，达21.1%。

学历水平：新文化街社区拥有大学以上学历的居民占常住总人口的45.6%，而外来人口相对较多的受水河、温家街社区中高学历人口则仅约26%。

街区内的常住人口以批发零售、住宿餐饮为主要工作行业，分别占14.2%和19.5%，其中平房社区居民尤其以小

商业经营为主要就业方向。从居民收入水平看，平房区较为集中的社区中，领取低保或靠家庭成员供养的居民比例明显较高，失业人口比例较大，可反映出由于租金低廉、生活条件简陋，目前旧城平房区确实成为经济条件较差的居住人口相对聚集的区域。

根据六普数据，以平房区为主的受水河社区批发零售业从业者最多，约占31%；温家街社区住宿餐饮业从业者最多，约占26%。而楼房为主的新文化街社区则各行业分布较为均衡。

四社区内现共有20户居民领取最低生活保障金，其中受水河11户、温家街3户、东太平4户、新文化街2户，全部为平房的受水河社区低保户最多。

3.3　人口的居住条件

比较四社区居民的居住条件可以发现，街区内超过三分之一的居民人均居住面积尚不足8平方米。同时平房社区的人均居住面积明显低于楼房社区，且存在房屋质量差、无入户厕所等现实问题，居住条件更为简陋。

四社区内居住平房的居民约占总量的60%，其中受水河社区全部为平房户。东太平街和新文化街则以楼房为主，高层住户占60%和71%。

四社区居民人均住房面积普遍较低，在8平方米以下的居民占34.4%，12平方米以下占49.5%。受水河、温家街两个以平房为主的社区人均住房面积明显低于新文化街、东太平街社区。

3.4　人口的职住情况

在本地居住的居民普遍高度依赖当地便利的交通条件，与一般城区相比，本地居民的职住距离较近，对公共交通的利用比例更高。

近一半受访者的职住距离在5公里以下，其中东太平街居民的平均职住距离最远，为10.34公里，以单位大院为主的新文化街社区居民职住距离最近，平均为5.17公里。

职住距离在5公里以下的受访者一般选择步行或骑车去单位（80.77%），而5公里以上的受访者大部分选择公交车。通勤距离超过5公里的居民中50%～60%乘坐公共交通上下班，仅有14%的居民选择自驾车。

3.5 外来流入群体的特征与差异

与本地户籍居民相比，街区内的外来流入群体的社会构成有鲜明的群体特征。区内外来人口包括京籍非本社区户口和外省市户口两大类，他们大部分租房居住，与本社区户籍居民相比更为年轻化，且京籍非本社区户口居民中核心家庭比例更高，占一半以上。同时，这两类外来人口在教育程度、经济条件和工作性质方面亦有明显差异，外省市户口人群的教育与收入水平普遍偏低，绝大多数从事个体经营。

京籍非本社区户口主要为中壮年，具有学历高、收入水平高的特点，工作单位以国有单位为主；而外省户口则主要为中青年，学历与收入水平较低，大多为打工或个体经营。同时，京籍非本社区户口居民大多为了子女就学入住本地区，因此家庭构成中核心家庭占一半以上（50.98%）。此外，这两类人群均以租房居住为主，租房比例分别占70.2%和93.5%，远高于本社区户籍居民。

4 居民生活需求分析

4.1 社区公共服务设施整体满意度

为了未来有的放矢地完善街区用地规划、合理安排各类公共服务设施，本次特通过问卷调查请居民对社区内各类公共服务设施的满意度进行打分（打1～5分，1分为非常不满意，3分为一般，5分为非常满意），以了解街区居民的生活需求与现存问题。

总的来看，居民对街区内各类设施的整体满意度一般，平均分为2.8分。从社区差异看，温家街、受水河两个以平房为主的社区居民公共服务设施满意度相对较高。从设施类型差异看，居民满意度相对较高的包括医疗设施、养老设施、中小学、社区活动中心和商业网点，平均分高于3分；满意度相对较低的包括绿地广场、农贸市场和幼儿园，平均分低于2.5分。

4.2 居民相对满意的各类设施情况

4.2.1 医疗设施

四社区内现有社区医院2家，分别位于温家街和受水河社区，在各类公共服务设施中评价最高。由于社区医院的医保报销比例为90%，高于三甲医院的70%，故居民对其依赖度高，但普遍反映面积、数量、距离、药品供应方面还有进步的空间。同时由于缺乏医疗垃圾的分类处理，居民担心存在安全卫生隐患。

4.2.2 养老设施及服务

社区内养老设施较丰富，已有一所养老服务中心和一所新建成的养老院，居民满意度较高，但由于本地居民以居家养老为主，报名使用养老设施的人数不多。目前居民主要对老年餐桌、送餐服务、家政服务等为老人服务需求度较高，部分社区内也已开设老年义务理发队等相关服务。

4.2.3 中、小学

街区内优质的中、小学教育资源丰富，多达42%的居民对此表示满意，许多外来人口办受到这一优势吸引而特别选择在此居住。但四社区相比，最靠近名校实验二小的东太平街和新文化街社区居民对中、小学的满意度反而偏低，这是由于实验二小的学区并未包含这两个社区，且实验二小周边上下学时段常出现严重的交通拥堵，对这两个社区的居民造成了较大负面影响。

4.2.4 社区活动中心

四社区内现有社区活动站四处，居民总体满意度尚可。由于不同社区活动中心的硬件条件差异大，故各社区居民满意度不同，居民对现有设施的主要意见是空间不足。

4.2.5 银行、餐饮业等商业网点

由于街区靠近西单、宣武门等大型商圈及金融街地区，故周边的银行、餐饮业等商业网点丰富。同时，街区内部的餐饮类店铺亦分布密度较高，故绝大多数居民对此表示满意。

4.3 居民相对不满意的各类设施情况

4.3.1 绿地广场

受历史街区空间条件制约，街区内严重缺乏具一定规模的绿地、广场等公共活动空间。同时，由于街区人口老龄化程度高、学龄儿童家庭多，因此居民更为重视室外活动和锻炼，公共活动空间的缺失已成为影响居民生活质量的主要因素之一。本次调查中，58.3%的居民对此表示不满，认为存在距离远、数量少、面积小等问题。

4.3.2 幼儿园

与中、小学资源的密集分布不同，街区内现状无幼儿园，周边幼儿园亦存在位置远、数量少、收费高等问题，

高达65.69%的居民对此表示不满。不仅如此，居民反映社区附近的幼儿培训场所亦较少。

4.3.3　农贸市场与超市

尽管街区周边有多个大型商圈，但缺少可供居民日常购物的农贸市场和平价超市，47%的居民对此表示不满。附近几个主要的农贸市场和超市距离街区均超过2公里，存在位置远、数量少、空间小等问题。目前胡同内贩卖菜品的多为流动摊贩，不但品种少且影响社区卫生。

4.4　各类人群的公共设施需求差异

调研中发现，本社区户口、京籍非本社区户口、外省市户口三类不同户籍人群对各类公共服务设施的需求度不同，满意度亦存在明显差异。将京籍非本社区户口和外省市户口居民对公共服务设施的满意度分别与本社区户口居民相比，可以发现：

1）京籍非本社区户口居民

与本社区户口居民相比，京籍非本社区户口居民对社区活动中心和学校的满意度更高。其原因在于他们的社区融入度低，故对社区活动中心的需求度低；同时，他们多是在子女就学问题已在街区内解决的前提下才来本地居住，故对学校普遍满意。

同时，此类人群对广场绿地、菜市场的需求与本社区户口居民相近，体现出他们与本地居民工作、生活节奏类似的特点，故有相似的生活需求。

2）外省市户口居民

与本社区户口居民相比，外省市户口居民人群对广场绿地、农贸市场、商业网点的满意度更高。这是由于此类人群工作时间长，白天一般不在社区内活动，因此对上述公共空间及设施的使用需求小。

同时，他们对社区卫生站的满意度偏低，这是由于受到户籍制度的限制，社区卫生站面向外来人口的开放度和便利性较差。

此外，他们对于社区活动站、学校的满意度与本社区户口居民相近，体现出其高度市民化的需求特征。

由此可见，街区内的本社区户口、京籍非本社区户口和外省市户口三类居民的人群特征、行为模式和生活需求具有一定差异。规划须灵活应对不同人群产生的新需求，同时充分利用人群的需求差异，完善各类设施的配备、增强规划的精细化设计。

5　结论

南闹市口地区目前的人口分布情况体现出城市建设与城市功能影响人口迁移变化的规律，如楼房居住小区人口高密度聚集、本市户籍外来人口在优质教育资源周边聚集、已拆迁区人户分离程度高等。

目前区内人群具有旧城老街区的典型特征，如老龄人口比例大、学龄家庭比重高、低收入人群相对集中、人均居住面积小等，这是老街区空间形态、居住条件、生活方式与生活成本等因素所决定的。老街区的人口特点亦产生了相应的社会问题与人群需求，如居住条件改善、弱势群体生活保障、老龄人口配套服务、公共活动空间需求等，未来须重点予以解决与完善。

参考文献

[1] 北京市第六次全国人口普查领导小组办公室，北京市统计局，国家统计局北京调查总队. 北京市2010年人口普查资料
　　[M]. 北京：中国统计出版社，2011.

备注

本文发表在《城乡治理与规划改革——2014年中国城市规划年会论文集》，有删节。

北京市工业遗产保护与实践

王引 尹慧君 陈军 李瑞

引言

20世纪90年代中期以来，随着北京城乡经济社会快速发展，北京的综合实力已经达到了较高的水平，城市开始向知识经济时期迈进。

伴随着经济社会的发展变化，北京传统工业已无法生存在这个城市（尤其是中心城区），因此在城市改造运动中，大量的工业厂房转变成为高楼大厦（住宅、商业、商务、公园、道路等），为城市更新发展提供了必要的空间。

北京这种革命性的变化，似乎是理所当然，但也存在一些遗憾。许多记载着城市历史的物质实体空间消失了，文化历史脉络也被切割分裂。而一向为人重视的、又曾经被国人视为现代工业文明的机器设备与厂房，开始走入人们的视线，并得到人们的重视。

1 北京工业发展及遗产概况

1.1 工业发展概况

近代时期（1879～1949年）：北京的近代工业始于1879年，华商段益三开设了通兴煤矿。1883年，清政府在京西三家店创办神机营机器局，成为北京近代工厂的开端。这个时期的代表性工业有：1906年，京绥铁路西直门火车站（西直门火车站）；1907年，溥利呢革公司（北京清河毛纺织厂）；1908年，京师自来水股份有限公司（北京市自来水集团）；1879年，通兴煤矿（北京矿务局门头沟煤矿公司）；1915年，双合盛五星汽水啤酒厂；1908年，北京市自来水厂；1908年，面粉厂、北京印钞厂；1919年，石景山炼厂（首钢集团）。

现代时期（1949年以后）：新中国成立初期至20世纪50年代末，北京发出"变消费城市为生产城市"的号召。在"一五"期间，北京建设了三百多个工业项目，产业结构发生巨大变化，初步形成了城郊工业区。20世纪60年代至70年代，北京提出了"调整、巩固、充实、提高"的方针，掀起大办工业的高潮，加快了重工业的发展。1966年至1976年，北京工业经历了"文化大革命"曲折发展时期，工业建设缺乏统一规划，重工业过重，轻工业过轻，造成北京能源、水源供应紧张，环境遭到破坏。从20世纪

70年代末开始至1992年，北京市工业开始了工业布局、产业结构、所有制结构三个方面的调整。

通过以上对北京工业发展历程的研究，我们把北京工业遗产的时间范围界定为：19世纪70年代末（北京工业初创）至20世纪70年代末、80年代初（工业开始调整）这一阶段，对于建于20世纪80年代以后的工业企业，将随着社会发展、时间推移进一步纳入研究。

1.2 布局特点

北京市工业空间布局经历了从内向外扩张、内部调整外部发展演变。

新中国成立以前，北京工业主要集中在城区，较大的企业则集中分布在西郊、北郊。20世纪50年代末，在城郊形成东郊棉纺织区，东北郊电子工业区，东南郊机械、化工区和西郊冶金、机械重工业区。60年代至70年代，北京新建大型企业开始在郊区布局，仍有相当数量的工业企业分布在城区和城区边缘地区。80年代、90年代至今，在北京中心城区开始实施以解决污染扰民为目的的企业搬迁改造，在郊区开始了中关村自主创新示范区建设、郊区县工业科技园区建设。

1.3 遗产现状与问题

北京市域范围内重要的工业遗产共63处。其中，已经纳入北京市级文物以上以及优秀近现代建筑共有11处，工业历史遗产有52处。根据调查统计，在63项工业遗产中，属于近代（1879年～1948年）的有16项，约占总数的25.4%；属于现代（1949年～1980年）的有47项，约占总数的74.6%。

北京市工业遗产呈现如下特征：

1.3.1 近代工业历史遗产（1879—1949年）——相对较少

属于近代工业遗产的有7处：包括延庆的青龙桥火车站（1905年），丰台河西的中国北车集团二七机车厂和中国南车集团二七车辆有限公司（1897年），首钢总公司（1919年），门头沟的北京市明珠琉璃瓦厂（1927年）和木城涧煤矿（1927年），房山的鑫山矿业有限责任公司（原琉璃河水泥厂）（1939年）。

1.3.2 现代工业历史遗产（1949—1970年）——相对丰富

属于现代的工业遗产有44处，包括北京新华印刷集团公司（1949年）、首钢二通厂（1958年）、龙徽酿酒有限责

任公司、原751厂、中国机床总公司（1979年）。

1.3.3　地域分布集中——中心城工业遗产多、远郊区县工业遗产少

相当数量的工业遗产分布在中心城区内。除文物保护外，在其他52项工业遗产中，分布于北京中心城内的工业遗产有36项，约占总数的69%，中心城外的仅占31%。

1.3.4　产业类型多——制造业类、水利环境和公共设施类多

北京市工业遗产主要包括市政设施（3项）、交通设施（1项）、工业（48项），在52项工业遗产中，制造业（食品、纺织、仪器仪表制造等）占相当大比重，交通运输、仓储等产业占的比例较少。

1.3.5　保护与利用情况——搬迁、转产、保留各占三分之一

目前，北京的52项工业遗产的保护与利用状况不尽相同，综合起来可以分为三类：已转产搬迁、有转产搬迁计划、尚无计划。其中，已转产搬迁的15项，约占总数的29%；尚无计划的17项，约占总数的33%；有转产搬迁计划的20项，约占总数的38%。

通过调研发现：①29%企业已经转产搬迁：原来的厂区已经逐渐改造为创意产业园。例如北京市电线电缆总厂（现为尚巴文化创意产业园），中国机床总公司（现为国子监聚敞艺术中心），北京小型拖拉机厂（现为左右艺术区）等。②38%的企业有转产搬迁计划：例如门头沟的北京市明珠琉璃瓦厂计划改造为琉璃博物馆。这部分企业有条件通过工业遗产的合理利用，发展成为适合自己产业特点的新型产业，继续为城市服务。③33%的企业尚无明确计划：或正在使用或闲置，是工业遗产保护利用的潜在资源。

1.3.6　存在的问题——工业遗产保护与实践仍然处于起步阶段

北京的工业遗产保护，是从2002年以后开始的，与798艺术区的兴起有着密切的联系。从开展工业遗产保护工作至今，北京的工业遗产保护与实践，取得了显著的进步，比如首钢、焦化厂、二热、首钢二通厂、751厂的工业遗产保护实践，积累了一定经验，但总体上依然处于起步阶段，存在许多问题。

具体表现在：认识不足、重视不够、普查有限、制度缺失、机制不顺。北京的工业遗产保护还应在普查、认定、构建评价体系、颁布政策条文、建立组织机构，深入落实与实施管理等方面，需要进行更加深入探索和实践。

2　北京工业遗产保护内容

2.1　保护的认识

对于"保护"一词，英国学者W·鲍尔认为："保护"主要是指对现有的美好的城市环境予以保护，但在保持其原有特点和规模的条件下，可以对它做些修改、重建或使其现代化。

中国国家标准《城市规划基本术语标准》中的定义："保护"，一般指对历史街区、历史建筑和传统民居等文化遗产及其景观环境的改善、修复和控制。

在文化遗产保护这个语境里，可以将"保护"定义为：为降低文化遗产和历史环境衰败的速度而对变化进行的动态管理。保护需要综合社会、经济和文化发展的各项因素，并且要在各个层面加以整合。

保护是手段，合理利用是实质："保护利用"即"保护性再利用"，对于工业遗产而言，保护利用重点并不是将工业遗产做原封不动地被动保护，而是为降低文化遗产和历史环境衰败的速度，在保护的基础上积极发掘工业遗产的价值，加以有效地再利用，发挥其更大的经济、文化、社会效益。

所以我们认为：工业遗产保护是一个系统性过程，某一个环节出了问题都可能影响到全局，影响到整个保护利用的实施效果。工业遗产保护利用是综合性的社会实践，不是简单的规划问题，工业遗产保护是全过程保护的实践

2.2　保护的原则

工业遗产保护应贯彻"五个结合"的原则：①与城市整体空间发展相结合：工业遗产保护必须从城市长远发展、城市定位和功能布局出发，体现统筹发展和资源节约；②与城市经济社会发展相结合：促进产业结构调整和经济复兴，实现工业遗产与城市经济社会发展的渗透和融合；③与城市文化建设相结合：贯彻"人文北京"理念，发挥工业遗产的文化效能，尊重工业资源的历史文化背景，延续城市的历史记忆和历史文脉；④与城市生态发展相结合：体现环境友好和以人为本；⑤与实际情况相结合：体现因地适宜，重视保护利用措施的灵活性和适应性，突出实施性和可操作性。

2.3　保护程序的确定

对北京市工业遗产进行初步筛选：①符合工业遗产基本概念界定；②满足任何一条登录标准的工业遗产；③遗产普查信息相对准确和完整。

通过专家组公认的评价体系进行筛选：采用历史赋予工业遗产的价值评价与遗产现状及保护再利用价值评价相结合的评价体系。

征求各方相关意见广泛参与：初步确定工业遗产保护与再利用名单后，请规划部门牵头征求相关管理部门、专家学者、企业以及公众的意见，综合考虑之后，确定第一批工业遗产保护与再利用名录，报市政府批准、公布。

对未列入本次规划研究的"工业遗产名录"的工业遗产，在相关部门研究、专家评审认定后，可分批次列入北京市工业遗产保护名录。

经批准确定的工业遗产，由相关管理部门对厂区和受保护的建构筑物设立标识，受相关法律法规保护。

2.4 保护名录的确定

我们将北京市域范围内已经被列为国家级、市级、区县级的文物保护单位和已经被列为优秀近现代建筑中的工业建筑也纳入研究体系，统筹考虑。

初步列入北京工业遗产名录的共有63项，其中有5项属于市级文保单位，包括原宣武区京华印书局旧址、西城区平绥西直门车站旧址、北京印钞厂、原崇文区京奉铁路正阳门车站、门头沟天利煤厂旧址。6项属于北京市第一批优秀近现代建筑，包括北京自来水近现代建筑群（原京师自来水股份有限公司），北京铁路局基建工程队职工住宅（原平绥铁路清华园站），双合盛五星啤酒联合公司设备塔，首都钢铁厂的展览馆和碉堡，798近现代建筑群（原798工厂），北京焦化厂（1#2#焦炉及1#煤塔）。其他工业企业有52处。

2.5 保护的策略

在分析北京工业遗产的未来发展之路基础之上，以提升城市活力、促进社会发展、维护公众利益、合理利用资源、延续历史文脉为目标，以充分发掘工业遗产的价值、焕发工业遗产生命力、促进社会经济发展为出发点，我们为北京市工业遗产保护利用制定了以下保护策略：

2.5.1 策略一：去粗取精、科学评估

工业遗产的调查、发现和价值评估是保护与再利用的前提。将所有工业资源等同于工业遗产是一种遗产"泛化"的表现，相对于工业遗产的大拆大建，缺乏重点地泛化保护反而会对城市建设造成阻碍。那么如何在实际操作过程中鉴别哪些属于工业遗产，哪些属于一般的工业资源，它们究竟应该保留什么，利用什么？这些问题仅仅依靠直觉判断是不行的，需要专业部门制定一套

客观、严谨并且简单易操作的工业遗产评价体系，在调查研究的基础上对大量的工业资源进行科学鉴别，从中选出那些最具典型意义、最有保留价值的工业遗产加以适宜性的保护利用。

目前，国际上还没有公认的工业遗产认定标准，一般采用定性评价和定量评价两种方式。定性评价主要是在概念界定、价值观层面，通过描述性语言对工业遗产提出的一些初步认定标准，例如，联合国教科文组织（UNESCO）制定的通用标准和国际古迹遗址理事会（ICOMOS）的专项标准。对于定量评价，国内一些学者采用以建立指标体系为基础的定量评价方法，通过"选取评价因子—细分各因子的构成—制定评分标准—综合打分—分段评价"的过程，来筛选工业遗产，并从定量评估中根据工业遗产的价值高低和自身特点，判断哪些遗产能够被修缮利用，哪些需要原物保留。例如，清华大学刘伯英教授提出的"历史赋予工业遗产的价值"与"遗产保护、再利用价值"相结合的复合评价体系，曾多次运用于规划实践，并取得了良好的效果。

应注意的是，评价体系不是一成不变的，需要由有关专业人士在实践中不断修正、完善和发展。工业遗产的评估应根据不同地区的不同情况，针对工业遗产自身的不同特点制定相应的评价因子及权重、评分方式等关键因素，使评价更为客观、合理。

2.5.2 策略二：分级保护、分类引导

针对北京工业遗产保护与再利用，我们提倡：分级保护、分类引导。

分级保护分四类价值、两级保护。工业遗产价值划分为四个等级：文物类工业遗产、优秀近现代建筑、重点保护利用类、一般性保护利用。工业遗产价值保护分两级保护：强制保留和建议保留。

分类引导划分为四种分类引导方式：

（1）原址原貌保留：具有较高的历史文化价值或是生产工艺中的重要环节，或是工业风貌特征非常显著的工业遗存，遗产价值非常突出，应进行原址原貌保留。不得拆除，必须保留建筑原状，包括结构和式样，可以进行必要修缮，也可适当置换其功能，新用途应尊重其中重要建筑结构。

（2）原址整体保留：具有较高的遗产价值，同时具备较高的经济再利用价值的设施设备，应强制原址整体保留，不得拆除，保留建筑原状，包括结构和式样，可以进

行修缮，也可以置换建筑功能，还可以对建筑和构筑物进行加层和立面改造。新用途应尊重其中重要建筑结构，并且应当尽可能与最初的功能相协调，建议保留一个记录和解释原始功能的区域。

（3）保留局部构建：具有一定的工业文化价值及经济再利用价值，但与开发建设存在较大矛盾的工业建构筑物和设备，且属于不可移动的工业遗存，应结合实际建设方案进行局部保留，保留部分区域或反映其原始功能及工业特色风貌的局部构件与特征，使其成为新的景观环境的一部分。

（4）整体迁移：具有一定的工业文化价值及经济再利用价值，但与开发建设存在矛盾的工业设施设备，属于可移动的工业遗存，应就近移入功能适宜的开放空间中或建筑内部（例如博物馆、展览馆），作为城市雕塑、小品、展品等用途，使其成为新景观环境的一部分。

2.5.3　策略三：区域统筹、产业带动

首先，应结合北京市整体的产业发展方向，与北京市产业空间布局相协调。工业遗产利用的定位有必要站在全市产业发展的高度，根据各区县的产业发展导向和空间规划重新审视产业发展模式，选择产业结构升级调整的途径，理清思路、整合资源，使之成为区域产业链条内重要环节。

其次，要突出自身特色，差异化发展。一般适合工业遗产转化的产业类型主要有以下几种。一是文化创意产业：位于城市边缘区的一些旧工业区可以利用其低廉的房租成本和安静、自然的环境发展文化创意产业，如影视、传媒、广告、艺术设计、艺术品展示、销售、演出、展览以及相关衍生行业，如餐饮、娱乐、商业等。二是高新技术产业：城市中心区内具有一定科研基础和生产能力的工业企业，可以利用原有厂区设施发展高新技术产业园区，发展科技研发、商务配套、先进制造业等，实现资源的合理利用和产业的升级调整。三是旅游业：针对工业遗产分布数量多、面积较大的区域逐步形成工业遗产旅游线路。四是生活配套服务业：对于中心城内分布较为分散规模不大的厂区或单体建筑，应结合周边城市功能大力发展文化、体育、教育、医疗卫生等公益性设施，满足周边区域的配套服务设施需求。

2.5.4　策略四：模式创新、多元发展

（1）改造成主题博览园模式。例如：北京焦化厂、首钢、首钢特钢的工业建构筑物集中区、门头沟天利煤场

旧址等。

（2）创建公共休憩空间模式。适合运用该模式的工业遗产应具备以下条件，处于城市通风走廊符合城市整体空间结构的，具有良好的工业遗产风貌特征，整体建筑密度小，周边开敞空间较大；重要建构筑物保存完好，内部空间改造利用率较小，但可以作为景观标志物或城市小品，需要结合污染治理进行环境整治的厂区。例如：门头沟的一些煤矿，永定河周边的二七机车厂、车辆厂等。

（3）打造新型产业区模式。适合工业遗产转化的产业有：①文化创意产业区，街区建筑具有一定特色，可改造的厂房、办公楼等建筑较多，并依托于周边艺术环境氛围和艺术家的聚集，它们大多处于城市边缘区，地价低、租金少。②高新技术产业区：可以利用原有厂区设施发展科技研发、商务配套、先进制造业等，实现资源的合理利用和产业的升级调整，从而成功转型。

（4）与旅游相结合的购物休闲模式。依托过去的和现在的工业遗产资源（包括企业、工厂、交通设施等），作为观光游览对象的旅游活动，其核心吸引力是反映人类生产与工作的工业文化和工业文明，是旅游业的重要分支。对于工业遗产分布数量多、面积较大的区域，如："门头沟—石景山—丰台河西"一带、朝阳"798—焦化厂"、通州等区域内应有意识、有创新地加强工业遗产旅游的开发。

（5）与城市发展相结合的综合开发模式。如北京焦化厂，成立于1959年，我国最大的煤化工专营企业之一。原功能是炼焦、化工，改造后成为综合功能，包括城市公园、地铁车辆段、文化创意产业、金融办公、商务会议、酒店、零售商业、餐饮服务以及少量公寓等内容。

2.5.5　策略五：治理污染、恢复生态

生态学思想的引入，使工业遗产保护利用的思想和方法发生了重大转变，保护已不仅仅停留在土地利用和建筑改造的狭义范围，而开始关注更为广泛的生态环境领域。工业遗产的保护利用要以消除污染隐患、恢复生态环境为前提，坚持"环境评估—统筹规划—低碳发展"的思路：首先要请专业部门对工业遗产厂区内进行环境评估，确定不同污染物的种类、分布情况和污染治理措施；其次，要结合规划设计方案统筹污染治理、生态修复与空间布局、开发建设的关系，确定用地功能布局和开发建设时序；同时，在规划和实施过程中提倡资源的

循环利用，推广清洁能源、节能环保技术和生态修复技术，推行绿色低碳的发展理念和措施。

2.5.6 策略六：政府引导、市场运作

工业遗产保护应采取政府引导、市场运作、多元发展、多方共赢、积极推进保护利用工作实施进程的思路。政府通过制定产业发展规划，奖励和扶植政策来引导工业遗产的保护利用，促进规范化管理，调动企业积极性。实行"政府引导，多方参与"与"企业主导，政府监督"相结合的方式，积极推进工业遗产保护利用的实施。按照"谁使用、谁负责、谁保护"的原则，按项目推进，实行市场化运作，达成政府、企业、开发单位、居民多方共赢的目标。

3 实施保障

3.1 转变传统观念，落实可持续发展

从城市规划的角度来讲，经济合理性并不是城市规划唯一依据，其最根本的原则应该在于社会合理性。工业遗产的保护利用应摒弃单一的经济利益衡量标准，要从社会发展、文化传承等多方面考虑社会效益和文化效益，协调短期利益与长远利益，推动经济、文化、生态三者的可持续发展，社会各界应在这一点上达成共识。

3.2 增强公众参与，提高保护意识

利用多种渠道，采取多种形式，开展保护工业遗产的宣传和教育，使工业遗产保护的理念和意识深入人心，充分调动社会各界保护工业遗产的积极性，形成合力，营造良好的社会保护氛围，推动北京工业遗产保护工作的顺利开展。

3.3 认定工业遗产，完善保护法规

按照《北京市工业遗产保护与再利用工作导则》中的相关规定认定工业遗产，建立工业遗产保护名录。研究制订与工业遗产保护利用相配套的法规或指导意见，形成公共政策的集合，确保工业遗产保护利用有法可依，有章可循。

3.4 制定专项规划，解决具体问题

参照《城市紫线管理办法》编制"工业遗产保护专项规划"，尽快甄别和抢救濒危工业遗产，以便采取合适的措施降低优秀工业遗产被破坏的风险。对经认定的具有重要意义的工业遗产应明确界定核心保护范围和建设控制地带，明确强制保留和建议保留的地面建构筑物、设施设备，并结合实际情况提出修复、改造、利用、管理运营的原则及具体措施。对有价值的非物质工业遗产及整体工业景观，应制定相关保护利用规定。工业遗产保护专项规划的强制性条件应纳入城市控制进行详细规划的法定文件，为开发建设提供依据和指导。

3.5 创新工作方式，建立动态更新机制

工业遗产保护是一个长期的过程，我们应转变工作思路，建立动态更新机制，不断补充和完善工业遗产名录，建立规划的长效机制，不断研究探索实践工业遗产保护方式和方法。

文献参考

[1] 施卫良，王引，杜立群，刘伯英. 北京中心城（01-18片区）工业用地整体利用规划研究 [M]. 北京：清华大学出版社，2010.

[2] 刘伯英，李匡，陈世杰. 北京市重点工业资源调查及保护与再利用导则研究 [Z]. 北京市工业促进局，清华大学建筑学院，北京清华安地建筑设计顾问有限责任公司，2008.

[3] 北京市城市规划设计研究院. 北京市工业遗产保护与再利用 [Z]. 2008.

[4] 尹慧君. 城市让生活更美好，工业遗产让城市更精彩——北京工业遗产保护利用策略研究 [J]. 北京规划建设，2011（139）.

备注

本文发表在《2012年中国工业遗产保护年会论文集》中，有删节。

构筑基于文化价值梳理的古村落保护体系——以北京水峪古村为例

袁方

1 研究思路

古村落是地域文化的集成，是一段历史时期社会发展的缩影，是历史文化名城的重要组成部分。对于古村落的保护应从其深厚的历史积淀入手，深入研究价值与特色，构建时空交织的古村落价值体系，并将文化价值与保护要素相对应，以便有针对性地提出保护策略。本文以北京市房山区水峪村为例，剖析这一保护体系的构建思路（图1）。

首先提炼文化价值。以时间维度的古村历史脉络为主线，引入文化地理学的理论，提取不同历史阶段的价值线索，确定研究视角，并通过访谈、文献查阅、数据分析等方式深入剖析，进而提炼古村的历史文化价值。

其次构建保护框架。通过现场踏勘、实地测量与比对、现场甄别等方式对现状进行评价，并针对各项价值提炼物质与非物质保护要素，将时间维度转化为空间维度，形成整体空间形态、传统街巷、传统院落、建筑单体、历史环境要素和传统文化的保护层次，构筑多层次的古村保护框架。

第三提出保护策略。在已构建的保护框架的引导下，充分考虑村民需求，分别对整体空间形态、传统街巷、传统院落、建筑单体、历史环境要素和传统文化的保护要素，提出有针对性的保护策略和建议，将保护与发展紧密结合。

2 基于历史脉络梳理的古村价值体系

水峪村位于房山区南窖乡西南部，是北京市内众多历史文化内涵深厚、格局保存完整的古村落的典型代表，其发展可分为孕育、起源、兴盛、衰败和转型再发展五个时期。

2.1 历史脉络及价值线索

2.1.1 孕育时期

由于水峪村位于京西深山区，一直到唐代，南窖地区才有了人类活动的迹象。唐末，卢龙军节度刘仁恭开辟的出山道路，为先民们入水峪建村提供了可能，也成为后来水峪古商道的雏形。根据历史研究，提炼本阶段价值线索关键词：古道伊始。

2.1.2 起源时期

元末百姓为躲战乱，翻越大房山来到南窖地区，至今在民间仍流传着"在水峪上安儿有土著居民居住"的传说[1]，并且水峪是南窖地区最早有人居住的地方。村庄最初发展于明到清初，明洪武、永乐年间的几次大规模山西大移民，是水峪村庄形成的原因。康熙志有载"房山区凡179村"其中一处为"水峪"，是最早有水峪村建制的文字记录。根据历史研究，提炼本阶段价值线索关键词：山西移民、山川形胜、科学选址、山村建设、就地取材。

2.1.3 兴盛时期

清中后期，随着煤炭的开发利用，南窖地区人口激增。清末年到民国初年，南窖煤炭被大规模开采，远销日本，使南窖地区更加富庶，带动水峪发展，民间文化艺术也空前兴盛。根据历史研究，提炼本阶段价值线索关键词：资源兴盛、商旅贸易、重文重学、民俗花会、宗教文化。

2.1.4 衰败时期

抗日战年时期，日本侵略者以高线为触角，疯狂掠夺南窖煤炭资源，水峪村遭到重创，民间文化也受到了冲击。新中国成立后，村中大部分劳动力以采煤为生，2006年关闭小煤窑，原来依靠窑主交给集体管理费支撑的村集体经济，跌到低谷[1-2]。根据历史研究，提炼本阶段价值线索的关键词：资源衰败、红色文化。

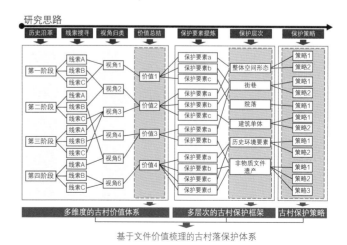

基于文件价值梳理的古村落保护体系

图1 研究思路示意图

2.1.5 转型再发展时期

2008年北京进行新农村建设，水峪村实行以农业为主、农林副多种经营的村庄发展策略，并试验开拓文化旅游产业，尝试进入到一三产结合发展的新时期。提炼本阶段价值线索关键词：一三产结合。

2.2 价值研究视角

将各个时期的价值线索按照相似性进行归类，可以分为地域文化交流、村落科学选址、深山村落营建、重要职能特色、传统民俗风物和特殊历史事件六个研究视角，通过视角归类，将研究开始由从时间维度向空间维度进行转换。

2.2.1 视角1：地域文化交融

山西移民文化：水峪村为明初山西移民的重要去处之一，最初村中的几大主要姓氏刘、臧、杨、王、张，都来自于山西，族脉家谱仍延续至今。村中仍留有山西移民村的痕迹，如村落布局上以大槐树作为村民公共活动的核心；空间格局上融合山西建筑特色，保留窄长格局，类似晋陕窄院；建筑细部上，后头屋门楼上绘制的工笔岩画，据考证有明代山西画派风格；生活习俗上，保留了一些雁北词语，如客人，读作"qie（三声）ren"。

其他地域文化：受客家迁徙文化影响，古商道中较大石块下埋有祖辈胎衣，水峪人希望踩踏能带走噩运保佑平安，这也是古道格局得以完整保留的原因之一。

2.2.2 视角2：古村山水环境

科学选址：大房山古称"大防岭、大防山"[2]，有防卫京畿要地的重要作用。南窖地区为大房山山脉围合的一处低海拔区"窖"形盆地，是山区中少有的适宜居住的富饶之地。水峪村形成于南窖的水峪沟，"峪"是有水的沟谷，是水峪先人在此选址建村的必要条件。

风水文化：水峪东村北部远处中窖梁为天然屏障，南面南坡岭低矮平缓，使水峪村北高南低，与传统风水观点相符。纱帽山高耸挺拔，与东翁桥形成对景。整个东村以一条临水古商道为主轴线，村内制高点长岭坨为坤位，大槐树为乾位，呈现自发形成的圆形八卦布局。清修建的东西翁桥分别用作村入口标志，桥正中石刻"宁水"，以镇水患。水峪村古宅鳞次栉比，顺应山势建于高处，才经受住了北京"7·21暴雨"的考验。院落风水方面，杨家大院按"阳五行"设计，意为"火宅"出显俊，并有神兽石刻镇宅。

2.2.3 视角3：深山村落营建

就地取材：水峪村为石灰系硅质岩类山地，板岩矿体储藏丰富，建设活动多利用这种当地产板岩进行。建于明清时期的百间古宅多以石块垒墙，石板封顶。百盘古石碾全部由当地青石制作，主要为村民自用，但曾也为商旅、抗日战士服务。古商道也由石板铺成，部分路段两侧有石砌的挡土墙，墙上特有突出石块，作为砌墙的脚手架，也可做村民在爆发山洪时避险用。这种就地取材、因地制宜的建设体现了水峪人的生活智慧。

深山山村：水峪村位于深山区，对外联系不便，正因如此，古村才能够完整保存。由于本地区为房山区降雨中心，易发洪涝、滑坡等地质灾害，村民采用石墙进行加固，并留石凸做临时避险，开凿排水边沟，并修建翁桥刻"宁水"二字以期躲避灾害。这些措施不仅构成了古村独特景观，也保证古村能够延续几百年的格局风貌。

2.2.4 视角4：重要职能特色

资源兴盛、衰败与产业转型：水峪处于"大安山—南窖"这一房山重要煤炭开采地，清朝中后期，煤炭资源兴盛，水峪村民以在煤矿打工为生，也出现了一些商业巨贾，如杨家大院的主人杨玉堂、街屋主人王青、王臣等，他们修建屋宅的资金便是经营煤炭生意所得。后因日军疯狂掠夺当地煤炭资源，村民纷纷失业。目前，水峪村进入产业转型的关键时期。

商旅贸易：贯穿村中的主路为南岭古商道的其中一段。南岭古商道长27.5公里，东进良乡连京城，西通山西、内蒙古，南通涿州等地，与茶马古道相通。清朝中后期，京城与西南等地的贸易往来促使商道逐渐形成，成为西南方向进京的必经之路，带动水峪村的兴盛，对村庄格局产生了影响，如两侧院落对商道直接开门，沿线数量众多的古石碾多是为来往商旅提供粮食所设置。

2.2.5 视角5：传统民俗风物

重文重学：村中保留着多处名人故居、秀才之家和古私塾遗址，古宅上的砖雕石刻也透着深厚的文化底蕴。杨家大院最初是学院坊，也曾住过抗日英烈杨天鹏、爱国将领杨天纵。除此之外，水峪村出过很多著名高校的高材生。

民俗花会：水峪村的民间花会自古流传，在清朝末期达到顶峰，并沿袭至今，主要包括中幡会、大鼓会和音乐会[1-2]。水峪中幡由元代遗军从战场上鼓舞士气的军事用途演化而来，起源于明，盛于清，历民国传承至今。其区别于天桥中幡，具有以西部山区为背景的民俗性。每逢民俗节日或庙会，水峪中幡都为众会之首参加表演，是地方民俗活动的重要内容。目前水峪中幡已经被评为市级非物质文化遗产，村中成立了水峪女子中幡队，并作为水峪小学的体育课教学内容进行传承。

宗教文化： 水峪村主要以道教文化为主，现存娘娘庙、马王庙、龙神庙遗址及庙旁鸳鸯井、雌雄石槽等。

2.2.6 视角6：重大历史事件

红色文化： 水峪村是在抗日战争、解放战争中有突出贡献的"革命老区"，最早的党组织活动可以追溯到1938年前后，被解放的时间是1945年，比北京其他村解放时间早许多。水峪村中革命英烈人数众多，并留存有革命英烈的宅邸和动人的革命故事，体现了水峪村人的爱国情怀[1]。

2.3 历史文化价值

将以上六个视角分析进行归类，分析总结出水峪村是一个具有悠久历史、并较为完整保存了古村落多元文化体系及社会生活体系的深具地方特色的北方山地古村落（图4）。其历史价值与特色具体表现为：

（1）水峪村是古代北方地区多元文化融合的独特载体。水峪村村民多为山西移民后裔，在生活习俗和风貌特色等方面部分保留着山西风格。此外，受客家迁徙文化及当地京畿山区文化的影响，水峪村的建筑、民俗等还体现出了北方地区多元文化交融的特征。

（2）水峪村是古代北方山区村落选址和营建思想的集中体现。水峪村依古商道而建，并巧妙地顺应山势形成八卦格局，既保障了生产生活的安全便利，又展现了古人将山水、美学与功能完美结合的能力。历经几百年依然保存

完好，充分体现了北方山区古村落选址的科学性和营建思想的独特性。

（3）水峪村是北方古村落综合文化体系和生产生活体系延续的典型代表。水峪村以农耕文化为基础，并孕育了商旅文化、风水文化、宗教文化、花会文化等，构成了完整的古村落综合文化体系，且由其支撑的生产生活形态至今仍有相当一部分保持着活力。水峪村所展现的文化体系及形态特征源于厚重的历史底蕴和独特的地理环境，既有北方山区村落的典型性，又有着独一无二的特色。

（4）水峪村是京西山区革命活动和抗日活动的重要基地之一。水峪村在革命活动中，涌现出一批优秀的将领及骨干，曾有著名革命家以此为根据地开展革命工作，至今仍保留抗战遗迹和烈士名录。

3　基于历史价值剖析的古村保护框架

古村保护框架的建立需与历史价值挂钩，针对不同价值提炼保护要素，通过现状评估，建立一套从宏观到微观、从物质到非物质的保护框架，实现从时间维度向空间维度的转变。

3.1　多地域文化的保护要素

村庄多地域文化保护要素体现在院落、建筑、历史环境要素和传统文化等方面（表1）。

3.2　科学选址营建思想的保护要素

村庄选址营建思想的保护要素体现在格局形态、院落、建筑等方面（表2）。

3.3　完整生产生活体系的保护要素

村落生活文化体系保护要素体现在街巷、院落、建筑、历史环境要素和传统文化等方面（表3）。

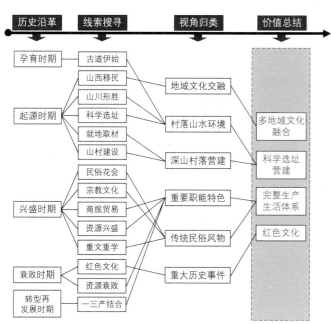

图2　水峪村价值梳理研究思路图

多地域文化保护要素的提炼示意表　　表1

研究视角		保护要素	空间表达
追根溯源	山西移民	环境要素	体现"山西安家槐"的古槐村
		院落建筑	后头屋门楼工笔岩画
		院落建筑	最早居民点：小铺院儿、上庵儿古宅
		院落建筑	似晋陕宅院的窄院格局
		传统文化	部分土语

3.4 红色文化的保护要素

红色文化的保护要素主要包括抗战遗迹以及社会主义遗迹两方面，包括格局形态、院落、建筑以及传统文化等方面（表4）。

3.5 保护框架的建立

古村落保护框架的建立需要在对区位、自然地质、社会人口和经济、用地、公共服务设施、基础设施等村庄基本情况掌握的基础上，通过严谨的现状评估，总结现状问题，才能构建出整体空间形态、传统街巷、院落、建筑单体、历史环境要素、优秀传统文化和非物质文化遗产六个保护层次，并从空间范围筛查不同时期的历史遗存，确立物质与非物质保护相结合的古村落整体保护框架（图3）。

4 基于保护框架引导的古村保护策略

4.1 空间格局保护

保护"背山面水，环山聚气"的村庄山水环境；保护"顺应自然地势而成的八卦形"村庄整体形态；保护"历史空间核心"、"公共服务核心"、"历史保护轴"、"村庄发展轴"构成的"双核、双轴"的村庄特色格局；保护赏月丘、大槐树、娘娘庙等重要标志性元素的空间位置；应以点状控制和线状控制为基本方式，保护空间对景与景观视廊的通畅。

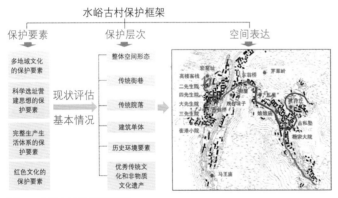

图3 水峪古村保护框架图

科学选址营建思想保护要素的提炼示意表　　表2

研究视角		保护要素	空间表达
选址营建	山川形胜	格局形态	低海拔窖形盆地；古商道和水系相交形成的十字轴格局
	风水文化	格局形态	古宅顺应山势，背山面水
		院落建筑	杨家大院"阳五行"格局，镇宅神兽石刻

科学选址营建思想保护要素的提炼示意表　　表3

研究视角		保护要素		空间表达
物质形态	深山乡村	格局形态		古宅鳞次栉比，成组成团
		院落建筑		古宅数量众多；以一、二合为主的院落；地产石材建造；灰白色主色调；精美的石刻、砖雕、木雕和岩画等装饰
		环境要素		128盘古石碾
非物质形态	商旅贸易	传统街巷		沿途众多商贸遗迹的古商道
		环境要素		作为东西村古商道的起点标志的东、西翁桥
		院落建筑		高楼客栈
		格局形态		古道两侧院落直接对古商道开院门的形式
	重文重学	院落建筑		大、二、三、四先生院、古私塾、杨家大院
		传统文化		古村先后出过很多著名高校的高材生
	宗教文化	院落建筑		娘娘庙、马王庙
		环境要素		龙神庙遗址及鸳鸯井、雌雄石槽
		传统文化		其他庙宇传说
		环境要素		娘娘庙中百尺高的银杏，百斤重的古钟
	民俗花会	传统文化		中幡会、大鼓会、音乐会及走会的民俗节庆形式
	资源兴盛	环境要素		防止水土流失修建的石挡土墙
		院落建筑		杨家大院、街屋
		传统文化		煤矿工作历史

红色文化保护要素的提炼示意表　　表4

视角	保护要素	空间表达
特殊事件	院落建筑	崔港小院，水峪革命火种的起燃地
	院落建筑	街屋，1940年遭日本兵火烧
	院落建筑	杨家大院，曾居住抗战英烈和爱国将领
	格局形态	茅草岭，战乱时作为瞭望哨而观察敌情
	院落建筑	娘娘庙，新中国成立后曾是大队党支部活动所在地
	传统文化	烈士名录、抗战故事、民房上的"五角星"、院墙上的标语等

建筑单体整治分类表　　表5

分类	保护与整治方式	具体说明
1	保护	对文物保护单位和尚未核定公布为文物保护单位的不可移动文物要依据《文物保护法》进行严格保护[3]
2	修缮	对有价值历史建筑，应按照《历史文化名城名镇名村保护条例》关于历史建筑的保护要求进行修缮（第32～35条）[4]。对有特殊历史记忆的并能够形成特殊景观效果的建筑遗址进行原貌保留，对景观做微调整
3	改善	对于一般历史建筑，应保持和修缮外观风貌特征，特别是保护具有历史文化价值的细部构建或装饰物，其内部允许进行改善和更新，以改善居住、使用条件，适应现代的生活方式
4	保留	与传统风貌协调的建筑，其建筑质量评定为"好"的，可以作为保留类建筑
5	整治改造	对那些与传统风貌不协调或质量很差的其他建筑，可以采取整治、改造等措施，使其与传统风貌相协调
6	新建	院落不完整的，需要新建建筑才能维持传统院落格局的，依照当地传统建筑形式进行新建，建筑尺度、选材等均要与传统风貌相协调
7	拆除	拆除村庄基础设施建设范围内建筑风貌评价等级为不协调的建筑

4.2　传统街巷保护

街巷保护与整治方式分两种：保留街巷与更新街巷。保留与古村风貌相符的石砌路面街巷，并考虑交通需求，保留村内主路的水泥路面形式；整治更新东街从东瓮门至杨家大院段与古村风貌不协调路段。从道路空间、建筑立面、色彩、材质等多个方面对沿街立面进行控制，以王家大院至东街与东街支巷交叉口处路段为例。

4.3　传统院落保护

院落整治方式分为三种：保护、更新和拆除。保护形态规整、围合度高、维持传统风貌的45处院落；更新整改与传统形式有一定差异的院落；拆除围合感与综合评价都非常差的院落。同时，对院落格局、围墙和铺地等细部提出控制要求，如对由于历史原因分割的院落，需经过历史考证和院落分析，拆除多余院墙，进行合并，恢复历史原貌。

4.4　建筑单体保护

建筑的保护与整治更新方式分为七类。依据其分类，分别采取保护、修缮、改善、保留、整治改造、新建、拆除等整治方式（表5）。同时，从屋顶、墙壁、门窗的样式及材质、色彩、装饰等建筑细部提出控制要求，如屋顶样式建议除个别建筑为保持其历史真实性，绝大多数建筑屋顶应为双坡式，屋顶材质应为当地盛产的片状石瓦。

4.5　历史环境要素保护

水峪村历史环境要素包括古商道、古墙、古井、翁桥、古桥、古石碾、古树等，需保障其本体免遭破坏，亦不得随意搬迁。在要素周边进行建设或对环境进行治理时，应将其作为重要的设计要素予以考虑，使整体协调。以要素为核心，形成独具特色的公共空间体系。将要素与村庄展示利用和民俗旅游有机结合，提升村庄环境品质和文化氛围。

4.6　非物质文化遗产保护

首先，应加大专项基金的投入力度，以促进相关工作的开展。其次，非物质文化遗产的保护与传承人的培养紧密相连，应将中幡课程逐步扩大至京西山区的中小学，将宣传、交流、教学与体验等多种方式相结合，不断扩大影响力。第三，应对部分传统建筑和公共场所进行整理，以修缮或增加有效展示的空间，如整理村口舞台，新增赏月丘为中幡固定表演场所，设立杨家大院村史展览馆等。第四，逐步恢复水峪及周边山区的花会社团，并联合各村镇演艺资源，重现山区传统节日盛况。

5　古村落保护体系

综上所述，由价值梳理入手层层推进，构建起由价值体系、保护框架与保护策略三部分组成的水峪古村落保护体系（图4）。

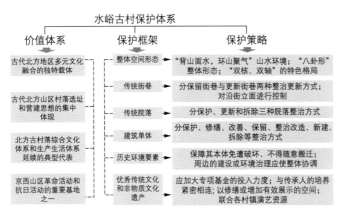

图4 水峪古村的保护体系示意图

史价值角度入手建立保护体系的过程中，总结一些工作经验：首先，由于村庄规模小，行政等级低，因此常常缺乏可考证的文字和图纸资料，工作中应立足有限线索，通过物质遗存表象深入分析历史文化活动，总结文化价值。其次，为了更好地把握深山区古村的格局特征，应在雨雪后及时调研，在多种情境综合分析后才能准确把握特点，笔者在"7·21暴雨"后及时调查水峪村受灾情况，分析古村选址的成功之处及安全防灾的措施。第三，借助历史学、建筑学、文化地理学等相关学科的支撑，如口头资料的历史专家甄别，请文化地理学专家团队鉴别建筑年代与价值等。第四，需全过程采用多种技术方法，开展广泛的公众参与。

6 结语

古村落保护是一项复杂但又十分有意义的工作，从历

参考文献

[1] 赵宝玲，杨俊清，罗少华，等. 南窖乡新型农民培训读本——大房山下话南窖［M］. 北京：南窖乡社区成人职业学校，2009：1-46；104.

[2] 北京市房山区志编纂委员会. 北京市房山区志［M］. 北京：北京出版社，1999：160-179

[3] 中华人民共和国文物保护法［Z］. 2015.

[4] 历史文化名城名镇名村保护条例［Z］. 2008.

备注

本文发表在《多元与包容——2013年中国城市规划年会论文集》中，有删节。

革故鼎新：文物保护区划新策略刍议

黄钟

1 文物保护区划的背景介绍

1.1 文物保护区划的概念

文物保护区划，即划定文物保护单位的保护范围和建设控制地带，并由政府予以公布。

根据《文物保护法》，各级人民政府制定城乡建设规划，应当根据文物保护的需要，事先由城乡建设规划部门会同文物行政部门商定对本行政区域内各级文物保护单位的保护措施，并纳入规划。

1.2 保护区划与保护规划的关系

通常情况下，已公布的保护区划是文物保护规划的前置条件和重要依据。保护规划可以通过研究，针对已有的保护区划做出调整；也可以在编制过程中划定区划，作为保护规划的核心内容和刚性要求。

1.3 北京市划定文物保护区划的情况

北京市的市级以上文物保护单位的保护区划，通常是由城市规划设计部门牵头，在文物主管部门下属的专业研究机构配合下，共同进行。区划经专家论证并征求相关委办局意见后，报请市政府批准公布，再由文物主管部门与城乡规划主管部门共同颁布实施。

截至2013年初，国务院先后公布了七批128项国家级文物保护单位；北京市政府公布了八批北京市文物保护单位名单357项。上述市级以上文物中326项分八批划定了保护范围和建设控制地带，并由市政府公布。各年度公布情况如下：

1984年，公布第一批60项文物保护单位保护范围和建控地带；

1987年，公布第二批120项文物保护单位保护范围和建控地带；

1990年，公布第三批7项文物保护单位保护范围和建控地带；

1992年，公布第四批15项文物保护单位保护范围和建控地带；

2004年，公布第五批6项、六批51项文物保护单位保护范围和建控地带；

2007年，公布第七批61项文物保护范围和建设控制地带；

2011年，公布第八批6项文物保护范围和建设控制地带。

笔者负责完成了第八批文物保护区划的编制工作，目前正在负责第九批38项（含7项文物保护区划的调整及增补）文物保护单位的保护区划编制工作，预计年内将完成北京市全部357项市级以上文物保护单位的保护区划（图1）。

2 文物保护区划的编制

2.1 文物本体的确认

2.1.1 原则与策略

划定文物保护区划，最首要的问题就是确认文物本体。确认文物本体的原则是确保文物的真实性和完整性。

首先要明确：研究范围内哪些是文物，哪些不是。在实际应用中，文物本体并非一目了然，而可能存在局部改建、仿古添建、整体重建、毁后复建等多种情况。一般而言，经文物主管部门批准复建的建筑可以视为文物，例如北京永定门城楼。但在文物保护单位范围内新建的仿古建筑则不能认定为文物，例如承泽园内水榭、蔡元培故居游廊。

其次，要确认文物本体的完整度，尽量保护文物整体

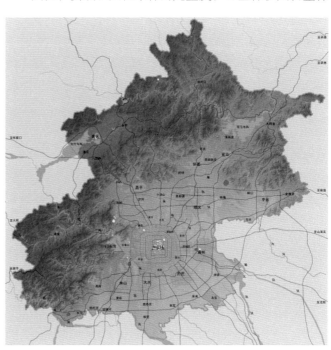

图1　北京市第九批文物保护区划涉及的文物保护单位分布图

153

的完整格局。一个建筑，应该研究其从属于何、其整体规模多大、历史范围如何、各部分存毁情况等。对于保留下来的遗存确认为本体，对于已经灭失的部分，酌情划为遗址，并用虚线标识。

确认文物本体时，会面临一些特殊情况，例如：

（1）文物本体被遮挡、覆盖、掩埋，难以观察其全貌。除了将已经可以明确的部分确认为本体之外，应根据其可能的轮廓划定临时保护区。日后通过腾退、修缮或考古发掘明确文物全貌之后，再行修正。

（2）文物建筑与仿古建筑真假难辨。可以通过史料查询、历史地图对比等手段，区别历史遗存与仿古建设。

（3）文物本体不具备清晰的边界。这类新型文物本体于第八批划定保护区划时首次出现，当时长城的天然险被划为文物本体。对于这种对象，应根据具体情况，对足以包含文物全部历史信息的周边环境予以整体保护。

（4）文物本体发生改变。具体地讲，文物本体的改变包括文物被损毁、迁移、迁建、改造等多种情况。将现存文物作为保护对象的同时，应将文物原址作为遗址保护。

（5）对于持续、长期发挥原有功能的文物，因维护、保养、修缮而更换的部件可以视作文物的组成部分，不能因为使用现代构件就否定文物整体的真实性。

以下笔者将选择若干在文物本体确认方面具有代表性的案例逐一分析。

2.1.2 案例一：明北京城墙遗存（东便门段）

明北京城墙遗存是第七批全国重点文物保护单位，包括东便门、西便门、左安门角楼三部分，其保护区划是1987年作为市级文物时公布的。如图2所示，其文物本体（红色部分）仅为墙体西侧的一层表皮，而城墙主体的大

部分都未被认定为文物，也未划定保护范围。

造成这种情况是因为1987年划定区划时，城墙遗址一直被单位和居民占用，有20余个单位直接在城墙基础上建造厂房、车间，建筑面积多达3万平方米。因此，工作人员根本无法观察到被现代建筑覆盖的文物本体。2001年10月开始，北京市委、市政府开始腾退侵占文物的单位，并与2002年8月29日基本完成了城墙遗址公园的腾退工作。2007年，城墙遗址公园竣工，被覆盖的墙体终于重见天日，其保护范围也将随我市第九批保护区划划定工作修改。

对于类似的情况，笔者考察过的还包括大量远郊的城堡，也多被民宅覆盖，仅露出很小面积的表面。鉴于此，笔者建议先划定暂保区，范围参考一般同类型建筑的尺度，以防止进一步破坏。现如今，施工设备和技术日新月异，一旦造成建设性破坏，往往就在旦夕之间。因此，对这类文物，即使不能确定本体的确切范围，也应该划定临时保护区，可以参考同类型遗存的尺度，以虚线标识出大致分布范围，待日后有条件拆迁、腾退时再行修订。

2.1.3 案例二：蔡元培故居

蔡元培故居位于北京东堂子胡同75号，院东建有游廊，但经考证，该游廊是金宝街一期项目建设时修建，因此不能列为文物本体（图3）。

2.1.4 案例三：大白玉塘采石场遗址

北京房山大石窝镇采石历史悠久，至迟在隋代已具规模。云居寺石经、故宫保和殿御路丹陛，皆出于此。清代以后一度废弃，但目前又在开采，而且速度十分惊人。笔者曾于2013年多次到访查看现状，每次去都惊叹"日新月异"。由图4可以看到，由于挖掘机贴近文物作业，不但严

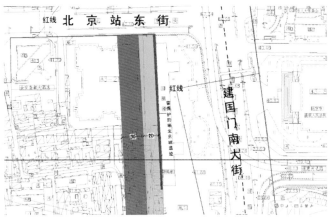

图2 明北京城墙遗存（东便门段）保护区划（局部）
（图片来源：北京市文物局）

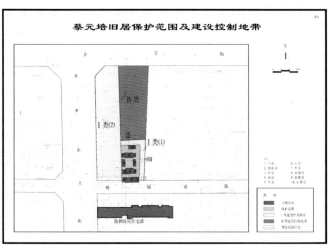

图3 蔡元培故居保护区划初稿

图4　大白玉塘采石场遗址

重破坏了文物环境，而且直接威胁到文物本体的安全。

房山大白玉塘采石场古代坑塘，现存的古代崖壁西侧存有较大范围的现代开采痕迹。初步确定的文物本体仅为东侧岩壁，即隋至清代开采的痕迹，其西侧崖壁采石痕迹已被现代开采覆盖，但西侧与东侧属于一段石崖，基于文物整体安全性，工作组决定将文物本体边界向西延伸，以增加文物的安全性。

2.1.5　案例四：大榛峪城堡遗址

大榛峪城堡是北京明代长城的附属设施，位于北京市怀柔区大榛峪村。据史料记载，城堡长宽约60米，呈方形。城堡被拆毁后，村民就地取材，建造了一座椭圆形的蓄水池（图5）。

这个案例是非常特殊的一例，作为文物建筑的城堡已经不复存在，但是其构成元素还在。那么由明代石料砌筑的圆形蓄水池是否应作为城墙确认为文物本体呢？经过讨论，工作组最终认定，本着保护文物的真实性原则，不把

圆形池壁认定为文物本体，只根据原有墙基划定文物遗址（图6）。

2.1.6　案例五：京张铁路南口至八达岭段

京张铁路始建于1905年9月，于1909年建成通车，由詹天佑主持修建，是我国自行设计、施工、建设的第一条铁路，是我国早期的工业遗存，在我国铁路建设史上具有重要地位。其中的南口至八达岭段，爬升坡度大、施工难度大、工程做法最具代表性、沿途景观优美，堪称全线精华，并被列为全国重点文物保护单位。

划定铁路遗产的保护区划，第一步就在文物本体认定上遇到难题。铁路在使用过程中，必须定期更换铁轨、枕木、修补路基，因此在漫长的使用过程中，几乎不可能有清末民初的工程构件被保留下来。经考察，全段数十公里的轨道，只有区区几米左右的钢轨是清代钢轨。

关于文物本体应该如何认定，项目组展开热烈讨论，最终形成两种主要意见。正方主张将铁路划为文物本体，并在铁路两侧划定保护范围；反方认为铁路本身已经没有历史构件，铁轨、枕木、路基都是现代元素，而且随着使用必将继续更新，如果认定为文物，则铁路部门日常养护都要向文物部门报审，不具备可行性。因此，反方认为铁路线不应划定为文物本体，也不能划定保护范围。反方主张将铁路线位以虚线标识，在规划文本中，要求保护其线由、走向，并提出相关建设控制规定。笔者认为，京张铁路的历史价值与科学价值均在于其施工和建造的过程，后期使用过程中对于钢轨、枕木等部件的更换和维修并没有影响其历史和科学价值。今天的京张铁路，乘客可以乘坐和谐号动车组经由"人字形铁路"穿越八达岭长城，依然可以感受到詹天佑先生和中国铁道先驱者的伟大。京张铁

图5　大榛峪城堡遗址

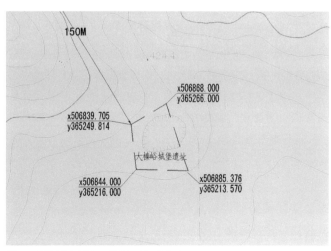

图6　大榛峪城堡遗址保护区划（局部）

路在历史上曾因避山洪而改道，目前存在废弃的山洞、桥墩和避难轨道遗址，这些废弃了的部分，和目前正在运行通车的部分，其实是属于同一个工程、同一个整体，共同见证了一百年来中国铁路建设史，是重要的工业遗产。因此，项目组最终一致同意将铁路线作为文物本体。但对于更换部件、维修、日常养护等必要事宜，我们通过规划文本向文物主管部门建议赋予铁道部门更自由的管理权限。

2.2 保护范围的划定

2.2.1 原则与策略

保护范围的划定应该以文物古迹的真实性、总体格局的完整性、文物本体及周边环境的安全性为首要原则。

保护范围的确定，对于单体文物，可在文物本体周边划出一定的安全距离，确保文物周边如出现建设项目，留有充足的安全距离，避免挖掘等工作对文物基础造成破坏。近年来，随着地下空间开发利用特别是地下铁道的建设逐渐热门，特别要评估其对于文物的影响。在划定保护范围的同时，不仅要关注地面建设可能带来的破坏，更要关注地下的建设活动，特别是地下铁路一旦开通，其影响将持续数十年甚至更久，持续的震动对文物有多大破坏、如何防范，都是应该抓紧研究的新课题。

同时，保护范围应包含与文物相互依存的植被、地形等自然环境。如建设在山体上的古建筑，应将整个山体作为建筑物的基础划为保护范围。

对于建筑群，可参考其历史边界划定保护范围。如不能全部划入，至少应将对于历史边界的考证作为历史沿革的重要内容，在空间上予以定位。对于无法确定具体边界的，可画出示意性区域，作为保护范围的组成部分，或者地下文物埋藏区。如在该地区内实施建设，应进行考古勘探，如发现其建筑基址，应作为遗址予以保护。

2.2.2 案例六：浏阳会馆

浏阳会馆即谭嗣同故居。戊戌变法期间，谭嗣同住进会馆的莽苍苍斋，变法失败后，于1898年9月24日在此被捕。

在现状调研中，笔者发现，会馆建筑内部出现多处开裂，外墙也被居民架设了木质构架支撑。经了解，建筑出现损坏主要来自地铁震动。会馆紧邻菜市口大街，其东侧就是地铁四号线菜市口站。四号线于2009年9月通车，据居民反映，通车之初，以及后来的两年并无异常；自2012年起，居民能明显感觉到列车通过带来的震动，并且有加重趋势。笔者在现场，恰逢列车通过时，确实听到明显的噪音，并且能看到窗玻璃在木质窗框内震动。

目前在划定保护范围时，通常的工作套路是仅仅关注地面，只要确保足够的安全距离即可，禁止建设、挖掘等，但没有对地下空间的开发利用提出明确规定。虽然《文物保护法》第十七条要求因特殊情况需要在保护范围内进行建设工程，必须保证文物保护单位的安全。但在实际的操作工程中，施工单位也难以简单断定某施工行为是否会危及文物安全。在浏阳会馆的案例中，地铁通车之初，居民反映未察觉异常，说明施工方做了一定措施；而近年地铁的噪音和震动明显加剧，笔者推测可能是因为地下水位变化，导致土壤干湿度变化，继而致使减震性能下降。在本次工作中，很遗憾不能通过划定文物保护范围要求地铁选线予以避让，但笔者建议今后研究文物保护区划时，可以针对地面、地下画出不同的保护范围界限，确保文物在地面和地下空间都拥有足够的安全距离。

2.3 建设控制地带的划定

2.3.1 原则与策略

建设控制地带的划定应该以文物周边环境的安全性、景观的协调性和视廊通畅性为原则。同时，也要照顾到文物的完整性。原则上，文物的历史范围如果能够确定，应首先考虑整体划为保护范围，如果因为文物遗存较少、本体破损严重、现状建设情况复杂等原因不具备整体划为保护范围条件的，应当划为建设控制地带。总之，保护区划的空间范围应该尽量覆盖全部文物本体和文物遗址。

关于文物保护区划的普遍原则和规律，在学界已经形成比较稳定的套路，笔者无意赘述。但针对北京市第一至第八批文物保护区划的编制和执行情况，以及正在编制的第九批文物保护区划工作，笔者感到以下几个方面可能值得特别注意：

第一，划定建设控制地带虽应立足现状，但可不拘泥于现状，在有条件的情况下，可以研究文物全盛时期的完整格局，纳入研究范围甚至是保护区划。以兆惠府第为例，该文物保护单位现今只存有一正二厢三座建筑，然而据清乾隆十五年（1750年）所绘乾隆京城全图，府邸位置在当时是一座有一定规模的院落。和恪公主下嫁兆惠之子扎兰泰后，兆惠府改称和恪公主府。清朝灭亡后，兆惠府被分批出售。宅第北部改建成为小学，现为柳荫街小学；宅第南部现改建为山东潍坊驻京联络处；宅第其余部分亦多有改建及添建。而该文物处于保护区内，周边建设规模不大。因此，可以通过建设控制地带划定，对未来恢复保护区历史胡同肌理留有可能。

第二，文物保护区划与城市规划的关系密不可分。在北京市第一至第八批划定文物保护区划时，对城市道路用地是不做限制的，即留出空白空间，标注城市道路。但笔者近年发现，城市规划中划定的道路红线经常存在变数，并不足以作为依靠。因此在编制第九批保护区划时，笔者力主不再对规划道路用地留白。以下举两例说明：

第一个例子是城市规划道路被取消。位于北京八里庄的慈寿寺塔，保护区划于1987年公布。当时的规划师设想在塔东侧规划一条城市道路，作为景观视廊。

而在新版的城市控制性详细规划中，该道路被取消了，变成建设用地。而且作为保护区划的空白区，该区域没有限高。结果，规划师设想的景观走廊，很有可能变成高楼走廊。

第二个例子是天坛周边拟建设某市政设施。选址在天坛北侧道路用地内，并在控规中把部分道路用地调整为市政设施用地。因为建设控制地带不含道路，导致建设单位误认为该区域可以建设18米建筑物，并据此设计了多个方案，所幸该方案未获规划部门批准。鉴于此，笔者倾向于将城市道路、绿地、广场用地均划为一类建设控制地带，不再依据城市道路红线留出空白。

第三，建立文物保护区划的动态维护机制。城市控制性详细规划具有动态维护机制，而文物保护区划却很少修编。事实上，不但文物环境经常出现变化，即使是文物本体也可能出现各种情况。例如全国重点文物保护单位英国使馆旧址，就因某部委建设办公楼，被向东南方平移数十米。文物位置发生变化（尽管这种情况极其罕见），保护区划却一直没有更新。更多的情况是文物本体被损毁，例如北京的黎元洪旧居内图书楼（普查文物）、大清邮政总局旧址（市级文物）均被拆毁，在这种情况下就应该按遗址标注，而不再标注为文物建筑。至于原来的保护区划中，以现状建筑或围墙为界限，遇到地标物被拆毁的情况

比比皆是，导致区划图难以使用。

2.3.2 案例七：清代自来水厂

清代自来水厂原名"京师自来水公司"，建于东直门外香河园，1910年竣工。该厂距今年代不远，资料详备，格局完整，重要厂房均有遗存。

编制保护区划时，曾试图按《东华图志》所载之历史边界，将院墙内均划为保护范围，然而水厂已将其南侧地块出让，开发商已取得规划部门签发之"一书两证"。尽管从情感上，笔者希望整个水厂能作为一个大公园，但对于政府已经做出的行政许可和当事人的合法利益，笔者必须尊重。

在最终的保护区划中，笔者将文物的历史边界、建设项目的征地边界全部标注在图纸上，并对周边多层建筑区提出了建设控制要求。对于规划道路，笔者划定为一类建设控制地带，不再留白。

3　结语

做文物保护工作，很重要的一点是如何理解文物。文物虽然很古老，但并不是死气沉沉、一成不变。例如京张铁路，从一百年前的蒸汽机车到现在的和谐号动车组都还在跑，乘客就会感叹詹天佑先生的杰出！我们规划师的使命，就是让文物的生命在使用中延续，以古老的形态和年轻的活力继续服务社会，而不是束之高阁并蒙上灰尘。北京的金融街里有一座都城隍庙，是大拆迁后仅存的古建筑，如今修葺一新。但是大门紧锁、空空如也，至今仍然闲置。设想寸土寸金之地，空着一座大房子，为什么不用来做公益呢？可以展示一下金融街的老照片、拆迁历史等。北京市编制文物保护区划已经整整三十年，早已形成了固定的套路。但毕竟时过境迁、世易时移，面对新局面新问题，规划师切不可固步自封、墨守成规，而应当革故鼎新、迎难而上。与诸位同仁共勉！

参考文献

[1] 北京市文物局. 新编文物工作实用手册［M］. 北京：经济管理出版社，2012.

[2] 何芩，李凤霞，廖正昕. 关于文物保护单位及建设控制地带划定中的思考［J］. 北京规划建设，2008（3）：65-71.

备注

本文发表在《城乡治理与规划改革——2014年中国城市规划年会论文集》中，有删节。

基于文化脉络梳理历史资源的思路与方法——以北京西部地区为例

李楠

历史资源梳理指对一定范围内的物质文化遗产和非物质文化遗产进行调查和整理，是名城保护的基础性工作。以往资源梳理工作通常就"资源"论"资源"，按照历史资源的类型、级别进行统计分析和调查整理。这种资源梳理的方法简单易行，但往往忽略资源之间的有机联系以及资源蕴含的文化价值，不利于形成区域历史资源的整体构架。同时，由于并不强调深挖历史资源的文化内涵和文化价值，很难使公众认识到历史资源的珍贵，不利于形成保护的自觉要求和积极力量。

历史资源是文化发展在空间上的自然呈现，本文以北京西部地区为例，探讨从文化脉络梳理和文化价值提炼入手，开展历史资源整理的思路与方法。这一思路重在区域历史资源整体框架的构建，关注资源在历史演进及文化发展方面的脉络联系（资源之间的"纵"向联系），关注资源空间分布的有机关联（资源之间的"横"向联系），关注资源背后蕴含的文化价值（资源的"深"度），为区域历史资源的整体保护奠定基础。

引言

按照自然地理和历史文化特征，北京大致有四个分区：北部地区（属燕山山脉）、西部地区（属太行山余脉）、东南部地区（冲积平原）以及旧城（古都文化核心），其中西部地区包括海淀、丰台、石景山、门头沟以及房山五区。这里历史资源丰富，除旧城外81%的国家级文保单位及66%的市级文保单位分布于此；同时，西部山区是城市重要的生态屏障，是总体规划中确定的生态涵养区。近年来，西部地区名城保护、生态涵养与经济社会协调发展的矛盾日渐突出、诉求愈发强烈，我们希望通过此次对历史资源的系统化梳理整合，形成西部地区历史文化演进的整体构架，为区县开展名城保护工作提供框架和指导；同时，通过历史文化脉络的梳理和价值的挖掘，彰显西部地区的文化魅力、扩大文化影响力，为西部地区转型升级提供一种以文化驱动发展的思路。

1 文化脉络梳理

北京按地貌可划分为三大分区，北部山地区（属燕山山脉）、西部山地区（属太行山余脉）以及平原区，此次研究的西部地区主要位于西部山地区以及平原区两种地貌分区，其中门头沟大部分、房山西部以及海淀西北部位于西部山地区，丰台、石景山、海淀大部分以及房山东部位于平原区（图1）。北京按流域可划分为五大分区，大清河、永定河、北运河、潮白河以及蓟运河流域，西部地区主要位于大清河、永定河和北运河流域，其中房山、丰台河西主要位于大清河流域，门头沟主要位于永定河流域，海淀、石景山、丰台河东主要位于北运河流域（图2）。

西部地区山灵水秀的自然地理条件，孕育了人类文明的产生和发展。旧石器时期周口店地区出现了北京最早的人类活动；商周时期在琉璃河形成了北京最早的城——燕城；汉代大石窝镇开始石料开采；魏晋时期寺庙兴起，素有"先有潭柘寺，后有北京城"一说；北齐时期在门头沟西北山区开始修建长城；唐代少数民族羁縻府州县侨治于良乡县，带来民族大融合；金在辽南京的基础上建设了北京地区最早的都城——金中都，金皇陵也选址于大房山下；清朝三山五园皇家园林兴盛；近现代中国地质研究开始于此，教育先驱聚集于此；丰台卢沟桥"七七事变"拉开了中华民族全面抗战的序幕。在历史发展进程分析的基础上，我们梳理出西部地区十条主要的历史文化脉络，文化脉络梳理主要关注资源在历史演进及文化发展方面的脉络联系（所谓资源之间的"纵"向联系）。

1.1 北京起源文化

西部地区是北京的人之源、城之源、都之源。周口店"北京人"遗址是北京的人之源，埋藏着距今约70万年的"北京人"等不同时期的人类化石和文化遗址27处，形成了古人类和古生物进化的完整链条，是中国唯一被列入世界文化遗产的古人类遗址；琉璃河燕都遗址是西周诸侯国燕国都城遗址，考古发掘出土的器物及铭文首次以实物证实了《史记》中记载的周武王"封召公·于燕"（公元前1045年）及燕国存在的历史真实性，为北京三千余年建城史找到有力依据，是北京的城之源；金中都是金朝都城，是参照北宋都城汴京的规划和建筑式样，在辽南京城的基础上扩建的，金海陵王于贞元元年（1153年）正式迁都于

图1 北京三种地貌分区图
（图片来源：北京市测绘院·北京地图集[M].北京：测绘出版社，1994：225.）

图2 北京五大流域分区图
（图片来源：北京市测绘院·北京地图集[M].北京：测绘出版社，1994：206.）

此，金中都是北京860年建都史的起点，是北京的都之源。

1.2 宗教寺庙文化

西部地区宗教荟萃，佛教、基督教、伊斯兰教三大宗教在此均有体现。八大处灵光寺佛牙舍利塔因供奉世界仅有的两颗佛牙舍利之一，成为中外佛教徒朝拜中心；云居寺石经是"国之重宝"，是以历代官修善本佛经作为蓝本刊刻的，其刊刻时间之长、工程之浩大、所刻石经数量之众、佛教经籍之完备，冠绝古今；十字寺是北京唯一的早期基督教派景教遗址，是全国仅有的一处有碑记遗物的景教遗址；随着京西煤业发达、回民迁入，在房山、门头沟建有窦店清真寺、常庄清真寺、新街清真寺以及门头沟清真寺。

1.3 军事防御文化

西部地区自古是北方军事重镇，燕、汉、魏、明各时代的长城遗迹，明朝的军事古堡沿河城与斋堂城，清朝的八旗驻地与玉泉演武以及水师学堂、陆军学堂等军事学堂的设置，都表明西山素为兵家必争之地。

1.4 民族融合文化

西部地区是北方游牧民族——契丹族、女真族、蒙古族、满族、锡伯族与中原农耕民族——汉族从战争走向融合的见证；同时也是元代蒙古族、明清山西移民迁徙的重要走廊，历经金、元、明、清、民国长达800多年的时间，

由于商贸、宗教、军事等各方面的需要，成为北京联系山西、内蒙古草原的主要通道。

1.5 皇家（园林）特区文化

康乾盛世，帝王在以"三山五园"为代表的西郊皇家园林游豫、理政、驻兵，圆明园和颐和园先后被称为"夏宫"，八旗营地、健锐营、火器营等先后驻扎于此，使"三山五园"不仅仅是皇家园林，更是成为与紫禁城并重的军政要地。

1.6 陵寝墓园文化

西部地区陵寝墓园类型多样：有封建王朝的皇陵如金陵、明景泰陵，王公贵族墓葬如老山汉墓等，宦官墓葬如田义墓等；有革命公墓如八宝山革命公墓、福田公墓、万安公墓等；还有众多名人墓葬如战国乐毅墓、唐代贾岛墓、明代姚广孝墓、近代梁启超墓、梅兰芳墓、熊希龄墓园等。

1.7 工业生产文化

西部地区工业生产的历史悠久：石料开采可追溯到汉代，煤炭开采始于辽代，琉璃制造始自元代。清末修建亚洲第一高线——房山坨清高线，是我国第一条以机械为动力的高空运输线。现代这里又是北京重工业的发源地之一——首钢、燕化都坐落于此。

1.8 科学考察文化

房山世界地质公园是联合国教科文组织批准并授牌的以自然景观为主的科技型公园，展现了中国华北地区自太古代—元古代—古生代—中生代—新生代各个地质年代数十亿年来的演化痕迹；北方岩溶地貌和岩洞洞穴，是世界温带半干旱地区典型的喀斯特景观代表。这里是中国地质工作研究开始（1867年）之地，是我国第一部区域地质志诞生之地。

1.9 近现代教育文化

西部地区聚集着我国近现代教育的先驱：清末教育制度改革，外火器营八旗官学改组为公立小学，成为海淀地区最早的近代教育机构；清政府为选派学生赴美学习，筹办清华学堂，即清华大学的前身；司徒雷登在未名湖畔建燕京大学，即北京大学的前身；李石曾在此创办中法大学附属温泉中学、温泉女中及温泉小学；熊希龄在此创建香山慈幼院。当今这里汇聚着清华大学、北京大学、国防大学、中央党校、中国科学院、中国原子能科学研究院（原401所）、军事科学院等一批大专院校与科研单位，成为我国创新思想与技术的发源地。

1.10 红色革命文化

西部地区在抗日战争、解放战争以及新中国各个时期都是一系列重要革命事件的发生地："七七事变"后，晋察冀军区创建北平第一个抗日根据地——平西抗日根据地，成为晋察冀边区的东北屏障，对于坚持华北的长期抗战，打败日本侵略者具有重要的战略地位；1943年，在平西抗日根据地做宣传工作的八路军文艺战士曹火星，在霞云岭堂上村创作了歌曲《没有共产党就没有新中国》。1949年中共中央机关和中国人民解放军总部进驻香山，毛泽东等领导人在这里发出决战号令，指挥军队直捣南京国民政府，筹划建国大业。1976年叶剑英在西山坐镇指挥，顺利完成了粉碎"四人帮"的历史使命；1978年中央党校发表了《实践是检验真理的唯一标准》，拉开了改革开放的序幕。

2 文化价值提炼

通过对上述十大文化脉络的总结提炼，我们提出西部地区历史文化价值的提炼主要关注资源背后蕴含的文化价值（所谓资源的"深"度）：北京西部地区是北京人类活动与城市文明的起源地，是民族迁徙与多元文化融合的见证地，是近现代文明与进步思潮的聚集地，是历代名人与史迹荟萃的胜地。

北京人类活动与城市文明的起源地：周口店是北京的人之源、琉璃河燕都遗址是北京的城之源、金中都是北京的都之源。

民族迁徙与多元文化融合的见证地：永定河沿岸地区、京西古道、三山五园等地区是我国古代文化中心"东移"、人民迁徙、民族融合、文化交流、经济往来的实证。

近现代文明与进步思潮的聚集地：以化工、钢铁为代表的工业文明，以清华学堂、燕京大学为代表的近现代高校先驱，以卢沟桥为代表的抗战史迹等，使西部地区成为中国近现代文明与进步思想的孕育地，并成为一系列重大历史事件的见证地。

历代名人与史迹荟萃的胜地：从贾岛到曹雪芹，从云居寺到八大处，西部地区还荟萃了丰富的名人文化与名胜古迹。

3 历史资源概述

在文化脉络梳理、文化价值提炼的基础上，我们以两种不同的线索进行历史资源的梳理，其一以历史资源类型为线索，其二以上述总结的十条文化脉络为线索。

3.1 以历史资源类型为线索

西部地区历史资源主要包括以下六类：世界文化遗产、文保单位及具有保护价值的建筑、历史文化街区、历史文化名村、风景名胜区以及非物质文化遗产，其中文保单位及具有保护价值的建筑包括：国家级文保单位、市级文保单位、区县级文保单位、普查登记在册文物、地下文物埋藏区、优秀近现代建筑以及工业文化遗产（图3）。我

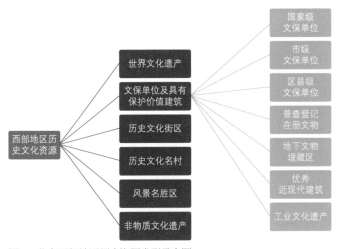

图3　北京西部地区历史资源类型示意图

们按照这样的分类对西部地区历史资源进行梳理，具体数据不在此赘述（表1）。

3.2 以文化脉络为线索

在常规的以类型进行历史资源梳理的基础上，为掌握各个文化脉络的完整体系，我们以十条文化脉络为线索进行资源梳理，形成以文化脉络分类的历史资源库（图4）。我们采用的主要方法为关键词检索，为每条文化脉络设定若干关键词，将符合关键词的历史资源纳入相应的文化脉络资源库。以宗教寺庙文化和陵寝墓园文化为例，宗教寺庙文化选取的关键词包括"寺"、"庵"、"庙"、"佛"、"塔"等，陵寝墓园文化的关键词包括"陵"、"墓"、"坟"、"葬"等。这一方法在实际操作中较为复杂，还需要专业人员查缺补漏、去"伪"存"真"。

北京西部地区历史资源汇总表　　表1

历史资源		总量海淀丰台	全市占比海淀丰台	各区县数量				
				海淀	丰台	石景山	门头沟	房山
世界文化遗产		3	—	1			1	1
文保单位及具有保护价值建筑	国家级文保单位	29	30%	16	2	2	3	6
	市级文保单位	68	27%	25	11	7	10	15
	区县级文保单位	208	33%	37	24	16	86	45
	普查登记在册文物	1052	37%	222	64	69	447	250
	地下文物埋藏区	18	32%	4	2	2	3	7
	优秀近现代建筑	18	25%	17			1	
	工业文化遗产	26	41%	9	8	3	5	1
历史文化街区		4	9%	1	1	1	1	
历史文化名村		3	75%	—	—	—	3	
风景名胜区	国家级	1	50%	—	—	—	—	1
	市级	4	50%	—	—	—	2	2
	区县级	9	50%	3	1	—	2	3
非物质文化遗产	国家级	8	15%	3		1	3	1
	市级	32	20%	12	3	5	8	4

4 文化精华地区

经过文化价值提炼、历史资源梳理后，我们发现文化价值得到集中体现、历史资源集聚分布的区域为大房山地区、永定河沿岸地区以及三山五园地区，我们将这三个地区确定为西部精华地区（图5）。精华地区的提出主要是关注资源空间分布的有机关联（所谓资源之间的"横"向联系），对每个精华地区，我们在确定研究范围的基础上提出了其代表性的资源类型及重要节点。

4.1 大房山地区

大房山地区主要指大清河流域拒马河至其支流大石河之间的范围，位于房山区。大房山地区是北京人类文

图4　十大文化脉络专题图（图片来源：北京市城市规划设计研究院，《北京西部地区历史文化资源梳理》，此图由北京市测绘院编制）

图5　北京西部精华地区示意图
（图片来源：北京市城市规划设计研究院，《北京西部地区历史文化资源梳理》）

明的发源地，是城邑的肇始之处，是宗教文化交融荟萃的胜地，是少数民族帝王丧葬文化的罕见载体。大房山地区代表性的资源类型包括古人类文化遗址、早期聚落城邑遗址、早期寺庙与古塔以及帝王陵寝与墓葬。古人类文化遗址主要包括周口店北京猿人遗址和镇江营遗址等。早期聚落城邑遗址主要包括琉璃河燕都遗址和一系列始建于战国—汉代的古城遗址。早期寺庙与古塔主要包括云居寺、孔水洞万佛堂以及上方山兜率寺等佛寺，早期基督教派景教遗址十字寺，窦店、新街清真寺，以及名冠京师的房山古塔。帝王陵寝与墓葬主要包括金代皇陵。

按照历史资源的集聚特征，大房山地区可以划定周口店，琉璃河，金陵、十字寺，云居寺四个重要节点。周口店节点以周口店、田园洞为中心。琉璃河节点以琉璃河燕都遗址、窦店土城为中心。金陵、十字寺节点以金陵、十字寺、万佛堂孔水洞石刻及塔、上方山诸寺及云水洞为中心。云居寺节点以云居寺为中心。

4.2 永定河沿岸地区

永定河是北京的母亲河，为北京的起源和发展奠定了重要的自然基础，它的水系、渡口和上游流域的资源为北京的形成与发展提供了重要支撑，它的河谷是古代文化交流的重要载体与民族融合的历史见证。永定河沿岸地区代表性资源类型包括水利设施与技术、沿线古商（香）道、相伴而生的村落与寺庙，以及丰富独特的非遗四个方面。水利设施与技术主要包括车箱渠、戾陵堰等。沿线古商（香）道主要包括西山大道、玉河古道、妙峰山香道等。相伴而生的村落与寺庙主要包括模式口村、灵水村、琉璃渠村、三家店村、爨底下村以及潭柘寺、戒台寺。丰富独特的非遗主要包括名人文学、民间艺术以及传统庙会。

按照历史演进脉络和空间分布特点，永定河沿岸地区可以划定爨底下—灵水、三家店、模式口和卢沟—宛平四个重要节点。爨底下—灵水节点主要包含了凝聚古人类文化和民间智慧结晶的众多传统村落以及寺庙，该节点以爨底下村和灵水村为中心。三家店节点作为永定河出山口，包含了古代京西古道起点上的诸多传统村落以及与煤炭、琉璃工业相关的文化遗产，该节点以三家店村和琉璃渠村

为中心。模式口节点作为古代京西地区入京的必经点和重要的转运站，贯通京城与京西古道，包含了模式口村以及法海寺、承恩寺等众多寺庙，该节点以模式口为中心。卢沟—宛平节点作为古代华北平原进出内蒙古高原、南下中原的唯一通道，是北京在政治、军事、经济和交通上的重要节点，包含了卢沟桥、宛平城，潭柘寺、戒台寺等寺庙以及二七车辆厂等近代工业遗产，该节点以卢沟桥和宛平城为中心。

4.3 三山五园地区

三山五园指以畅春园、香山静宜园、玉泉山静明园、万寿山颐和园、圆明园为代表的北京西郊园林。三山五园代表了皇家园林的最高艺术成就，是清王朝夏季的军事和政治活动中心，荟萃了近现代文明的精华，见证了民族团结与宗教繁荣的史实，是一系列重大历史事件的发生地。三山五园与北京旧城共同构成北京历史文化名城中心城区的双核心。

三山五园地区的重要节点包括颐和园、圆明园、玉泉山、香山以及清华—北大五个节点。颐和园节点是清晚期夏季军政中心，代表了中国皇家园林造园艺术的最高水平。圆明园节点是清中前期夏季军政中心，是中西合璧造园艺术的典范，是近代中国百年屈辱史的见证地。玉泉山节点是"玉泉演武"的场所，至今仍发挥重要的军事作用，是三山五园地区最重要的标志性景观建筑之一。香山节点是多民族宗教文化融合与共生的典范，是重要的革命纪念地。清华—北大节点是中国近现代高等教育及进步思想萌发的重要见证。

5 结语

本报告确立了西部地区历史资源的整体框架，下一步西部各区县可以本报告提出的三个精华地区——大房山、永定河沿岸以及三山五园地区为抓手，进一步深入开展历史资源梳理、文化价值挖掘工作。同时，我们创建的从梳理文化脉络入手，到提炼文化价值，概述历史资源，最后确定精华地区的历史资源梳理方法，可以为北京及其他城市在进行名城保护基础性研究时提供一种思路和借鉴。

参考文献

[1] 北京市城市规划设计研究院. 北京西部地区历史文化资源梳理 [Z]. 2013.

[2] 中国地图出版社. 北京人文地理·房山访古探源 [J]. 2009（2）. 北京：中国地图出版社，2009.

[3] 中国地图出版社. 北京人文地理·穿越京西古道 [J].（增刊）北京：中国地图出版社，2009.

[4] 中国地图出版社. 北京人文地理·石景山：燕都仙山 河防重地 [J].（增刊）北京：中国地图出版社，2011.

备注

本文发表在《多元与包容—2013年中国城市规划年会论文集》，有删节。

历史文化遗产保护规划实施的术与道——以海淀西山中法文化交流史迹群规划为例

廖正昕　高超

1　历史文化遗产保护的主要问题

　　2005年,《国务院关于加强文化遗产保护的通知》(国发[2005]42号)明确了我国历史文化遗产概念。而适用于我国城乡规划管理的历史文化遗产概念,特指受我国法律法规保护的不可移动文物、历史文化名城(街区、村镇),与传统文化表现形式相关的文化空间和受国际法律保护的世界文化遗产。历史文化遗产是不可再生的文化资源,其保护与合理利用受到世界广泛关注,如意大利认为,历史文化遗产修复的目的是为了利用,最终目标是在更大范围内使文化遗产得到多方面的传承和有效保护。《中华人民共和国文物保护法》(2007年12月29日第二次修订)规定:"文物工作贯彻保护为主、抢救第一、合理利用、加强管理的方针。"但是,在城乡规划管理实际操作过程中,往往面临如何协调历史文化遗产保护与城乡发展的关系问题,主要表现在以下三个方面。

1.1　关于历史文化遗产保护的认识不一

　　"破旧立新"是中国城市建设的传统发展模式之一,尤其以不适用当代城市功能和生活需要、以节约建设成本之名对之前世代遗留下来的历史文化遗产加以拆除,从而获得新的发展空间等方式屡见不鲜。以客观理性的态度思考,历史文化遗产确实存在不适应当代需求的方面,以文物保护单位保护并留存的文化遗产也足可以为后人留下可供学习并了解过去的样本。那么,对各类历史文化遗产都加以保护是否还有必要呢?结合目前文化遗产特别是非文物保护单位之外的拆毁较为严重的事实来看,答案显而易见。而这种保护认识的不一也是目前文化遗产保护不力的根本原因。

1.2　保护工作的开展缺乏整体性和系统性

　　我国将物质文化遗产主要划分为三个层次,即城市总体层面的历史文化名城,地区层面的历史文化街区、名镇和名村,及以文物建筑或遗址占地范围为边界的不可移动文物,此外还有具综合性遗产价值且跨越广阔区域的文化线路、线性文化遗产及与自然景观、非物质文化遗产结合的文化景观等。以上层次或类型,以地理空间的连接为基础条件的,较便于开展整体保护工作。但是,城市总体层面的历史文化名城,除去具有明确边界且保存较好的地理空间外(如某古城的历史城区),均以行政辖区内各类、各层次文化遗产构建综合保护框架,形成名城整体保护体系,导致整体保护成为抽象概念,难以找到具体抓手。保护工作的开展缺乏整体性和系统性,无法形成保护合力。

　　如在城乡规划管理中,现有文保单位保护工作主要为划定保护范围和建设控制地带,对建设控制地带内城市建设行为进行规划控制和引导。在文物保护管理中,主要为文物修缮和利用。但是,由于与之相关的低管理等级文保单位、普查文物、非文物的一般历史遗存往往受到忽视甚至受到不同程度的破坏,使上述保护工作显得孤立、缺乏联系,无法呈现出保护工作更大的社会经济综合效益。

1.3　保护规划实施推进困难

　　我国城乡规划领域理论体系建构和实践经验较多来源于新建,对如何继承中国传统城市和乡村规划思想精髓还处在摸索期。目前所开展的历史文化遗产保护规划编制工作,作为城市总体规划的专项规划或城市规划的专项规划,往往拘泥于城市规划自身专业领域,对文化遗产所蕴含的丰富的历史、艺术、科学价值,挖掘、理解和表述不足,一方面导致业内对保护缺乏感性和理性认识,另一方面过于专业性的规划语言和浅薄的保护认识,较难赢得公众和政府部门的情感认同,如对保护要求不理解、对保护措施有质疑、对保护利用存争议等,既谈不上有效的规划实施,更无法发挥规划龙头对社会公众的指引作用。

　　综上,针对历史文化遗产保护在城乡规划管理中存在的问题,笔者试图结合有限的探索实践,从"术"与"道"两个方面,探讨如何有效推进历史文化遗产保护规划的实施。

2　何谓"术"

　　"术"指具体方法,即规划编制方法和研究思路,包括历史文化遗产价值研究、基于保护利用的资源梳理、规划目标及原则确定、规划措施提出、制定行动计划、落实保障资金及组织推进形式、实施后评估等多方面内容。

2.1 通过内涵和价值挖掘推进文化遗产的系统性保护

2.1.1 内涵与价值系统性挖掘的意义

历史文化遗产保护的意义在于使未来的人可以了解过去发生的事情，而纳入系统性研究中，其魅力又在于可以不断挖掘和重新认识文化遗产本身。

以北京海淀西山中法文化交流史迹群规划研究工作为例，史迹群建筑之一——北京市市级文物保护单位原中法大学，其保护理由原本为"主楼是民国初年兴建的中西结合式楼房建筑，礼堂及其他中式建筑物均保存完整"，基于此，笔者对其认识原不过是一处民国时期的教育建筑而已。而纳入史迹群重新研究之后发现，中法大学是开启近代中国民智和理想社会建设的重要实物见证，前有赴法勤工俭学预备工作，后分别并入北京大学等院校，更有西山农林试验场等作为其教育实践基地，还有配套的中小学等，确保教育理念贯穿人才培养从启蒙到养成始终。因此，中法大学作为近代中国高等教育的一环，其在整体中的重要意义远高于其作为单体本身所呈现的价值。同时，在该遗产链条中，原本为普查登记在册的温泉中学，也得到重视被公布为海淀区级文保单位并定名为"中法大学附属中学旧址"。

因此，不管如何艰巨，将文化遗产尽可能地保存下来，并通过维护及合理利用使其延续下去，既好过自然坍塌崩坏和人为破坏，又给未来保留了一份再次解谜的可能，这也是当代人对未来人的历史责任。

2.1.2 内涵与价值系统性挖掘方法

国内有学者指出，从保护"文物大树"发展到营造"文物森林"的"绍兴模式"，对于保护文物真实性、完整性和维护相关历史环境具有重要意义。这其实就是一种整体保护的具体方法，适用于地理空间有紧密联系的文化遗产保护工作，如鲁迅故里等绍兴名人故居的保护模式。而对于空间分布较为分散的文化遗产，如何开展整体性保护研究工作，笔者建议可以尝试通过"人物——事件——遗产地"这样一种历史文化遗产价值挖掘方法，将具体呈现出文化遗产之间的紧密联系，使参与者更加深刻地理解到名城整体保护的意义。

以中法文化交流史迹群规划为例，研究发现，贝熙业（让·热罗姆·比西埃，法文名为Jean Jérome Augustin Bussiere）、圣-琼·佩斯（法文为Saint-John Perse）等历史人物、历史事件与历史遗迹在时间和空间上互有关联，根

据《北京市"十二五"时期历史文化名城保护建设规划》提出的"拓展历史文化名城保护内容及内涵，实施历史文化遗产系统性保护"的要求，由此开展了整体规划研究。即以贝熙业、圣-琼·佩斯等核心人物为线索，挖掘与分析其在北京工作、生活期间的相关历史人物、中法文化交流活动及其他历史事件，梳理与汇总相关历史遗迹，形成中法文化交流史迹群。

贝熙业相关历史事件可归纳为三条线索，分别为支援八路军抗击法西斯、免费医治周边百姓和举办中法文化沙龙、创建中法大学等。贝熙业相关历史遗迹包括其居所及支援八路军抗击法西斯的历史遗迹：贝大夫宅、贝家花园、龙泉寺等；医治周边百姓相关历史遗迹：贝家花园、贝大夫桥；工作生活游憩地点：原中法大学、原法国医院、中法大学附属中学旧址、原法国教堂、圣琼佩斯居所、金仙庵等。

圣-琼·佩斯是贝熙业的好友，两人经常结伴出游中国各地，也是北京中法文化交流圈的活跃分子。工作之余，曾寄居在法国好友兰荷海（中法大学教授）的西山别墅中长达5年之久。结合中国探险经历和游历西山妙峰山香道周边历史遗迹、观察香道的祭祀活动与人群等活动，他深深被中国文化吸引，激发了《阿纳巴斯》的创作，中国元素在书中多次体现，例如诗歌运用五处"极乐"描写妙峰山香道虔诚景象，抒发了诗人对和平的赞美和倡导人类向极乐发展的美好愿景。圣·琼·佩斯相关历史遗迹分别为其工作生活地点：法国使馆旧址、圣琼佩斯居所；游历妙峰山香道的有关历史遗存：金仙庵、管家岭古寺庙遗址、大觉寺、醇亲王墓、普照寺、龙泉寺、秀峰寺、响塘庙（福顺寺）、莲花寺、护国寺戏台等。

经过上述方法研究，初步汇总了中法文化交流史迹群相关资源共21处（图1），其中包括国家级文保单位2处，市级文保单位4处，区级文保单位8处，未定级不可移动文物及其他历史遗迹7处。从空间分布看，西山地区17处（表1），旧城内4处，分别为国保单位法国大使馆旧址、市保单位原中法大学、历史遗迹贝熙业住宅及法国医院旧址。

此外，活跃在北京中法文化交流圈的学者还包括蔡元培、李石曾（学者，中法大学创始人之一）、铎尔孟（最优美法文版红楼梦译者）、谢阁兰（诗人）、巴高（汉学家）、兰荷海等，他们在交流对中国文化新见解的同时，商讨并创建中法大学，加之对中国文化的共同热爱和创立理想国的梦想，这个小圈子在中国近代发展史上留下了浓

海淀西山中法文化交流史迹群相关资源一览表 表1

类别	编号	名称	位置	产权及使用单位	保护级别	现状情况	价值描述
贝熙业相关	01	贝家花园	苏家坨镇北安河村贝家花园路5号	航二院	市保	基本完整	始建于民国，位于阳台山东麓，依山势而建，共有三组建筑，现存建筑有碉楼、北楼、南房等。石楼坐西南朝东北，正门有青石横匾，上书"济世之医"，楼分四层、虎皮石砌筑
	02	贝大夫桥	温泉路	区市政管委	—	已毁	李石曾为纪念贝大夫对温泉地区的贡献而题词设立的，由温泉中学出资建设。
	03	原法国教堂	黑山扈17号院	309医院	—	基本完整	法国式教堂，始建于1919年。有德、法、荷等九个国家传教士在此主教，又叫九国教堂。建教堂用的墙砖、石料为圆明园拆运而来。
圣琼佩斯相关	01	圣琼佩斯居所	管家岭	区文化委	区保	原已毁	著名法国诗人、诺贝尔文学奖得主圣-琼·佩斯曾居住于此，创作完成长篇史诗《远征》。房屋坐西朝东，共两进五间。院墙长12米，宽11米。房屋曾被焚烧，院墙上部坍塌，房屋大部分已坍塌，院砖散落于地。
	02	金仙庵	苏家坨镇鹫峰	北京大学	区保	基本完整	金仙庵又称金山寺，始建年代不详。据传为金章宗西山八院之金水院。明清时改庵为寺。20年代，中法大学第三农事试验场曾建于此，现寺前公孙树林即为当时所植。现存山门殿、正殿及南北配房数十间，格局基本完整。
	03	管家岭古寺庙遗址	管家岭	北安河村	—	部分完整	西山地区较为少见的平面布局为"水包寺"格局的道观，曾设妙峰山香道茶棚。
	04	大觉寺	北安河乡	大觉寺管理处	国保	基本完整	始建于辽咸雍四年（1068年），是金章宗时期"西山八院"之一。后明宣德三年扩建重修，定名为"大觉寺"。大觉寺坐西朝东，依山就势，步步递高。全寺有殿堂九处，建筑布局大体上分为中路、北路和南路。院内中轴线长约四百米。现存建筑包括钟、鼓楼、天王殿、大雄宝殿、无量寿佛殿、大悲坛、龙王堂等。
	05	醇亲王墓	苏家坨镇妙高峰东麓	不详	市保	基本完整	醇亲王墓所在地为唐法云寺旧址、金香水院、明法云寺旧址。园寝坐西朝东，依山而建。为非常少见的阴阳宅，南为阴宅，北为阳宅。阴宅原有甬道、碑楼、月牙河、石桥、祾恩门及南北朝房、享堂和4座宝顶等。今南朝房和享堂已不存。
	06	杨家花园	苏家坨镇北安河村	航二院	—	现存基址	位于贝家花园北侧，为直隶警察厅厅长兼天津警察局局长杨以德的私家住宅，人称杨家花园。原为一组中西合璧的建筑群，一边是生活区，一边是会客区。
	07	龙泉寺	凤凰岭公园中线景区	佛教协会	区保	基本完整	始建于辽代，现存建筑为清代。坐西北朝东南，依次为山门、石桥、天王殿、东西配殿、正殿、东西跨院、石塔、石窟，山门东有茶棚院1座，院内有房屋2栋。
	08	秀峰寺	苏家坨镇北安河村西	不详	区保	基本完整	寺坐西朝东、由东向西依次为山门，前殿，一进正殿，二进正殿，三进正殿。
	09	响塘庙	苏家坨镇北安河村西	不详	区保	基本完整	建于清咸丰时期，于鹫峰东麓依山势而建。前殿，正殿，山门殿，耳房与正殿间有南北配房，山门殿为筒瓦箍头脊，耳房筒瓦卷棚，左右开旁门，配房为筒瓦卷棚，前出廊，正殿筒瓦卷棚箍头脊。全部建筑为小式大木，箍头脊彩绘。
	10	莲花寺	苏家坨镇大觉寺南	不详	区保	基本完整	始建于明朝，清光绪年间重修并扩建。坐西朝东，依山势分三级。一级有莲花池、告示碑及磨盘，二级有山门，卷棚硬山合瓦屋面，匾额"莲花寺"。
	11	普照寺	苏家坨镇大觉寺北	不详	市保	基本完整	始建于明天顺五年（1461年），坐西朝东，四合布局，分南北两院。其中南院为正院，有山门、正殿、南北配殿。北跨院有僧房三间，东西南北均开间，以回廊相接。正中东房东出后抱厦三间。正殿山门为歇山顶，砖石枋木大式。
	12	护国寺戏台	温泉路	区寄读学校	区保	部分完整	建于清代，原与护国寺相对，坐南朝北，面阔3间，筒瓦屋面，硬山调大脊。整体为勾连搭，前为戏台，悬山箍头脊，一斗三升麻叶头斗拱。原为中法大学温泉中学曾在此办学，现空置。
中法大学相关	01	中法大学附属中学旧址	环谷园路8号	四十七中	区保	部分完整	中法大学与西山理想社会建设的重要组成部分。
	02	原温泉女中	温泉路	工读学校	—	部分完整	中法大学与西山理想社会建设的重要组成部分。

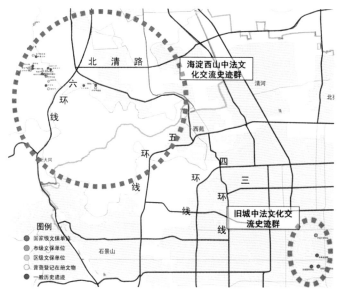

图1　中法文化交流史迹群空间分布

墨重彩的一笔。由此，规划提出，以本次规划为契机，结合北京地区中法文化交流的其他线索，构建开放的文化遗产保护体系。

2.2　选择适宜的规划手段，制定切实有效的保护实施计划

2.2.1　确定规划类型和规划内容

城乡规划类型包括城市总体规划、控制性详细规划、专项规划等，实质上是针对不同层次、不同类型问题制定的城乡发展规划的公共政策。考虑到文化遗产保护面临的特定问题，应有针对性地编制以推进实施为目的的规划，而非简单地套用总体规划、控制性详细规划或专项保护规划等法定内容。以北京中法文化交流史迹群为例，保护的紧迫性和重要性、利用的可能性和保护规划的可操作性主要集中在海淀西山区域，因此，研究重点确定为位于海淀西山地区的中法文化交流史迹群，并选择贝家花园、贝大夫桥、圣·琼·佩斯居所和金仙庵四处遗迹点（东南四角方亭，考证为圣·琼·佩斯著诗处）开展首期保护实施工作。

结合保护对象空间分布较为分散的特点，以及现有保护管理等级、保护工作的紧迫性和可操作性等情况，规划确定以编制特定地区规划的方式，重点解决针对历史文化遗产实施系统性保护和制定保护实施计划等问题，规划深度根据不同规划对象情况相应确定，不强求一致。如针对拟重点修缮及利用的市级文保单位贝家花园，开展了价值评估、保护区划划定、保护措施提出、制定修缮方案、提出展示利用方案并编制大院规划。针对圣·琼·佩斯居所

主要制定了修缮方案，提出了展示利用方案，针对金仙庵东南四角方亭和贝大夫桥进行了修复工程。

2.2.2　制定保护实施计划

保护实施计划是指保障历史文化遗产保护规划实施的行动计划与工作指引。切实可行的保护实施计划制定应在部门协同的基础上，统一思想，细化保护实施的各项工作，明确工作主体，制定时间表。如海淀西山中法文化交流史迹群规划中，由北京市规划委协调市委宣传部、市住建委、市文物局、市园林绿化局、市旅游委、市规划院与市测绘院等部门，并与海淀区委宣传部对接，统筹规划委海淀分局、海淀区市政市容委、海淀区文化委、海淀区房管中心等部门与中国航天科工集团第二研究院等，多次召开现场工作会、部门协调会、工作推进会、专家座谈会、方案汇报会与市政府办公会，共同商讨确定了史迹群规划的保护实施计划，明确了各项工作的主体与完成时间，包括：保护区划划定的组织编制与报批实施、贝家花园修缮方案的组织编制与审批、保护区划范围内古树名木挂牌等相关工作、贝家花园修缮与展陈的出资与实施、贝大夫桥桥栏石的修复、圣-琼·佩斯居所的修缮与展陈、金仙庵东南四角方亭的复建工作等。

3　何谓"道"

"道"指保护的核心思想，是关于历史文化遗产保护价值观的塑造问题，具体包括保护价值认同和多方参与等方面。

3.1　价值认同是保护的前提

保护价值认同是保护规划实施的思想基础，价值认同的过程是各方对历史文化遗产价值不断认识、理解到行动、珍惜的变化过程。因此，保护规划或以保护实施为目的的城乡规划编制，应以推动乃至达到价值认同为最终目标，尤其是面向社会各界时，更需要将枯燥、晦涩的规划文本转译为通俗易懂的公众语言。同时在研究方法上，尽可能以历史的整体观、发展观分析拟保护对象的价值，客观地做好价值评估，从纷繁芜杂、看似孤立的历史事件、文化遗产之间找到相互的联系，为历史"穿针引线"，为现代城市勾勒出生动的历史图卷，以古鉴今，以今衬古，使古今相互辉映，使城市特色更加鲜明。

3.2　多方参与是保护实施的重要机制

历史文化遗产保护规划的实施离不开政府部门的协同

与产权方、规划机构，特别是专家学者与公众的多方参与。以中法文化交流史迹群为例，该规划研究源于专家的倡议，在推进过程中也得到专家与遗产所在地周边居民的大力协助。由于海淀西山中法文化交流史迹群所重点研究的历史文化资源面临史料相对简单的问题，因此，北京民俗协会张文大先生等专家所开展的扎实的长期工作为规划推进乃至最终实施奠定了重要基础，除贝家花园之外，圣琼佩斯居所及著诗处等遗址点的最终确认，都得益于张先生等社会各界的努力。

规划及保护实施计划通过市名城委办的工作平台开展，通过市政府专题会、部门协调会、现场考察与工作调度会、专家咨询及评审会等多种形式的协调工作，法国驻华大使馆、央属单位、市属部门、规划编制单位及实施单位得以开展高效的协同工作，保护实施也得到快速推进。

4 展望

海淀西山中法文化交流史迹群保护实施已取得阶段性成果。2014年3月27日，国家主席习近平在法国巴黎中法建交50周年纪念大会上特别提到了"开辟一条自行车'驼峰航线'、把宝贵的药品运往中国抗日根据地的法国医生贝熙业"。贝熙业等中法文化交流事迹和遗产地进一步成为社会各界关注的焦点。目前，关于中法大学附属中学旧址的保护、中法文化交流的展陈工作正在有序开展，预计不久的将来，海淀西山地区将出现一处以自然及人文景观荟萃为特点、中法文化交流为亮点的文化地标。基于此，笔者希望，借鉴本研究所取得的些许经验，可以探索更多的文化遗产保护的内涵和价值挖掘方法，凝聚保护共识，通过保护实施形成示范效应，同时，创造条件鼓励社会力量积极参与保护，形成名城保护的良性发展态势。

参考文献

[1] 北京市规划委员会，北京市发展和改革委员会. 北京市"十二五"时期历史文化名城保护建设规划 [Z]. 2011.

[2] 北京市规划委员会，北京市城市规划设计研究院. 海淀西山中法文化交流史迹群规划 [Z]. 2013.

[3] 廖正昕，高超. 开启尘封的历史，描绘中法文化交流的新篇——海淀西山中法文化交流史迹群规划漫谈 [J]. 北京规划建设，2014（4）.

[4] 廖正昕. 永恒之城罗马的历史城市保护 [J]. 北京规划建设，2013（4）.

[5] 梁航琳，杨昌鸣，等. 历史文化遗产保护与再利用研究 [J]. 天津大学学报：社会科学版，2007（3）.

备注

本文发表在《城乡治理与规划改革——2014年中国城市规划年会论文集》中，有删节。

以实施为导向的城郊型大遗址保护规划策略——以琉璃河遗址保护规划为例

刘立早

1　城郊型大遗址的特点

大遗址，是我国近年来从遗产保护和管理工作角度提出的一个重要概念，根据《"十一五"期间大遗址保护总体规划》，大遗址主要包括反映中国古代历史各个发展阶段涉及政治、宗教、军事、科技、工业、农业、建筑、交通、水利等方面历史文化信息，具有规模宏大、价值重大、影响深远的大型聚落、城址、宫室、陵寝、墓葬等遗址、遗址群[1]。根据大遗址所处区位的不同，可将其分为四种主要类型，分别是：①城镇型——位于城镇建成区；②城郊型——位于城郊或城乡接合部；③村庄型——位于远离城镇的村落；④荒野型——位于荒野之中。

在我国现阶段，大遗址保护的问题主要来自大遗址本体和大遗址周边（背景）环境两个方面，而城郊型大遗址，由于位于城镇边缘地区（城郊或城乡结合部），不但遗址本体存在着村庄占压、盗采盗掘等不利因素，而且遗址周边（背景）环境也面临着城乡建设发展破坏的威胁和挑战[2]。

针对城郊型大遗址在我国快速城镇化进程中所面临的巨大压力，如果单纯强调保护与限制，将致使大遗址"保控范围"内外居民的经济社会发展资源严重失衡[3]，这既不利于大遗址历史文化资源的合理利用，也会影响大遗址所在地区的社会和谐。因此，在处理城郊型大遗址的保护与当地经济社会发展之间的矛盾时，必须采用更为综合、系统、全面的保护规划策略，以更为务实、高效的方法手段，推动城郊型大遗址保护工作的顺利开展[4]。

2　琉璃河遗址情况概述

2.1　琉璃河遗址是城郊型大遗址的典型代表

琉璃河遗址位于北京市房山区琉璃河镇，是西周至春秋战国时期的重要诸侯国——燕国在周初的始封地，也是燕国最早的都邑。作为目前所知唯一的一座始建于西周早期的诸侯国都城遗址，琉璃河遗址在1988年被国务院颁布为第三批全国重点文物保护单位；"十一五"时期，琉璃河遗址入选"全国100项最具代表性大遗址"。

根据已有考古研究成果，琉璃河遗址的本体主要包括两个部分，即燕国的都城遗址和墓葬的集中分布区。其中，燕都遗址位于董家林村，墓葬则主要位于黄土坡村。除此之外，在刘李店、立教、庄头、洄城等村也有零星文化遗存被发现。

从空间分布上看，琉璃河遗址的城址遗存与琉璃河镇中心区的最小直线距离仅200米，而琉璃河遗址保护规划的规划范围，已经包括了琉璃河镇中心区的北部地区（图1）。

长期以来，因文物保护的需要，占压于遗址之上的董家林、黄土坡两村村民的生产生活受到极大影响，文物本体的保护工作也因此一直未能深入开展。而位于文物保护范围之外的地区，又有着城镇化的强烈诉求，琉璃河遗址周边（背景）环境，已经遭到了一定程度的破坏。如何妥善解决保护与发展的矛盾，将琉璃河遗址历史文化价值挖掘、资源利用与琉璃河镇中心区经济社会发展、城镇建设有机结合，成为了琉璃河遗址这类典型的城郊型大遗址当前亟待解决的重要问题（图2）。

2.2　琉璃河遗址之于北京城市发展的重要价值

琉璃河遗址的发现，对于探究北京的城市发展历程，具有重大意义。它不但解答了多年来考古学界关于燕国始封地身在何处的争议，也将北京的建城史上溯至距今3000余年的西周初期，使北京拥有了从西周至明清以来各时期历史城市建设的辉煌成就和遗迹，成为北京城市文明发展的重要里程碑。

另外，琉璃河遗址作为我国西周考古史上发现的唯一一处同时并存着诸侯国城址和诸侯墓地的遗址[5]，集"大型宫殿基址、城墙基址、带字甲骨、诸侯墓葬、青铜重器"五大文物要素于一身，具有极高的历史、科学和艺术价值，如何在保护过程中让社会公众认知到琉璃河遗址的重要价值，如何在城乡发展建设的同时有序传承琉璃河遗址丰厚的历史与文化，实现文物资源效益的最大化，成为保护规划需要重点关注和切实解决的另一重要问题。

2.3　推动琉璃河遗址保护工作顺利开展的基本思路

基于城郊型大遗址的普遍特点[6]和琉璃河遗址所面

图1 琉璃河遗址空间分布情况

图2 琉璃河遗址与琉璃河镇中心区的关系

临的客观情况，保护工作需从大遗址本体保护、周边（背景）环境保护、保护与发展的协同三个层面进行分析。在大遗址本体保护层面，主要工作内容包括：占压遗址之上村庄的搬迁安置、各项文物保护专项工程以及各类文物的维护管理。在大遗址周边（背景）环境保护层面，主要工作内容包括：城镇景观风貌控制和自然生态环境修复。在保护与发展协同层面，主要工作内容包括：大遗址历史文化资源的高效利用和推动全社会参与到保护工作中来。

为达成上述工作目标，就必然要求大遗址保护规划的工作重心从技术层面转向实施层面，从而对琉璃河遗址的保护提出新的规划要求。通过多次的技术论证，并借鉴国内外其他城郊型大遗址的经验[4]，将琉璃河遗址的保护工作分解为机制设计、规划协同、实施保障三项具体内容。在政策设计方面，重在明确保护责任主体、创新搬迁安置思路和以设立考古遗址公园的形式有机整合各项保护工作。在规划协同方面，需强调文物保护规划内容与城乡规划内容的无缝衔接，并确保考古遗址公园（专项）规划与其他专项规划（如环境整治、生态修复等）的协同。在实施保障方面，重在从立法保障、工作的精细化分工与时序科学安排以及合理引导社会资本参与相关保护工作等角度提出规划建议。

3 政策机制的创新设计

3.1 设立专业保护机构作为大遗址保护的主体

从其他城郊型大遗址保护工作的实践[7]可以看出，专业保护机构的设立，是理顺遗址保护工作的基础。在现阶段，与大遗址相关的专业保护机构通常现状包括三类，

一是考古部门；二是遗址所在地设立的博物馆；三是当地文物行政主管部门。从三类机构的工作职能上看，考古部门仅对考古调查、勘探和发掘工作进行管理，并没有监管职能；遗址所在地的博物馆，主要负责馆藏文物的保管和馆内文物档案的管理工作，不能对遗址进行大规模地管理及监测；而当地的文物行政主管部门，因人力所限，通常仅对遗址行使行政管理职能，难以承担文物的日常维护、安全防范、工程项目管理等多项具体工作。

鉴于大遗址，特别是城郊型大遗址占地面积大，遗存分布广，保护工作繁杂，保护与发展矛盾突出等特点，设立专业保护机构（如文物保护管理处），可有效改善当前文物保护管理缺位的不利局面，从而有序推进文物保护、环境整治、考古勘探、展示利用、监测管理等多项工作的开展。另外，针对城郊型大遗址在城镇化进程中面临的各种复杂问题，专业保护机构还应成为一个统筹协调各方权益的公共平台，一方面可寻求文物、文化、规划、国土、旅游、环保、园林、市政、交通、水务等政府主管部门的支持和配合，及时梳理和整合各部门提供的资料、信息和意见，加强部门间协作，提高工作效率；另一方面要在工作开展过程中积极听取相关专家、地方政府及居民的意见和建议，通过交流沟通，完善工作方式方法，减少工作失误，避免不必要的矛盾纠纷，保障各项保护工作顺利开展。

3.2 构建"双轨制"村庄搬迁安置实施路径

如何对占压于遗址之上的村庄进行搬迁安置，一直是城郊型大遗址保护工作的难点和瓶颈[8]。由于周边区域强烈的城镇化诉求，使得村庄的拆迁补偿标准以及村民转化为市民的相关费迭创新高，很难通过大遗址保护与利

用的方式实现资金的平衡。另外，由于城郊型大遗址毕竟不是完全的城市化地区，未来在很大程度上仍将作为城市郊区而继续延续其传统风貌，如果一味强调村民的"集体转居"，将使得大遗址所在地区的传统农耕文化遭到破坏，继而影响大遗址原有的背景环境。

鉴于此，保护规划创新性提出"双轨制"的村庄搬迁安置思路（图3），尝试对农业人口提供"农转非"和"保留原户籍"两种选择，满足村民不同的利益诉求。对于希望"农转非"的村民，将搬迁至就近的琉璃河镇中心区居住，其身份也转化为城镇人口，同时按照国家规定的拆迁安置补偿政策进行补偿。对于希望"保留原户籍"的村民，将以宅基地平移的方式搬迁至就近的农村居民点居住，其耕地及其他农业用地随之进行调整。由于此类村民并未转居，其搬迁安置费用将远低于前者。

采用"双轨制"的方式，既充分尊重了村民的选择，体现了以人为本的规划思路，又使部分当地居民能够继续从事与农业相关的生产活动，以最小的成本使大遗址周边（背景）环境得以延续。

3.3 以"考古遗址公园"建设推动大遗址整体保护和区域协调发展

考古遗址公园的概念形成于2009年[9]，随后，全国有多家大遗址[10-12]开展了建设"考古遗址公园"的尝试。实践表明，考古遗址公园能有效推动城郊型大遗址的系统保护与有效利用，并给当地带来显著的社会经济效益。

在琉璃河遗址引入"考古遗址公园"的概念，具有较高的可实施性。首先，琉璃河遗址地处城镇近郊地区，有着较好的交通、市政基础设施条件，与北京中心城区联系也较为便捷，具备建设考古遗址公园的外部条件；其次，在考古遗址公园内部，可同步开展文物本体保护、展示利用、环境整治、考古研究、管理监测等多项工作，有利于

不同文物保护专项工作的协同与合作；第三，由于琉璃河遗址为大型土遗址，其自身展示、利用条件有限，而考古遗址公园则可通过多种形式的展陈设计和景观营造，对参观者形成有效吸引，有助于扩大琉璃河遗址的知名度和影响力，并推动文物保护相关知识的普及；最后，考古遗址公园的建设可有效提升当地城镇空间品质，并带动地区相关文化产业的发展，从而较好解决文物保护与当地经济社会发展、城镇建设之间的矛盾。

4　规划编制的协同合作

4.1　文物保护规划与城乡规划的紧密衔接

加强文物保护规划与城乡规划的紧密衔接，是确保城郊型大遗址保护工作顺利开展的重要环节。琉璃河遗址文物保护规划重点从三个方面与琉璃河总体规划[13]及镇中心区控制性详细规划[14]进行了对接：

（1）村庄搬迁安置用地的落实。保护规划提出"双轨制"的搬迁安置思路，在琉璃河镇总体规划及后续的镇中心区控制性详细规划中，进一步落实了保护规划要求，明确了村民居住及就业安置用地的具体位置、建设指标并提出配套保障措施，为村庄搬迁的顺利推进奠定坚实基础。

（2）明确城镇功能定位及产业布局。保护规划提出了建设考古遗址公园规划的设想，而琉璃河镇总体规划及后续的镇中心区控制性详细规划则围绕考古遗址公园建设展开技术论证，通过村庄整合、产业用地调整、配套基础设施建设等方式，积极推动考古遗址公园落地。

（3）加强城镇风貌控制和生态环境治理。文物保护规划对周边（背景）环境地区提出了城镇景观风貌控制、重大基础设施改线、生态修复等相关保护要求，在琉璃河镇总体规划及后续的镇中心区控制性详细规划中，上述要求被逐一予以落实，形成相关规划文件和技术控制指标。

通过文物保护规划与城乡规划的紧密衔接，有力统筹文物保护与地区经济社会发展诉求，在文物保护规划、镇总规及镇中心区控规层面形成协调一致的空间管控目标，确保了保护规划的执行效力。

4.2　考古遗址公园专项规划与其他专项规划的协同

为落实文物保护规划及镇总规提出的建设琉璃河考古遗址公园的目标，当地文物行政主管部门着手编制琉璃河考古遗址公园专项规划，而地方其他行政主管部门，也在各自职权范围内开展相关规划编制工作，如当

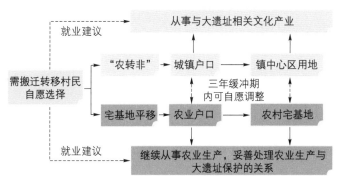

图3　"双轨制"村庄搬迁安置思路示意图

地水务行政主管部门，正着手编制琉璃河河道治理及湿地公园专项规划[15]；当地园林行政主管部门，正在开展"百万亩平原造林工程"；当地旅游行政主管部门，在"十二五"时期提出规划建设"燕都文化城"的发展目标等[16]。

为避免行政主管部门各自为政，重复规划或不同专项规划之间产生矛盾，通过与多个行政主管部门的沟通协调，最终达成共识，即在满足琉璃河遗址保护规划各项保护要求的前提下，考古遗址公园专项规划积极吸纳其他各相关专项规划的工作成果，并通过对各专项规划的系统梳理和优化整合，进一步明确了各行政主管部门的事权及重点工作内容，实现各部门利益的统筹协调。

5 保障实施的重点举措

5.1 出台《琉璃河遗址保护管理条例》，确保保护工作有法可依

对于琉璃河这类城郊型大遗址，因地域空间广博，文物遗存分散，又面临城乡发展建设的强烈诉求，当文物保护与地方社会经济活动发生矛盾时，往往缺乏统一的评判标准和明确的处理措施[17]。因此，有必要通过立法研究，尽快出台《琉璃河遗址保护管理条例》，对大遗址本体及周边（背景）环境区域内的各项活动形成统一而明确的管理规定。

《琉璃河遗址保护管理条例》的内容应包括琉璃河遗址保护规划的各项要求。这一方面有助于琉璃河遗址各项文物保护专项工作的顺利开展，确保保护工作有法可依；另一方面也对琉璃河遗址保护范围、建设控制地带以及环境控制区空间管控的相关内容形成技术支撑，从而有效规范上述地区的城乡建设活动。

5.2 合理分解保护任务，强调保护工作的可持续性

按照保护规划要求，琉璃河遗址保护工作将涉及文物本体保护、展示利用、环境整治、考古研究、管理监测等多项工作，而每一项内容，又可细分为五至十项具体的保护工作。为了提高工作效率，并确保各项保护任务按时完成，可将保护工作进行合理安排，制定近、中、远期工作计划。

对于那些最为紧迫且复杂的保护工作，如占压遗址之上村庄的搬迁安置，应予以优先安排在近期启动；对那些需要逐级递进开展的保护工作，如"遗址清理—病害治理—重点文物防护工程"，需妥善处理好工作的时序，避免因前期保护工作的延误而影响后期保护任务的完成；对于有些需要与其他部门协同实施的项目，则需统筹协调相关部门的工作计划与时间安排，使保护工作尽可能与协作部门的工作计划保持一致。

5.3 有序引入社会资本，形成多方参与保护工作的合力

文物资源的有效利用和历史文化价值的社会认同，是推动大遗址保护工作不断深入开展的重要前提[18]。而要达成上述目标，仅仅依靠由政府主导的各项文物保护专项工程，是远远不够的，必须依托全社会共同的力量。

城郊型大遗址拥有区位、客流、基础设施等外部优势条件，如果能以考古遗址公园建设为依托，在满足保护规划各项要求的前提下，将考古遗址公园范围内的非公益性项目以授权、租赁等方式转交社会资本经营管理[19]，将极大地调动民间社会资本参与琉璃河遗址相关文化产业发展的积极性，实现文物保护与利用的有机结合，促进大遗址历史文化资源的效益最大化。

6 结语

城郊型大遗址的保护是一项庞杂的系统工程，涵盖了文物本体保护、展示利用、环境整治、考古研究、管理监测等多个环节。而以实施为导向的保护规划的编制，是确保各项保护工作顺利达成的前提。

本文结合琉璃河遗址保护规划工作的实践，从机制设计、规划协同和保障实施三个层面提出了推动城郊型大遗址规划设施的相关对策。期望通过进一步探索研究，能够使城郊型大遗址的保护规划理念在今后的文物保护过程中真正落到实处，并对类似大遗址保护规划的编制、实施、管理提供有益的借鉴。

参考文献

[1] 国家文物局，中华人民共和国财政部."十一五"期间大遗址保护总体规划[Z].

[2] 孟宪民.梦想辉煌：建设我们的大遗址保护展示体系和园区——关于我国大遗址保护思路的探讨[J].东南文化,2001（01）：6-15.

［3］陈同滨. 城镇化建设中大遗址背景环境保护规划策略［N］. 中国文物报，2006-7-28.

［4］李海燕，权东计. 国内外大遗址保护与利用研究综述［J］. 西北工业大学学报：社会科学版，2007，27（3）：16-20.

［5］北京市文物研究所. 北京建城30、40年暨燕文明国际学术研讨会会议专辑［M］. 北京：燕山出版社，1997：58-63.

［6］赵中枢. 名城城郊型大遗址保护规划初探——以咸阳西汉帝陵群为例［J］. 城市发展研究，2007（05）：96-100.

［7］张晓明,刘雷,林楚燕. 城郊型大遗址保护与周边开发探索——以杜陵和西安曲江新区为例［J］. 西北工业大学学报：社会科学版,2012（01）：70-75.

［8］余洁,唐龙. 城郊区大遗址保护用地流转的制度分析——以西安市汉长安城遗址区为例［J］. 城市发展研究,2008（05）：128-133.

［9］单霁翔. 大遗址保护及策略［J］. 建筑创作,2009（06）：24-25.

［10］周口店遗址保护规划［Z］.

［11］杭州良渚遗址保护总体规划［Z］.

［12］无锡鸿山遗址保护总体规划［Z］.

［13］房山区琉璃河镇总体规划（2011-2020年）［Z］.

［14］房山区琉璃河镇中心区控制性详细规划规划（街区层面）［Z］.

［15］北京琉璃河湿地公园规划［Z］.

［16］北京市房山区旅游业"十二五"发展规划［Z］.

［17］刘天利. 国内外大遗址区保护发展立法比较［J］. 西北工业大学学报：社会科学版,2010（02）：67-70.

［18］吕琳,吕仁义,周庆华. 中国大遗址问题研究评析与展望［J］. 西安建筑科技大学学报：自然科学版，2012（04）：517-522.

［19］付娟娟. 面向实施的考古遗址公园规划编制——以郑州市荥阳故城考古遗址公园规划为例［M］//中国城市规划学会. 城市时代，协同规划——2013中国城市规划年会论文集. 青岛：青岛出版社，2013.

备注

本文收录在《新常态：传承于变革——2015年中国城市规划年会论文集》，有删节。

第四部分

公共服务与社会公平

均等与多元：北京公共服务设施现状解析与发展探讨

徐碧颖　周乐

引言

公共服务设施是指由政府财政投入为主，满足市民日常生活需求的服务性设施，主要包括教育、医疗卫生、文化、体育、社会福利五大类，对改善居民生活质量、提升城市生活品质具有重要作用。

2014年，北京全面开展"总规修改"工作，其中，对公共服务设施的实施现状评估和提升策略研究是建设宜居城市的核心内容之一。目前，北京城市发展进入全面转型期，人口资源矛盾逐渐凸显，"城市病"缓解日趋紧迫。在公共服务领域，许多具有"北京特色"的"使用难"成为市民生活关注的焦点，深刻考验着北京城市公共服务的承载能力。

本文是笔者基于"总规修改"专项研究初步成果的一些思考。立足于当前社会发展阶段，分析北京公共服务设施的使用现状和严峻挑战，从规划管理角度，统筹人口、用地与设施平衡，研提差异化空间政策，探讨公共服务的提升思路和发展方向，旨在构建覆盖全市、城乡均等的基本公共服务网络，促进各类设施的多元化发展，进一步提升首都综合竞争力，增强城市魅力，建设国际一流的和谐宜居之都。

1 公共服务设施的发展现状解析

公共服务设施种类多样，各类设施都有其自身的独特结构和不同问题，很难一一穷尽。因此，现状研究着重对各类设施在规划实施和运营使用过程中的共性问题和突出特点进行归纳，以整体反映当前北京公共服务的发展全貌。总体而言，各类公共服务设施建设长足发展，但问题也相当突出，主要体现在总量、布局、结构和建管机制4个方面。

1.1 总量稳步增长，但需求与供给差距加大

全市公共服务设施用地总量从2003年的144平方公里增长至2010年的164平方公里，增长率达到14%，主要公共服务设施的数量与建设规模均实现较快发展。以文化设施为例，2004～2012年，公共图书馆的建筑面积从30.9万平方米增长至47.6万平方米，博物馆和营业性演出场所的数量分别从127个和36个增长至162个和68个。

但由于人口增幅较大，2010年市域人均公共服务设施用地面积较2003年下降约20%。中心城设施供需差距尤为显著，医疗卫生、公共文化、养老等设施的核心指标现状与规划差距明显，市域范围内达标率在67%～82%，中心城达标率仅在41%～68%。

其中，外来人口规模的快速增长带来对公共服务的长期和瞬间需求严重考验着各类设施的承载能力。北京教育、医疗优质资源集聚，吸引了全国各地大量人口来京就学、就医。据统计，2012年全市非京籍学生数量占学生总数的31.6%。2010年全市三级医院门诊人次中24.5%、住院人次中39%为外省市来京就医患者。在儿童医院、积水潭医院等特色专科医院，外地患者比例更是超过70%。

1.2 空间分布不均，优质资源高度聚集

公共服务设施的现状分布与城市建设用地的空间发展相对应。虽然近几年边缘集团和新城地区发展迅速，但由于区位、历史传承、配套政策等因素，中心城地区设施多样，优质资源聚集；新建城区设施相对缺乏，结构尚不完善。

优质资源在中心城尤其是中心地区高度集中，对区域交通、市政和各类基础设施承载力提出严峻挑战。在北京全部26家三级综合医院中，中心城占85%。协和医院所处的东单、多家三级医院聚集的西二环沿线常年位居北京最为拥堵路段之列。

优质资源空间分布不均使得部分地区服务设施超载使用的同时其他地区设施乏人问津，未达到使用预期。这种现象在基础教育上尤为突出。调查显示，37.4%的家庭宁可远也要上优质学校，导致好小学聚集的东西城、海淀各区承担了超出自身配置的就学需求，负荷率最高达到133%。

随着中心城区建设趋向饱和，城市发展重心转向边缘集团和新城，区域公共服务设施随之快速发展，城市功能逐步完善。然而，由于大部分公共服务设施为公益性质，其配建往往滞后于住宅建设，无法满足人口激增带来的强烈服务需求。

1.3 重大型、轻基层，难以满足多样服务需求

从公共服务设施现状体系结构来看，各类设施都不同程度地存在结构不尽合理的问题，重市、区级大型设施，轻街道、社区级基层设施，公共服务垂直体系尚需完善。

以综合医院为例，三级医院等大医院人满为患与大量基层医疗服务资源闲置浪费现象并存。全市三级医疗机构和郊区二级医疗机构编制床位数使用率为90%和105%。一级医疗机构和城区二级医疗机构编制床位数使用率仅为45%和70%。

另外，随着生活水平的提高，人们对公共服务的需求不断细化，仅靠单一的设施类型已很难完全满足各年龄段、各社会阶层的多元需求。在养老方面，大部分养老机构还不能满足对不能自理和半自理老人等重点人群的专业护理服务需求。同时，社区、居家养老服务严重不足。尤其在老龄人口比例高，而空间资源缺乏的老旧居住区和乡村地区，社区养老和居家养老服务成为当前最急需的公共服务之一。

1.4 配套细则缺乏，社会力量尚未充分发挥作用

从近几年北京公共服务设施发展情况来看，社会参与比重逐渐增大，类型、模式多样，满足市场多元化、个性化、品质化服务需求。大力发挥市场的资源配置作用在全社会已基本形成共识，各主管部门先后出台鼓励政策，但从具体操作情况来看，尚缺乏实施细则，相应的准入机制和配套管理机制仍在探索之中。

2 公共服务设施的提升思路探讨

2.1 基本原则

2004年"总规"确定了北京4个主要的发展目标定位：国家首都、世界城市、文化名城和宜居城市。"宜居"二字始终是北京城市发展的核心目标之一。良好的公共服务正是城市宜居的基础保障，其品质涉及行业发展、规划策略、政策机制、管理使用等方方面面。以下仅从服务设施规划管理的角度入手，探讨有效促进公共服务均等、多元发展的思路。

（1）从人入手，配置与其规模、结构、分布、需求相匹配的公共服务设施。公共服务设施的规划和城市人口密切相关。不同年龄结构、不同社会阶层人群对设施类型、品质等需求各不相同。公共服务设施的配置不应是简单的数据研究，更应对应人群需求，切实服务城市居民。因此，对公共服务设施的研究需要综合思考人、用地、设施三者关系，在"总规"修改"限定城市边界"的基础上，更好地挖掘设施空间资源，统筹利用，服务各类人群。

（2）从整体入手，发挥城乡规划统筹配置空间资源的作用。公共服务设施种类繁多，主管部门庞杂，面临问题

各异。若从单项规划角度入手，不可避免出现线头过多、难以组织的局面。因此，应从整体提升的思路入手，统筹发展，相互借力，推进北京生活品质的综合提升。

（3）从分区入手，对接管理单元，进行差别化规划指导。北京城市规模巨大，各区域经济发展水平、人口聚集程度、社会阶层利益不同，势必导致设施需求不尽相同。以往各类规划注重整体布局、总量规模等技术性要求，遵循规划边界。而从设施管理体系来看，现状仍以市、区两级垂直管理为主。因此，研究尝试统筹规划、行政边界，划定实施单元，在不同尺度、不同城市地区提出对接实操的规划对策，与城市空间结构相协调。

（4）从政策机制入手，保障规划的有效实施。公共服务设施的成功不仅仅基于良好的规划配置，更需要依靠良好的体制机制保障。研究希望在技术规划的基础上关注实施政策，将现阶段设施建设经验的各类模式纳入考虑，加大社会力量参与力度，提高城市规划有序参与城市治理的水平。

2.2 建立"用地—设施"联动模式，有效保障充足设施建设空间

目前，北京城市建设已从增量扩张的粗放式发展逐步转向存量挖掘的集约式提升。"总规修改"提出划定城市边界，土地资源的有限性意味着需要更多从存量利用角度应对各类问题。建立"用地—设施"联动模式，从供地保障、用地共享、部门合作等方面，高效集约利用土地资源。

2.2.1 供地保障

良好的公共服务始于设施供地的充分与合理。在"总规修改"确定城市可建设用地总量前提下，综合考虑城市各项用地指标，确定合理公共服务设施用地比例，保障城市公共服务承载力。参考国家标准和北京市地方标准，公共服务设施用地应占中心城区规划用地比例的13.0%～17.5%，若仅核算公益性为主的五大基本设施，用地比例约在10%。对北京市土地利用现状梳理中也能发现，以建设为主的三大功能区中，公共服务设施用地比重自城市中心向外逐渐递减。在现状数据的基础上，参考各大城市用地比重，合理确定北京城市公共服务设施用地比例。并在此基础上，结合各区县自身定位和发展情况，提出各自用地比重下限，作为地区法定规划编制审批的基本依据。通过土地储备制度，设立独立的设施土地储备金。根据区县用地比重指标，保证公共服务设施用地供应量引导设施用地独立、快速实施。

2.2.2 用地共享

从设施管理情况来看，各类设施分属不同部门管理，分工权责明晰，相互之间并不影响干扰。然而，从设施使用情况来看，有些公共服务间存在密切的内在关系，对公共服务设施的空间利用提出创新性要求。另外，服务设施的共建、共享能够有效提高用地效率，尤其是城市建成区，存量土地资源有限，应当最大限度地挖掘空间价值，服务切实需求。

以"医养结合"模式为例，通过卫生和民政部门的协作设置，充分发挥医疗优势，提供全面的医疗、保健服务，满足不同类型老人康复及社区、居家护理需求。在规划指标上，应当充分考虑医疗机构和养老机构的空间复合使用条件，降低用地规模，提高建筑规模，高效集约利用土地。目前，北京商务中心区国际医院规划等已开始对医养结合的用地共享模式进行探索。

此外，在社区层面，以政府为主导，更多类型、更大程度的设施混合建设，能够协调与住宅的建设时序，方便居民使用，应当成为设施专项规划的研究重点之一。目前，北京市新发布的《城乡规划用地分类标准》将社区综合服务设施用地单独划类A8，为此类公共服务设施的用地和空间共享奠定基础。

2.2.3 部门合作

目前，各类设施分属不同主管部门，以文化为例，市属六大类公益性文化设施分别隶属于市文化局、市教委、市文物局三大主管部门，其他经营性文化设施由各主管部门负责行业规划编制、行政管理审批等内容。设施管理的条块分割和规划用地性质的排他性导致一经审批就难以更改。从现状情况来看，一定区域内存在部分设施闲置无用而部分设施供不应求的现象，但相互间很难统筹协调。

因此，建议由市级政府主导，建立设施主管部门间的协调机制，打破各类设施在规划建设过程中互不相干的管理壁垒，统筹设施用地资源，保障区域范围内公共服务设施用地总量，并根据社会发展阶段性需求调节设施用地的具体功能，通过用地性质审核、设施准入、建设管理、设施退出等的全过程监管，实现地区公共服务的动态、可持续发展。

2.3 制定差异性空间政策，精细化促进城市公共服务均等发展

公共服务水平和地区发展时序、经济社会情况等密切相关。差异性空间政策体现在宏观、中观、微观等多个尺度上，是促进公共服务均等化、推进城市管理精细化的有效手段。

2.3.1 区域协同

2013年，国家提出新型城市化理念，要求加大区域协同，促进京津冀一体化发展。在区域宏观层面，公共服务的差异化政策体现在两大方面。

（1）有选择、有时序地推动公共资源在区域内共享，以支撑北京城市功能的有效疏解。这种可疏解的公共资源主要包括与首都职能不协调、非服务北京市民日常生活、功能使用相对独立、资源占用相对较大的设施，如普通高等教育机构、以研究为主的医疗卫生机构等，扩大设施资源的服务和辐射范围，带动周边区域协同发展。

（2）有选择、有规划地提升首都周边地区公共服务设施的建设标准和行业发展水平，尤其是处在发展廊道上的地区应当由政府主导优先建设基础保障性设施，提升服务水平，增加对北京中心城区聚集人口的反磁力效应。

2.3.2 城乡均等

在城市中观层面，设施差异化政策应当着力破解城乡二元结构，以城带乡，推进基础教育、基本医疗、社会保障等公共服务的均等化发展，体现政府的保障与服务职能。

在设施规划上，应当针对乡村地区的空间特点和特殊需求，优化设施结构、丰富设施类型、细化配置标准。以基础文化设施为例，有别于街道、社区文化设施以中老年人为主要服务对象，侧重于图书阅览、展览展示等文化休闲活动，乡村的基本文化则应以所有村民为服务对象，强调文化宣传和信息共享。

在设施管理上，应当结合乡村地区行政管理的特点，采取更为灵活丰富的实施政策。在村文化设施的建设过程中，采用了市、区两级多个部门共同服务、优势互补、资源互助的共享形式，降低了基层文化服务的成本，提高了文化设施的利用率。此外，在一些特殊乡村地区，如部分绿隔中保留的自然村等，在规范服务体制的同时，适当弹性、灵活把握，为一些自发形成、方便实用的服务提供生存空间。

2.3.3 区县差异

区县差异化设施引导策略在应对人口使用需求的同时，协助调控人口空间布局，对北京城市人口的规模控制和布局发展具有重要意义。应当统筹行政边界和规划边界，协调区县功能定位、人口规模和生活需求，整合各类空间资源，对北京16个区县分别提出具有针对性、切实可行的差异化空间政策。

以东城区为例，其位于首都功能核心区，现状公共服务设施用地比例高达13%，然而高密度人口导致人均设施用地面积仅不到6平方米。在中小学、三甲医院等优势资源高度聚集的同时，由于老城土地资源有限，导致托幼、社区养老、社区文化等一些基础性公共服务设施严重缺乏。东城区设施引导政策在人口疏解的大条件下应当强调资源疏解和设施建设并行。在资源疏解上，已高度聚集的公共服务项目应当严格控制，就地改扩建需设置更高限制条件。在设施建设上，应当充分挖掘空间潜力，通过功能复合、地上地下空间利用、设施资源共享等策略，优先增加托幼、养老等急需设施规模。

与之相对应的，首都功能拓展区应当加快完善自身公共服务网络建设；城市发展新区应当积极吸引承载优质服务资源；生态涵养发展区应当在完善基本保障性服务的同时，借助自身优势引导具有特色的多样公共服务产业，与中心城区错位发展。差异化的空间策略立足于不同区域的实际需求，旨在通过公共服务的完善，协同城市空间发展，提升城市生活品质。

2.4　加强社会力量参与，体现市场资源配置特点，提供多元公共服务

近年来，政府颁布多项政策，鼓励社会力量参与公共服务设施建设。例如，在养老机构设立上，自2013年起，民政部、北京市就先后制定施行了《养老机构设立许可办法》《养老机构管理办法》《关于加快发展养老服务业的若干意见》《关于加快本市养老机构建设的实施办法》等多项法律、法规，促进社会力量参与建设养老机构，以补充公立养老院的不足，提供多样服务可能。然而，各类设施政策仍以宏观导向为主，尚缺乏与之匹配的实施细则，影响民办设施的效率最大化。

应当进一步梳理政府和市场的关系，明确政府保障职能，基于"保基本、兜底线、促公平、可持续"的理念，着重关注基础公益性公共服务设施的建设。对于更为多元、多样的建设模式，应当通过流程透明、权责清晰的建管体系和监管机制，对各类社会力量参与设施建设进行有序引导和适度管理，为市场留有更大空间。

配套实施政策应当覆盖设施建设全过程，从行业准入、土地供给、用地权属、设施建设到验收移交、管理经营，加强规划建设主管部门和公共服务设施主管部门的密切合作。此外，应当丰富社会力量内涵，充分借助民营机构、非政府组织等的专业经验，甚至在基本保障性服务中满足多元需求。

3　结语

公共服务设施种类多样，每种设施发展情况不同，所面临的问题不同。除了前文探讨的发展思路，公共服务设施的规划提升还可以从完善设施类型，优化设施结构，细化配置标准，挖掘存量用地，丰富设施载体等方面着手，共同编织完善的设施规划方法体系。此外，公共服务的提升也与行业发展密切相关。设施的定位、配置和建设应当与行业改革相协调、与产业发展相统一。目前，基于北京总体规划修改的专题研究工作仍在推进中，希望通过本文能够更好地梳理设施发展现状，探索促进基本保障性设施均等化和各类公共服务多元化发展的思路与方法，以人为本，为北京建设国际一流的和谐宜居之都提供良好保障。

参考文献

［1］北京市城市规划设计研究院. 北京市基础教育设施专项规划（初稿）［Z］. 2014.

［2］北京市城市规划设计研究院. 北京市医疗服务及公共卫生设施空间布局专项规划（初稿）［Z］. 2014.

［3］北京市城市规划设计研究院. 北京市养老设施专项规划［Z］. 2011.

［4］北京市城市规划设计研究院. 北京中心城公共文化设施空间布局专项规划（2013—2020年）［Z］. 2013.

［5］北京市城市规划设计研究院. 北京市中心城、新城公共体育用地专项规划［Z］. 2004.

备注

本文发表在《城乡治理与规划改革——2014年中国城市规划年会论文集》中，有删节。

建设世界城市，勿忘宜居城市

马良伟

北京要建"世界城市"了！据专家们说，所谓"世界城市"就是"国际城市"的高端形态，"国际城市"已然很高了，高上之高，比之更高，这可真是一个令人兴奋的消息。然而，兴奋之余，却总是有一些忧虑，觉得在强调"世界城市"的时候，有些忽略了"宜居城市"。

北京的总体规划提出，北京的城市定位是"国际城市、国家首都、历史名城、宜居城市"。北京作为"国家首都"和"历史名城"已经是现实和不争的事实，而现在我们要着手建设"世界城市"——"国际城市"的高端形态，说明北京"国际城市"的目标业已基本达到。四个定位，三个已经做到或基本做到，还差一个"宜居城市"。我们距离"宜居城市"的目标还有多远呢？是不是"世界城市"建成，也就是"宜居城市"了呢？似乎还有一些疑虑，主要是想到了几个日常碰到的问题。

1 教育问题

"在我们这样一个有近12亿人口、资源相对不足、经济文化比较落后的国家，依靠什么来实现社会主义现代化建设的宏伟目标呢？具有决定性意义的一条，就是把经济建设转到依靠科技进步和提高劳动者素质的轨道上来，真正把教育摆在优先发展的战略地位，努力提高全民族的思想道德素质和科学文化素质。这是实现我国现代化的根本大计。"

上面是江泽民同志1994年在全国教育工作会议上讲话当中的一小段，虽然时间过去了十几年，但现在看来内容仍然没有过时。这其中重要的一点是"真正把教育摆在优先发展的战略地位"。

教育是一个民族和一个国家发展的推动力。而观察我们现在的教育状况，会发现还存在很多问题，如教育资源配置不平衡、基础教育在很大成分上是应试教育等。这些问题的表象就是城乡教育水平的差别很大；孩子们几乎从一出生就开始为了高考而竞争，从而使得教育缺少了乐趣。

我们是否应该再多花一些力气来研究研究教育问题呢？这是关系到民生和民族的大问题。尽管一个城市要想改变整个国家的教育状况不太现实，但在一个城市里尽可能地让教育资源得到平衡配置，让这个城市里的居民把接

受教育看作是一种享受，这些还是有空间可以作为的。

2 医疗保障问题

医疗保障问题也是一个根本的民生问题。目前的中国医疗保障体系还存在保障覆盖不足、保障力度不够、费用控制不力、运行效率不高以及保障制度不公等一些问题，而这些问题带来的直接结果就是"看病难、看病贵"。

北京居民现在看病是比较困难的一件事，病员多、收费高、就医环境差等问题往往让人望"医"却步。我们是否应该在建设世界城市的同时，花一些精力来研究一下北京居民的医疗保障问题呢？例如，如何实现全市居民医疗保障的全覆盖，如何搭建以公共医疗保险、社会医疗救助体系和商业健康保险为支柱的医疗保障制度框架，如何真正地让所有市民都身有"医"靠？

同样，这个问题也是和整个国家的相关政策联系在一起的，靠一个城市很难从根本上解决问题。但如果我们真正动脑筋、想办法，是否也有空间可为呢？

3 住房问题

住房问题仍然是北京市民面对的一个"焦点"（焦虑之点）问题。我们还有几十万户居民住房条件很差，亟需改善。而随着世界城市的建设，北京的住房价格可能会越来越高，居民住房的负担会越来越重。

当然，北京不缺豪宅，世界级的豪宅也不少，但一个城市里居民住房条件的巨大差异也是影响这个城市民生的一个大问题。

4 交通安全问题

交通拥堵问题越来越让北京的市民头疼。然而堵车是一个问题，交通安全则是一个更大的问题。

我们的孩子每天骑车上下学，穿行在机动车的车流中，这真是让家长们胆战心惊的事情。即便是神州第一街——长安街上，骑车也不是很安全。公共汽车一进站，就将自行车挤到了机动车道上，秩序很是混乱，安全隐患很大。复兴门外大街长安商场门前一段就是一例。

就在北京市规划委员会和北京市城市规划设计研究院

门前的南礼士路上，有几条行人过街的斑马线，每天要有成百上千的过路人通过这几条斑马线横穿并不很宽的南礼士路。但这几条斑马线没有红绿灯，路人穿行要左顾右盼、见机行事，而过往的机动车几乎没有一辆见到行人而停下的，哪怕是减速也好啊！机动车呼啸着从路人的身旁飞驰而过，就连挂着"青年号"、"文明号"的公共汽车也难得停下或减速，让一让斑马线上的行人。身手敏捷的青年人、成年人还好，连蹦带跳，瞅准机动车的空当过了马路，而老年人则真是难啊，难于蜀道行。

每当看见这些景象时，心中不免疑问：这就是我们的世界城市吗？还是说当世界城市真的到来时，情景比这更糟？

其实，这些问题并不是非常棘手难以解决的问题，我们只要花上建设世界城市百分之一的精力和财力就可以解决。例如，清理一下自行车道上的障碍物（如乱停车）让自行车顺畅通行，为自行车道加设护栏使得孩子们骑车上下学时更加安全，公共汽车停靠站可以改成"岛式站台"，别再让自行车被挤到机动车道上去，行人过街的斑马线可以加装红绿灯，别再让行人心惊肉跳地过马路。

5　生态绿化问题

西方发达国家的大城市，在经历了几百年的城市化进程后，都普遍感觉到城市的最大问题是生态环境恶化问题。现在，居住在这些所谓"发达"大城市里的居民，对每一块绿地、草坪、树荫都倍感珍惜。

而现在，我们北京要建设世界城市，对每一块土地的斟酌更多的是从其产生的GDP上考虑，而不是从生态环境、小气候、居民休憩使用上考虑。即便是多年以前就实行的"绿化条例"，现在也要巧妙地加以修正：绿地是可有可无的，或者巧妙一点可以"化零为整"的，而实际操作中是能少则少的。相反的是，那个可以带来直接GDP的建筑面积则是越多越好。

是的，建筑面积越多，带来的GDP也越多，我们操控世界的能力也越强，离世界城市的目标也越近，但距离宜居城市恐怕是越来越远。

6　人口问题

北京人很多，压力很大，很多城市问题和社会问题都是由于"人多"而引发的。但世界城市的建设会让北京的人口减少吗，北京的资源能够承载越来越多的人口吗？

7　建筑高度问题

建筑高度问题本来是个美学的问题，类似于萝卜、白菜，对此本无可厚非。但现在我们似乎可以确认的是，建筑高度越高，距离世界城市的目标就越近。但是，从目前世界上所有城市的各种信息资料上看，还没有一个城市反映出，城市的建筑高度越高，城市距离宜居城市的目标越近。

很多规划师、建筑师（无论是有名的还是无名的）都有很多关于建筑中人与地面之间最佳距离的理论。这些理论论述了居民在多少层的居住建筑里可以照顾到地面庭院里的孩子从而有安全感，论述了工作人员在多少层的办公建筑里可以有效地感受到地面花园的影响从而也有放松感。难道这些简单粗浅的理论都已经过时了吗，所谓的"安全感"、"放松感"都是夸大其词吗？世界城市来临的那天，我们不需要这些所谓的"安全感"和"放松感"吗？

8　城市承载力问题

建筑高度提高了，建筑面积不会因此而提高吗？试想，一栋100米高的建筑，被拉成了200米高，其建筑面积还能保持不变吗？显然，高度的提高必然导致面积的增大。

如果所有的建筑都增加了建筑面积，对城市基础设施的要求则必然增加。是否可以这样认为：建筑高度越高，建筑面积就会越大，对城市基础设施的需求就会越大。问题是，此种"需求与供给"的关系总会有一个限度吧，难道会"无限"吗，抑或我们真是要像哲学家追求"宇宙本源"般那样去追求城市的"无限"和"穷尽"吗？

建筑高度的提高导致了建筑面积的增加，建筑面积的增加显然加重了城市基础设施的负荷，城市在高负荷的情况下运转必然加大安全隐患，防灾减灾的能力减弱。这个观点应该不是危言耸听。

孟子讲过一句话：民为重，社稷次之，君为轻。这句话耳熟能详，因为它道出了人类社会的一个本末关系。我们暂且将"君为轻"放在一边，那么能否将孟子的话前两句改一下，变成"宜居为重，世界次之"呢？

亚里士多德说过：城市让生活更美好。是的，我们都沉浸在对城市美好生活的向往中，但城市是什么样子的才算美好呢？

一种城市是：繁荣的、喧闹的、紧张的、高速运转的、汽车从身边呼啸而过的、生产力高的、消费水平高的、物价高的、人口众多的、竞争激烈的、建筑高耸入云的、人走近建筑有些压抑感的、现代化的、辉煌的、老年人可以住进豪华养老院但子孙们却没有时间来探视的、地球人都知道的、能影响世界的、能统领世界的、一跺脚甚至一咳嗽世界要颤一颤的……

另一种城市是：节奏缓慢的、反应迟滞的、人们不追求上进的、人们还些许有点忧郁的、人们小富即安的、孩子上学有校车接送的、校车比装甲车还结实的、劳动者很早就下班然后无所事事的、野生动物就在几里之遥的、小松鼠在窗台上乱蹦乱跳的、老百姓出门不用锁门的、人们每年一次洗牙可以医疗保险的、人们死后骨灰就埋在树下而不用撒到海里或送上太空的……

两种可能都美好，也都有缺憾。就看我们的选择了。

备注

这是一篇过去的文章，曾发表在《北京规划建设》2010年第4期，今又贴出，只是因为仅仅过了4年，"世界城市"的口号已然不见了，心中不免感慨。再环顾四周，发现街头巷尾那曾经赫然的"北京精神"八个大字也在悄然撤下，代之另一个新口号。古人讲："总把新桃换旧符"，换是必然的，但换得过于频繁则让百姓惶惶不安了，尤其是关于社稷民生的桃符也好、口号也好，其提出与撤换还是要慎重为上。

从社会和谐的角度对北京市保障性住房空间布局的再思考

王雅捷 廖正昕 史妍萍

自1998年以来，北京市根据国家政策和要求进行了大量保障性住房的建设，其中最早开始建设的是经济适用住房。1999年根据国务院23号文的要求，北京市规划建设了首批19个经济适用住房项目，包括回龙观、天通苑、建东苑等。截至2006年，北京市共建设经济适用住房约2600万平方米，为近20万户居民提供了较低价格的住房，但同时这一时期建设的经济适用住房普遍存在建设面积标准较高、缺乏较为严格的准入制度等问题。

2006年以后根据国务院37号文（2006年）和24号文（2007年）等文件的要求，北京市政府在探索中逐步建立起了针对中低收入住房困难家庭、多层次、多渠道的住房保障体系，包括廉租住房、经济适用住房、限价商品住房、公共租赁住房，简称"四房"。2007~2009年，北京市共新开工保障性住房2300多万平方米，约24万套，其中限价商品住房约占62%，经济适用住房约占31%。

大规模建设的保障性住房逐步显现出一些问题，如有些小区交通不便、配套设施不完善，有些小区与相邻商品房小区出现矛盾等。这些问题很多都与保障性住房的空间布局有关，本文通过以GIS技术为基础的保障性住房小区布局空间分析和典型小区调研为基础，分析空间布局方面存在的问题，结合国外保障性住房空间布局的成熟经验，从促进社会公平与和谐的角度提出未来保障性住房空间布局的对策建议。

1 北京市保障性住房建设的总体情况

北京市在保障性住房规划建设工作组织上，坚持政府主导、规划先行，以及市、区（县）政府共同组织建设的模式。为使保障性住房的规划、建设以及分配科学合理，北京市陆续制定了多项法规和政策，并编制了《北京住房建设规划（2006—2010年）》《北京市"十一五"保障性住房及"两限"商品住房用地布局规划》等，提出了住房保障的指导思想、规划原则、需求规模、结构与布局、实施保障机制等，其中对保障性住房的空间布局提出了重点在中心城中心地区以外区域、轨道交通沿线等公共交通便利地区、统筹考虑职住平衡、集中建设与配套建设相结合的布局原则，并提出按照"大分散、小集中"的模式进行

空间布局，以促进社会公平和融合。

1999~2009年，北京市共计开工建设保障性住房（"四房"）4984万平方米，其中廉租住房103万平方米，占2%；经济适用住房3381万平方米，占68%；限价商品住房1448万平方米，占29%；公共租赁住房53万平方米，占1%。已批、已建的保障性住房覆盖了包括"城六区"、昌平、顺义等在内的15个区县。总体来看，保障性住房空间布局有以下几个特点。

1.1 与城市空间结构调整方向一致

2006年底前建设的经济适用住房主要集中在天通苑、回龙观两大居住区。2007年起，保障性住房布局以中心城边缘集团、新城为主，与城市总体空间结构调整方向一致。"十一五"期间近90%的保障性住房土地供应分布在这两类区域内。在空间方向上，主要分布在城市东部和南部，保障性住房在北部地区过于集中的问题得到缓解，如图1所示。

1.2 轨道交通引导作用逐步显现

根据住房保障相关规划提出的要求，通过土地储备、配建等方式政府主动引导保障性住房集中在轨道站点周边布局。例如，为了缓解天通苑、回龙观两大经济适用住房社区出行困难问题，优先建设地铁5号线和13号线。2007~2009年，189个保障性住房建设项目中，有95个结合轨道站点布局，占总数的约50%。总体来看，轨道交通引导作用不断强化，居住出行选择增加，交通出行困难问题在一定程度上得到缓解。

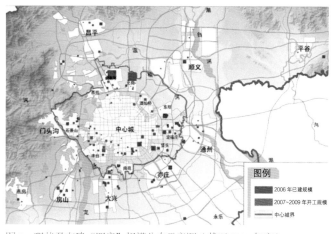

图1 现状及在建"四房"规模分布示意图（截至2009年底）

1.3 建设模式以集中建设为主

由于保障性住房建设任务量大，进度要求快，以及土地开发模式等原因，目前的保障性住房建设以集中建设为主。2006~2009年，集中建设的保障性住房占总量的88.5%，配建占11.5%。其中，经济适用住房、限价商品住房90%以上为集中建设，廉租住房95%、公共租赁住房56%为配套建设。

2 北京市已批已建保障性住房空间布局问题分析

随着近几年保障性住房大规模的建设，保障性住房在空间布局上的问题也逐渐显现。2009~2010年上半年，由北京市规划委员会组织，在各区规划分局和住房保障管理部门的协助下，对北京市13个保障性住房小区进行了调查研究，通过座谈和填写问卷的方式，多方面了解保障性住房在规划、使用、管理等过程中出现的问题。结合调查研究和保障性住房空间分布GIS数据分析，我们发现一些保障性住房小区存在位置比较偏远，配套设施不完善，空间分布不均衡等问题，主要体现在以下几方面。

2.1 供给和需求在空间上有所错位

保障性住房空间布局以中心城边缘集团和新城地区为主，与申请人的需求有所错位。近几年开工建设的保障性住房在空间上逐步向中心城外围和新城扩展。2007~2009年新开工的保障性住房中53%分布在中心城以外地区，位于中心城范围内的保障性住房规模所占比例由2006年底前的93%下降到目前的71%。然而，从申请人所处区县来看，廉租住房和经济适用住房申请人群位于原东城、西城、崇文、宣武4区的最多，占总量的47.5%，限价和公租申请朝阳、海淀居首，占总量的33.9%，中心城以外的申请人较少，如图2所示。保障性住房供给与需求在空间上的错位意味着大量的中低收入人口需要外迁，增加了他们生活、交通的成本和就业压力。

2.2 全市总体分布均衡度较低，部分地区分布过于集中

保障性住房建设主要集中在昌平、朝阳、丰台、大兴等区，从环线关系来看，主要分布在北五环、东四环、南三环以外、六环以内的城市边缘地区。城市中心地区保障性住房比例较低，2007~2009年新开工建设的保障性住房仅有9%分布在中心地区。六环路以内范围的乡镇和街道办事处中，没有保障性住房的有100个，占街道办事处总数的57%。在一些城市边缘地区，出现了保障性住房集中连片发展的情况。六环内街道办事处中有12个保障性住房规模超过100万平方米，27个超过50万平方米，包括天通苑、回龙观，东坝、常营、台湖、西红门等。有8个街道乡镇保障性住房占住宅面积总量比例超过75%。

根据国外发展的经验，保障性住房在城市边缘的集中连片发展容易形成中低收入群体的聚居区，造成环境恶化、失业、贫困等社会问题，从而加剧社会隔离，引发这些地区进一步被边缘化，地方发展失去动力而陷入衰退。值得一提的是，北京市外来人口的居住也主要分布在三环至六环的城乡结合部地区，其空间上与保障性住房分布的重合使一些地区成为更加突出的低收入人口聚居区。例如，昌平区东小口、天通苑等地区，居住了大量的外来低收入人口，虽然租金较低的经济适用住房和农民出租房为外来务工人员提供了可支付的住房和相对便利的生活条件，但是这些地区也出现了环境恶化、治安情况不佳以及中产阶级逃离等问题，给社区管理带来很多难题。

2.3 部分保障性住房选址偏僻，配套设施滞后，就业岗位匮乏

根据空间分析和调研情况来看，部分保障性住房项目选址比较偏僻，如海淀苏家坨经济适用住房位于海淀山后六环路以外，周边没有其他居住社区和大型公共配套设施，规划中也没有轨道交通，居民出行、购物等都存在很多困难。此外，门头沟石门营经济适用住房的居民也反映交通不便，配套设施滞后，孩子入学困难等问题。

另外，由于城市空间布局调整的长期性特征，就业和优质公共服务设施转移速度明显慢于居住外迁速度。从居住和就业的关系来看，保障性住房集中分布的城市边缘地区就业岗位较少，适于外迁人口的就业岗位缺乏。职住分离和供需分离的矛盾短期内难以调和，交通出行的时间成本和压力短期内难以大幅降低和缓解。

综上所述，北京市已批、已建保障性住房空间分布以

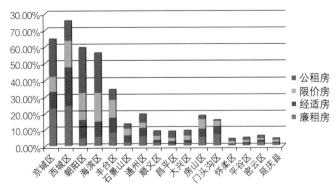

图2　2007~2009年16区县保障性住房申请情况分析

中心城边缘集团和新城为主。随着中心地区可开发土地的减少，保障性住房项目有向中心城区外围扩展的趋势，符合城市空间发展方向，但是与保障性住房需求空间错位。由于就业和优质公共服务设施转移速度明显慢于人口外迁速度，保障性住房"宜居宜业"程度亟待提高。另外，保障性住房空间布局总体不均衡，部分地区集中度较高，部分项目出现居住环境质量下降、居住社区管理混乱、居民生活矛盾增加等问题。此外，保障人群出现社会隔离、社会认同感缺失等社会问题也逐渐显现。

3 北京市保障性住房空间布局的对策建议

贫困分布的相关研究提出，贫困聚居区既是综合贫困集中体现的地区，也是贫困阶层集中居住的地区，贫困聚居既是社会问题的重要内容，也会引发社会问题，两者呈相互加强的关系。此外，居住隔离会加剧社会隔离：首先，住房商品化和小区管理封闭化直接导致了居住的分层和隔离，也就是将经济、社会不平等体现在物质空间环境上。而居住的隔离，为市民经济、社会地位贴上了标签，将直接危害社会公共意识。其次，居住隔离将减少不同类型群体之间的交往机会，促成了较高的同质化进程，进一步加深和强化社会隔离，使社会分层结构刚性化。由于北京市在保障性住房建设早期尚未严格准入标准，所以目前已入住的保障性住房小区中低收入群体聚集带来的社会问题尚不明显，但是，考虑到"十二五"时期仍有大量的保障性住房投入使用和开工建设，有必要对此类问题提前研究，提出应对策略。

从促进社会公平与和谐的角度，应尽量减少居住隔离，加强保障性住房空间布局的均衡性，加强保障性住房小区不同阶层的适度混合居住以及居住与就业的融合，加强公共交通和公共服务配套设施等，主要包括以下几方面内容。

3.1 加强保障性住房的均衡布局

在"十一五"保障性住房空间布局规划"大分散、小集中"原则的基础上，提出未来保障性住房建设"全市均衡、适度混合"的空间布局原则。

"全市均衡"是指保障性住房应该在全市范围内（主要是中心城和新城）均衡布局，使不同地区的保障性住房规模比例逐步接近，最终达到均衡状态。例如，可以以街道、乡镇为单位，提出保障性住房需达到的比例要求。对于目前尚未建设保障性住房的地区，在"十二五"规划中，应当把增加保障性住房的数量作为重点任务。对于保障性住房比例过高的地区，应积极引导普通商品住房或高档商品住房的开发，实现地区均衡。

"适度混合"是指不同阶层的住房应在小区内适度混合，包括保障性住房、普通商品住房等。近期可以"梯级混合"为主要手段，即将相对接近的社会阶层混合在一起，如在高档住宅小区内建设部分中低价位、中小套型普通商品住房，在普通商品住房内配建保障性住房等。

在实施机制上，可以采用将保障性住房建设要求与地区控规有机结合的方法。例如，将地区住房发展目标、保障性住房建设指标落实到空间规划中去，分解到街区单元，可以作为街区层面控规的重要指标之一。在实施过程中，重点针对建设用地资源（即有可能利用、改造或建设的用地资源），将保障性住房建设要求作为限制性指标之一纳入地块控规，也可以作为土地上市的条件之一。目前，北京市在土地出让中已经采取了类似的做法，包括限地价、竞公租房面积的出让方式，取得了很好的效果；但还应当以促进均衡发展为目标，针对还未上市的土地提前研究保障性住房的建设指标。

3.2 促进保障性住房所在地区的职住平衡

为从根本上解决低收入群体的发展困境，应当积极发展保障性住房所在地区的产业，引导经济良性增长，促进地区的长远发展。

在产业发展相对滞后的中心城边缘集团或新城地区，保障性住房建设应与地区产业和社会服务功能的发展相结合，以便为保障性住房的居民提供充足的就业岗位和必要的社会服务。例如，可以一定的优惠政策吸引公共服务设施，尤其是优质的公共服务设施，以及产业的发展。在产业发展比较集中的地区，也可以结合产业类型，针对企业职工定向建设保障性住房。

同时，为了调整一些大型居住区功能单一问题，可以结合现状老旧小区的改造，增加小规模的商业空间，包括底商、小商铺、小规模写字楼等，增加地区经济活力和就业机会，促进地区发展。荷兰在20世纪60年代建设的Bijlmermeer居住区是以社会住房为主的大型居住区，在后期改造中将高层建筑改造为多层建筑，并将一层改造为底商，可以经营小商业，也可以作为小公司的办公地点，或者作为公共活动中心，为地区的发展带来了活力，取得了很好的效果。

3.3 加强保障性住房的配套设施建设

在"十一五"保障性住房空间布局规划中，已经提出了重点在轨道站点周边建设保障性住房，加强和完善配套服务设施建设的总体原则。但是在实际建设中，由于各种原因，仍然存在选址偏远、交通不便和配套设施建设滞后的问题，这些也是居民极为不满的重要内容。因此，在加强地区配套市政基础设施完善的基础上，应当进一步强调公共交通和公共服务设施的重要性，因为中低收入群体对公共服务的依赖性更强。

在低收入阶层比较集中的地区，还应当引导适应低收入阶层消费需求的公共服务设施和商业设施的发展，以满足人们的日常生活需求。例如，参照香港的经验，可以采取租金补贴的方式，减少商业店面的租金，以此来降低出售商品的价格。

3.4 成立专门的机构或公司，从事混合开发和发展

保障性住房建设是包含多重公共利益的综合目标，仅仅依靠市场力量难以达到社会融合、功能综合等社会发展目标。例如，开发企业会更倾向于开发居住阶层单一的小区，有利于住宅的销售和后期管理。因此，有必要由政府部门主导，成立专门的非营利机构或公司，从事特殊地区的混合开发或发展，也可以采用公—私联合的方式。尤其是在旧区更新改造的项目中，面对更加复杂的情况和目标的多元化，专门机构能够更好地引导地区发展。

例如，巴黎Reuilly地区的更新改造就采用了"协议开发区"的方式，成立了专门的项目管理和开发机构，引导地区的混合发展和综合开发。该项目位于巴黎市东南，塞纳河右岸的车辆段用地，占地面积12.5公顷，改造后共建设住宅800套（其中670套为社会住房），办公6.5万平方米，

其他产业1万平方米，商业服务业6000～7000平方米，以及公共设施绿化等（包括花园1.5万平方米、林荫道1万平方米、广场2500平方米、多功能厅、10班小学、带泳池的体育设施、保健设施及其他社会服务设施）。可见通过项目管理和开发机构的努力，改造后该地区实现了各阶层的混合以及功能综合。

3.5 充分发挥基层组织管理的能力和活力，以文化为先导促进社会融合

充分发挥民间社团组织、基层管理组织的作用，鼓励居民社区自治。广泛开展各类社区文化活动，促进居民特别是孩子们的交流，使居民在相互了解、合作的过程中增强对彼此的认识和融合。提高混合发展住宅小区的设计水平和整体环境品质，精心设计室外环境空间，增加促进居民交流和沟通的室外公共空间。加强社区文化建设，以共同的价值取向或文化氛围吸引中高收入阶层入住从而促进社会融合。例如，可以建设环保小区、无车小区等。提升地区文化内涵，增加居民的地区认同感和凝聚力。

4 结语

总的来看，虽然保障性住房空间布局的科学合理并不能从根本上解决社会贫富差距过大和社会隔离的问题，但是从世界各国的经验来看，保障性住房空间布局的优化是促进社会融合、加强社会和谐的重要手段，也是在城市规划工作中应该落实的重要内容。

参考文献

[1] 刘健等. 保障性住房的空间布局及相关社会问题的国外案例研究 [R]. 北京：清华大学建筑学院，2010.

[2] 孙斌栋，刘学良. 欧美城市贫困集中研究述评及对我国的启示 [J]. 城市问题，2009（6）.

[3] 袁媛，许学强. 国外城市贫困阶层聚居区研究述评及借鉴 [J]. 城市问题，2007（2）.

备注

本文发表在《北京规划建设》2011年第6期，有删节。

北京市养老服务设施规划策略与实施机制初探

薛忠燕　李涛

随着北京老龄化程度的日益加深，社会化养老成为全社会的普遍共识。为加速推动北京市养老服务设施建设，实现"9064"养老服务保障战略目标，北京市政府在已有的针对居家老人的"九养"办法后，拟推出针对集中养老服务设施的"六扶"办法。同时，集中养老服务设施作为新的投资领域受到保险公司、国有企业、房地产开发企业及个人的大力追捧。面对政府的高度重视和市场高涨的热情，需要我们从规划角度理性面对。本文仅从规划策略和实施机制两个方面谈一下对集中养老服务设施建设的看法。

1　概念厘清

1.1　老年人设施与养老设施

老年人设施指专为老年人服务的居住建筑和公共建筑，住房和城乡建设部将专为老年人服务的居住建筑分为两类并分别编制行业规范：一是《老年人居住建筑设计规范》，主要针对居家养老使用的按套型设计的老年人住宅和老年公寓，该规范正在编制过程中；二是《养老设施建筑设计规范》，主要是为老年人提供居养、生活照料、医疗保健、康复护理、精神慰藉等方面专项和综合服务的养老建筑服务设施，包括老年护理院（养护院）、养（敬）老院和老年日间照料中心（托老所），该规范正在报批。

《北京市养老设施专项规划》提出的养老设施内容与《养老设施建筑设计规范》基本一致，但结合北京市规划建设和审批的实际情况，将养老设施分为社区养老设施和机构养老设施，其中社区养老设施包括老年日间照料中心（托老所）和老年活动场站，机构养老设施包括护理（养）院、敬（养）老院等。

1.2　集中养老服务设施

集中养老服务设施实际上是在《北京市养老设施专项规划》的基础上，在实施过程中针对市场对养老设施的不同建设诉求提出的，在"六扶"办法中明确集中养老服务设施是指由投资者长期持有并符合建设规划、法律法规要求的集中养老服务设施。这个概念的重点是"投资者长期持有"，从而限定了集中养老服务设施是以出租而非出售

的方式为老年人提供集中居住空间。从目前北京市场供应的产品来看，包括机构养老设施和新兴的以泰康人寿小汤山健康城为代表的养老社区。

2　规划策略

2.1　设施分类

进入21世纪，福利事业成为政府公共服务的重点发展领域，但与医疗、教育设施不同，在由传统家庭赡养到社会养老的转变过程中，社会化的养老设施建设和管理机制还未形成，导致养老设施欠账较多。同时，随着房地产调控政策出台以及养老市场对保险资金的开放，越来越多的保险公司、国有企业、房地产公司都把目光转向养老市场。在政府财政相对紧张、市场资金高度关注的情况下，为加快解决养老设施供应短缺的问题，养老设施的社会化参与程度必然要高于医疗、教育设施。

在市场参与程度较高的情况下，迫切需要处理好投资者牟利的市场行为与政府保障基本公共服务职能之间的界限，笔者认为可以参考《北京市关于鼓励和引导民间投资健康发展的实施意见》中将医疗卫生事业按公益性、准公益性和经营性进行分类的方法，将集中养老服务设施按照市场资源配置的程度进行分类，其中完善政府基本公共服务职能、保障设施基本需求、以非营利为目的划为公益性集中养老服务设施，对应机构养老设施中满足不能自理和困难家庭老人养老需求的保障型床位，此类不宜由市场配置资源；满足个性化、针对性需求、以非营利目的划为准公益性集中养老服务设施，对应机构养老设施中满足一般工薪老人养老需求的普通型床位，此类可部分由市场配置资源；将高端化、以营利为目的的划分为经营性集中养老服务设施，对应满足市场多元化需求的养老社区，此类完全由市场配置资源。

城乡规划作为政府调控城市空间资源、指导城乡发展与建设、保障公众利益的重要公共政策，有必要为养老设施建设预留发展空间。鉴于北京市建设用地资源的稀缺性，城乡规划不可能保障所有养老设施的发展空间需求，因此在规划阶段的空间资源配置必须与集中养老服务设施的分类相对应。城乡规划应在规划设计条件中预留非营利

性集中养老服务设施空间，优先满足其发展需求，而营利性的养老服务设施需要通过市场资源配置的方式，从土地公开交易市场自由获取土地。

据预测，2020年北京市老年人口将超过400万人，按照市政府确定的"9064"养老服务发展目标，将有近16万老人入住养老服务机构集中养老。借鉴香港的经验，政府可以通过购买服务的方法持有一定比例的保障型养老床位，用以满足不能自理老人和困难老人的基础保障性需求，并对整个市场起调控作用。从香港的经验来看，保障型床位的比例为30%左右。

香港社会福利署官方网站显示，2012年底，香港共有养老床位约7.5万张，其中政府资助床位和非资助床位的比例约3：7，资助床位由政府津助及合约院舍、改善买位计划等办法购买床位；非营利性和营利性床位比例约4：6。共有28794人在长期护理服务中央轮候册内登记轮候，等待时间在1个月左右，即90%的申请人在等待1个月后可以得到需要的资助床位（图1）。

2.2 床位规模

集中养老服务设施作为养老服务体系的补充，在功能上具有兜底作用，是为老年人提供居养、生活照料、医疗保健、康复护理、精神慰藉等方面专项和综合服务的集体居住建筑。与目前社会热衷的大型集中养老服务设施建设理念相悖，由于集中养老服务设施立足于为半自理和不能自理老人提供众多的复合功能，每处集中养老服务设施的床位规模不宜大于500床，主要基于以下3方面原因。

2.2.1 国家行业标准

2011年实施的《老年养护院建设标准》（建标144—2010）在充分研究的基础上规定老年养护院按床位数量分为500床、400床、300床、200床、100床5类，以充分发挥资源配置的规模效应，并确保服务质量和方便管理。

2.2.2 北京实际情况

2009年底，北京市有现状养老服务机构391家，床位规模以50～100床和100～200床为主，占总量的三分之二（图2），其中50～100床规模养老服务机构主要是街道和乡镇为保证"三无"、"五保"等老人的基本养老需求，同时受到发展空间的制约而开办的，在实际运营中以政府补贴为主，多数难以达到收支平衡。在与现状养老服务机构负责人的深度访谈中发现，在实际运营中100床是养老服务机构规模化经营、达到收支平衡的基本要求。同时，由于养老服务机构承担居养、生活照料、医疗保健、康复护理、精神慰藉等众多复合功能，若超过500床管理难度较大。因此，从实际运营的角度，集中养老服务设施床位规模在100～500床为宜，适宜规模为300床左右。

2.2.3 建设用地资源制约

在老龄化相对严重的中心城区，现有养老服务机构远远不能满足老年人的集中养老需求，同时中心城区可利用的建设用地资源越来越少，新建集中养老服务设施的难度也相对较高。集中养老服务设施作为基本公共服务设施，与学校、医院一样应该贴近老百姓来布局，因此在中心城区更多的是采用"见缝插针"的方式来增加养老床位供应。以《北京中心城控制性详细规划·街区层面》中的02片区为例，02片区基本为建成区，目前城市建设以二次改造为主，从2010年开始以北京市城市规划设计研究院编制的《北京市养老设施专项规划》为指导，开始在规划审批中强化推进机构养老设施建设，从2010年到2012年北京市城市规划设计研究院掌握的该区域的规划行政许可项目有24个，其中13个经营性项目有条件配建各类公共服务设施，若按照总建筑规模的10%全部用于配建集中养老服务设施估算，5个项目可以达到4200平方米建筑面积的最低设置标准，由于种种原因实际配套建设机构养老设施只有3处。

2009年中心城区有60岁以上户籍老人约149.3万，占全市户籍老人的66%。同期中心城区有机构养老设施141所、

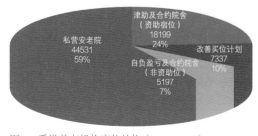

图1　香港养老机构床位结构（2012.12.31）
（资料来源：根据香港社会福利署官方网站整理）

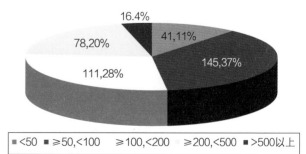

■<50	■≥50,<100	≥100,<200	≥200,<500	■>500以上

图2　2009年北京市现状养老服务机构床位规模分析

养老床位2.6万张，占全市养老床位的43.1%。百名老人拥有床位为1.7张，远郊区县百名老人床位数4.5张。

2.3 空间布局

北京市医疗设施基本形成了"综合医疗中心+社区卫生服务中心+康复医院和护理院"的三级服务网络，由于承担功能的不同，其用地大小也不同。集中养老服务设施不同于医院，无论规模大小在服务功能上都是一致的，没有等级差异，与中小学类似，只有床位数和班数的差异。但从空间布局的角度，医疗、教育、养老设施是一致的，都需要跟着人走，设施的布局要与需求人群的空间布局相适应，因此集中养老服务设施的空间布局从全市来看应该是大分散前提下的适度均衡，而不是集中布局。

2.3.1 大分散

《北京城市总体规划（2010—2020年）》确定了"中心城—新城—镇"三级市域城镇空间结构，养老设施的布局应该与城市空间结构相适应，实现全市大区域下的分散布局。

2.3.2 适度均衡

基本公共服务设施空间分布的理想状态是在集中建设区均质布局，但是由于种种原因的限制很难形成绝对均衡，只有依托建设用地资源形成总量保障下的空间适度均衡。从规划的角度主要基于以下两个因素。

1）客观现实因素

北京市人口在中心城高度聚集的趋势在一定时期内会继续，老年人口在中心城也同样保持高速增长，并且其外迁的可能性相对较小，因此中心城的养老需求呈现总量大、密度高的特点，但中心城建设资源紧缺，而且面临二次改造的巨大压力，从规划的角度无法满足老年人就近养老的全部需求，只能在满足基本养老需求的基础上适度引导部分养老需求向外围转移。

2）老年人需求因素

随着社会、经济发展及生活方式的转变，老年人的养老观念也发生了变化，倾向于入住集中养老服务机构解决养老需求的老人逐步增多，其需求也是多样化的，以朝阳区为例，有40%的老人倾向于选择五环沿线，即临近大面积绿色空间的环境优美的区域，此类区域适合依托绿色空间建设一定数量的分散式、郊区型的集中养老服务设施，满足部分老人个性化、多样化的养老需求。同时，还应在大型居住区内，通过其他设施改建或新建建设项目配建的方式建设嵌入式、社区型的集中养老服务设施，满足老人临近原有社会网络、就近养老的需求。

3 实施机制

3.1 建设方式

完善从规划引导、土地供应、建设实施、竣工移交的全建设周期的流程。

3.1.1 规划引导

以《北京市养老设施专项规划》为指导，将集中养老服务设施的非营利部分纳入地块控规的编制和审批，同时将审批的养老设施基本信息在官方网站上及时公开，目前北京市规划委员会已经在官方网站首页的显著位置开设了养老设施项目规划，一方面加强社会对养老设施规划实施的监督，另一方面解决民间投资有钱无处投、想进进不去的现象。

3.1.2 土地供应

2013年起北京市国土资源局在国有建设用地供应计划中首次单列养老设施用地指标，按照"计划适度超前，有效引导预期"的目标，2013年度计划供应养老设施用地约100公顷，初步估算可建设养老床位超过2.5万张。

下一步在土地公开交易时，需要将养老设施的机构性质、建设规模、建设标准、建设周期等明确纳入土地供应条件，同时对招标主体的资格进行明确限定，以保证养老设施建设与规划审批的一致性。

3.1.3 建设实施

基本公共服务设施的建设方式有两种：一种是政府主导的，以上海为代表；另一种是社会力量主导的，以香港为代表。

1）上海模式

上海规定在城镇国有土地上新建、改建、扩建的住宅建设项目要缴纳配套费，建设单位要在领取建设工程规划许可证之后、建筑工程施工许可证之前，按照建设工程规划许可证核发的住宅建筑面积一次缴清配套费，征收标准为每平方米住宅建筑面积430元，可以由政府统一建设，也可采用配套费包干的方式由开发单位自行建设。

2）香港模式

香港目前基本采用公开招标的方式来获取集中养老服务。香港福利署会根据区域养老服务需求，在官方网站发布招标公告，标示需要招标的服务内容和服务名额，由符合资质的单位进行公开投标竞争上岗。

上海模式更大程度地保障了公共服务设施的同步实施，适合新建区的集中养老服务设施的实施；而香港模式则具有更大的灵活性和市场适应性，更适合于建成区集中

189

养老服务设施的补充和完善。笔者认为北京应大力鼓励社会力量参与集中养老服务设施建设，使社会力量成为集中养老服务设施建设的主体，在建设方式可采取上海模式和香港模式相结合的方式，在新建项目中由目前的全部由开发商代建转为开发商代建和收取配套费统一建设相结合的方式来保证集中养老服务设施与住房的同步供应，在建成区则采用购买服务的方式鼓励和引导社会力量利用现状资源补充集中养老服务设施。

3.1.4 竣工移交

北京市规定由区县国土资源、规划分局和建设行政主管部门负责辖区内住宅小区内住宅与市政公用基础设施和公共服务设施的同步交付使用的具体监督管理工作。按照属地管理原则，部分区县出台了相应的管理暂行办法，明确了各类公共服务设施竣工验收及接收程序。但对于应接收的公共服务设施的种类和接收使用单位却没有统一规定，如朝阳区接收设施中未涉及社会福利设施；而通州区规定养老院、老年活动场站、残疾人康复托养所等社会福利类设施，应由乡镇政府、街道办事处或其他使用单位接收使用。

笔者认为各区县应建立国有资产的统一接收部门，负责接收辖区内的非营利性公共服务设施，包括非营利性的集中养老服务设施，具有设施的所有权。行业主管部门只负责设施的后期运营，具有设施的使用权和管理权。从机构设置上保证非营利性公共服务设施的国有属性，以避免后期运营阶段部门间利益争斗导致的国有资产浪费。营利性的集中养老服务设施则按照"谁投资，谁所有，谁受益"的原则，由建设单位按照规划审批的使用性质建设使用，由行业主管部门负责行业检查和监督。

3.2 后期的综合利用

一般情况下，建筑投入使用后其功能不是一成不变的，公共服务设施亦然。因为随着社会进步、居民素质提升及居民需求的变化，每个社区所需的居住公共服务设施的类型和数量也会发生相应变化。因此，各类居住公共服务设施在交付使用后，其使用功能也应该根据需求人群的变化而动态变化。城乡规划也不应该止步于全

建设周期的技术支持，更应该参与到后运营时期的追踪服务。笔者认为可以建立居住公共服务设施动态评估与维护机制，对政府持有的各类非营利性公共服务设施进行统筹，以有效利用既有城市资源、更好地满足居民公共服务需求。

3.2.1 搭建基础信息平台

规划边界与行政管理边界的不一致是导致规划管理与行政管理无法有效对接的主要原因之一，因此应该首先实现边界的统一。现有的行政管理边界多是犬牙交错，而规划边界是以城市主要道路、铁路、河流等明显界线进行划定，因此笔者建议以《北京中心城控制性详细规划·街区层面》划定的街区边界为基础适当调整现有街道（乡镇）以及社区（村）的行政管辖边界，使社会、经济、人口数据与空间数据相对应，统一各类数据的统计口径，搭建统一平台下的基础信息数据库。

3.2.2 周期性评估

按照现行的属地管理方式，由各区县成立的国有资产接收部门组织专业机构定期对一个或几个街区的居住公共服务设施使用情况进行评估、对发展需求进行预测，并编制居住公共服务设施统筹协调使用规划。根据该规划，可以统筹协调各相关行业主管部门，统筹各类设施的使用，实现功能相近、设施可共享的数类公共服务设施间的功能转换，以最大化地实现已有公共服务设施的价值。

4 结语

集中养老服务设施的建设是完善"居家养老为基础，社区养老为依托，机构养老为补充"的新型养老服务体系的重要环节。集中养老服务设施的建设不仅仅要从规划角度提出规划策略和实施机制建议，更需要相关部门践行政府公共服务职能，建立部门之间相互协调、无缝衔接的实施机制和实施细则，同时要重点加强对非营利性集中养老服务机构的工作保障，做到应保尽保并确保日后其使用性质不变。

参考文献

[1] 北京城市总体规划（2004—2020年）.

[2] 北京中心城控制性详细规划·街区层面.

[3] 北京市养老设施专项规划.

[4] 城镇老年人设施规划规范GB50437—2007 [S]. 2007.

[5] 北京市居住公共服务设施规划设计指标. 2006.

[6] 北京市新建商品住宅小区住宅与市政公用基础设施、公共服务设施同步交付使用管理暂行办法（京建法［2007］99号）. 2007.

[7] 关于本市城市基础设施配套费征收和使用操作口径的通知（沪房管规范财［2012］2号）. 2012.

备注

本文发表在《城市时代，协同规划——2013年中国城市规划年会论文集》中，有删节。

别对我轻言放弃——浅谈北京旧城菜市场改造思路

赵幸　刘静怡　叶楠

1　背景：北京旧城传统菜市场困局

1994年——曾日接待顾客5万人次的西单菜市场被拆除。

1997年——始建于清末1902年的百年东单菜市场被拆除。

2010年——最后一个传统柜台式菜市场，崇文门菜市场被拆除。

2014年——二环内最大的综合市场，四环市场被拆除。

就在不久前，北京旧城白塔寺的宫门口菜市场和宏恩观里的钟楼菜市场也相继关张。

在人们的记忆里，这样的一幕幕仿佛就在昨天：大清早，爷爷奶奶们拉着家常儿去菜市场给全家买好吃的；放学后，孩子们跟着家长边买菜边逗鸡弄鸭；逢年过节，人们拿着菜篮兴高采烈排队买鸡鸭鱼肉——对许多人来说，北京旧城内的老菜市场不只是买菜购物的地方，它更像是人们的老朋友，记录着一种生活方式，承载着几代人的记忆，象征着属于咱普通老百姓的市井文化。

不知何时起，老菜市场似乎成了环境脏乱差、交通拥堵、"外来人口"聚集的代名词。随着城市发展、地价上升，传统菜市场似乎已无法在寸土寸金的城市核心区立足——一个又一个市场轰然倒下，高楼拔地而起。菜市场似乎走到了穷途末路，难道我们的城市真的已经不再需要它们？

然而在工作和学习过程中，我们发现在许多欧洲大城市，有上百年历史的老菜市场并没有被草率拆除，而是继续承担为市民服务的功能，更借助一些巧妙的改造重新焕发生机，成为城市中充满魅力的新吸引点。因此，本文收集整理大量国外菜市场建设案例，试图从外观、功能、管理三个层面总结菜市场升级改造的方法手段，为北京旧城菜市场未来发展提供借鉴思路。

2　欧洲菜市场提升改造思路借鉴

2.1　外形提升——营造市场内外的城市风景线

北京的菜市场清一色的大棚子、大招牌，外观并不讨喜，甚至有些杂乱。然而在欧洲，许多菜市场不但外观清新靓丽甚至激动人心，更已成为城市中最有吸引力的一景。以西班牙圣卡特琳娜市场为例，该市场位于巴塞罗那旧城区内，始建于19世纪。由于时代变迁，市场建筑日益破旧，地区环境质量也逐年恶化。为了给老菜市场寻找新出路，当地政府于1997年举办了一次市场改造的国际设计竞赛，最终耗时7年完成了菜市场的升级改造。

建筑师给老菜市场设计了一个彩色的马赛克大盖子，起伏多变的形态和活泼跳跃的色彩使之与周边历史街区形成有趣的对比。改造也提升了周边环境、解决了交通问题，圣卡特琳娜市场一跃成为各大旅游手册中巴塞罗那必去的热门景点之一，更成为带动周边发展的活力触媒。

再以土耳其贝西克塔斯的鱼市场为例，其位于一块三角形地块上，是当地人和游客日常购买鲜鱼的场所。由于人口密集、管理疏忽、设施不足，市场存在卫生条件差、周边交通混乱的问题，因此市政府委托建筑师对其进行改造设计。

改造为市场增加了一个三角形混凝土外壳，它既像一块抬起四个角的幕布又像一块贝壳，加强了鱼市的标志性并很好地保留了鱼市场的历史。外壳两侧面向街道留有巨大的开口，不仅保持着市场内部与街区的融合，更给整个区域带来了生机和活力。人们可以坐在街边餐馆的老爷椅上，看着鱼市里人来人往，看客人们满足地拎着"战利品"回家烹饪佳肴。

菜市场靓丽的形象成为城市中一道新的风景线，它所引来的不仅是游客，许多影视作品也选择在其中取景。例如，西班牙博盖利亚市场是连续剧《流星花园》的取景地，英国博罗市场则曾在电影《两杆大烟枪》中露面，其后又被拍进了澳洲乐队"野人花园"的MV中。这些美丽而富有生活气息的菜市场为影视作品增色，而影视作品则使菜市场更加声名远扬。

2.2　功能混合——创造乐在菜市的城市新生活

在大多数人的印象里，菜市场的经营内容无外乎蔬菜水果、油盐酱醋。但你有没有想过，也许有一天，逛菜市场也会成为一次轻松愉悦的娱乐体验？

以斯德哥尔摩的Saluhall市场为例，菜市场的中央设置了干净舒适的餐吧区，人们购物之余可以美美地吃个便餐、喝杯小酒，享受一天中的美好时光。而西班牙的博盖利亚市场中则有大片零食区，彩色软糖、鲜榨果汁、香浓巧克力、热气腾腾的松饼让人欲罢不能，雀跃的孩子们奔前跑后，把菜市场当成了周末的游乐场。

或许是因为热爱美食的人们都热爱生活，许多市场中还专门设有鲜花区。人们在买菜之余捧上一大把花回家，把生活的每个角落都装点得温馨美丽、充满生机。有些菜市场还融入了杂货市场功能，如布达佩斯中央市集市场的二层专门售卖富有匈牙利民族风情的手工艺品，来自世界各地的游人在这里不但能体验到最真实的布达佩斯本地生活，更能选购到最具特色的当地纪念品。

最集大成于一身的恐怕要数刚开业的荷兰鹿特丹Markthal缤纷菜市场，从高处俯瞰市场内，一眼就能辨认出买菜、吃饭、喝咖啡的不同区域。市场中还不时举办体验性的活动，父母可以带着孩子参加烘焙课程，自己动手做个诱人的蛋糕。功能的混合与丰富使菜市场既不失本色又成为综合各种生活功能的休闲娱乐场所，人们不但可以在这里吃喝玩乐，更可以尽情交往，享受生活的美好。

2.3　规范管理——建立井井有条的市场秩序

近几年北京菜市场的管理虽不断改善，但市场内环境欠佳甚至存在火灾隐患，市场外则常常出现沿街摆摊、满地菜叶的现象，菜价和质量也缺乏监管。如何才能将市场管好，让大家逛得安全、舒适、放心呢？

对于一个出售食品的购物场所来说，食品安全与质量最重要。英国伦敦的博罗市场会有管理员随时进行监督管理，确保出售的产品安全、健康，在一些售卖橄榄油的摊位，顾客可以用免费提供的面包试吃。

顾客和商贩的人身安全也必须保障，为降低人员密集的菜市场的火灾隐患，西班牙的卡巴那花卉市场采用科技手段进行火源追踪和自动喷水灭火，把火苗扼杀在摇篮中。

不仅如此，有些市场还对商贩进行统一培训，规范商铺装饰、食材摆放。以博盖利亚菜市场为例，商家将水果、蔬菜摆放得色彩纷呈、高低错落，让人看到就馋涎欲滴。在井井有条的管理下，菜市场安全美观又卫生，人们在家门口真正能买到放心菜，逛市场也成了真正舒心的享受。

借鉴以上三方面经验，相信北京的菜市场同样可以实现形象与内涵的双重提升，并且适应新的城市需求，成为城市中的活力触媒。老市场还在，居民的生活和记忆也还在，而城市中则多了一个充满活力的场所和富有魅力的景点，不失为一种更佳的选择。

3　市场升级改造后的基本生活需求保障

由于北京旧城内居民老龄化程度较高、低收入人口比重较大，保障其基本生活需求至关重要。而菜市场的提升改造有可能造成菜价上涨，新增的混合功能及其引来的游客也有可能挤占原有居住服务功能，因此在改造升级的同时，政府需采取更为精细化的规划和管理手段补充市场的基本公共服务能力。

以北京市朝阳区三源里菜市场为例，市场升级改造后环境和菜品质量均有所提升，深受周边使馆区居民欢迎。但改造后大部分摊位租金上涨，造成整体菜价较高。为保障周边普通居民的菜篮子问题，市场以政府补贴的形式专门设立了两个租金减半的平价菜摊，每天供应十余种平价菜品，既保障了商户利益，又满足了市民的基本需求。

根据最新的《北京市居住公共服务设施配置指标》，社区菜市场建筑面积要达到每千人50平方米。功能混合升级后，市场中买菜面积可能会出现减少，如果不能满足标准需求，还可通过在街头巷尾布置分散小菜站的方式予以补充。以北京旧城什刹海地区为例，该地区的大型市场四环菜市场撤市后，街区内新增了大量小型菜站。这些菜站由政府减免摊位费，让居民能在家门口就买到便宜新鲜的蔬菜，同样不失为一种可行的解决方式。

4　结语

北京旧城内的菜市场是人们的老朋友，它陪我们走过几十年平平淡淡的岁月，留下多少真真切切的记忆。在钢筋水泥的城市中，菜市场这样充满生活气息和人情味儿的场所越发珍贵，它不仅为人们的生活服务，更承载着城市中最接地气的市井文化、维系着人与人之间朴实的情感纽带，而这也正是它最大的价值和魅力。与其把菜市场"赶尽杀绝"，不如再给它一次机会，保留下这份价值和魅力，我们或许会受益无穷。

未来某一天，我们也许会看到这样的画面：老北京的菜市场里，居民一如既往地买菜购物、闲拉家常，年轻白领下班之后顺路来这儿喝杯小酒、吃老北京小吃，国内外游客不远万里到这儿体验最朴素真挚的北京生活。人们在这里相遇、交错，不约而同地赞美生活的丰富与美好，发自内心地爱上这座城市的平易近人、深厚底蕴与勃勃生机。

参考文献

［1］巴塞罗那圣卡特琳娜市场改造，巴塞罗那，1997-2005. http://wenku.baidu.com/link?url=dsR_QZ1LTSCQpXW2tCbtAOVVU81V-G1yAmmbK-wOR_TmIww2aPHCzi1FEahc0yzGunFWGq2GQzgrD1ac61zunpQzZ5ajx1Emve10yBZZ-Nu.

［2］贝西克塔斯鱼市场（Besiktas Fish Market）. GXUlQwZsWs9uB-crmZyU41F9v9SRZDfGAU38uDcxrJIV6svGrVo1Y5C.

［3］崇文门菜市场旧址摄影：天高云淡摄影. http://blog.sina.com.cn/s/blog_3de338c70100oir3.html.

［4］走进老北京人怀念的四大菜市场. http://zmbj.brtn.cn/20140828/ARTI1409197738222709_2.shtml.

［5］京城四大菜市场中最后一家雨中告别旧址. http://blog.renren.com/share/296637543/2239392823.

［6］鹿特丹拱形大市场，Markthal Rotterdam/MVRDV, goooodHongkong. http://www.gooood.hk/markthal-rotterdam-by-mvrdv.htm.

［7］西班牙博盖利亚：欧洲最大的菜市场. http://news.xinhuanet.com/travel/2012-09/19/c_123732993.htm.

［8］星期六下午的Saluhall. http://www.douban.com/note/245770892/?type=like.

［9］三源里菜市场官网. http://www.sanyuanlimarket.com/.

［10］什刹海四环市场关张，网易新闻. http://news.163.com/14/1001/02/A7EH58CI00014AED.html.

［11］西班牙Mercabarna-Flor大型花卉市场，视觉同盟. http://www.visionunion.com/article.jsp?code=200904130049.

［12］消失的菜场　　北京"四环"菜市场. http://blog.sina.com.cn/s/blog_552f5b930102v280.html.

［13］［匈牙利］行行摄摄布达佩斯（3），Arthur新浪博客. http://blog.sina.com.cn/s/blog_4c6b4ffa0100hsn5.html.

［14］张昱翔，博罗市场：舌尖上的伦敦，城市形象专刊.

［15］最爱传统菜市场！一起到瑞典Stermalms Saluhall感受暖暖温度. http://thepolysh.com/blog/2014/05/08/ostermalms-saluhall/.

备注

本文发表在《新常态：传承于变革——2015年中国城市规划年会论文集》中，有删节。

关于殡葬设施规划与建设的几点思考

吕佳 张聪达 林静

随着我国城市化进程的加快，土地资源紧张、生态环境脆弱、人口老龄化的矛盾日益显现，与此同时，以大量占用土地为主要特征的殡葬设施建设基本处于无序发展状态，由于各种原因，目前，我国大部分城市的城市规划还没有把殡葬设施系统作为一种重要的公共服务设施纳入城市发展的整体规划中，规划管理也因依据不足而缺位。在北京，城市化水平已达到86%，65岁以上老龄人口超过170万，做好殡葬设施规划是推动城市可持续发展的一项迫切任务。

尽管殡葬设施规划实践不多，从城市规划角度进行的系统性理论研究和具有典型性的殡葬设施规划的论述有限，但是，在这些论述中对于当前殡葬设施建设和布局普遍存在的问题，特别是对城市总体布局规划的影响都有阐述，并提出了进行殡葬设施布局规划的主要任务及内容要求。笔者在北京市殡葬设施规划的实践过程中，结合北京市的具体问题和特点，将规划与实施紧密结合，在一些方面进行了比较深入的思考和尝试。

1 充分认识殡葬设施的特殊性及面临的挑战

1.1 殡葬设施特点

殡葬，包括两重含义，"殡"为停枢解，"殡"设施包括殡仪馆和火葬场，是提供遗体处置、悼念、守灵等殡仪服务活动及火化的综合性场所，北京地区的火葬场一般和殡仪馆布置在一起。"葬"作藏解，是对死者遗体、骨灰的存放形式，"葬"设施包括墓地和各类骨灰存放处，如骨灰堂、骨灰墙、骨灰廊等。

殡葬设施是人类生活中不可缺少的公共设施，但是其特有的功能决定了它的建设具有与其他城市公共设施截然不同的特点。

1.1.1 文化性

殡葬设施是所有城市设施中受文化因素影响最大、最久远的设施。中国传统殡葬文化的思想基础是"灵魂不死"，要满足"生者慰藉，逝者安息"的需要，于是就出现了以妥善安置灵魂为目的，以处理尸体为手段的各种活动和仪式，逐步发展成为殡葬文化。所以殡葬设施建设既要考虑死者（尊严），又要考虑生者（心理感受）。

殡葬设施的文化性首先体现在对死者的追悼仪式和对遗体的处理方式上。虽然在新中国建立之前，一直以土葬为主流葬法，但火葬的历史可以追溯到先秦时期。新中国建立后，开始大力提倡火葬以及丧事从简，通过建立制度使火葬最终成为主流。

殡葬设施的文化性还体现在对遗体或骨灰的存放形式上。随着现代理念的更新，出现了各类有利于节约土地资源的骨灰存放形式，如骨灰堂、骨灰墙、骨灰廊等，更有骨灰撒海、生态葬式等不保留骨灰的方式出现。

殡葬设施的文化性还可以通过一些特殊墓地得到体现，如烈士墓地，具有爱国主义教育意义；名人墓地，可以凭吊历史。

由此可见，编制殡葬设施规划只靠技术性内容是远远不够的，必须要综合考虑公众接受的殡葬价值观、殡葬文化的变革程度等。

1.1.2 永久性

目前，如果无特殊原因，公墓往往可以一直存在下去，即使墓穴已占满，往往也只是闭园，不像其他城市公共设施，一般使用寿命仅几十年，不断被拆除、新建。

所以从使用周期看，殡葬设施比其他城市设施使用时间更长，对城市影响更久远。但从使用频率看，仅仅是生者对死者的凭吊场所，对每个个体使用者而言使用频率很低。

1.1.3 独立性

殡葬设施虽然人人需要，但是人人避之，公众忌讳心理很强，与城市其他建设一般不相容，呈明显的独立性。

通过问卷调查方式进行的公众需求调查表明，公众对新建殡仪馆、方便使用大多持赞成态度，但是对设置的地点争议很大，由于殡仪馆不吉利、心理感受不好和担心影响居民的正常生活等原因，绝大多数不同意在居住区、工作区、消费区设置（图1）。

1.1.4 建设强度小

在土地使用方面，殡葬设施具有占地面积大、建设量较小的特点。

殡仪馆和火葬场的建设形式以建筑物为主，但是建设强度不高。

墓地是露天场地；而骨灰堂是供骨灰盒立体化存放的建筑物，骨灰墙、骨灰廊则是供骨灰盒立体化存放的墙。骨灰盒立体化存放设施多结合殡仪馆或公墓设置，作为两

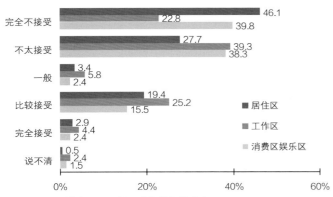

完全不接受		46.1 / 22.8 / 39.8
不太接受		27.7 / 39.3 / 38.3
一般		3.4 / 5.8 / 2.4
比较接受		19.4 / 25.2 / 15.5
完全接受		2.9 / 4.4 / 2.4
说不清		0.5 / 2.4 / 1.5

图例：■ 居住区 ■ 工作区 ▨ 消费区娱乐区

图1　不同区域附近设立新型殡仪馆的接受度

者功能的一个补充。所以安葬设施的建设形式以露天为主。

1.2　当前殡葬设施建设面临的挑战

长期以来，殡葬设施无序建设的多，科学规划合理布局的少。针对北京的殡葬设施建设，归纳出以下问题。

一是缺乏规划及管理引导，使其脱离城市整体发展，用地规模大，布局混乱。

殡葬暴利加上无序建设，必然造成规模的任意扩大。根据各墓地及区县乡镇上报数字统计，农村公益性墓地有98.4%是未经许可而建立的。

布局混乱主要表现在两方面。一方面是部分殡葬设施用地与现有殡葬法规、城市规划要求存在冲突。部分殡葬设施的用地位于基本农田、水源保护区、风景区一级保护区等敏感区域内，这不符合《国务院殡葬管理条例》的规定以及城市规划的要求。另一方面是农村公益性公墓空间布局不均衡。有些区县按乡镇设置，相对分散；而有些区县只建设了一两处，不能有效满足需求。农村公益性公墓布局缺乏统筹考虑，导致乱埋乱葬现象仍然存在。

二是建设理念及形式落后，设施功能单一，部分设施环境建设薄弱。

殡葬设施建设只注重殡葬服务功能，配套设施建设不健全，功能单一，缺乏休闲、教育等其他功能。虽然近年对绿化环境越来越重视，但整体看，绿化覆盖率仍较低，存在青山白化现象。

三是交通配套服务不健全。现状殡葬设施的公共交通服务普遍供给不足，服务水平较低。

殡葬设施尤其是骨灰安置设施的停车场平日闲置与高峰日供应能力不足形成鲜明对比。殡仪活动出行的交通结构单级化，小汽车是居民去往殡葬设施的主要交通工具。

四是相关审批手续不完善。据调查，现状殡葬单位大部分持有民政部门的审批文件（无用地面积说明），但却没有国土和规划部门的审批文件。现状33家经营性公墓中只有12家在城市规划中规划为殡葬设施用地。

为什么殡葬设施建设中出现以上问题？从表面上看是缺少规划引导造成的，但是，进一步分析可以发现，它与相关政策法规滞后、管理体制不清晰、宣传不足等多方面因素有关。

1）政策法规滞后

现行殡葬政策法规对于设施的许可程序虽有涉及，但许可条件、须提交的材料、建设标准以及日常监管措施和法律责任等均无明确统一规定，且管理部门仅提及民政部门，而实践中还需涉及土地、规划和林业等部门，致使这些部门对有关设施的许可、管理、监督和处罚等方面无法可依。国家有关城市规划编制的技术标准或规范中，在殡葬设施方面也比较模糊。同时，农村公益性公墓错位经营现象严重，除了法规监管不到位原因外，也说明城市居民对价格相对低廉的公益性公墓有切实需求，但相关政策法规却跟不上形势的发展。

2）管理体制不明晰

我国的殡葬管理体系是计划经济时期的产物，民政部门既是政策法规制定和监督者，又是产权所有者和经营者，体制原因导致各种乱象丛生。另外，《国务院殡葬管理例》赋予了民政部门进行殡葬设施规划管理的权限，把规划、审批、监管、验收甚至设备的选型等统统包揽在职责业务范围内。这些工作与规划部门、国土部门、建设部门、卫生部门、公安部门等职能部门的职责有一定的交叉，体制的不明晰使各部门不但不能很好地分工与协调，还致使民政部门自身形成相对封闭的殡葬设施管理体系，规划部门很少介入。结果造成殡葬设施建设一定程度上游离于城市整体规划发展之外。以往由民政部门独自编制的所谓殡葬设施规划，更像行业发展规划，尤其是在建设规模及设施布局方面缺少科学合理的指导。

3）宣传力度不足，缺少政策引导

目前已有采用少占土地，甚至不占土地的各种墓葬方式的实践，包括草坪葬、植树葬、花葬、壁葬、海葬以及虚拟葬等，既能将遗体或骨灰融入自然界的良性循环，体现环保理念，同时也节约土地资源。但是由于传统"入土为安"思想影响深远，而有关绿色殡葬理念的宣传又较少，使大多数人不了解绿色殡葬的理念和具体政策，直接影响到对殡葬方式的选择。使绿色殡葬理念实施范围较小，有些流于形式。

现状立体安葬的比例不到20%，全市海葬每年仅1000人左右。

但是，对公众的调查表明，公众愿意接受的骨灰安置方式较多，传统、立体和绿色都有一定的接受比例。虽然传统骨灰墓地安葬仍然占据主导地位（95%）；但是立体安葬方式中骨灰堂、楼的接受比例也较高（36.9%），骨灰墙也有一定的比例（24.7%），绿色方式中海葬的接受比例较高（37.2%），树葬也有一定的接受比例（21.9%）（图2）。

2　规划结合实施，制定针对性的策略与措施

2.1　总量控制、布局优化，融入城市整体发展

殡葬设施现状总量大于规划期内的需求总量，但是无论在规模还是在布局方面，都存在结构不合理问题。编制规划的重点是控制引导建设。对此我们提出了在市域范围内统筹各类殡葬设施，实行总量控制、建设多层次殡仪服务体系、多功能完善现状经营性公墓、均衡布局农村公益性墓地的规划策略。

2.1.1　总量控制

基于现状的存量土地规模已大大超出未来20年的发展需求，我们提出要严格控制总量，其中殡仪馆、经营性公墓不再新增用地，并要按照限制建设要求退出各类保护区域。鉴于农村公益性公墓在各区县分布不均衡，我们提出在总量不变的前提下进一步优化布局的思路。

2.1.2　建设多层次殡仪服务体系

由于现有殡仪馆布局均衡分布在各区县，基本可以实现就近服务的目标。但是由于人口分布的不均衡，所以重点是结合城市发展需求，选择几个现状殡仪馆建设规模更大、功能更完善的市域综合性殡仪馆，同时结合现有的医院遗体告别室等殡仪服务设施及其他服务站，构建多层次的殡仪服务体系。

2.1.3　多功能完善现状经营性公墓

殡葬设施对其周围地块开发建设有相当大的负面影响，使用频率很低，因此一般远离居民区。根据民意调查的结论，北京市居民在殡葬设施（殡仪馆及祭扫地点）的距离方面，可以承受1小时的车程距离，这说明殡葬设施在方便、满足居民使用的条件下，可以适当集中，尤其墓地布局更应与用地条件结合，少占耕地，不宜过于追求均衡性（图3、图4）。

所以经营性公墓今后发展的重点是做好现有墓地的环境建设；通过政策扶持，加大现有墓地中公益性骨灰格位及生态葬式的比例；结合各墓地的具体特点，向多功能方向发展。

2.1.4　均衡布局农村公益性墓地

在总量不变的前提下，兼顾布局的合理性，就是将市域平衡与区域平衡相结合，具体包括两方面。

（1）根据各区县现有公益性公墓用地情况、农村人口数

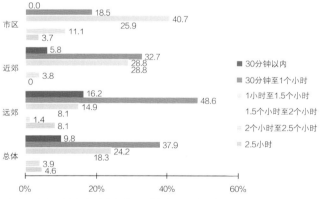

图3　不同区域公众到殡仪馆可以接受的最长时间

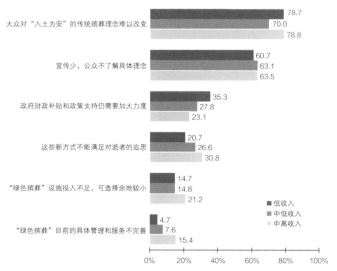

图2　不同收入的北京公众不接受绿色殡葬的原因调查
注：此题为多选题。低收入群体为年收入为2万以下，中低收入为2~6万，中高收入为6万以上

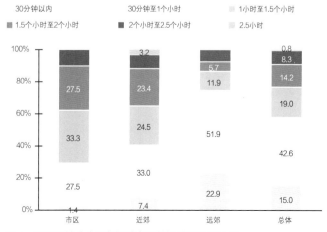

图4　不同区域公众到祭扫地点可以接受的最长时间

量和死亡率，在全市范围内平衡各区县公益性公墓用地总量。

（2）各区县应根据各自农村人口数量和乡镇分布情况，在总量控制的前提下内部调配用地，空间布局上达到优化。

现有的墓地应与人口数量挂钩，合理确定规模，现状规模大的，应缩减未利用土地。墓地少的区县，应以区县为单位集中在几处布局，应主要结合现状坟地，合理安排墓地建设。

2.2 生态限建、分类指导、稳妥推进，促进城市持续发展

笔者在《北京市限建区规划》的基础上，结合殡葬设施的特点，综合分析了相关法规要求、以往文献成果，并从城市规划角度进行了创新研究，进一步梳理总结出针对殡葬设施的限建要素。在实际应用时，既可以明确哪些殡葬设施可以保留，哪些殡葬设施需要迁移、整治，还可以指导殡葬设施新选址工作，优化殡葬设施空间布局。

通过GIS辅助分析，将北京市现状殡葬设施位置与殡葬设施限制建设要素进行叠加，从而对殡葬设施做出判断，提出殡葬设施规划布局以及发展对策，在全市范围分为三类限建区域类型。

禁止建设区：存在非常严格的制约条件，禁止殡葬设施建设进入的地区。

限制建设区：存在较为严格的制约条件，在有选择的情况下，殡葬设施不宜优先选择建设的地区，但在特殊条件下，在采取一定措施情况下也可利用的地区。

适宜建设区：指制约条件较少，在一般条件下可以建设殡葬设施的地区。

以往在殡葬设施建设中由于部门分割，造成与规划基本农田、水源保护区、风景名胜保护区核心区等敏感区域的矛盾，依据与各类限建区的关系，将经营性骨灰安置设施分类对待，实施不同的规划策。

全部迁出型：对于全部位于禁止建设区内的经营性骨灰安置设施应积极协调予以迁出。在迁出过程中应坚持总量用地不增加的原则，并优先考虑在现状经营性骨灰安置设施尚未使用的空余用地内建设。

部分迁出型：对于局部用地位于禁止建设区内的经营性骨灰安置设施，应迁出位于禁止建设区内的墓穴至园内其他用地内。

有条件保留型：对于位于限制建设区内的经营性骨灰安置设施，考虑到迁坟掘墓的忌讳性与可操作性，采取近期保留的规划对策，但需采取措施减少限建要素的影响，并严格禁止其用地规模扩大，远期在条件成熟时逐步迁出。

完全保留型：对于位于适宜建设区内的经营性骨灰安置设施，采取完全保留的规划对策。

2.3 挖掘殡葬文化内涵，引导墓地向多功能方向发展

殡葬设施规划既要体现时代赋予的新理念，适度超前规划，引导殡葬文化改革，又要尊重传统殡葬文化，照顾现阶段国情、人情以及民俗民情，充分把握民众意愿与接受程度。规划内容要实事求是，以时间换空间，处理好殡葬文化的延续性与创新性的关系。

在对现状设施使用状况、公众行为及心理感受做了全面细致的调查分析的基础上，笔者提出以下三项对策。

1）实行公益性设施与新理念紧密结合的规划策略

政府应是弘扬生态葬式新理念的带头者，而公益性设施又是政府投资建设的设施，所以政府应更多地投资于新型生态环保葬式方面，通过公益性设施促进新理念葬式的实施。

2）盘活资源，经营与公益依托发展

以经营带公益，盘活公墓资源。其基本思路是在全市经营性公墓中拿出一定量骨灰格位或一定规模的用地来建设城市公益性骨灰安置设施。

可以把重点放在剩余用地和骨灰格位可使用期超过10年以上的经营性公墓，由于剩余土地资源较多，更具备作为城市公益性骨灰安置设施的实施条件。

3）将被动变主动，弘扬殡葬文化爱国教育的积极意义，引导其向凭吊与教育、休闲结合的多功能场所发展

从公众在祭扫后参加的活动分析，在现状骨灰安置设施一般仅有安葬功能、没有游憩功能的条件下，公众在祭扫后参加同亲戚朋友的聚会、野外踏青、景点旅游等活动的比例与没有任何活动的比例接近1：1，证明公众对祭扫后，或者在祭扫的同时进行聚会、休闲活动有比较强烈的需求，说明骨灰安葬设施，特别是具有一定规模的公墓，由单纯的殡葬服务功能向融合殡葬服务功能、园林功能、游憩功能等功能于一体的复合化方向发展已具有一定的外部环境和需求。

3 协同规划、完善法规、理顺体制、加强宣传

解决殡葬设施建设中的问题不仅仅是规划编制的问题，要从根源入手，完善法规、理顺体制，既要加强规划及管理引导，制定针对性的策略与措施，又要多部门协作，充分发挥政策宣传的重要作用，这是落实规划、规范建设的重要保障。

3.1 重视规划，协同共管

应将殡葬设施规划纳入城乡统筹规划管理中。殡葬设施规划作为城市总体规划指导下的专项规划，使殡葬设施

规划布局与城市整体发展相协调，把殡葬设施对周边影响的"负效应"减少到最小，减少政府支付的外在成本。

按照《国务院殡葬管理条例》，民政部门是殡葬设施规划编制的主体，但实践证明，这一工作组织模式存在一定问题：民政部门主导殡葬设施规划、建设，形成了相对封闭的建设体系。由于缺乏城市规划对殡葬设施整体上的调控、引导作用，在部门利益的驱动下，殡葬设施建设存在规模远超出实际需求，土地资源浪费问题，布局不合理，与城市整体发展冲突、不协调（如建设在限制建设区域内）问题等。另外，由于民政部门主导殡葬设施规划建设，规划部门往往不重视甚至忽略殡葬设施（特别是公墓）的规划布局建设，如北京的新城规划及各乡镇总体规划中很少涉及公墓用地。所以殡葬设施规划编制主体应由民政部门与规划部门共同组成，这样有利于殡葬设施理论与城市规划理论的融合，有利于殡葬设施发展与城市整体发展的协调一致。北京市的规划实践证明了这一点，是一个值得推广的经验。

3.2　加强殡葬事业的法制建设，修改有关法规、标准，为公墓的功能复合化发展提供法律支持

目前，仅有一部《国务院殡葬管理条例》行政法规，约束力相对不强，这也是造成殡葬设施发展中存在较多问题的原因之一，建议尽快将《国务院殡葬管理条例》升级完善为《殡葬法》。同时，建议尽快完善殡葬设施规划建设标准、规范的制定工作，以使殡葬设施规划的开展有统一标准。

按照《国务院殡葬管理条例》，禁止在林地、城市公园、风景名胜区等绿化用地内建造坟墓。同时，按照城市规划用地分类标准，殡葬设施用地与绿地、林地、园地、果地、风景名胜区等用地属于不同用地类型，不能进行用地兼容。这就给公墓的功能复合化发展带来了法规障碍。借鉴欧美、日本墓园的发展经验（墓园属于绿地的子类别之一），建议修改这两项法规标准，允许并倡导公墓用地与上述用地类型的兼容，这样既利于节约土地，同时也有利于复合化公墓、园林化公墓的建设。

3.3　进一步健全殡葬管理的体制建设

要改变民政部门既是"运动员"又是"裁判员"的体制现状，在管理体制上需进一步理顺民政部门与土地、规划和林业等各相关职能部门的职责分工，规范对殡葬设施的许可、管理、监督和处罚等审批管理程序。

面对公众"死不起"的猛烈批评与质疑，以及破除"垄断"的强烈呼声，应积极研究殡葬可能市场化的范围，使殡葬行业既保证作为在国家法规管制下的特许行业的属性不变，又要为行业提供一个具有保障公平竞争的平台。

3.4　政策引路，加强宣传，发挥政府引导作用

殡葬设施建设如何发展，与政策指向密切相关。从北京地区实际出发，应在生态环保葬式、节地葬式方面加强政策引导。2009年北京市出台《北京市骨灰撒海补贴管理办法》，采取鼓励政策，对海撒进行政府补贴。此后全市骨灰海撒数量明显增加，由每年200多份增加到每年1000份左右，这项政策的效果显而易见（图5）。

另外，加强舆论宣传也是重要手段。殡葬设施的特殊性使人们平时很少关注，一旦有需求时又难以掌握充足的信息，所以舆论宣传便起着重要作用。通过宣传，使公众了解新理念，了解殡葬政策，了解殡葬设施整体情况。要让公众在充分了解、知情的基础上，自愿选择。

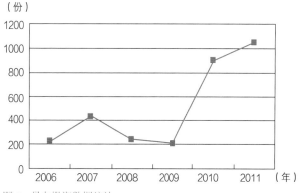

图5　骨灰撒海数据统计

参考文献

［1］中华人民共和国国务院令第225号. 中华人民共和国殡葬管理条例，1997.

［2］周吉平. 北京殡葬史话. 北京燕山出版社，2001：43-45.

［3］李葱葱：殡葬设施布局规划实践与思考——以南京市为例//和谐城市规划，2007中国城市规划年会论文集，2007：1423-1425。

［4］陶特立等：编制殡葬设施布局规划的思考及体会［J］，城市规划2009年第33卷第4期,常州市规划设计院20周年院庆专版。

备注

文章发表在《城市规划》2014年第5期，有删节。

第五部分

综合交通与城市运行

构建可持续发展的交通体系

高扬　李伟

1993年总体规划实施以来北京社会、经济持续发展，城市交通建设取得了有目共睹的成绩，城市交通设施水平不断提高，客货运输能力明显增强。但是随着北京经济持续高速发展，城市化、交通机动化进程加快，交通需求迅猛增长，机动车特别是小汽车交通量大幅增加，给道路交通造成巨大压力。市区主要干道全面拥堵，公共交通服务水平提高缓慢，出行效率降低，出行时耗增加，交通安全隐患增加，交通公害问题日益严重;市区道路网以及城市运输服务系统长期处于高负荷运行状态，失去了应有的整体调节能力，系统的脆弱性日益突出。尽管政府加大了交通基础设施投资力度，交通供给水平明显提高，但交通供给的增长赶不上交通需求的增长，长期以来形成的交通基础设施欠账没有还清，迅速增加的交通量又加剧了交通的供需矛盾，交通问题仍然是困扰北京城市运转和发展、为社会各方关注的主要问题。

面对北京复杂的城市交通问题，本次总体规划修编研究在总结过去十多年经验和教训的基础上，充分借鉴了国际先进城市的经验，更新观念，紧紧围绕可持续发展这个主题，制定出更为科学的发展目标、发展战略和政策，更加突出了公共交通优先发展内容，强调了能源及环境的重要性，增加了城市空间布局及土地使用与城市交通协调发展、自行车及步行交通、交通需求管理、交通安全等内容，强调整合与全方位治理，并从交通的硬件和软件两方面提出了原则和要求。

1　加大力度，坚定不移优先发展公共交通

北京交通发展的主要矛盾是以小汽车为主导的机动化快速发展与城市有限资源和环境容量之间的冲突，大力发展公共交通是北京这样一个特大都市的必然选择。因此，在1993年《北京城市总体规划》中明确提出了大力发展公共交通的政策和规划目标（到2000年公共交通承担出行量的比例要达到47%），但是，在规划实施中却没有得到全面贯彻和落实，公共交通没有得到应有的发展，在客运出行中所承担的份额由1986年的32%下降到2000年的27%，而小汽车交通所承担的份额却由1986年的5%增加到2000年的23%，而且这个趋势还在继续扩大。运输效率高的公共交通得不到应有的发展，有限的道路空间被运输效率低的小汽车交通大量占据，是导致道路交通严重拥堵、道路交通公害加剧的最根本原因。为此，我们认为应着重强调以下几个方面。

第一，明确提出交通发展战略的核心为：全面落实公共交通优先政策，大幅提升公共交通的吸引力，实施区域差别化的交通政策，引导小汽车合理使用，扭转交通结构逐步恶化的趋势，使公共交通成为城市主导交通方式。作为主要控制指标，2020年中心城公共交通在客运出行中所占比例不小于50%。为实现目标，强调在规划、投资、建设、运营、管理和服务等各个环节进行整合，为公共交通提供优先发展条件和对策。

第二，形势严峻，任务紧迫，须加大力度，坚定不移地优先发展公共交通。北京在全国已经率先进入小汽车拥有量快速增长期，在国家汽车产业政策和汽车消费政策的有力支持下，北京机动车拥有量还将有大幅度增加，2020年有可能达到500万辆左右。而城市公共交通的主体——轨道交通网的形成需要数十年时间，值得注意的是，与东京、伦敦、巴黎不同，北京是在建设轨道交通的同时面临着小汽车普及的问题。因此，北京公共交通发展的难度更大，由市场经济主导的小汽车交通，必然会对由政府主导的城市公共交通发展带来更大冲击，城市公共交通将在小汽车交通的强大竞争下艰难向前发展。而且人们一旦对小汽车交通有了依赖，要想使其改变到公共交通将会付出更高成本。为此，必须充分认识发展公共交通的难度和紧迫性，将发展公共交通提升为城市发展的重要战略，强化政府职能，加快落实各项公共交通优先发展政策，加大实施力度。

2　将公交优先作为城市布局调整和节约能源的战略条件

近年来，能源短缺问题日益突出，节约能源作为保证国民经济持续发展的客观要求和重要政策，也日益成为城市规划和交通规划中的重要影响因素。另外，机动车尾气排放对大气环境质量的影响逐年增加，机动车尾气已经成为大气污染的首要因素。

公共交通优先发展，不仅仅是提高城市交通效率的需要，也是节约能源及保护环境的需要。公交优先发展，仅靠城市交通部门是远远不够的，需要城市空间布局、土地使用等城市规划各方面的紧密协作。因此，应增加城市空间布局及土地使用规划与城市交通协调发展内容，加快建立市区与新城之间的轨道交通等大运量快速公共交通联系，并沿快速公交走廊集中发展，建设紧凑型城市，实现城市的理性增长，即公共交通为导向的城市发展模式。同时，推广对公共交通和自行车交通有利的土地使用规划方法。

3 加强交通需求管理，引导小汽车交通合理使用

与发达国家大城市相比，北京的机动车拥有率还处于较低水平，但是小汽车的使用率以及平均行驶里程都明显高于发达国家大城市。到2020年北京市机动车保有量有可能达到500万辆，而中心城道路网只能承受100～120万辆机动车同时上路，如果继续对小汽车的无节制使用采取放任态度，势必影响公共交通健康发展，道路交通及环境将难以承受，对历史文化名城保护也将带来更大冲击。

因此，以有效的需求管理政策和手段对小汽车交通的使用实施引导与调节，使机动车交通量与道路交通及环境容量相匹配十分必要。例如，在提高公共交通服务水平的同时逐步对小汽车使用实行分区分时有弹性地引导和限制管理，将停车设施的建设与运营管理作为调节道路交通负荷的重要手段，促进小汽车方式向公共交通、自行车交通等高效、绿色交通方式转移，同时，控制出租车规模和改变出租车运营模式，推进政府部门用车制度改革等。

4 提倡自行车和步行交通

自行车交通约占北京客运出行的40%，步行交通约占居民出行总量的1/3，这两种交通方式客观上是北京城市交通体系中两个最主要交通方式。自行车交通在北京有着深厚的群众基础，它的存在符合城市交通需求的特征，是短距离交通出行的理想交通工具，也是居民生活的组成部分。步行交通环境是反映城市人文环境和以人为本精神的重要窗口。同时，自行车交通和步行交通不消耗矿物燃料、不污染环境，是绿色交通方式，符合国家节约能源政策，有利于首都的环境保护。因此，在可持续发展的前提下，自行车和步行交通应该受到足够的重视。然而，以往

城市交通发展过程中存在重机动车交通、轻非机动车交通的倾向，自行车和步行交通的空间不断受到挤压，交通安全受到侵害，交通条件日益恶化，如不采取有效措施加以解决，将影响社会公正和城市交通的可持续发展。

因此，应明确提倡自行车交通和步行交通方式，到2020年自行车交通承担客运出行比例要不低于25%，步行者对步行系统的满意度不低于80%。要编制自行车及步行交通规划，并纳入城市综合交通体系规划。从步行者和自行车使用者的意愿出发，提出规划及实施中需要坚持的原则和要求。例如，在步行系统中，要完善道路两侧的步道系统，保证步道的连续性和有效宽度；行人过街设施以平面形式为主、立体方式为辅，高标准实现步行道和过街设施的无障碍化；在自行车交通系统中，要保证自行车交通的行使空间和停车空间，在机动车与非机动车之间设置物理隔离保证自行车交通安全等。

5 实现道路建设重点的转移

道路建设的重点逐步由中心城向中心城以外的地区转移，促进和引导新城的发展。结合"两轴—两带—多中心"的城市空间结构，对城市道路网和公路网进行优化调整，特别是加强中心城与东部发展带上重点新城之间以及新城之间的道路交通联系，增加进出首都机场的通道。

在此基础上，强调中心城道路建设重点由快速路、主干路向次干路、支路转移，实现不同功能层次道路的科学级配，提高路网的可达性和应急能力；由注重机动车交通转而注重为公共交通、自行车交通和步行交通创造良好条件，实现交通资源的公平分配；充分依托现有城市快速路网和主干道网，扩大公交专用道的总里程，加快建设地面快速公交网；旧城道路要服从历史风貌保护要求，慎重对待胡同的改造，避免过境车辆驶入而引起新的交通安全和环境问题。

6 加强区域交通联系

加强京津冀北区域城市间的联系，促进区域协调发展，统筹考虑区域交通设施的规划、建设和运营。完善区域航空、铁路、公路网络，促进大型交通基础设施区域共享。区域交通运输枢纽布局与城市交通系统良好衔接，引导城市空间与区域空间结构协调发展。强化北京、天津之间的交通联系，建设快速交通走廊。加强北京主要出海通道的建设及北京市域范围内的货运通道建设。

7 强化道路交通安全，提高道路交通管理水平

将交通安全放在首要位置，到2020年，交通事故死亡率要达到发达国家城市20世纪90年代初期水平，即控制在2人／（万车·年）以内。为此，要制定交通安全发展规划，提高交通系统安全性，降低事故率，减少伤亡人数；要提高道路交通管理水平，利用现代科技手段，充分发挥现有道路设施的效益；交通管理措施要充分体现公共交通优先，保证自行车和步行交通的安全与畅通；完善交通法规，使之与管理能力相匹配，提高可操作性，严格执法，提高交通管理的透明度；增强全民的现代化交通意识，各级政府、企事业单位、人民团体、学校、媒体要进行广泛持久的交通法规和交通安全宣传教育，特别要加强对外来务工人员和流动人口的宣传与教育。

加强交通环境综合治理，全面改善交通环境，做好机动车尾气污染、噪声和震动的防治工作，发展高效、清洁的交通工具。

8 加强整合，强化规划实施监管机制

整合规划、投资、建设、运营和管理各个环节，统筹各部门的分工与协作，加强部门之间的沟通协调。

建立有效的规划实施监督机制，制定分阶段目标，并落实到各相关部门。对交通总体发展目标和指标的实现程度进行有效监控，适时做出调整，确保城市交通发展总体目标的实现。

备注

本文发表在《北京规划建设》2005年第1期。

北京综合交通体系规划实施评估研究

王晓明 姚智胜

《北京城市总体规划（2004—2020年）》批复后，北京城市建设快速发展，人口规模迅猛增加，交通需求持续不断增长，机动车尤其是小汽车保有量增长迅速，给城市交通的可持续发展带来了压力，在高峰时段局部地区尤其是中心地区的交通拥堵现象严重。近几年来，公共交通优先发展已经成为城市交通发展的一个重要战略之一；交通需求管理措施如限行、错时上下班也已经付诸实施，城市综合交通体系逐渐朝着良性、可持续的方向发展。但是，由于城市综合交通体系的复杂性和综合性，与城市空间布局和形态、交通发展战略和政策、交通基础设施建设等方面息息相关，受到各种因素的综合影响，有必要从各个方面分析和评估综合交通体系近几年来的发展情况，与城市发展的适应性，分析总结其中主要的问题和经验，继承优点，调整改正缺点，从而促进综合交通体系的优化发展。

1 规划实施主要成效

实施评估研究通过分析2004年以来北京城市交通需求与运行情况、交通策略实施情况，以及民航、铁路、公路、公共交通、城市道路、停车、步行与自行车交通、交通管理、应急交通等专项交通系统的实施情况，总结了交通发展政策实施成效和交通基础设施建设实施成效。

1.1 交通发展政策实施成效

（1）公共交通优先发展政策得到全面落实。大容量公共交通系统包括轨道交通、BRT的建设加快；2007年开始实行公交票价优惠政策，有效地引导居民采用公交方式出行。公共交通出行比例从2005年的29.8%上升至2009年的38.9%，在2007年首次超过小汽车出行比例。

（2）交通需求管理取得一定效果。2007年开始实行限行、错时上下班等交通需求管理措施以及提高部分地区停车费等停车需求管理措施，引导小汽车合理使用。2007年之后道路交通运行情况没有进一步恶化，相比之前有所好转，但随着机动车保有量的继续快速增长，交通拥堵现象又逐渐凸显。

（3）规划建设中实施交通先导政策。随着京平高速、京津第二通道的建成，2008年已经实现区区通高速的目标。2010年开通了轨道交通大兴线、亦庄线、昌平线、顺义线、房山线，共有6个近郊新城开通轨道交通线路，有利于促进中心城调整优化和新城发展。

1.2 交通基础设施建设实施成效

（1）公共交通出行比例持续增高。2009年公共交通出行比例达到38.9%，超过了小汽车出行比例34%。

（2）轨道交通等大运量公共交通系统建设加快。2004~2009年，新建成轨道交通线路4条（地铁5号线、地铁10号线一期（含奥运支线）、机场线、地铁4号线），地铁日均客运量达到465万人次。

（3）地面公交系统建设加快。已建成大型公交枢纽5处，快速公交线路3条。公共交通日均客运量达到1927万人次。

（4）中心城道路承载能力提高。2009年城八区道路总里程6247公里、路网密度452.1公里/百平方公里，比2004年分别增加了2180公里、159.4公里/百平方公里。

（5）高速公路实现跨越式发展。截至2009年，全市高速公路通车里程达到884公里，占规划的70%，比2004年新增359公里，增长了68%。

（6）停车设施有一定程度的增加。2009年相比于2004年，经营性停车场增加1961个，停车位增加58万个，分别增加66%和109%。

（7）交通管理水平、交通应急能力得到提高。交通管理设施建设取得较大进展，人性化水平不断提高。道路交通安全水平明显提高。智能交通系统在城市交通各行业部门得以广泛应用，基本实现了交通应急系统与其他各指挥系统信息资源有效整合。

（8）积极推动了国家民航、铁路项目建设。京津城际铁路已完成大部分工程，2008年北京至天津段已开通；北京南站已基本建成；地下直径线已完成大部分工程；京沪、京广高速铁路已经开工。机场T3航站楼建设工程已建成投入使用。

2 实施主要问题分析

然而，在北京综合交通体系中也存在一些问题，主要有以下几个方面。

2.1 城市交通拥堵问题制约首都的可持续发展

人口的增长、机动车保有量的迅速增长，交通需求迅速增长，交通资源分布不均衡，导致交通拥堵现象严重，城市交通拥堵问题已经成为制约首都发展的一个重大瓶颈。随着北京人口的快速增长和城市功能的不断聚集，以及人民生活水平的提高，机动车保有量特别是私人小汽车保有量增长迅速。由于新增的交通供给能力很快被交通需求增量所抵消，人口和机动车的发展将给北京的交通系统造成巨大压力，制约着首都的可持续发展。

2.2 通勤交通压力大、潮汐交通特征明显

城市总体发展水平不均衡，城市空间布局与综合交通建设的协调发展不足，造成中心区交通拥堵、通勤交通压力大、潮汐交通特征明显。由于人口和功能中心聚集的态势尚未得到根本改变，出行空间分布过于集中，同时由于土地使用与交通设施的同步实施难度存在差异，导致土地开发与同期区域交通承载能力不匹配，导致中心区交通拥堵，跨区域通勤交通压力大，潮汐特征更为明显，拥堵时间更为集中、空间更为聚集、方向不均衡性更加明显。

2.3 交通出行结构有待进一步优化

小汽车出行比例逐年上升，并早已超过总体规划20%的目标比例，2009年为34%。轨道交通出行比例虽然有所提高，但总体偏低，2009年为10%。自行车比例逐渐下降，已经突破25%的目标下限，2009年为18.1%。交通出行结构比例有待于进一步优化调整，限制中心区小汽车比例、提高轨道交通、步行和自行车方式的出行比例（图1）。

（1）公共交通建设和服务水平相对滞后。总体来看，无论是在出行速度还是舒适度上，公共交通仍然处于劣势：地面公交专用道不成网，公交服务水平和吸引力不足，部分线路拥挤现象严重，公共交通运力不足，等候时间过长，车辆运行速度慢，换乘效率和通达性都有待提高；轨道线网密度低，地铁运量与运力的矛盾日益突出，线路满载率高，地铁新开通就因满负荷而进行限流，难以发挥地铁大运量功效，北京市郊铁路的建设明显滞后，无

法支撑未来城市发展到50公里半径的交通需求；依托高速公路和城市干道的大容量快速公交系统发展处于起步阶段，目前只建成3条55公里的BRT线网规模；公共交通换乘不便、换乘距离长，交通接驳设施不足；公交场站建设速度较慢，相比于2004年，枢纽站新增1处，中心站新增1处，保养场数量保持不变。

（2）小汽车发展的特点——"三高"、"四低"，即高速度增长、高强度使用、高密度集中，购买车辆的门槛低、小汽车综合使用成本低、市民绿色出行意识低、替代出行方式的服务水平低，给城市交通系统带来巨大压力。

（3）随着城市机动化的发展，人行空间和自行车交通空间不断受到挤压。人行空间存在以下几类问题：人行道缺失、宽度不足、人行道被（机动车、交通设施）占用、过街不便利和环境较差等问题。自行车交通存在的问题包括机非混行、停车挤占自行车专用车道、停车设施缺乏等问题。

2.4 综合交通网络的规模和布局需完善和优化

目前，北京区域交通的发展相对比较缓慢，区域交通尚未完善，北京市与周边城镇的交通缺乏快速便捷的联系。区域交通网络建设需要继续完善，建立有效的区域协调机制，综合发展规划区域交通系统。

城市道路网的发展布局不均衡，高速公路和快速路实现规划情况较好（85%以上），主干路建设稳步推进（近期即将实现近50%），次干路实施情况较差，支路最差。城市道路网络尚不完善，局部地区的供需矛盾突出。

在总体规模上，国、市道增长较快，目前规模已经超过城市总体规划的规模，而县乡村公路建设里程偏低。从布局上来看，干线公路网整体不均衡，公路网部分地区现状服务水平较低。从技术等级上来看，北京市公路网技术等级偏低：国道、市道技术等级明显提高，县、乡道技术等级明显偏低。

2.5 停车供给与需求差距加大

机动车保有量迅速增长，2009年底已达到401.9万辆，导致停车需求的迅速增长。另外，停车泊位的建设速度仍远远落后于机动车增长速度，供给与需求之间的差距进一步加大。中心地区交通需求较大，但是相应的停车配套设施不足，带来停车无序、占道停车、交通拥堵问题。对比《北京城市总体规划（2004—2020年）》提出的停车规划策略、方案，以及2004～2009年北京停车的发展状况，总体规划提出的分区域差别化的停车发展对策并未得到有效落

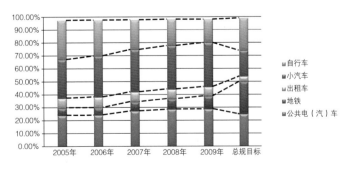

图1 北京市交通出行结构变化图

实，公共停车场建设相对缓慢，P+R设施建设远远滞后于总体规划的规划目标。

3 面临形势分析

（1）城市发展建设的新背景。人口持续增长超出预期、产业发展密集、建设用地的扩张，以及机动车保有量的增长超出预期、出行需求保持旺盛增长给城市交通带来巨大的压力，对交通系统提出新的发展要求。城市功能区的发展建设对城市空间发展、城市用地布局与城市交通之间的协调发展提出新的要求。

（2）"世界城市"交通规划要求。北京市提出了要建设"世界城市"的发展目标，"世界城市"的交通具有一般城市没有的一些特征。例如，东京、纽约、伦敦等国外世界城市具有都市圈的区域范围、规模大、航空运输发达、中心区轨道交通密度高、市郊铁路发达、中心地区公交出行比例高、道路网络密度分布和结构体系合理等特点，都值得北京分析和借鉴。今后，需要在"世界城市"城市发展理念的指导下，调整城市交通发展的新目标和新要求，作为交通建设、实施的指导。

（3）低碳交通战略要求。绿色、低碳生活的理念越来越深入人心。对于交通系统来说，需要实施低碳交通战略，鼓励绿色交通出行方式。公交优先发展、合理使用小汽车、大力发展轨道交通、更新使用清洁能源车辆等措施都是低碳交通战略的体现。

城市建设的发展需要建设公共交通、用地与交通协调发展、完善道路交通网络、实施交通需求管理；"世界城市"的发展目标对公共交通、区域交通、城市交通提出新的要求；低碳战略需要鼓励绿色出行方式，选择节能交通工具。

4 主要对策研究

从城市总体规划实施以来，北京综合交通体系发展取得了一定效果，但也存在一些问题，应该继续继承好的方面、调整不足的方面，并且结合所面临的新形势，提出综合交通体系的发展对策。针对城市总体规划实施以来综合交通体系的发展问题以及所面临的新形势，提出了以下六个方面的主要对策。

4.1 城市空间布局与城市交通协调发展

优化城市功能结构，推动"两轴—两带—多中心"城市空间结构的调整，限制中心城的建设规模，加快新城的发展，使得城市空间布局与城市交通协调发展。人口、用地是交通需求的源头，人口、用地规模和布局直接影响交通需求的规模和布局。应该优化调整中心城+构建多中心+建设"有城有业"综合功能新城，打破单中心过度聚集的格局。中心城部分功能适当外移，避免中心城功能的高度集中带来向心交通的巨大压力；完善和发展新城的公共基础设施建设，使之形成对中心城的反磁力，并且适当均衡新城的职住平衡，缓解潮汐性交通特征。整合优化协调城市重点功能区、新城、中心城用地与城市综合交通的相互关系，完善外围新城的功能，促进交通供给与需求的均衡发展，尽可能避免潮汐性交通的急剧增大。

研究制定北京城市土地使用与交通协调发展规划导则，评价城市用地规划与交通规划的协调性。研究制定城市土地使用与交通协调发展规划的实施对策，促进城市用地与交通的相互协调发展。采用城市土地开发与交通建设的统一规划、统一开发的发展模式，同步建设城市土地使用和交通体系，使得土地开发强度与同期区域交通承载能力相匹配，减轻通勤交通压力。

4.2 坚持以轨道交通为核心的公共交通发展战略

坚持实施以轨道交通为核心的公交优先发展战略，继续加大轨道交通建设力度，改善交通出行结构，着力缓解中心城交通拥堵，大力支持新城发展，引导城市空间结构和功能布局调整，并促进轨道交通与其他交通方式协调发展，实现"三网合一"，发挥公交系统的整体优势。必须坚持以轨道交通为核心的公共交通优先发展战略，才能保障城市可持续发展。公共交通优先发展战略不仅仅是"交通"问题，而是城市可持续发展的基本战略。2009年机动车保有量为401.9万辆，与2004年的229.6万辆相比增加了172.3万辆，增长75%，而城八区道路里程从4067公里增长到6247公里，增长2180公里，增长54%，经营性停车位只增长了74.6万个。道路里程和停车设施跟不上机动车的增长速度，单纯地增加道路交通设施、提高道路交通供给水平，无法彻底解决交通拥堵问题。

1）加快轨道交通建设

加快轨道交通建设，改善交通出行结构，着力缓解中心城交通拥堵，大力支持新城发展，引导城市空间结构和功能布局调整。采用"先中心、后外围，先骨架、后支线"的原则，合理安排轨道交通建设时序。2009年北京轨道交通运营网络里程为228公里，2010年底开通了通往昌平、顺义、亦庄、顺义、大兴的线路，轨道运营里程达到336公里。至2015年，将建成线路包括6号线、8号线二期、

9号线、10号线二期、15号线二期、7号线、14号线、西郊线、S1线、昌平线二期10条线路，届时北京市轨道线路总里程将达到580公里以上，将提前突破2020年城市总体规划571.1公里的发展目标。未来，北京远景轨道交通线网将达到"双1000"的约2000公里规模，其中，中心城区轨道交通系统的线网规模和市郊铁路的线网规模各约为1000公里的里程。

2）整合公交系统，发挥其整体优势

促进轨道交通与其他交通方式协调发展，实现"三网合一"，发挥公交系统的整体优势。加快实现由轨道交通网、公交专用道网与自行车道网组成的三张网，充分发挥轨道交通、BRT和公交快线的骨干作用，形成"鱼骨形"交通形式，实施"零换乘"，实现"普通公交＋地铁"、"步行、自行车＋地铁"、"步行与自行车＋BRT"的出行模式。

应充分体现轨道交通建设中的"零换乘"以及"以人为本"的理念，合理组织轨道交通与其他各种交通方式之间的衔接和配置方式，优化轨道交通站点换乘系统，提高整体性、人性化、细节化规划设计水平，提高公交吸引力。

4.3 构建良好合理的绿色出行体系

构建绿色交通出行体系，规划建设良好的步行、自行车出行环境，逐步把北京建设成为一座适合步行、自行车等绿色出行方式的城市。倡导和重视零排放的自行车交通与步行交通的绿色交通系统建设，规划步行、自行车专用道体系，创造有利于"步行＋公交"出行模式的生活环境。改变"宽马路"代表现代化的固有观念，注重街道与沿街建筑的尺度，方便街道两边的来往，创造尺度宜人、形式丰富、满足人的心理和生理要求的生活性街道，要把北京建设成一座适合步行的城市。

4.4 完善和优化综合交通网络

完善区域交通、城市道路、公路交通网络建设，建设智能交通系统，整合优化道路交通系统，提高系统承载能力。目前，区域交通的发展相对比较缓慢，区域交通尚未完善，北京市与周边城镇的交通缺乏快速便捷的联系。城市道路网等级结构不均衡，高速公路和快速路实现规划情况较好（85%以上），主干路建设稳步推进（近期即将实现近50%），次干路实施情况较差，支路最差。干线公路网整体不均衡，部分地区现状服务水平较低，县乡村公路建设里程偏低，技术等级明显偏低。必须完善区域交通网络建设，加强区域间的综合交通体系规划、建设、运营、管理的沟通与协调，建立区域协调机制。完善城市道路、公路

交通网络的布局形态，解决部分地区路网供需矛盾问题。合理配置城市道路等级结构体系，加快城市次干路、支路的发展建设。建立和完善市域内干线公路网络和农村公路网络，提高公路网服务水平。发展建设智能交通系统，提高道路交通系统的运行效率（图2）。

4.5 坚持实施交通引导发展战略

坚持实施交通引导发展（TOD）战略，实施轨道站点周边土地综合化开发，减少被动交通出行需求。坚持"中心成网、外围成轴"的发展策略。建立以轨道交通为导向的城市发展模式，坚持交通引导发展（TOD）理念，优化城市布局与交通建设的关系，引导形成多中心轴向发展的城市格局。发挥公共交通的先导作用，引导带动新城（新区）发展和旧区更新改造，促进城市空间结构优化调整。"中心成网"指的是在中心地区轨道交通的发展模式是"线跟人走"，以缓解交通、带动优化，属于客流追随型（SOD）发展模式：城市中心区通常采用地铁，追求服务全覆盖，站点间距较小、密度大，一般为1000米左右。"外围成轴"指的是在城市外围地区或未建成地区的轨道交通发展模式是"人跟线走"，强化引导，支持新城，属于规划引导型（TOD）发展模式：城市外围通常采用轻轨及快速铁路，追求快速大容量和各功能区之间的联系，站点间距较大，一般为2000米左右。

加强轨道交通站点的一体化设计和周边用地合理的高密度综合开发，综合布局居住、公共服务设施用地，高度重视地下空间开发，优化土地开发利用模式；加强沿线土地控制与提前储备，发挥轨道交通综合效益。加快研究轨道站点综合开发的实施机制：因土地储备出让、开发实施时序不同步、建设主体不一致等原因，轨道站点综合开发

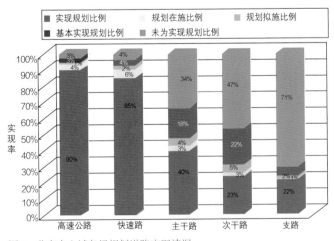

图2　北京中心城各级规划道路实现情况

实施往往比较困难，应加强实施机制研究。

4.6 实施合理有效的交通需求管理措施

实施有效合理的交通需求管理政策，在保障公共交通有效供给的基础上采取更有力的管理措施，减少小汽车的拥有和使用。在提高公共交通有效供给和吸引力的同时，加大小汽车交通需求管理力度。改变修路（供给）—拥堵（需求增长）—修路（供给）—拥堵（需求增长）的恶性循环被动局面，有效抑制私人小汽车出行需求的快速增长。应该结合国外相关经验，应用管理政策和经济杠杆等手段（如实行停车泊位证明审查制度、停车差别化供给、实施停车需求管理政策等措施）来控制小汽车保有量迅速增长势头；研究通过限行、错时上下班、拥挤收费、鼓励多人合乘、燃料税等交通需求管理措施来合理引导小汽车使用，同时提高市民绿色出行意识，提高替代出行方式的服务水平，促进小汽车向其他出行方式的转移。同时，应进一步整合优化交通系统，建设智能交通系统，提高交通系统的运行效率。

5 结语

《北京城市总体规划（2004—2020年）》中综合交通体系规划部分提出了北京市交通系统的发展目标、战略任务、发展策略以及民航、铁路、公路、公共交通、城市道路、停车、步行与自行车、交通管理等方面专项交通系统发展规划。2004年以来，北京综合交通体系的发展既有实施成效又有发展问题，并且在面临新的发展形势需要进一步的调整优化。本文在总结、分析和评价目前综合交通体系中的交通需求及运行情况、交通发展策略实施情况、民航、铁路、公路、公共交通、城市道路、停车、步行与自行车、交通管理等专项交通系统发展情况的基础上，判别了综合交通体系的规划实施进展、交通基础设施的发展建设，分析了其中存在的主要问题、主要矛盾及主要原因，并判断综合交通体系的发展趋势及在目前城市发展的新形势下的新要求，最后总结提出进一步完善北京综合交通体系规划、促进其可持续发展所应采取的主要应对措施和规划建议。

参考文献

[1] 北京市城市规划设计研究院. 北京城市总体规划（2004—2020年）专业规划说明（第三分册）[R]. 北京，2005.

[2] 北京市城市规划设计研究院. 北京城市总体规划（2004—2020年）实施评估报告[R]. 北京，2010.

[3] 北京市交通发展研究中心. 北京市交通发展年度报告[R]. 北京，2004～2010.

备注

本文发表在《北京规划建设》2011年第6期，有删节。

京津冀区域交通一体化发展趋势及对策

徐铮鸣 郑猛

引言

推进京津冀协同发展，是新时期党中央、国务院提出的重大国家战略，要以建设世界级城市群为目标，继续在制度创新、科技进步、产业升级、绿色发展等方面走在全国前列，加快形成国际竞争新优势，在更高层次参与国际合作和竞争，发挥其对全国经济、社会发展的重要支撑和引领作用。

随着京津冀协同发展上升为国家战略，北京、天津、河北在各个层面的对接和合作加快推进，也对京津冀城镇群发展取得一定共识。交通一体化作为率先突破领域，需要规划先行，以交通设施为先导，引导区域功能提升、产业转移和人口疏解。

1 区域发展存在的问题

1.1 现状社会、经济发展概况

京津冀地区陆域面积21.7万平方公里，占全国的2.2%。2012年常住人口10769万人，占全国的7.9%，其中城镇人口6347万人，城镇化率58.93%。实现地区生产总值57261亿元，占全国的11%。

京津冀区域内部经济发展落差较大，城镇体系不够发达，京、津两市仍有强烈的集聚效应，河北承接京、津两市产业转移的能力还需要提高，环京津地区贫困问题比较突出，主要表现在三个方面。

一是区域产业合作还未上升到产业融合的高度。天津与河北存在同构竞争；京、津两个核心城市对河北的辐射带动较弱，河北在城市服务等方面落后，难以吸引京津产业转移。

二是区域开放程度不够深入，尚存在各自为政意识，资源和项目竞争较多，生产要素跨区域流动与共享还不充分。区域合作磋商协调的制度化程度较低，发展规划、重大政策和重大项目缺乏区域层面的沟通协调。

三是北京周边各县市发展冲动强，不断"蚕食"生态绿隔。根据对北京市周边地区各类城镇规划用地的整合，现状城镇建设用地面积仅为240平方公里，而规划用地面积达到了800平方公里，按照目前每年7~8平方公里的开发速度，建设用地完全建成需70~80年。此外，环北京周边地区的无序开发对首都的区域生态廊道造成阻隔、对水源地保护造成威胁。燕郊与顺义之间、大厂与香河之间、香河与廊坊之间、廊坊与新机场之间、涿州与新机场之间等几条重要的生态廊道均有被规划建设用地填满的隐患。

1.2 现状交通发展问题

京津冀区域虽然在交通基础设施建设方面取得了显著成就，但是运输格局、运输模式等方面还不适应区域协同发展和打造世界级城市群的要求，主要问题如下。

1.2.1 区域运输格局呈以北京为单中心的放射状

首都门户功能缺乏区域性分工与组织，带来北京压力集聚和区域交通服务不均衡的现象并存。国家运输通道以北京为中心放射式布局，区域高等级客货运枢纽集中于北京中心城区，北京汇集大量通过性交通和区域转换交通，承载过多国家运输组织职能。中心城市运输组织功能发展极不均衡，天津、石家庄等区域中心城市面向区域的网络不完善，区域组织功能不强，交通分流和功能分担作用不明显。

从航空方面来看，北京航空门户功能过度集聚，天津、石家庄等机场发展受限。首都机场是世界第二大机场，2013年旅客吞吐量8371万人次，货邮吞吐量184.4万吨；首都机场和南苑机场占京津冀区域机场旅客吞吐量总量的86%，货邮吞吐量的86%；首都机场的机场大巴覆盖天津、塘沽、唐山、秦皇岛、廊坊、保定等周边城市。天津机场在区域航空运输中的作用有限，2013年，天津机场客运量1003.6万人次（全国民用机场运输排名第24位），货运21.4万吨（第13位），仅承担京津冀区域10.2%的客运量和10.2%的货运量。建立在区域航空运输体系尚不完善的基础上，首都机场抢占了区域其他机场的客运资源。

从铁路方面来看，北京是全国最大的铁路枢纽，承担着东北、华北、中南、华东、西北地区间的物资交流和旅客中转运输任务。区域铁路网以北京中心城为核心呈中心放射式布局，通道间联络线不足，天津枢纽至京广、京包、石太等通道不便，分流作用有限。以北京为中心单极化的铁路通道布局，造成区域客运资源分布不均衡，2010年，北京日均330对始发终到列车，北京铁路客运量达

8903万人次，以全国1.46%的人口，承担了4.75%的铁路客运量；而天津仅有101对，铁路客运量2654.44万人次，仅相当于北京的29.8%。

从公路方面来看，区域干线公路网形成由8条国家高速公路和11条国道组成的北京为中心的放射网络，外围高等级联络通道缺乏，唐山、秦皇岛经承德联系晋北和蒙东地区的通道尚未形成，北京成为天津港、京唐港集疏运及"三西"地区煤炭等战略物资下水运输出海的必经之路，六环路承担较重的过境交通组织功能，北京中心城区及其主要放射性通道上压力难以疏解。

1.2.2 区域运输结构不合理

现状以公路主导的区域运输模式，制约区域一体化发展和首都功能疏解。现状区域运输中90%的客运和86%的货运均是依靠公路来完成的。

现状主要依托以北京为中心放射布局的国家干线公路来满足城际联系需求，首都外围联络性通道缺乏，中心城市及枢纽港口、机场的辐射带动作用发挥不足，区域网络型空间结构的形成和发展受到严重制约。环首都圈及区域各城镇间高速公路联系需绕经并借助于北京的五环、六环路实现过境功能，交通联系直捷性不高。外围地区发展过分依赖于北京的放射性轴线，与北京的联系较为方便。京石、京张等主要放射通道运力不足，拥堵问题严重，供需矛盾突出。

1.2.3 交通被动适应环首都地区与北京间一体化，新城对外围地区空间和交通组织作用不强

在高速公路及公交支撑下，北京的部分城市职能疏散到环首都的燕郊、香河、大厂、廊坊、涿州、固安等县市，初步形成与北京功能联动的半径50公里发展地区，这些环首都地区已经疏解了部分北京市的居住人口，但是由于北京市近郊新城以及环首都地区产业发展缓慢，就业岗位仍然集中在北京市中心城，因此，早晚高峰大量的通勤客流对北京市东、南、西南等几个重要通道产生非常大的压力。环首都地区对北京市的交通对接诉求强烈，包括高速公路和地方干线公路的互联互通，以及北京市城市轨道线路的对外延伸。

2 区域交通发展趋势及对策分析

在京津冀城镇群发展战略共识下，城镇体系、产业功能布局、交通基础设施、公共服务和生态安全格局等方面协同规划和政策将陆续出台。为此，交通基础设施作为区域协同发展的先导，未来区域交通发展将呈现世界级城镇群发展下的国际交通枢纽中心化、京津冀区域协同发展下的交通一体化、北京及沿市界城镇协同发展下的交通同城化三个方面的趋势，针对区域交通未来发展趋势，需要有相应的对策来应对。

2.1 世界级城镇群发展下的国际交通枢纽中心化

2.1.1 对策一：打造世界级航空枢纽机场群

世界上的国际大型枢纽机场普遍依托世界城市，呈现中心强化的发展态势，纽约、伦敦等世界城市航空枢纽基本位于大都市区50公里左右的空间圈层。借鉴国际航空枢纽发展经验，京津冀宜围绕首都机场和北京新机场打造国际航空枢纽中心，构建层次清晰、分工协作的世界级机场群。

强化首都机场和北京新机场大型国际航空枢纽功能，提升区域机场国际竞争力。建议高标准建设北京新机场，与首都机场协同，加强国际与国内航班中转衔接，打造亚太大型国际航空枢纽及亚洲门户。

有效利用北京新机场建设的窗口期，发挥天津机场运输潜力，拓展国际、国内航空枢纽功能，承接首都机场溢出的航空需求；构建全货运航线网络，建设北方国际航空物流中心。

发展石家庄机场成为京津冀南部的枢纽机场、区域低成本航空的主要基地和北京枢纽备降机场。

以首都机场、北京新机场、天津机场、石家庄机场为核心，建设综合交通枢纽，促进公路、铁路、城市轨道等多种运输方式与航空有效衔接，形成公共交通主导的集疏运体系。

2.1.2 对策二：构建国际重要湾区港口群

明确津冀港口发展定位。天津港（东疆、北疆、南疆港区）大力发展航运服务业，加快航运要素集聚，形成北方国际航运中心和物流中心的核心区；进一步提升集装箱运输功能，逐步撤出煤炭及散货运输。唐山港（曹妃甸港区、京唐港区）、沧州港、秦皇岛港作为能源矿石散货主要发展港，进一步提升运输保障能力。天津南港区、唐山港、沧州港、秦皇岛港拓展临港工业、现代物流等功能，成为北方国际航运中心的重要组成部分。

完善港口集疏运体系，加强铁路通道建设，积极发展铁海联运，优化调整公铁集疏港运输结构。着力完善天津港向北、向西的铁路集疏运网络；打通唐山港至蒙中、蒙西地区的煤炭运输通道，形成国家"西煤东运"第三大通

道；增强铁路沿线无水港布局和功能。

完善疏港公路体系，改变现状晋蒙煤运出海过度依赖京藏高速并经由北京的局面，在北京以南增添荣乌、保阜—保沧、京昆—津石等衔接天津港、黄骅港的高速公路通道，并利用张承高速将衔接唐山港、秦皇岛港的煤运通道转移至北京以北。

2.2 京津冀区域协同发展下的交通一体化

2.2.1 对策一：优化国家综合交通运输大通道

依据全国综合交通运输网络布局和京津冀区域发展需要，优化承担大区域、长距离、大容量客货运输的综合交通网络格局，构建京津铁路双客运枢纽格局，优化客运专线网络布局；强化津冀铁路货运中心地位，调整铁路货运组织格局，完善京津冀区域干线公路网，疏导首都过境交通压力，加强京津冀区域与国内主要经济区之间的交通联系，提高对外辐射带动作用。

铁路客运方面，要增强天津铁路枢纽地位和功能，新建承唐客运专线，实现京沈客运专线与天津的联系，构建"东北至华东、华中、华南等"方向的客运专线大通道。

铁路货运方面，要改变以北京为中心的铁路货运组织格局，强化天津铁路集装箱中心站功能，统筹铁路货运编组站区域布局，完善以天津为中心的铁路货运系统，把天津建设成为华北地区铁路货运中心，建议在津保铁路基础上，向西延伸津霸铁路，形成津保货运铁路，衔接京广铁路、京九铁路；规划建议增加张保铁路、保定—太原铁路，转移北京疏港货运组织压力，形成天津及天津港直通西部张呼包、太原—西安/银川两条城镇发展带的铁路快速货运通道。

公路运输方面，完善的重点放在面向西北、东北的区域通道建设和提升，绕行北京、天津城镇密集区的过境通道建设和主要港口集疏运系统的建设与完善等方面。同时，加快高速公路断头路建设，提高高速公路系统的互联互通。优化路网结构，促进区域"单中心、放射状"路网格局向"多中心、网络状"转变。

2.2.2 对策二：优化区域交通运输结构，建设"轨道上的京津冀"

适当控制高速公路投资建设规模，将建设重点转向客运专线、城际铁路，从根本上改变区域陆路交通过度依赖公路的局面，优化交通运输结构。

以北京市为核心构建圈层结构，依据圈层空间发展格局，建立多层次轨道和铁路服务系统，统筹形成轨道引导

的区域走廊发展模式，服务各中心城市、城市核心功能区和潜力发展地区，引导功能、人口、产业向铁路走廊上的节点地区集聚，同时依托铁路枢纽培育成长性地区职能。

2.2.3 对策三：优化城镇群之间综合交通体系，完善区域运输网络

依据京津冀城镇群功能发展定位和空间布局，合理确定区域一体化的交通网络格局和规模，加快推进京津冀城镇群之间城际铁路网络互联互通和城际干线公路网直连直通，实现区域内各主要城市之间到北京1小时通达，各主要城市间2小时通达，推动人流、物流、信息流一体化。

铁路客运方面，在充分利用高铁和既有铁路服务城际功能的同时，加快区域内城际铁路网的完善。以北京、天津、石家庄为中心，构筑覆盖区域主要城镇发展走廊的城际铁路网。改变各线独自运营的布局形态，形成互联互通的网络化格局，显著提高区域各主要城市、重要新城、大型交通枢纽的通达性和辐射能力。

铁路货运方面，利用北京市铁路外环线组织铁路货运，调整外环线东南环、南环至涿州、霸州、廊坊、香河，加强铁路外环线与疏港铁路线路的联系与转换，统筹区域铁路货运编组站的布局和协同管理。

公路运输方面，以北京、天津、石家庄及沿海主要港口为重要放射节点，构建全面覆盖区域20万人口以上城市、重要枢纽的高速公路网。建设津石、张石、唐廊、张承、石衡等高速公路，完善城际间高速公路互联互通、快速直达。

2.3 北京及沿市界城镇协同发展下的交通同城化

从2005年至今，北京市各新城人口增长势头迅猛，大兴和通州等人口增长较快的区县人口年均增长速度均在20%左右，在人口增长的同时各区县产业发展相对缓慢，职住不平衡使北京市的通勤交通圈不断向外扩张，范围已扩张至30公里左右，通州、大兴、门头沟等30公里左右地区的通勤交换量比例由2005年的10%以下，迅猛增长至40%及以上，延庆、怀柔、密云、平谷等50公里以外地区也由2005年的基本无通勤交通特征，出现1~3%的通勤交换量。

除了北京市的各新城，沿北京市界城镇人口和用地的增长速度也较快，北三县、廊坊主城区、固安等地区的人口年均增长速度均显著高于河北省的平均水平，城镇建设用地、生产总值的增速也显著高于河北省平均水平，并已

接近甚至超过与其相连的北京市的通州和大兴。随着人口的快速聚集，以燕郊为代表的沿市界城镇也呈现一定规模的通勤交通特征。燕郊现状常住人口约60万，其中户籍人口22.9万，在非燕郊籍中，北京籍占17.4%，其他省市49%（抽样调查），每天交通出行约25万人次。现状燕郊与北京中心城之间的公交线路共有12条，日均客运量（含班车）16.5万人次（进京8.5万人次，出京8万人次），早高峰1.2万人次，且公交车辆超载严重，日均进京机动车流量为2.4万辆。

根据对沿北京市东南方向沿市界城镇规划用地和人口的统计，现状人口为640万，城镇建设用地为105平方公里，2020年规划人口将达到950万，规划城镇建设用地为523平方公里。因此，沿市界城镇的产业发展对于北京未来交通发展有着巨大的影响。

基于以上分析，并综合考虑北京及沿市界城镇发展态势和都市区空间圈层化拓展规律，建议依托市域（郊）铁路和快速公交廊道采取"簇轴式和枢纽主导式"空间发展模式，推进北京空间布局优化调整，引导沿市界城镇空间合理布局，满足区域内一日经济、社会活动的需要，实现交通基础设施供给和服务同城化。同时，要主动调整北京市域职住关系和梯度分布，努力控制中心大团未平衡就业岗位规模，积极优化边缘集团和新城职住比例，加强区域铁路和地铁快线建设力度，推进中心城地区多层级轨道交通网络互联互通建设，以及交通枢纽和主要功能区的有机耦合，实现中心大团、边缘集团、近郊新城及沿市界城镇之间的人口、就业岗位与交通廊道在容量和空间上有序配置。

依据圈层空间发展格局，北京市沿市界城镇群位于50～70公里圈层，该圈层主要以区域铁路和高速公路形成交通轴线，同时依托北京市各新城形成辐射区域的交通枢纽，支撑新城和沿市界城镇梯度发展。

根据区域重点发展方向在市界形成4个跨界城镇群，分别是东方向的通州—北三县城镇群，东南方向的采育、永乐、廊坊、武清城镇群，南方向的新机场—固安—永清城镇群，西南方向的琉璃河、窦店、涿州城镇群。

通州—北三县城镇群主要以新北京东站为核心，依托规划北京—蓟县区域铁路以及平谷支线和香河支线来支撑燕郊、三河、平谷、大厂、香河等城镇空间布局。

采育、永乐、廊坊、武清城镇群主要以京津二城际的亦庄站为核心，依托京津二城际来支撑永乐、采育、廊坊、武清北部、武清等城镇空间布局。

新机场—固安—永清城镇群主要以新机场为核心，依托既有京九铁路开行市郊列车来支撑榆垡、固安、永清等城镇空间。

琉璃河、窦店、涿州城镇群主要以良乡为核心，依托京石城际铁路来支撑琉璃河、窦店、涿州等城镇空间。

3　结语

要实现京津冀区域建设世界级城市群的目标，需要依据京津冀城市群功能定位和空间格局，围绕北京功能疏解、产业转移、京津冀协同发展的战略部署，着力优化区域交通运输空间格局和结构，完善运输组织和服务，强化多式联运，构建与城市群空间结构和功能相适应、与区域经济发展和产业布局相协调，绿色低碳的现代化综合运输体系。同时，要建立区域开放型、集约化、高效、便捷的运输网络和多枢纽交通体系，扭转北京"摊大饼"、无序蔓延态势，推动轨道交通引导的走廊发展模式，引导与京津冀区域联动发展的北京开放型、多中心空间体系的形成。

参考文献

[1] 京津冀协同发展领导小组办公室. 京津冀协同发展规划总体框架思路（修改稿）[R]. 2014.

[2] 交通运输部. 京津冀协同发展区域交通一体化发展规划（讨论稿）[R]. 2014.

[3] 铁道第三勘察设计集团有限公司. 京津冀铁路一体化布局规划研究 [R]. 2014.

[4] 中华人民共和国交通运输部. 国家公路网规划（2013—2030年）[R]. 2014.

[5] 中国城市规划设计研究院，北京市城市规划设计研究院，铁道第三勘察设计院集团有限公司. 京津冀区域交通规划统筹整合方案 [R]. 2014.

[6] 北京市城市规划设计研究院. 首都空间发展战略研究 [R]. 2011.

[7] 中国城市规划设计研究院. 环首都绿色经济圈总体规划 [R]. 2011.

[8] 北京市城市规划设计研究院. 北京都市圈轨道交通资源整合规划研究 [R]. 2011.

[9] 河北省城乡规划设计研究院. 河北省城镇体系规划（2013—2030年）[R]. 2014.

备注

本文发表在《北京规划建设》2015年第6期（增刊），有删节。

北京旧城交通发展策略

盖春英

引言

北京旧城特指东城、西城两个行政区围合在二环路以内的部分，占地面积约为62.5平方公里。旧城是北京历史文化名城保护的重点地区，也是北京的行政中心，世界著名古都和现代化国际城市。

北京市旧城范围内共有区级以上文物保护单位272处，历史文化保护区33片。旧城历史文化保护区、文物保护单位保护范围及其建设控制地带的总面积达2758公顷，约占旧城总面积的44%。

北京旧城发展建设的两大重要目标为保护、发展。即保护旧城文保区、文保单位及整体风貌；发展交通系统，为旧城社会、经济发展提供有力支撑。这就要求旧城区的道路交通设施建设要有利于保护旧城整体风貌，不能以破坏旧城的传统肌理和空间尺度为代价。而目前旧城交通问题突出，已经对旧城保护造成一定不利影响。例如，旧城内文物、保护区的风貌保护要求及单位大院的阻隔，使得旧城区断头路多，路网不完善，从而进一步导致旧城道路网车流分布不均衡，影响了旧城路网整体效率的发挥，造成局部路段高峰时段交通拥堵严重。又如，旧城内居民夜间停车位严重缺乏，造成大量胡同乱停车现象普遍。而实际上，旧城土地资源有限，空间上无法提供足够的停车场地，并且从旧城整体保护的要求出发，也不适宜在地面建设占地较大的停车场地。

目前，沿东、北、西二环路地带分布着金融、商业、科研、办公、政府部门、大型医院等一系列高强度的土地开发设施，同时旧城中的南城（原崇文、宣武）借助20世纪危房改建的机会，众多用地已改建或正在改建为中高密度的居住区或公建区。

除了具有整体风貌保护的责任外，旧城还承载着一些重要的政府职能，所有这些，加上旧城的区位优势，使得旧城周边（包括南城）高强度的土地开发需要有交通系统的有力支撑。而北京市公共交通系统的支撑力度虽然日益加大，但仍然不能满足实际需求，加上路网系统的不完善，使得北京市在机动车迅猛发展的背景下，道路交通拥堵已经成为无法回避的现实。

在上述情况下，旧城交通该何去何从？本文以下提出

拙见。

限于篇幅，以下对旧城现状交通特征、现实发展问题与瓶颈、面临挑战等内容仅做简要介绍，本文论述重点为旧城交通发展策略。

1 旧城现状交通特征

旧城现状交通特征包括：道路网骨架形成，干道系统实现规划过半，未来路网交通容量增长潜力有限；轨道交通网络大部分实现规划，未来交通支撑能力提升空间有限；公共交通场站设施建设缓慢。

2 旧城交通现实发展问题与瓶颈

旧城现实交通发展主要问题与瓶颈包括：局部道路拥堵严重，公交换乘不便，停车问题尖锐，非机动化交通出行环境安全性低。

3 旧城交通系统面临的挑战

2010年初，北京提出了建设"世界城市"的发展目标，发达的交通系统是建设"世界城市"的重要内容之一。通过对目前国际上公认的三个"世界城市"（东京、纽约、伦敦）的交通系统进行分析和研究可以发现，"世界城市"的交通系统是"可持续"的，并普遍具有以下特征。

（1）公共交通主导：方便、快捷、舒适。

（2）步行和自行车交通友好：舒适、安全、有序。

（3）小汽车交通引导：引导出行和停车。

（4）交通环境宜人、景观优美：街道绿化、景观等。

相比之下，作为未来"世界城市"的核心区，北京旧城区交通系统目前存在的普遍问题包括：公共交通规划建设水平不高、步行和自行车交通不够友好、小汽车交通引导不足、交通环境安全性不高、街道不够美观等。在北京建设"世界城市"的目标下，旧城区未来除了面临路网容量增长潜力非常有限的严峻挑战外，交通系统还必须实现量和质的全面提升，要在有利于旧城保护的前提下，建设可持续的、友好的交通系统，这些也是未来交通发展的重大挑战。

4 旧城交通发展思路及发展方向

4.1 发展思路

北京旧城区交通应采取以下应对策略。

（1）发展低耗高效、可持续的交通方式。即发展土地资源、能源的消耗低，而交通处理能力高的交通方式。

（2）优化交通结构。即尽量降低高耗交通方式出行比例，最大限度地提高低耗高效交通方式的出行比例。

由此，旧城区交通发展思路应该如下。

（1）坚持走绿色交通、低碳交通发展之路。大力发展公共交通系统、步行交通及自行车交通系统。最大限度地提高公共交通的服务水平和效率，提高步行及自行车交通的安全性和方便性。

（2）坚持走地上、地下空间综合利用，节约、集约使用土地之路。合理利用地上及地下空间，建设停车场等交通设施。

（3）坚持走保护与利用、有机更新与发展之路。保持旧城胡同的传统肌理和风貌，因地制宜地整治和建设胡同，创造独特的胡同景观。

4.2 发展方向

旧城区交通发展方向应该为：绿色低碳、高效便捷、安全舒适、精致有序。

（1）绿色低碳：发展绿色、低碳交通方式，降低交通能耗，减少环境污染，与历史文化名城风貌和自然生态相协调。体现和强调"保护第一，环境优先"的原则和理念。

（2）高效便捷：提供高水平、快捷的公共交通服务，实现各种交通方式的有机衔接，降低交通出行总时耗。强调"在保护的前提下，追求公共交通出行效率。"

（3）安全舒适：向步行、自行车、公共交通参与者提供安全舒适的交通条件。体现"绿色交通出行优先，给予其更多的保护和关爱"的人性化理念。

（4）精致有序：塑造精致的交通环境和良好的交通秩序。强调"交通系统超越交通本身的功能和特性，真正成为塑造城市景观的重要内容和手段，提升城市品质"的交通发展理念。

5 旧城交通发展模式

旧城区未来交通发展模式应该为：大力发展步行交通、自行车交通，以及以轨道交通为骨干的公共交通方式；引导小汽车交通合理使用；建立智能化交通管理体系。

6 旧城交通发展战略

旧城交通总体战略应该为构建绿色、精致交通体系。战略核心为：

（1）大力发展步行和自行车交通，使自行车和步行交通成为东城区短距离出行的主导交通方式。

（2）大力发展公共交通，全面、深入落实公共交通优先政策，大幅提升公共交通的吸引力，使公共交通成为旧城区中长距离出行的主导交通方式。

（3）引导小汽车合理使用，逐步优化交通结构。

7 旧城交通发展策略

对旧城交通发展策略的探讨，已经不是一个新话题。一些策略如加快落实"公交优先"政策；构建方便、快捷的一体化换乘体系，全面改善换乘环境，提高换乘效率；加快推广节能、环保型公交车辆；探索公交场站设施用地综合开发模式，保障公交设施供给；出台鼓励自行车出行的相关政策；为自行车提供充足的停放空间，积极发展驻（自行）车换乘（公共交通）模式（B&R）；鼓励步行交通，创造安全、舒适、便捷的出行环境；加强步道的精细化设计和建设，提升步行空间品质；引导和控制小汽车交通出行；加大对小汽车交通需求管理的力度；推进政府部门用车制度改革；实行差别化的机动车停车供给策略等，不仅适用于旧城区，同时也适用于旧城以外的其他地区。这些策略不是本文讨论的对象，本文以下将要探讨的是立足于旧城的交通特征和现实发展问题与瓶颈而提出的一些有针对性的策略建议。这些策略建议如下。

7.1 因地制宜增设公交专用车道，尽快使公交专用道成网、成系统

旧城区应加大公共交通的路权优先。加快扩充和优化公交专用道系统，在各级城市道路资源分配上给予公共交通充分的优先权。同时，路口渠化和信号控制给予公交车辆充分的道路优先行驶权。

鉴于旧城区除了市级交通干道外，道路普遍狭窄，为了充分落实公交优先政策，建议因地制宜地根据需要，在双向4车道、3车道甚至2车道的道路上开辟公交车道。此外，可结合道路两侧土地开发性质，选择一些单行道路开辟公交车道。

增设公交车道并使其成网、成系统的优点是可以大大提高公交车运行效率和公交吸引力，逐步提高公交出行比例，减轻交通污染；其缺点是可能造成小汽车交通的通行

条件下降，小汽车交通状况可能进一步恶化。然而，旧城区交通方式的优先顺序应是步行、自行车、公共交通、小汽车。在道路资源不足时，应优先考虑步行、自行车、公共交通的需要。对于小汽车交通通行空间，在保证与全市道路系统相衔接和贯通的前提下，未必一定追求通畅，而是可考虑"通而不畅"，抑制小汽车出行，逐步引导其选择绿色交通出行方式。即"取"公共交通，"舍"小汽车交通。

7.2　大力发展公共自行车系统，并纳入城市公交体系

最后1～2公里路程往往出现公共交通的"接驳"难题，造成市民短程出行不便。对于很多自己购置自行车选择自行车出行的市民，又存在自行车停放、损毁、丢失等一系列问题。此外，公共交通不便也使得"黑车"肆行，导致市民人身及财产受到威胁和伤害，存在大量抢劫及其他犯罪等治安问题和社会问题。

公共自行车（也称租赁自行车）具有诸多优点，包括：有利于政府对自行车停放、治安等的管理和控制；降低居民的出行成本，惠及百姓；节能减排，提升绿色竞争力等。可以说，公共自行车是对公共交通的有效补充和完善，是以人为本的民生工程。可有效破解"最后一段路"的短程交通出行难题。北京具备骑车逛胡同的习惯与传统，蓝天、白云、红墙、绿瓦，彩色的自行车在胡同里穿行，可以为北京新添靓丽的风景线。

近几年来，北京也在部分区域建设了公共自行车系统，但实施效果大多不是很理想，还存在不少有待改进之处。借鉴国外及国内部分城市的成功经验，鉴于公共自行车不仅有利于人们出行，也有利于缓解城市交通压力、减少环境污染，降低自行车私人拥有水平，消除自行车存放问题（存放空间不足、影响城市环境和景观、丢车等），是一种既对个人有利，也对社会有利的新生事物。因此，建议旧城区应积极大力发展公共自行车系统。将"公共自行车"看做是公共交通的一部分，纳入城市公交体系，将其作为一种公共产品来打造。由政府牵头组织实施，并由政府部门予以适当的财政补贴（就像补贴城市公交一样），或者以政府为主导投资进行公共自行车系统建设，并对网点的广告资源适当开发以降低成本。系统运营可采用购买服务方式，择优选取实力强、经验丰富的专业公司。为了吸引更多市民骑乘公共自行车，应在简化租赁手续的同时，实行低租价或者免费24小时服务。

建议主要在以下地点设置公共自行车租赁站：

（1）所有地铁车站、交通枢纽、公交线路集中的公交车站。

（2）大型商场、写字楼、餐饮及娱乐设施、社区、旅游景点等附近。

在用地保障方面，可以利用边角地建设公共自行车租赁站，或者对于现状已建自行车存车设施的，可划出部分空间用于存放公共自行车。

7.3　规划建设城市步行探访路系统，构建步行旧城的特色文化空间

探访路并不是一个新词。早在1994年，韩国首尔市为了纪念首尔市定都600周年，从1994年开始制定了历史文化探访路建设计划，系统地将主要遗迹和文化景点、公园及绿地、步行街连接起来。规划的历史探访路共有8条线路。有仁寺洞线、北村线、景福宫线、故宫线4条传统线路，大学路线、明洞线、贞洞线、南山线4条现代线路。以推进步行街铺装整治工程及色彩、照明工程，改善舒适便利的步行环境，设立观光服务站及综合服务站等介绍四大门历史为主要内容。

借鉴首尔市的做法，建议北京旧城区也规划建设城市探访路系统。探访路系统可串联旧城区各具文化特色的各条街道，形成一个有机联系的整体。系统以步行交通为主，弱化机动车交通，加强步行交通环境建设。步道分为核心步道和次要步道两级，沿线分布展现旧城区文化魅力的各项要素，共同构建步行旧城的特色文化空间。

7.4　维持保护区的传统胡同肌理和风貌，建设保护区"安宁交通"

旧城区文保工作任重道远。如何在保护的同时实现交通系统的快速、健康发展，一直是一个难题。研究和实践均已经表明，大量机动车交通的存在不利于历史文化保护区和文物的保护。为了有效保护历史文化保护区和文物，为保护工作创造良好的环境，旧城内的保护区应解放和保护胡同，还胡同于民，同时保护和鼓励步行和自行车交通，建设保护区"安宁交通"，提升居民生活质量和城市品质。"安宁交通"将更加有利于维持保护区的传统胡同肌理、风貌、活力。

为此，应消减保护区交通流量，限制机动车交通进入保护区，对于9米以下的胡同，建议禁止机动车辆驶入。保护区内的交通方式以步行和自行车交通为主；对于9米（含）以上的胡同，可纳入城市道路交通组织系统中，因地制宜地组织单向交通。

建议借鉴法国巴黎的做法，在禁止机动车辆驶入的胡同入口处设置机械式障碍桩，只有紧急救护车辆、拥有自备车位的车辆、胡同休闲观光车辆允许进入胡同。其他车辆一律禁止驶入，只能停放在保护区周边的停车场，再利用自行车或步行进入保护区。

被解放出来的胡同除了承担步行和自行车交通通行功能外，在有条件的地方还可以设置一些花坛、座椅、健身器材等景观、休闲设施，彻底做到还路于民，给市民营造良好的生活氛围。

建设保护区"安宁交通"的做法各有利弊。其中，"利"包括大大减少交通污染，保护文物；营造安全、惬意、舒适、安静的胡同空间和极佳的步行、自行车交通出行空间，用于生活、休闲、交流、出行等；"弊"包括保护区周边机动车交通状况可能会进一步恶化。

建设保护区"安宁交通"，客观上要求旧城区应对发展、服务和保护的对象进行必要的取舍。应坚持"保护第一、以人为本"的发展理念。对于保护区道路，可本着"有而不通"的原则，抑制小汽车出行，逐步引导其选择绿色交通出行方式。即"取"绿色交通，"舍"小汽车交通。

关于"安宁交通"，以下是国内外一些城市的成功实践案例。

（1）安宁交通（traffic calming）理念在巴黎第2区整治规划中的实践

整治目标：步行化；减少穿行交通，只允许居民汽车、拉货及送货车、消防及医疗救护等紧急救援车通行。

（2）巴塞罗那老城区改造："行人和环境优先"。弱化机动车交通，鼓励和支持步行与自行车交通，大力发展公共自行车系统。

（3）上海田子坊、厦门鼓浪屿、天津五大道：弱化机动车交通，强化步行或自行车交通。

7.5 在历史文化保护区周边就近规划建设居民小汽车停车场（库），为保护区居民提供夜间停车空间，缓解旧城停车难

针对保护区机动车停车难问题，应在保护区周边就近规划建设为保护区居民夜间停车的小汽车停车场（库）。该停车场（库）可同时提供自行车、购物推车等供居民免费使用，以减少因小汽车不能停放在居民自家门口可能带来的不便。

停车场（库）可以社区或街道为单位统一管理。胡同入口处设置机械式障碍桩，只有拥有自备车位的车辆可进

入胡同，其他车辆一律停放在保护区周边的停车场（库），再以步行或自行车交通方式进入保护区。

未来，随着保护区人口的逐步外迁和停车需求的逐步减少，可结合停车场（库）周边地区的开发建设，采用停车场（库）综合利用模式。

7.6 积极推动老旧居住小区附近的大型公共建筑配建停车场（库）夜间对外开放，为非保护区居民提供夜间停放空间，缓解旧城停车难

大型公共建筑配建停车场（库）夜间对外开放的做法越来越受到存在停车难问题的城市的重视。

例如，《合肥市机动车停车场管理办法》于2010年2月1日正式实施，其中规定行政性事业单位的停车场向社会开放。收费标准为：白天停车4h以内（含），小型车辆收取4元，4小时以上的收取6元。

《北京市机动车公共停车场管理办法》（2001年7月1日起施行）中第十五条规定：本市鼓励企业、事业单位的内部停车场对外开放。

《福州市停车场管理办法》于2010年5月1日实施，其中规定：鼓励一些行政机关、单位的停车场对外开放。

广州市《关于鼓励停车场建设的若干意见》规定：鼓励行政企事业单位内部停车场对外开放。鼓励有内部停车场的行政企事业单位与周边有停车需求的用户签订停车协议，满足相互间的错时停车需求，收费标准按现行停车服务收费管理的有关规定执行。

北京旧城区有大量的大型公共建筑，这些公共建筑普遍拥有大量机动车停车位。这些停车位在夜间大多空闲，是一种严重的停车资源浪费，而附近的老旧居住小区却因停车设施严重不足而有大量车辆"露宿街头"。

鉴于上述情况，建议旧城区积极推动老旧居住小区附近的大型公共建筑配建停车场（库）夜间对外开放，为非保护区居民提供夜间停放空间，以促进现有停车设施的充分利用。

8 结语

旧城交通的发展不能完全按照常规思路和做法，否则很可能走上绝路。只有敢于打破常规，敢于突破规范，敢于尝试和接受新事物，旧城才有可能真正实现有效保护与发展交通双赢。

通过对国内外城市在风貌保护、创造人性化交通出行环境等方面的成功经验的总结和分析，笔者认为，解决北

京旧城交通可以借鉴这些城市的成功经验，并结合旧城的实际特点和发展经济、保护文物与历史风貌等的需要，真正形成一套适合北京旧城的独特的交通发展思路和发展策略。现阶段及未来发展过程中，北京旧城应大力促进文中所述各项交通策略的实施。

参考文献

[1] 北京市城市规划设计研究院. 北京市东城区空间发展战略规划（2011—2030年）[R]. 2010.

[2] 北京市城市规划设计研究院. 首都功能核心区空间发展战略规划 [R]. 2011.

[3] 北京市城市规划设计研究院. 北京市域综合交通现状分析及交通数据平台构建 [R]. 2011.

[4] 北京市城市规划设计研究院. 北京市中心城规划道路建设现状及对策研究 [R]. 2011.

备注

本文发表在《多元与包容——2012年中国城市规划年会论文集》中，有删节。

北京市交通与土地使用整合模型开发与应用[①]

张宇　郑猛　张晓东　张鑫

1　研究背景

2004年编制完成的《北京市城市总体规划（2004—2020年）》实施至今已近10年，北京市的规划建设在总体规划提出的"两轴—两带—多中心"的空间战略构想指导下快速进行着。回顾近几年的变化，以轨道交通为代表的北京市综合交通体系规划在"两轴—两带—多中心"的城市规划构想中，起着关键的区域发展导向作用，虽然用地与交通的协调和整合规划的理念已在近几年的重大项目中得到较为明显的体现，但北京市用地与交通协调发展的程度一直未能得到量化的评估。

基于交通与土地使用互动关系研究的增强，近几年国内外大城市对于交通与土地使用整合规划量化评价的探索和案例研究也日渐增多。例如，美国的夏洛特、西雅图、洛杉矶等城市分别在使用PECAS等软件构建各自城市的交通土地整合模型，法国的巴黎在使用UrbanSim构建其交通与土地整合模型，墨西哥的墨西哥城正在使用Tranus构建其交通土地整合模型，国内的深圳市正在使用Tranus构建交通土地整合模型。此外，清华大学、北京大学和北京交通研究中心等高等院校和研究机构也在就交通土地整合模型进行相关的探索研究。但国内目前尚未开发出研究成型且可应用在规划实践中的交通土地整合模型。

鉴于上述背景，本文以美国能源基金会资助的"北京城市土地使用与交通整合模型研究"课题研究成果为依托，阐述国内第一次建立完成且可应用于规划实践的北京市交通与土地使用整合模型（BJTLUI）。

2　研究基础

2.1　北京市宏观交通战略模型

北京市宏观交通战略模型，简称BMI模型，是在北京市规划设计研究院2000年的BUTS模型基础上，基于2005年交通大调查的相关数据更新完成的北京市域宏观交通战略模型。BMI模型的构建工作完成于2008年，是北京市为数不多的市域宏观交通模型之一。BMI模型中北京市域内交通分区共178个，模型维度包括：家庭两类（有车家庭

与无车家庭）、出行目的五类（基于家的上下班HBW、基于家的上下学HBS、基于家的其他HBO、非基于家的出行NHB、商务出行EB）、出行方式五类（自行车（Bike）、小汽车（Car）、出租车（Taxi）、公交车（Bus）及地铁（Metro））。

上述北京市宏观交通战略模型的建立为本次交通土地整合模型的构建奠定了交通子模型的基础。本文主要就北京市交通土地整合模型的土地模型部分构架和模型标定及土地模型与交通模型的整合方式进行探讨。

2.2　分析软件基础

综合国际各大城市交通土地模型研究情况，发现很多城市交通土地整合模型中的交通子模型和土地使用子模型使用了不同分析软件平台（如UrbanSim+TP+PECASE+TransCAD等），再通过外部串联将交通与土地使用子模型进行整合。这样的分析方法在一定程度上影响了模型的整体性，同时相互反馈的流程也受到影响和制约。

基于上述考虑，本次交通土地整合模型使用美国Citilabs公司开发的Cube专业交通及城市规划预测模型软件。该软件提供了良好的模型流程建立界面及灵活的脚本编辑方式，使软件成为基于交通需求预测模型的广义交通模型开发平台，在此软件内使用基于模块的代码编写可以自由地实现交通土地整合模型一体化的流程及反馈关系的建立，避免了不同软件平台的外部整合问题。

3　开发目的与模型框架

3.1　开发目的

本模型的开发目的是希望在市场经济条件下，通过对微观个体行为的定量化分析研究，发现"经济—土地使用—交通系统"三个系统间的相互作用规律，并建立相应整合模型以研究城市三个子系统间的宏观规律。

具体方法是通过对居民择居的区位选择、交通选择和房地产市场开发等几类主要个体选择行为规律的探寻，建立模拟模型以体现一定经济背景下的交通与土地使用的互动关系，并以此对交通与土地使用规划的协调性进行评

① 中国可持续能源项目（G-0804-10001；G-0909-11471）

价、对规划土地在一定交通系统及城市空间区位的土地收益进行预评估、对规划的土地使用和交通系统下的房价相对关系进行预估、对规划土地使用和交通系统下的交通状况进行模拟、对不同的城市发展策略和政策的影响效果进行预判。

3.2　模型框架

基于上述开发目的，根据可获取的数据基础分析北京市的现实市场行为，建立的交通土地使用整合模型研究框架如图1所示。

由图2可见，本次交通土地使用整合模型中，土地模型部分主要以住宅市场和居民居住地选择为研究对象进行模型建立而未涉及企业的选址行为，主要原因如下。

（1）企业选址行为的现状调查数据相对缺乏，且可获取的数据准确度有待核查。

（2）企业规模的差异较大，企业模型分析单元选取较为棘手。

（3）北京产业市场中的政策主导因素较多。

因此，本次交通土地整合模型中假定企业选址为外生变量（现状年主要以经济普查为基础，规划年主要以规划用地与就业岗位的关系系数为计算依据），主要模拟住宅市场的市场行为。

土地模型部分与交通模型部分主要通过交通可达性计算模型得出的不同区位的交通可达性和居住区位选址模型提供的不同类型人口的居住分布情况进行互动。

模型的收敛主要由三类因素决定：

（1）两次循环的小汽车流量差异在预置的阈值范围内。

（2）两次循环的各区域人口差异在预置的阈值范围内。

（3）两次循环的区位可达性差异在预置的阈值范围内。

上述三个收敛条件均满足的前提下，判断模型收敛，得出结果。

4　土地使用模型子模型标定

根据图2可见，土地使用模型部分中，主要涉及的4个子模型分别为居住区位选择模型、租金计算模型、房地产开发模型及土地价格定价模型。

此外，基于模型基础还需明确可达性计算模型，以实现交通与土地使用模型的互动。

4.1　模型维度划分

结合北京市数据情况及现有交通模型部分的维度情况，土地模型部分维度划分如下。

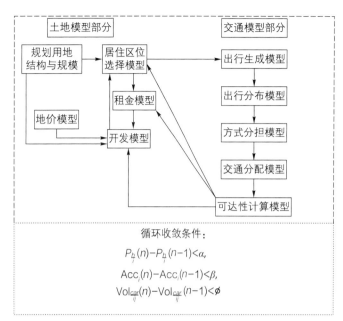

图1　北京交通土地使用整合模型框架流程图

（1）家庭分类

家庭分类在原交通模型分类基础上结合居住区位选择的家庭差异进行细分，最终分为5类，分别为低收入家庭、中收入有车家庭、中收入无车家庭、高收入有车家庭和高收入无车家庭。

（2）小区划分

交通小区划分沿用现有的宏观交通模型中的交通小区划分，为178个交通小区。

（3）土地使用类型划分

由于本次模型仅针对住宅土地市场，且基础数据相对较为缺乏，因此将住宅用地合并为一类——普通住宅用地进行考虑。

4.2　居住区位选址模型

居住区位选择模型主要基于房地产市场的竞价租售行为，即在特定区位住宅房地产中，租赁或购买的人群为出价最高者。通过此模型的计算，可得出各类人群在各区位住宅中的分布比例，同时可得出各类人群对各区位住宅的支付意愿。

居住区位选择模型为基于离散选择行为的多项Logit模型，参数标定过程如下。

4.2.1　因变量基础年房价分布样本分析

根据课题组调查的2005年普通住宅样本点626个，使用空间插值法得出各小区模型基础年（2005年）普通住宅和公寓的房价。

4.2.2 模型自变量的选取

根据北京市居民居住地区位选择的特点，通过定性调查分析，居民在进行居住地选择时主要考虑因素包括以下方面。

（1）区位通勤的便捷程度，即模型自变量中的区位可达性。

（2）区位周边教育资源分布，即模型考虑的交通小区距离前50所小学及中学的距离。

（3）区位周边的人文环境，即模型中考虑的交通小区距离最近的成规模的大学校园的距离。

（4）区位周边的自然环境，即模型中考虑的交通小区距离最近的公园绿地的距离。

（5）区位周边的医疗环境，即模型中考虑的交通小区距离最近的三甲医院的距离。

综上所述，居民居住地选择模型中选择的参数自变量汇总如表1所示。

除上述六个自变量外，居住区位选择模型中因为使用竞租理论，为反映不同的家庭类型在区位选择模型中比例的差异，引入规模自变量即各家庭类型的家庭总量，以更好地反映规划年各类家庭类型规模变化对居住区位选择模型的影响。

4.2.3 模型参数标定

基于多项Logit模型，居民区位选择模型的效用方程形式如下：

$$B_{hvi}=A\mathrm{sc}_h+\alpha\cdot\ln(\mathrm{Scl}_h)+\beta_h\times\mathrm{PriDist}_i+\gamma_h\times\mathrm{MidDist}_i+\delta_h\cdot\mathrm{ParkDist}_i+\rho_h\cdot\mathrm{UniDist}_i+\sigma_h\cdot\mathrm{HospDist}_i+\theta_h\cdot\mathrm{Acc}_i+\varepsilon$$

式中，B_{hvi}为h类人对i交通小区v类房地产类型的支付意愿；Asc_h为h类人支付意愿函数的常量，值待标定；Scl_h为h类人的人口规模；$\alpha\backslash\beta_h\backslash\gamma_h\backslash\delta_h\backslash\rho_h\backslash\sigma_h\backslash\theta_h$为待估计参量；$\varepsilon$为随机自变量；其余支付意愿函数自变量如表1所示。

根据上式形式，将前述各自变量进行标准化后，使用BIOGEME进行模型标定结果，如表2所示。

居民居住地选择模型需标定参数的自变量　　　表1

自变量名称	含义	单位
PriDist	交通小区质心至全市前50所小学中任意一所的最近距离	km
MidDist	交通小区质心至全市前50所中学中任意一所的最近距离	km
ParkDist	交通小区质心至全市在册的53处城市公园任意一处的最近距离	km
UniDist	交通小区质心至全市校园占地10公顷以上的54所大学中任意一所的最近距离	km
HospDist	交通小区质心至全市三甲医院任意一家的最近距离	km
Acc	交通小区的区位可达性，使用区位距离就业区域的便捷度进行表达	—

各分区模型预测结果与观测值对比可见，预测得到的各小区家庭结构比例与预测值大体一致，模型对现状还原结果较好，模型可用。

4.3 租金计算模型

租金计算模型主要基于需求模型计算出的居民支付意愿分布，结合房屋价格分布，使用模型标定支付意愿与房屋租金间的关系。

其使用Hedonic模型进行标定工作，具体计算公式如下：

$$\mathrm{Ln}(\mathrm{Price}_i)=\mathrm{Asc}+\alpha\times B_{hvi}$$

根据调查数据的样本分布，选取可信度较高的71个交通小区数据进行参数回归标定，具体标定结果见下式：

$$\mathrm{Ln}(\mathrm{Price}_i)=7.397+0.791\times B_{hvi}$$

其R方值为0.68，可见模型拟合效果较好。

根据上式，计算得出基础年全市各交通小区房价对比各区域普通住宅房价。

模型预测结果房价分布趋势较好，呈现明显的中心向外扩散趋势，且北高南低。模型预测值与观测值对比结果可见，中心城模型预测总体略低、外围部分区域预测值略高于观测值，整体预测准确性相对可接受，模型可用。

4.4 土地价格定价模型

地价模型主要为开发模型提供房地产开发的土地成

居住区位选择模型标定结果参数　　　表2

家庭类型	Asc$_h$	α	β_h	γ_h	δ_h	ρ_h	σ_h	θ_h
1低收入家庭	0		−0.00471	−0.46	−0.373	−0.575	−0.00055	0.473
2中收入无车家庭	−0.0809		−1.05	−0.678	−1.56	−0.621	−1.17	1.27
3中收入有车家庭	0.276	0.679	−0.123	−1.2	−0.469	−0.741	−0.624	0.467
4高收入无车家庭	−0.603		−2.05	−1.29	−1.36	−1.69	−1.75	1.28
5高收入有车家庭	−0.522		−1.77	−1.37	−1.24	−1.37	−1.66	1.17

本，同时可以体现出土地价格与其影响因素间的关系。

4.4.1 基年土地价格分布分析

根据2002～2010年407宗住宅供地交易数据及成交价格，将其进行等效变换至2005年，得出2005年各区房价。

4.4.2 自变量选取

经调研，地价主要受到区位、周边人文社会环境、配套设施条件等因素的影响。经过对各类影响因素变量自相关分析及与基年地价相关性分析，最终选择影响因素如表3所示。

4.4.3 模型标定

使用Hedonic模型，对地价与上述相关影响因素进行模型标定，结果见下式：

$$\mathrm{Ln(Land_{price})}=2.207-0.021\mathrm{Pri_{dist}}-0.007\,\mathrm{Park_{dist}}+0.535\,\mathrm{Acc}$$

其R方值为0.738，可见模型拟合效果较好。

模型估计值与真实值趋势基本一致，但在个别值点的预测上还存在一定差异。

4.5 房地产开发模型

开发模型的建立，主要模拟房地产市场的开发行为，其认为开发商在整个区域内，选择利润最高的可供开发的土地进行相应类型的房地产开发，从而使得开发商的利润最大化，使用数学公式表达为

$$\max(\mathrm{Price}-\mathrm{Land_{cost}}-\mathrm{Con_{cost}})$$

式中，Price为房屋售价；$\mathrm{Land_{cost}}$为土地购置成本；$\mathrm{Con_{cost}}$为房屋建设成本。模型中自变量土地购置成本由上述土地价格定价模型得出，房屋建设成本基础年暂设定为每平方米800元。则开发模型在已知开发总量的前提下（根据模型外生的住宅需求总规模得出），基于房价、地价和建筑成本组成的开发利润模型计算各个交通小区的开发规模，具体数学公式可表示为

$$S_i = HP_i = H \cdot \frac{\exp(\pi_i)}{\sum_i \exp(\pi_i)}$$

地价相关因素分析模型自变量 表3

自变量名称	含义	单位
PriDist	交通小区质心至全市前50所小学中任意一所的最近距离	km
ParkDist	交通小区质心至全市在册的53处城市公园任意一处的最近距离	km
Acc	交通小区的区位可达性，使用区位距离就业区域的便捷度进行表达	—

式中，效用方程π_i表示为

$$\pi_i = \alpha(r_i - \mathrm{Land_{price_i}} - \mathrm{Const}_i) + \delta_i$$

使用BIOGEME进行开发模型标定，方程标定结果如下：

$$\pi_i = 0.0007(r_i - \mathrm{Land_{price_i}} - \mathrm{Const}_i) + \delta_i$$

开发模型模拟出的数据结果与调查数据的总体趋势较为吻合，且大部分交通小区的误差较小，由此证明开发模型参数的有效性。

4.6 可达性计算模型

为了更客观地反映交通系统对土地使用的影响，使用区域的就业可达性指标来体现其对居民居住区位选择的影响，进而影响到房地产开发行为。同时，区域可达性也用于土地价格制定的依据，综合反映交通系统对土地使用的影响。

本次可达性变量使用已有北京宏观交通战略模型中计算得出的综合交通成本结合不同家庭群体的出行方式结构和就业岗位的区位分布进行计算，计算公式见下式：

$$\mathrm{Acc}_{hi} = \sum_{j \in J} \ln\left(\frac{\mathrm{Emp}_j}{\sum_{k \in K} \mathrm{GC}_{kij} \cdot \mathrm{Per}_{kh}}\right)$$

式中，Acc_{hi}为h类家庭在i小区的就业交通可达性；Emp_j为j小区的就业岗位数；GC_{kdj}为出行方式k下i小区到j小区的出行广义费用；Per_{kh}为h类家庭对应的出行方式k的比例。

5 模型应用案例分析——三甲医院外迁测试

基于上述子模型标定及校正后完成的北京市交通土地使用整合模型，已在部分规划方案中得到应用，本文仅以三甲医院外迁方案对择居意向分布和土地开发强度影响为例进行简述。

目前北京市有三甲医院共44家，但集中分布在四环内部。北京市五环外现状仅有两家三甲医院，分别位于昌平的回龙观地区和通州新城。

鉴于医疗资源对人们居住区位选择的显著影响，本着北京市中心城人口疏散的目的，针对现状优势医疗资源空间过度集中的现象，北京市在医疗资源整合规划中提出分散优势医疗资源，规划年让各新城均拥有至少一家三甲医院的规划思想。

为测试此规划方案对住宅供应及人口分布的影响，使用交通与土地使用整合模型针对三甲医院规划年维持现状区位不变和按规划思想进行外迁进行了测试对比。

随着三甲医院规划分布的外迁，其对外围区域住宅开

发和人口的外迁均有一定的促进作用，有利于北京市中心城人口的疏散。但仅三甲医院外迁带来的人口疏散效果并不十分明显，建议考虑伴随其他政策一并实施。

6　主要研究成果

本研究主要成果为基于北京市原交通模型和土地使用相关调查数据，第一次完成了北京市交通土地使用整合模型的标定工作，并对模型的规划应用进行了测试。探索出一套较为适合北京市城市特点和居民选择规律的交通与土地使用模型建立方法和相应参数体系；为下一轮北京市总体规划的修编，相关城市土地使用规划和交通系统规划的方案测试、政策分析及战略研究提供了一套较为行之有效的量化分析工具。

参考文献

[1] 北京市城市规划设计研究院，弘达交通咨询有限公司. 北京市交通模型更新研究终期报告 [R]，2008.

[2] Modelling the choice of residential location，Daniel McFadden.

[3] Bierlaire，M.（2003）. BIOGEME：a free package for the estimation of discrete choice models. Proceedings of the 3rd Swiss Transportation Research Conference，Ascona，Switzerland. www. strc. ch.

备注

本文发表在《城市发展研究》2012年第2期，有删节。

轻量级动态交通分配仿真平台 DTALite 在交通规划领域的应用——以北京为例

刘斌 魏贺 周学松

引言

动态交通分配（dynamic traffic assignment，DTA）是一种可捕捉动态出行行为（出发时间选择、路线选择、出行成本选择、信息反馈选择等）与交通网络特性间相互关系的建模方法。在近40年的研究中，国外学者已在DTA理论基础、解析仿真、行为选择、算法解法等方面取得重大突破[1-3]，同时交通规划、交通管理和智能交通等领域的专业技术人员在实践应用中逐渐探索，利用DTA解决更大规模、更复杂、更具挑战的综合交通问题[4-6]。

国内学者从20世纪90年代中期也对DTA展开深入研究[7]，目前主要研究成果已基本达到国际先进水平[8-12]。以北京、上海、深圳为代表的特大城市开始借助DTA攻坚实时动态交通领域中的诸多瓶颈。例如，北京通过对交通运行监测数据的动态模拟与反馈，结合动态OD更新与DTA对宏观模型层面的出行参数进行实时标定[13]；上海围绕交通智能化工作，探索动态交通仿真模型的应用，为城市交通系统的动态管理决策提供科学依据[14]；深圳在交通大数据挖掘环境下提出中观交通模型建设技术流程及标准，使用中观模型评估片区交通改善方案与建设项目交通影响，以适应片区精细化城市规划管理需要[15]。

此外，由于大部分城市亟需完善多层次、一体化综合交通模型体系，缺乏具有系统性、前瞻性的交通模型技术工作指导手册和标准，同时相关部门尚未充分重视交通模型人才的培养，DTA在大规模区域交通规划领域中的应用进展缓慢。因此，本文从区域交通改善、道路网规划设计、大型活动与特殊事件交通保障、恶劣天气应急规划、交通碳排放等角度介绍轻量级动态交通分配仿真平台DTALite在北京交通规划领域的应用实践情况，并阐述动态交通分配与中观仿真系统在国内交通规划领域应用所面临的机遇与挑战。

1 解决方案

1.1 动态交通分配模型分类

从模型方法理论划分，动态交通分配模型可分为解

析模型和模拟模型。解析模型描述宏观平均走行行为，在确定存在性、唯一性等解析属性问题上具有较强优势，因其较模糊地表达交通流传播，忽略交通流与走行时间之间的映射关系，此类模型的适用范围局限于小型假设路网的理论研究。模拟模型描述中、微观个体走行行为，在现实路网适用性、交通特性捕捉能力、驾驶行为体现等方面具有较强优势，其建模灵活性导致此类模型缺乏稳定结构，难以确定相应解析属性。当前发展趋势为两者结合使用[10]。

1.2 动态交通分配模型特点

静态交通分配（static traffic assignment，STA）对区域全日出行总量或高峰小时负荷度、拥堵速度、出行时间进行评估，是由单位小时OD加载和路段通行能力构成的准二维时空模型。在非拥堵条件下，具有较强的计算性和较高的准确性，其分配结果和有效性检验指标的可信度较高。然而在拥堵条件下，STA不能充分考虑拥堵的形成、持续与消散过程中交通流的相互影响与作用，无法准确描述现实交通拥堵的真实动态特性，其分配结果和有效性检验指标均与真实情况有较大差异。DTA是由时变OD加载、路段通行能力和路段拥堵密度构成的三维时空模型，可有效弥补STA的缺陷。DTA模型与STA模型特点对比如表1所示。

1.3 多层次、一体化综合交通模型体系

伴随交通问题日益严峻，总体战略规划、交通专项规划、缓堵措施和区域改善方案均需进行多场景评估，单一层面交通规划模型体系难以应对规划、政策、建设和管理等各层次决策分析的要求，必须构建多层次、一体化综合交通模型体系。该体系可实现宏观（可上升至区域战略）、中观、微观交通模型多层次应用，可对综合交通进行静态、动态、静动融合（可进一步结合实时应用）的一体化分析。多层次、一体化综合交通模型体系可分为外包式、交流式和整合式三种[16]。外综合交通模型结构形式如图1所示。

中观动态交通模型在多层次、一体化综合交通模型体

DTA模型与STA模型特点对比表　　　表1

特点	静态交通分配	动态交通分配
需求加载	稳态需求，粒度为小时	时变需求，粒度为分钟
需求分配	分配阶段车辆存在于路径的每一处	模拟阶段车辆每个时间点仅出现在一处路段
最短路	瞬时	时变
通行能力约束	宽松，允许$V/C>1$ 无路段车辆密度约束	严格，受进出能力限制，不允许$V/C>1$ 有路段车辆密度约束
分配方法	路段特性函数（VDF）	交通流模型（TTF）
主要问题	无法反映连续时段互相影响 无法反映排队回溢造成的影响 无法反映用户多样性特征	可反映现实排队回溢情况 可反映拥堵随时间演变情况 可反映用户多样性特征
适用情况	自由流、非拥堵路网 非基于现实交通流特性的交通规划	拥堵路网（排队形成、持续/传播、消散） 基于现实交通流特性的交通规划

多层次、一体化综合交通模型体系适用情况汇总表　　　表2

特点	研究特征	宏观静态需求模型	中观动态交通模型	微观仿真模型
研究范围	区域	●	◎	○
	通道	●	●	◎
	分区	◎	●	●
路网规模	大型	●	◎	○
	中型	●	●	◎
	小型	◎	●	●
研究时段	24小时	●	●	○
	6小时	●	●	◎
	高峰时段	●	●	●
	高峰小时	●	●	●
需求	大规模	●	◎	○
	中规模	●	●	◎
	小规模	◎	●	●
数据质量	一致平衡	●	●	●
	两者间	●	●	●
	需调整	◎	●	●
数据保真度	小于15分钟	○	●	●
	15分钟至1小时	◎	●	●
	大于1小时	●	●	●
分析精度	小于15分钟	○	●	●
	15分钟至1小时	◎	●	●
	大于1小时	●	●	●
分析维度	基于车辆/人	○	●	●
	基于路段	●	●	●
	基于路线	○	●	●
	基于网络	●	●	●

注：●表示支持，◎表示部分支持，○表示不支持。
（资料来源：参考文献[17]）

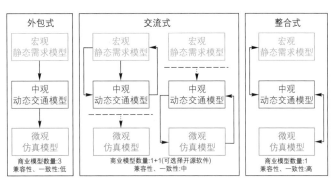

图1　综合交通模型结构形式示意图

系中起到关键的衔接作用，适用于区域/通道/分区研究范围，大/中/小型路网规模及需求规模，全时段/全分析精度/全分析维度。多层次、一体化综合交通模型体系适用情况如表2所示[17]。

1.4 DTALite[18]

DTALite系统架构有效地实现各组件间的有机联系（图2）。其中，动态交通分配和中观交通仿真是核心组件；基于节点—路段网络结构的动态时变最短路算法模块，中观车辆/智能体生成器（将OD需求与全日出发时间曲线相结合），动态路径分配模块（考虑智能体路径选择和出发时间选择行为特点；可提供多种出行者信息供给策略，如历史信息、出行前信息和（或）途中信息、VMS信息板等；也可提供将经济特征转换为广义旅行时间的道路收费策略），以及考虑供给与需求调整的多场景管控方案（基

于排队的交通流模型允许控制路段实时通行能力，如施工区、交通事故或匝道管控等），是动态交通分配和中观交通仿真的基础，为平台提供数据基础和算法基础；模拟结果和有效性分析则由NEXTA图形化用户界面展示。

2　应用实践

北京市在交通规划领域应用轻量级动态交通分配仿真平台DTALite对区域交通改善、道路网规划设计、大型活

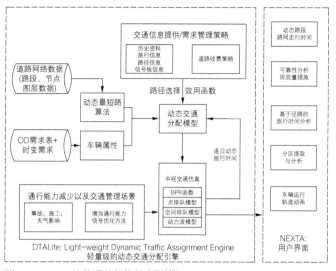

图 2　DTALite 软件系统架构示意图[18]

动与特殊事件交通保障、恶劣天气应急规划和交通碳排放进行深入探索，大幅增强规划决策支持力度，为城市交通问题治理的定量分析开辟新技术路线。

2.1　区域交通改善

中观动态交通模型在区域交通改善方面具有典型适用性[19-23]，可通过交通分配的宏观指标和交通仿真的中、微观指标指导精细化交通设计[20]。在北京旧城某片区的区域交通改善（新建道路并建造道路空间内地下停车场）中，中观动态交通模型利用宏观静态分析数据，对时变交通特性及区域性拥堵演化过程进行模拟分析，论证新建道路可行性，指出潜在风险与解决措施。由于区域交通改善的实施需要市政设计单位全程协助，中观动态交通模型可为其提供动态需求及时变路径数据进行微观交通仿真，有效保证由规划到设计的一致性和准确性。

2.2　道路网规划设计

路网容量是道路网规划与设计的基础，是城市用地规划与交通规划关注的要点。路网容量可分为广义与狭义两种。广义路网容量指的是路网最大通过能力或单位时间内路网最大服务的交通个体数量[24]，常使用时空消耗法和静态交通分配进行估算[25-27]。狭义路网容量指的是交通工程视角下路网中单位时间内路段断面通过车辆与平均行驶速度乘积的累计，但在城市规划/交通规划实践中，常被误解为各等级道路通行能力或交通分配流量与道路里程、车道数量的乘积[28-29]。

在北京某新城道路网规划中，中观动态交通模型利用多场景化需求数据，分析考虑动态交通分配的路段车辆排队累计到达与出发情况，综合计算瞬时最大路网容量。在

某指定区域路网容量估算中，中观动态交通模型通过动态迭代反馈过程可对不同OD需求、不同排队模型、不同参数标定结果下的路网容量与道路拥堵延时指数进行评估。

此外，基于时空棱镜（space-time prism）的可达性计算方法[30-32]的中观动态交通模型还可通过路网规划设计的时空可达性进行评估，并结合道路建设费用推荐交通系统最优情况下的道路建设时序（出行者即使支付较高收费也要选择使用的路段即为优先修建道路）。

2.3　大型活动与特殊事件交通保障

大型活动与特殊事件的交通规划并不强调交通骨架搭建、基础设施建设、远期用地预留等综合交通规划或运输规划所关注的内容，而是侧重于多样化群体的个性化出行规划，在某种程度上更加倾向于使用多种交通政策、需求管理与交通组织、智能交通管控，最大限度利用存量设施、最小限度新建永久性设施、巧妙借用临时性设施，尽可能实现用户均衡（出行意愿）与系统最优（出行管理）的时空互补。2008年北京奥运会交通保障规划[33]和2019年北京世界园艺博览会交通保障设施规划[34, 35]均使用中观动态交通模型进行保障规划评估。

2.4　恶劣天气应急规划

应急规划是交通规划及城市基础设施管理中的重要环节，以往规划层面的应急疏散规划仅能关注应急通道选取及基本应急措施的制定。国际上主要使用中观动态交通模型（结合智能体模型或活动链模型）模拟并评估多种应急场景（恶劣天气、自然灾害、恐怖袭击、未知事件等）的影响程度并据此制定较完善的应急疏散规划和交通保障措施[36-40]。

在北京市政道路排水规划中，中观动态交通模型利用时变需求、多样性时间价值、多车型和下洼桥区积水位置与持续时间数据，对恶劣天气下不同积水场景（无积水、现状50/100年一遇、近/远期整治后和规划100年一遇）的道路交通间接经济损失进行估算，共模拟连续9小时200余万辆车辆。

2.5　交通碳排放

交通系统碳排放分析模型可依据时空尺度划分为宏观长期、微观长期和微观短期3类。国内研究常使用宏观长期模型进行碳排放估算，如经济发展模型、居民出行模型、燃料销售模型、燃料消耗模型和行驶距离模型。国际研究在宏观长期模型基础上，还使用微观长期模型和微观短期模型，但适用于大规模网络计算的宏观短期模型直到

近期才得到具体应用[41-43]。

在北京市低碳城市空间形态研究中，中观动态交通模型利用轻量级机动车排放模拟器MOVESLite[44]、时变需求、多车型数据，对道路交通碳排放量进行估算。估算过程为，依据车辆类型和驾龄生成模拟智能体，计算动态用户均衡下时变最短路，利用排队模型确定逐秒车辆轨迹，计算排放量。

3 机遇与挑战

动态交通分配与中观仿真系统在国内交通规划领域应用尚处于起步阶段，面临着巨大的机遇与挑战。需跨越学术研究与实践应用间的鸿沟，明确"洋为中用"的方法论与流程，促进交通规划与多学科之间理念与方法、理论与实践、数据与软件间的无缝对接，甚至还需培养或培训更加全面的新型交通模型人才。除此之外，动态交通分配与中观仿真系统的几个关键问题，如模型检验与校准、时变OD反推与预测、控制与最短路同时优化，大规模网络计算效率和模型扩展等方面仍有待解决[7, 45]。

在模型检验与校准方面，以北京为例[46-47]，需从基础网络构建和算法解法方面关注路径选择中的重复路线，重要路段/节点排队回溢的车道组合，大量超短距离路段的简化，非机动车交通的巨大影响，城市路段复杂立交的处理和驾驶行为的诡异性。同时，由于缺乏实际经验支撑，模型检验与校准的过程将有诸多问题有待突破。在时变OD反推与预测方面，尽管大部分中观仿真系统具备动态OD反推/更新功能（如DTALite中的反推模块[48]），但只适用于现状或近期需求的推估，对未来需求的总量规模、空间分布仍需宏观静态模型把控，而详细的时间分布尚未有较合适的确定方法。在控制最短路同时优化方面，由于整个动态交通系统涉及过多的参数设定，目前仅能通过经验直觉、手动反复调校、设定几个参数阈值循环迭代进行优化。在计算效率方面，在已有多线程并行计算的基础上，普通个人计算机无法完成大规模网络的动态计算，需借助社会企业的大型服务器或云数据平台，与当前规划行业对数据的安全保密要求及相关机制是冲突的。模型扩展方面，动态模型需由全日模型过渡到逐日模型、长期演化模型，需整合更多的交通系统参与者，如货运、物流、能源、环境、土地利用等，需考虑未来发展趋势无人驾驶车辆、远程办公等。

参考文献

[1] Friesz T L. Special Issue on Dynamic Traffic Assignment, Part I [J]. Network and Spatial Economics, 2001, 1（1）: 231.

[2] Chiu Y C, Bottom J, Mahut M, Paz A., Balakrisha R., Waller T., Hicks J.. Dynam3ic Traffic Assignment: A Primer [R]. Transportation Research Circular E-C153, Transportation Research Board, Washington D. C., 2011.

[3] Friesz T L, Ukkusuri S. Special Issue on Dynamic Traffic Assignment, Parts 1 and 2. Dynamic Traffic Assignment: Theory, Computation and Emerging Paradigms [J]. Network and Spatial Economics, 2015, 15（3-4）: 413-415.

[4] Sloboden J, Lewis J, Vassili A, Chiu Y. C., Nava E.. Traffic Analysis Toolbox Volume XIV: Guidebook on the Utilization of Dynamic Traffic Assignment in Modeling [R]. Federal Highway Administration, FHWA-HOP-13-015, U. S. Department of Transportation, Washington D. C., 2012.

[5] SFCTA P B, San Francisco Dynamic Traffic Assignment Project "DTA Anyway": Analysis of Applications Report [R]. Parsons Brinckerhoff, San Francisco County Transportation Authority, 2012.

[6] Hadi M, Ozen H, Shabanian S, Xiao Y., Zhao W., Ducca F. W., Fennessy J.. Use of Dynamic Traffic Assignment in FSUTMS in Support Transportation Planning in Florida [R]. Office of Research and Development State of Florida Department of Transportation, Florida International University, 2012.

[7] 陆化普, 史其信, 殷亚峰. 动态交通分配理论的回顾与展望 [J]. 公路交通科技, 1996, 13（2）: 34-43.

[8] Sezto W Y, Lo H K. 动态交通分配: 回顾与前瞻 [J]. 交通运输系统工程与信息, 2005, 5（5）: 85-120.

[9] 高自友, 任华玲. 城市动态交通流分配模型与算法 [M]. 北京: 人民交通出版社, 2005.

[10] Sezto W Y, Wong S C. Dynamic Traffic Assignment：Model Classifications and Recent Advances in Travel Choice Principles [J]. Central European Journal of Engineering, 2012, 2 (1)：1－18.

[11] 李曙光. 多车型动态交通分配问题研究 [M]. 北京：科学出版社, 2013.

[12] 焦朋朋著. 城市动态交通网络分析方法 [M]. 北京：人民交通出版社股份有限公司, 2015.

[13] 缐凯. 北京交通调查和模型工作新技术探讨 [EB/OL]. 大数据时代交通调查与交通模型学术研讨会, 访问时间2016－01－01, http://www.chinautc.com/templates/H_dongtai/article.aspx?nodeid=4112&page=ContentPage&contentid=83026, 重庆, 2015

[14] 陈必壮, 张天然. 中国城市交通调查与模型现状及发展趋势 [J]. 城市交通, 2015, 13 (5)：73－79.

[15] 邱建栋, 陈蔚, 宋家骅, 段仲渊, 赵在先. 大数据环境下的城市交通综合评估技术 [J]. 城市交通, 2015, 13 (3)：63－70.

[16] 杨齐. 对交通仿真模型软件开发及应用问题的思考 [J]. 城市交通, 2006, 4 (3)：77－81.

[17] Sbayti H, Roden D. Best Practices in the Use of Micro Simulation Model [R]. American Association of State Highway and Transportation Officials, ASSHTO, Standing Committee on Planning, AECOM, 2010.

[18] Zhou X S, Taylor J. DTALite：A Queue－Based Mesoscopic Traffic Simulator for Fast Model Evaluation and Calibration [J]. Cogent Engineering, 2014, 1 (1)：961345.

[19] 赵再先, 邱建栋. 交通影响评价之"困境"与技术工作改进 [C] //新型城镇化与交通发展—2013年中国城市交通规划年会暨第27次学术研讨会. 北京, 2014.

[20] 邱建栋, 赵再先, 宋家骅. 面向精细化交通设计的中观交通模型研究与实践 [C] //新型城镇化与交通发展—2013年中国城市交通规划年会暨第27次学术研讨会. 北京, 2014.

[21] 傅淳, 吴稼豪, 宋兵, 陆虎, 朱墨, 罗典. 建立佛山市核心区大型中观动态模型的方法及应用 [C] //新型城镇化与交通发展—2013年中国城市交通规划年会暨第27次学术研讨会. 北京, 2014.

[22] 刘新杰, 李智, 彭坷珂. 用于交通影响评价的中观交通模型建立—以深圳为例 [C] // 2014年城市发展与规划大会. 北京, 2014.

[23] 刘新杰. 深圳市分区中观交通模型及其在城市规划决策中的应用 [C] //协同发展与交通实践—2015年中国城市交通规划年会暨第28次学术研讨会. 杭州, 2015.

[24] 陈春妹. 路网容量研究 [D]. 北京：北京工业大学, 2002.

[25] 杨涛, 程万里. 城市交通网络广义容量应用研究—以南京市为例 [J]. 东南大学学报, 1992, 22 (5)：84－90.

[26] 白玉, 薛昆, 杨晓光. 基于路网容量的停车需求预测方法 [J]. 交通运输工程学报, 2004, 4 (4)：49－52.

[27] 常华. 关于广州市道路容量研究的探讨 [J]. 公路交通科技, 2005, 22 (9)：134－137.

[28] 陈乃至, 胡佳. 路网容量法在城市用地与交通规划宏观分析中的应用 [J]. 规划师, 2007, 23 (10)：32－34.

[29] 夏森磊, 谢军, 柳文新. 温州主城区城市路网容量需求分析与规划建议 [J]. 规划师, 2014, 30 (S3)：295－297.

[30] Miller H J. Modelling Accessibility Using Space－Time Prism Concepts within Geographical Information Systems [J]. International Journal of Geographical Information Systems, 1991, 5 (3)：287－301.

[31] 赵莹, 柴彦威, 陈浩, 马修军. 时空行为数据的GIS分析方法 [J]. 地理与地理信息科学, 2009, 25 (5)：1－5.

[32] Tong L, Zhou X S, Miller H J. Transportation Network Design for Maximizing Space－Time Accessibility [J]. Transportation Research Part B：Methodology, 2015, 81：555－576.

[33] 滕怀龙, 于雷, 赵慧, 姜乙甲. 中观交通仿真模型INTEGRATION及其案例应用 [J]. 交通标准化, 2008: 148-152.

[34] 魏贺, 刘斌, 刘韵, 戴冀峰. 2019年北京世界园艺博览会客流预测与需求分析 [C] //协同发展与交通实践——2015年中国城市交通规划年会暨第28次学术研讨会. 杭州, 2015.

[35] Ruan J M, Liu B, Qu Y C, Zhu N. N., Zhou X. S.. How Many and Where to Locate Parking Lots? A Space-Time Accessibility-Maximization Modeling Framework for Special Event Traffic Management [C] // Proceeding of 94st Annual Meeting of the Transportation Research Board. Washington D. C., 2016.

[36] Yazici M A, Ozbay K. Evacuation Modelling in the United States: Does the Demand Model Choice Matter [J]. Transport Reviews, 2008, 28 (6): 757-779.

[37] Mahmassani H S, Dong J. Incorporating Weather Impacts in Traffic Estimation and Prediction Systems [R]. U. S. Department of Transportation, Federal Highway Administration, FHWA-JPO-09-065, EDL#14497, 2009.

[38] Koetse M J, Rietveld P. The Impact of Climate Change and Weather on Transport: An Overview of Empirical Findings [J]. Transportation Research Part D: Transport and Environment, 2009, 14 (2): 205-221.

[39] Pel A J, Bliemer M C J, Hoogendoorn S P. A Review on Travel Behaviour Modelling in Dynamic Traffic Simulation Models for Evacuations [J]. Transportation, 2012, 39 (1): 97-123.

[40] Murray-Tuite P, Wolshon B. Evacuation Transportation Modeling: An Overview of Research, Development, and Practice [J]. Transportation Research Part C: Emerging Technologies, 2013, 27: 25-45.

[41] Linton C, Grant-Muller S, Gale W F. Approaches and Techniques for Modelling CO_2 Emissions from Road Transport [J]. Transport Reviews, 2015, 35 (4): 533-553.

[42] Citilabs. Air Quality Analysis With CUBE's AQPP User Interface Tool [C] // Citilabs Futura.U. S. A, 2012.

[43] Zhou X S, Tanvir S, Lei H, Taylor J., Liu B., Rouphail N. M., Frey H. C.. Integrating a Simplified Emission Estimation Model and Mesoscopic Dynamic Traffic Simulator to Efficiently Evaluate Emissions Impacts on Traffic Management Strategies [J]. Transportation Research Part D: Transport and Environment, 2015, 37: 123-136.

[44] Frey H C, Liu B. Development and Evaluating of a Simplified Version of MOVES for Coupling with a Traffic Simulation Model [C] //Proceeding of 91st Annual Meeting of the Transportation Research Board. Washington D. C., 2013.

[45] Peeta S, Ziliaskopoulos A K. Foundations of Dynamic Traffic Assignment: The Past, the Present and the Future [J]. Network and Spatial Economics, 2001, 1 (1): 233-265.

[46] Ben-Akiva M E, Gao S, Wei Z, Wen Y.. A Dynamic Traffic Assignment Model for Highly Congested Urban Networks [J]. Transportation Research Part C: Emerging Technologies, 2012, 24: 62-82.

[47] Ben-Akiva M E, Gao S, Lu L, Wen Y.. Combining Disaggregate Route Choice Estimation with Aggregate Calibration of a Dynamic Traffic Assignment Model [J]. Network and Spatial Economics, 2015, 15 (3): 559-581.

[48] Lu C C, Zhou X S, Zhang K L. Dynamic Origin-Destination Demand Flow Estimation under Congested Traffic Conditions [J]. Transportation Research Part C: Emerging Technologies, 34 (1): 16-37.

备注

本文发表在《交通变革：多元与融合——2016年中国城市交通规划年会论文集》，有删节。

奥运与北京城市轨道交通规划建设

茹祥辉　郭春安

引言

国际性大型活动对举办城市的发展有着巨大推动作用，对城市交通尤其是轨道交通有着更为深远的影响，巴黎发达的地铁网络就是因万国博览会的举办开始规划建设的。

奥运会促使北京进入城市轨道交通高密度、高强度建设时期，在保障奥运交通需求的前提下，轨道交通应立足于城市发展的需要，稳步、有序合理建设，这就需要科学的轨道交通线网规划特别是轨道交通近期建设规划的指导。

1　北京城市轨道交通规划建设

1.1　奥运前

从2001年申奥成功至今，北京城市轨道交通规划建设进入高速发展时期。2001年后地铁八通线开工建设，2003年后地铁4号线、5号线、10号线一期、奥运支线、机场线陆续开工建设，2007年轨道交通9号线、10号线二期、亦庄线、8号线二期、6号线、大兴线相继开工建设。2001～2008年，与奥运相关的轨道交通建设项目规模达百公里以上，总投资超过500亿元。

2001年前，北京轨道交通运营总里程仅53.5公里；2003年城铁13号线、地铁八通线相继开通，轨道交通运营总里程为114公里；2007年10月，地铁5号线通车，轨道交通运营总里程达到了141公里；奥运前地铁10号线一期、奥运支线、机场线将正式通车运营，届时北京轨道交通通车里程将达到近200公里。仅仅7年时间，北京城市轨道交通运营线路总长增加了近150公里，这种发展速度国内外轨道交通建设史都是罕见的。

可以说，奥运会促使北京城市轨道交通建设进入了跨越式发展的黄金时期。

1.2　近期建设规划

2001～2007年，北京市人均GDP由3000美元升至7000美元，奥运经济效应开始显现。"十一五"时期，随着奥运会举办和北京新城规划的实施启动，首都经济、社会发展进入新阶段，现代化、国际化和城镇化进程加快。在此背景下，以城市轨道交通线网远景规划为基础，北京市提出了城市轨道交通近期建设规划。

依据北京城市轨道交通近期建设规划[1]，2015年北京城市轨道交通将形成"三环、四横、五纵、七放射"的"环形＋放射"网络布局。届时，轨道交通运营线路18条，线网总长为561公里。轨道交通日客运量将增加到888万人次，占公交出行比例由15％提高到49％，在公共交通中起到骨干作用。轨道交通近期建设规划的实现，将初步形成"中心成网、外围成轴"的轨道线网格局，基本达到有机连接重大功能区、便捷联系重要交通枢纽、引导支持新城发展、有效缓解中心城区交通拥堵状况的目标。

1.3　规划理念

1.3.1　可持续发展

轨道交通规划注重近远期兼顾，在满足近期交通需求的基础上，充分考虑城市发展的潜在需求，使轨道交通线路得到可持续发展和使用，最大限度地发挥轨道交通对城市发展的引导作用。

例如，奥运支线与地铁10号线一期，这两条线路承担了奥运期间奥运主赛场主要的客运任务，是名副其实的奥运线。而奥运后，奥运支线作为地铁8号线的一部分将分别向北延伸至回龙观，向南延至旧城区，延伸后的线路将为回龙观大型居住区提供进入中心城核心地区的快速通道，同时对奥林匹克中心区的发展继续提供强有力的支撑；地铁10号线一期将与2007年底开工建设的10号线二期组成北京城市轨道交通线网中的第二条环线，这条环线与几乎所有市区线路（除地铁2号线）均有换乘，在线网中起到重要的联络作用。

1.3.2　与城市重大功能区发展一体化

轨道交通近期建设规划坚持以轨道交通为导向的城市发展模式，发挥轨道交通的先导作用，支撑城市重大功能区的同时，支持、引导、带动新城发展，促进城市空间结构优化调整。贯彻中心城与外围新城"内外并举"的建设方针，即在完善中心城轨道交通网络的同时，重点兼顾外围新城的轨道交通建设，尤其是联系新城与中心城的几条放射线路[2]。2008年形成的轨道交通网络对南部和西部地区的支持明显不足，2007年新开工的6条轨道交通线路中有4条位于城市南部及西部，2007年底亦庄线、大兴线等2条新城线路开工建设，M15线（至顺义）、S1线（至门头沟）、昌平线、良乡线将成为今后几年轨道交通建设的重点。

1.3.3 交通一体化

交通一体化即以公交优先为导向，合理组织各种交通方式之间的衔接和配置方式，进行一体化设计，通过高效智能化管理手段，建立全方位、立体化、多层次、以轨道交通为骨干运输方式的客运交通体系。

交通一体化理念核心是公交优先，需要落实在政策、规划设计、运营管理等各个层面中。其中，在规划设计方面，尤以轨道交通车站的规划设计最有代表性。

轨道交通车站是城市交通系统中的重要节点，以轨道车站为核心的各种交通方式有效衔接是交通一体化的集中体现。2004年北京地铁4、5、10号线车站进行了交通衔接专项规划，指导思想是优先安排公交换乘设施、减少换乘距离、城区内外差别化供给，一体化的规划理念指导下的接驳规划带来了5号线开通后良好的客流及社会效益，2007年北京轨道交通新线除进行统一的交通接驳规划外，特别选取了一些重点车站，对车站周边1km范围内区域进行了统一规划设计，在保证交通衔接设施用地的前提下，重点对车站和靠近车站的待开发建设用地进行了一体化设计，实现了交通一体化与城市土地协调发展的统一。

2 奥运轨道交通网络

2.1 线网

2.1.1 线网覆盖范围

北京奥运场馆是依据集中与分散相结合的原则规划建设的，包括奥林匹克公园场馆、3个城市西部体育场馆（丰台、老山、五棵松）、大学区体育场馆（北航、北大、北体大）、北郊体育场馆（顺义）、城市中心区的体育场馆（首体、工体）等31个比赛场馆[3]，其中奥林匹克公园承担12项比赛，场馆最为密集。

这些奥运场馆的70%以上在轨道交通的直接覆盖范围之内，尤其对于奥运主场馆集中的奥林匹克公园区域更是有地铁5号线、地铁10号线、奥运支线三条轨道交通线路直接服务。

奥运前北京市轨道交通通车里程将达到近200公里，若以这些轨道交通线路站点为中心，站点周边半径1000米区域为轨道交通直接（步行到达）吸引范围，则奥运期间四环内轨道交通站点覆盖率将近60%。

2.1.2 奥运交通圈层划分

奥运会主场馆集中在奥林匹克中心区，以奥运前形成的轨道交通网络为基础，以奥运支线的奥体中心站为起点，

轨道交通运营时速35公里（目前北京市几条轨道交通线路运营时速为33～40公里）为测算依据，并考虑换乘时间，估算乘坐轨道交通30分钟、45分钟、1小时内能够到达的区域，作为奥运30分钟交通圈、45分钟交通圈、1小时交通圈。

（1）30分钟交通圈

东端——10号线工体站，西端——10号线万柳站，南端——5号线东四站，北端——5号线立水桥站。

（2）45分钟交通圈

东端——1号线四惠站，西端——1号线军博站，南端——5号线天坛东站，北端——5号线太平庄北站。

（3）1小时交通圈

东端——1号线双桥站，西端——1号线八宝山站，南端——5号线宋家庄站，北端——5号线太平庄北站。

2.2 线路

奥运轨道交通网络由地铁1号线（含八通线）、2号线、5号线、10号线一期、城铁13号线、机场线、奥运支线7条线路组成。其中，地铁10号线、奥运支线为奥林匹克主场馆观众的集散主要通廊，以下简要分析奥运期间这两条线路的运营组织方案。

2.2.1 奥运支线与地铁10号线关系

奥运支线与地铁10号线间在熊猫环岛站东北角设置了地下双线联络线，此联络线具备正线运营条件（图1）。联络线的设置使得奥运支线的运营方案具备了灵活组织的条件。

2.2.2 奥运支线与10号线运营组织方案分析

（1）运营组织方案1

奥运支线：森林公园南站—熊猫环岛站。

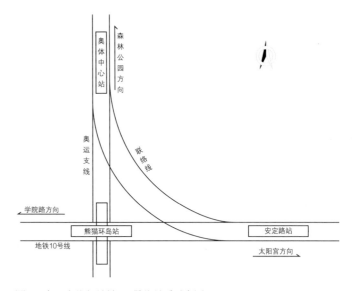

图1　奥运支线与地铁10号线关系示意图

10号线运营方案：万柳—劲松。

两线仅在熊猫环岛一站换乘，该站又是奥运支线的末端站，高峰时段客流将对车站形成较大冲击。

（2）运营组织方案2

奥运支线：森林公园南站—太阳宫站。

10号线运营方案：万柳—劲松。

奥运支线可与其他线路形成3处换乘站，减少了乘客换乘次数，但安定路至太阳宫段仅为双线轨道，奥运支线与M10需共线运营，存在一定运营风险，运营难度较大。

假设两条线路的列车发车间隔均为3分钟，则两方案网络运输能力基本相同，方案2在安定路—太阳宫之间的行车最小间隔将达到1.5分钟，该段线路信号等系统设备能力需要相应提高。

综合分析两类运营组织方案各有特点，可根据奥运赛事观赛实际情况灵活安排，两类方案对比如表1所示。

2.3 车站

奥运期间轨道交通站点在整个交通系统中起着至关重要的作用，车站与其他交通方式的衔接直接影响奥运交通系统运营效率。

仍以奥林匹克公园区域为例，地铁、快速公交、常规公交共同组成了服务于奥运主场馆的公交系统。

轨道交通车站在奥林匹克区域公交系统中占据核心位置，特选取奥运支线奥体中心站、地铁10号线安定路站、地铁5号线北土城站为例，简要分析各车站交通衔接特征（表2）。

轨道交通站点周边交通衔接设施的使用，将快速公交、普通公交及巴士专线、自行车、出租车等多种交通方式与轨道交通紧密衔接，使得各种交通资源得到集约化利用，进一步扩大了公共交通系统的服务范围。

奥运支线不同运营方案比较　　表1

	换乘节点	换乘线路	优点	缺点
方案1	熊猫环岛站	M10	运营组织难度小，M10线运营方案不受奥支影响，更为灵活	熊猫环岛站作为唯一换乘站，客流压力较大
方案2	安定路站	M10	换乘点多，换乘站客流压力减小，减少了换乘次数	奥支对M10线运营影响较大，运营组织难度大
	北土城东路站	M10、M5		
	芍药居站	M10、城铁13号线		

轨道交通典型车站交通衔接特征分析　　表2

	车站周边用地性质	客流主要衔接方式	衔接设施	交通衔接重点
安定路站	居住、商业	快速公交	均设有公交港湾、自行车停车场、出租车靠点	与快速公交站台便捷连接
北土城路站	居住、休闲	轨道交通		轨道交通之间换乘客流的组织
奥体中心站	体育、文化、休闲	步行		步行设施的完善

3 结语

奥运会的召开加快了轨道交通成为城市交通骨架的进程，也对轨道交通合理有序建设、集约高效使用、可持续发展提出了更高要求。从网络特点分析来看，即将形成的奥运轨道交通网络对奥运交通提供了强有力的支撑，且在奥运后具备了良好的可持续条件。

奥运前北京城市轨道交通提出了要坚持"加速新线建设，抓紧老线改造，完善服务设施，提高服务水平"的方针，奥运后北京轨道交通新线的建设应在轨道交通远景线网的指引下，结合近期建设规划，坚持"近远期结合、可持续发展"的规划理念，引导城市有序发展。

参考文献

[1] 北京城建设计研究总院. 北京城市快速轨道交通建设规划 [R]. 北京：北京城建设计研究总院，北京市城市规划设计研究院，2007.

[2] 郭春安. 北京城市轨道交通线网调整规划 [J]. 北京规划建设，2004（2）：10-15.

[3] 北京市城市规划设计研究院. 奥运行动规划 [R]. 北京：北京市城市规划设计研究院，2001.

备注

文章发表在《城市交通》2008年第3期。

北京市停车规划策略与实施建议

张晓东　李爽　田梦

引言

随着经济、社会的迅速发展，北京市机动化进程不断加快，截至2010年底北京市机动车保有量已达到491万辆。与机动车保有量的快速增长相反，北京市停车设施却发展十分缓慢，停车设施与机动车保有量之间的供需比例进一步失衡，导致停车难、乱停车等一系列问题，严重影响了城市交通运行和居民生活环境。为此，有必要对停车设施规划建设过程中存在的问题进行梳理，并提出规划实施的对策及建议，以期缓解现状停车矛盾，达到改善城市静态交通环境的目的，进而促进城市动态交通出行环境的改善和居民生活品质的提升。

1　北京市现状停车供需矛盾与症结分析

1.1　现状供需矛盾

截至2011年5月底，北京市停车设施供给总量约为248万个。其中，基本车位供给总量为160万个，出行车位供给总量为88.4万个。而2010年底北京市机动车保有量为491万辆，即停车设施的基本车位需求总量为491万个，据此分析，基本车位缺口超过总需求的50%以上。

按照国际经验，出行车位需求为基本车位需求的10%～30%，据此估算北京市出行车位需求为50～148万个。从北京市2011年停车普查数据看出，现状出行车位供给水平处于理论出行车位供给水平区间。但是，由于2009年北京市全日小汽车出行比例达34%，因此出行车位需求的压力也非常大。

通过以上数据分析，北京市基本车位和出行车位的供给量都无法满足现实需求，停车设施供需矛盾十分突出，且停车管理不力，导致停车秩序十分混乱，侵占了道路、绿化、消防等公共空间，严重破坏了城市的生活环境。

1.2　停车供需矛盾的症结分析

1.2.1　城市机动化水平增长超过规划预期

2011年以前，受国家汽车产业政策的影响，北京市对机动车拥有一直采取较为宽松的政策。同时，随着居民生活水平的不断提高，北京市机动车保有量呈跳跃式增长。2002～2010年北京市机动车保有量年均增长率达13.4%，仅用了2.7年的时间机动车保有量就由300万辆增至400万

辆，而到2010年底全市机动车保有量已接近总体规划中提出2020年500万辆。

1.2.2　现行的配建指标未能满足当前的停车需求

虽然大型公共建筑和居住项目停车配建指标在逐步提高，但与机动车的增长速度相比，仍然无法满足停车需求，导致基本车位严重缺失。以居住类配建指标为例，在1994年以前，北京市机动化水平不高，未对居住类建筑停车设施配建提出具体要求；1994～2002年，对于居住项目提出了0.1个停车位/户的配建要求；2002年以来，根据居住项目的类型不同，提出了0.3～1.3个停车位/户的配建要求。

1.2.3　交通出行结构不合理

随着小汽车拥有量的持续增加，小汽车出行比例也呈现明显的增长趋势，由2004年的28.1%上升到2009年底的34.0%。以小汽车交通方式为主导的交通结构必然产生对出行车位的大量需求，其中不乏大量的通勤小汽车交通占用了出行车位，导致出行车位周转率低，成为第二基本车位，进而导致商务活动、购物、休闲、就医等弹性出行所需要的出行车位供给不足。

1.2.4　公共停车设施建设滞后、管理不到位，未实现辅助功能

截至2010年底，北京市现状路外经营性公共停车场共计190处，受土地供给、建设资金、收益平衡等多方面因素影响，绝大部分停车场采取土地租赁的方式，属于临时路外公共停车场。

2　国际经验借鉴

回溯交通发展的历史，发达国家的城市都曾经历过交通拥堵、停车供需矛盾问题的困扰。一些国际发达城市经过多年努力，通过完善政策、法律和法规，建立良性的建设机制以及制定有效管理措施等综合途径，一方面促进停车需求的理性化，另一方面提升停车设施的利用效率，使其停车发展逐步迈入良性、健康的发展轨迹。

2.1　政策、法规的完善性

美国明确政府在停车规划管理方面的主导作用，制定了《车辆法》、《建筑法》等通用法规。美国解决城市停车

问题的主要途径如下：以区划条件及建筑法规细则为基础，将停车规划纳入城市总体规划，并在土地、资金等方面提供政策保障。此外，美国各主要城市还根据自身实际情况制定了相应的地方性政策与法规，确保法规实施具有更强的可操作性。

日本十分重视通过立法规范停车场建设与停车管理。自20世纪50年代机动车产量与保有量高速增长初期以来，相继出台了一系列政策、法规，基本涵盖了停车规划建设与停车管理的全部内容。例如，《停车场法》、《机动车停车场所之确保法》、《机动车停车场所之确保法施行令》、《自动车保管场所之确保施行令》、《道路交通法规部分修订》及《确保车辆停车位相关法令部分修正》等。

2.2　积极推进建设社会公共停车场

美国明确了停车设施的公共属性，为规划、建设资金的筹集奠定了基础。为此，政府一方面可以利用年度基础设施资金投资建设停车设施；另一方面也可以发放停车税收债券来解决停车设施的建设资金问题，债券可以采用停车税收作抵押、出租土地等方法来解决。

日本采取激励政策鼓励私人兴建停车场，对于私人投资建设的停车场建设，政府将给予补助、实施税收优惠、采取鼓励停车发展的融资策略；对于政府投资兴建的停车场，可由私人公司承包，采用"商业原则"经营，提高投资与经营的积极性。此外，在资金和税收方面，提供利率低、周期长的贷款和1/3财政补助率，以及税收减免等方法；在容积率方面，可以获得容积率奖励。

2.3　需求管理与秩序管理并用

2.3.1　停车需求管理

停车需求管理旨在通过控制停车供给的手段来积极引导机动车的合理使用，调节停车需求，进而缓解交通拥堵、节约土地资源、降低能源消耗和尾气排放。具体措施包括：停车设施总量控制（parking freezes）、路外停车最高配建标准、基于区域综合交通规划评价的停车供给总量、不同区域路外停车配建指标的差异化、公共交通社区（transit oriented district，TOD）停车供给总量削减、居住区与公共建筑的停车设施共享、办公类建筑与商业类建筑的停车设施共享、停车收费累进制、差异化的计费标准等。

2.3.2　停车秩序管理

停车秩序管理旨在确保停车需求管理的有效实施和停车设施的合理利用。新加坡、东京、伦敦等通过罚款来处罚建设中随意减少配建规模，中国台湾通过严格的立法来

杜绝停车设施挪作他用；美国、荷兰、法国及日本等国家通过严格执法与高额罚款等手段禁止车辆乱停乱放。

3　停车规划策略

停车设施规划是城市总体规划中综合交通体系专项规划的内容之一，停车规划应符合城市总体规划和交通发展战略目标，应与城市机动车水平达到合理的动态平衡。

3.1　规划前提

机动车保有量是停车设施规划的重要前提，根据国际经验，城市机动车停车位供给总量约为机动车保有量的1.1～1.3倍。根据2005年国务院批复的《北京城市总体规划（2004—2020年）》，2020年北京市机动车保有量为500万辆左右，而2010年底机动车保有量已经达到480万辆，接近北京总体规划提出的控制规模。为了落实北京市城市总体规划，实现小客车数量合理、有序增长，有效缓解交通拥堵状况，2010年12月23日北京市人民政府出台了《北京市小客车数量调控暂行规定》。该暂行规定中要求："……本市实施小客车数量调控措施。小客车年度增长数量和配置比例由市交通行政主管部门会同市发展改革、公安交通、环境保护等相关行政主管部门，根据小客车需求状况和道路交通、环境承载能力合理确定，报市人民政府批准后向社会公布……"据此估算，2020年北京市机动车保有量将超过700万辆。

3.2　规划对象

根据停车设施的使用性质，北京市将停车设施划分为基本车位和出行车位两类。

基本车位是指机动车拥有者应拥有的用于夜间泊车的固定停车车位，由居住区停车场、单位公车自用停车场以及运营客、货运企业车辆自用停车场提供。

出行车位是指机动车使用者出行到达目的地所需的停车车位，主要由大、中型公共建筑配建停车场、公用停车场、换乘（P+R）停车场提供。

3.3　规划策略

北京市停车设施规划应当与社会经济发展、交通发展政策、土地资源、历史文化名城保护等政策相协调。对于基本车位满足一车一位的停放需求，对于出行车位采取不同区位差别化供给，实现"以静制动"。总的来说，北京市停车位供给以建筑物配建为主、社会公共停车场为辅、路侧停车作为补充。

（1）对于基本车位来说，从事客货运输的企业或个体经营者都应满足"一车一位"的基本车位要求，且原则上

不得借用公用停车设施弥补基本车位的不足；各单位公务车原则上要在本单位用地内解决基本车位问题，特殊情况下，可以租用公用停车设施；新建居住区要按停车指标同步配建基本停车位；已建居住区根据规划补建基本停车位或租用公共停车设施限时停车。

（2）对于出行车位，根据北京市城市发展的需要及不同阶段发展的特点，分区域制定停车对策。对于旧城，要通过控制停车场的规模，缓解道路交通过度拥挤的现象，保持一种低水平的平衡；对于交通繁忙地区，不提供充足的停车设施，同时采取必要的高额停车收费策略，用经济手段调节停车的需求与供给；道路交通产生、吸引较大的重点地区，近期增加适量的停车泊位，改变停车的混乱状况，使其有序化；远期在满足重点地区客流出行、吸引的条件下，合理引导重点地区出行的交通方式结构，减少停车设施的供给；对于医院等有特殊需要的建筑，要规划修建停车场，满足出行停车位的需求。

4 规划实施建议

总的来说，北京市停车发展中出现的问题是一个复杂的系统问题，是与一定的经济、社会发展阶段紧密联系的，无法通过某项规划或某项措施来解决。基于北京当前现实条件和国际城市发展经验，结合北京市停车发展战略，从规划、管理、政策法规等几方面制定停车规划对策体系，从而达到缓解北京停车供需矛盾、改善停车秩序的目的。

4.1 规划层面

4.1.1 公共建筑和居住项目停车配建指标修订

一是完善建筑物分类，扩大配建指标涵盖范围；二是提高居住配建指标，防止产生新的基本车位缺口；三是调整公建配建指标，遵循分区域差别化供给的原则，实现"以静制动"。

综合考虑交通需求特性、开发密度、路网容量等因素，北京市中心城划分为旧城保护区、一类地区、二类地区、三类地区，上述地区的配建指标采取差别化政策，由内向外逐步提高。

4.1.2 老旧居住小区停车对策

解决老旧小区停车问题的对策主要有：①节能挖潜，对于不同老旧小区要因地制宜，利用更新改造区的存量土地增设控制要求，综合利用土地，增加停车资源，如立体停车、利用绿地等空间建设停车位、车位施化方式优化调整等；②资源共享，包括错峰停车和合作共建等方式，如写字楼与居住错峰停车，公交场站与社会公共停车场综合

开发等。图1给出了解决老旧小区停车问题的普适性方法，适宜在北京市老旧小区内推广。

4.1.3 进一步完善社会公共停车场专项规划

解决停车场规划实现率低的主要途径如下：①进一步完善社会公共停车场布局；②结合中心城控规动态维护工作落实用地条件；③统筹考虑现状停车供需矛盾和交通发展策略制订合理的近、远期实施方案。此外，对于停车矛盾突出的地区，不仅要满足出行车位的需求，还需要解决一部分停车矛盾突出的居住小区基本停车位需求。

4.2 运营管理层面

（1）鼓励差别化停车收费标准，同一区域的机动车停车场，停车收费价格按照"非居住区高于居住区、路内高于路外、地上高于地下、白天高于夜间"的原则确定。

（2）加强停车设施管理，不得将停车场挪为他用，对挪作他用的，经核实后应依法处罚。

（3）加大停车秩序管理力度，规范停车行为，改善停车秩序。

（4）加强临时占道停车泊位管理，针对不同地区、不同环境、不同条件的道路差别化对待。

（5）加强出租车泊位管理，在交通场站、商业街区、医院等公共场所应当按照相应的标准和规范设置出租汽车免费停车泊位等。

4.3 政策法规层面

（1）尽快修订《北京市大中型公共建筑停车场管理暂行规定》（1989年北京市人民政府第14号，2004年北京市人民政府令第150号）《北京市居住公共服务设施规划设计指标》（2006年北京市规划委员会）等现行法规文件修订工作，同时提出停车规划的制定和管理相关规定，增加停车位建设和管理的强制性。

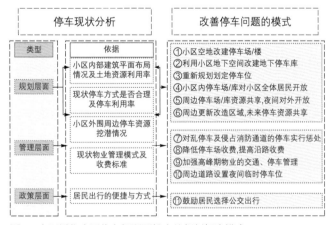

图1 老旧居住小区停车问题可推广的规划解决模式

（2）按照"政府引导、政策支持、属地管理、业主自治"的模式，尽快出台相关配套政策，促进老旧小区停车节能挖潜和资源共享解决手段的实现。

（3）在社会公共停车场的土地供给方式、建设资金筹措模式、经营投资等方面制定优惠政策，促进社会公共停车场有序、健康发展。例如，可以将独立占地的为医院和停车供需矛盾突出的居住小区服务的社会公共停车场列为市政基础设施，采用政府划拨的形式提供土地。

（4）进一步落实公共交通优先发展相关配套政策。

通过停车设施总量控制（parking freezes）、路外停车最高配建标准、基于区域综合交通规划评价的停车供给总量等相关政策，引导居民选择公共交通方式出行，减少小汽车的使用。

此外，还应当在区域差别化停车收费、鼓励停车设施共享、停车设施运营管理等方面制定相关政策。

5　结语

当前，北京市停车供需矛盾十分严重，停车位缺口超过50%。为解决历史欠账问题，本文对导致供需矛盾的深层次原因进行分析，并在借鉴国际城市停车规划相关经验的基础上，结合北京市交通发展战略，在规划、运营管理、政策法规3个层面提出具体的规划对策和建议。总的来说，停车问题是一个复杂的社会问题，是与一定时期的经济、社会发展阶段紧密联系的，无法通过某项规划或某项措施来解决，需要全社会的积极参与，共同促进停车系统的健康发展，营造良好的静态交通环境。

参考文献

[1] 北京市规划委员会. 北京城市总体规划（2004—2020年）[R]. 北京：北京市规划委员会，2004.

[2] 北京市城市规划设计研究院. 北京方庄居住区机动车停车空间对策研究 [R]. 北京：北京市城市规划设计研究院，2009.

[3] 北京市城市规划设计研究院. 北京市中心城社会公共停车场现状问题及规划对策研究 [R]. 北京：北京市城市规划设计研究院，2011.

[4] 北京市城市规划设计研究院. 北京市居住区、大中型公共建筑停车配建指标研究 [R]. 北京：北京市城市规划设计研究院，2011.

备注

本文发表在《北京规划建设》2012年第1期。

第六部分

市政设施与基础保障

变革的力量——京城市政三十年

潘一玲　徐彦峰　郭海斌

　　市政基础设施是既为社会生产又为人民生活提供基本条件的公共服务设施，是城市赖以生存和发展的基础。按照当前城市管理分工，市政基础设施涵盖的内容可以归纳为城市水资源及供水、城市防洪及排水、城市能源、城市邮电通信、城市环卫等一系列子系统，这些子系统构成城市的主要支撑体系，是确保城市经济和生活得以正常进行的基本要素。

　　改革开放以来，北京市在加快经济、社会建设过程中，市政基础设施作为整个城市不可或缺的一部分，其建设和管理同样取得了显著成果。可以说，30年来北京市的巨大变化之一就是市政基础设施突飞猛进的发展，更为重要的是，基础设施建设走上了一条可持续发展的道路。作为亲历30年发展的市政规划工作者，回首改革开放取得的伟大成就，总结过去，展望未来，对下一步工作具有重要意义。

1　开源节流，供应网络日臻完善

　　北京是一个资源紧缺型城市：人均水资源量不足300立方米，仅为全国人均的1/8，世界人均的1/30；本地产出的一次能源主要是储量较少的煤炭和少量水力资源及地热，能源供应90%以上依靠外地调入。伴随着城市规模的不断扩大，先后出现过20世纪50～60年代的石油短缺、70～80年代的煤炭短缺和供水紧张、90年代的电力短缺、2003年冬季的"气荒"等一系列资源供应短缺问题。为了解决北京市的资源供应安全问题，笔者从城市规划角度提出两方面措施：一是建立多元化的供应渠道，二是加强需求侧管理以节约资源。改革开放30年来，在基础设施的建设发展过程中，通过加强区域合作，落实外部资源，建立地区之间水资源、能源的调配协作互动机制，形成水源、能源的多元化供应体系；同时，积极制定节水、节能对策，以尽可能少的资源消耗来满足人们改善居住条件、提高生活水平、建设和谐社会的要求，实现经济、社会的可持续发展。

　　20世纪70年代末、80年代初，由于超量开采使北京市地下水位逐年下降，浅井干涸、深井出水量减少，市区出现了较为严重的"水荒"：市区内一半以上的地区降压供水或限时限量供水，竣工的楼房30%因没水而无法使用，居住在清河、半壁店、十里堡、龙爪树等地的居民都半夜起来接水。用水危机一直持续到1990年第九水厂一期工程通水后，自来水的供需矛盾才得以缓解，安全稳定的供水才有了保证。自1999年以来，北京市又出现连续干旱，使北京市的水资源总量比多年平均水资源量减少了近40%，干旱对首都安全供水造成严重威胁。多项应急水源工程如张坊应急引水工程、怀柔应急水源工程等及时启动，同时2002年9月国务院正式批复了《南水北调工程总体规划》，一期工程向北京供水10亿立方米，水资源供需矛盾初步缓解。

　　为了减轻水资源供应压力，节水工作任重而道远。北京市自1981年成立节水管理机构以来，通过完善法规、加强监督管理、推广技术手段、提高科研水平和加强宣传等对北京市区及卫星城的城市节水进行了有效管理，1981～2004年累计城市节水已经达到近16.5亿立方米。20多年来，节水工作全面开展，节约了大量的水资源，实现了全面技术措施管理。节水措施不断向高、深度发展，主要表现在：更加注重节水技术的研发工作，做到"科研先行"，不断开辟节水新途径；节水工作深入生活，节水设备使用更加普及、节水设施建设逐步与主体工程建设同步进行；用水单位全面进行水平衡测试；制定综合用水定额，并逐步扩大定额用水管理的范围。在此期间，完成节水改造技术近4000项。

　　30年来，城市供水贯彻"节流、开源、保护并重"的方针，坚持"总量控制、统筹配置"的原则，完善政策，促进水资源开发与利用由"以需定供、重供轻管"向"以供定需、供管并重"转变，逐步建立针对终端管理的水资源配置体系。未来北京市将通过多水源和灵活调度的供水系统，形成"两大动脉、两个枢纽、三大水厂、一条环路"，构成南水北调中线水源和密云水库水源供水网络体系，实施当地水源和外调水源的联合调度，实现地表水和地下水的联合调配，不断提高城市供水安全保证率。

　　电力是最清洁的二次能源，在城市终端用能结构中占据重要地位。北京市的电力发展有着明显的阶段特征：1949～1984年，北京市重点进行了电源建设，建成了石景山电厂、第一热电厂、永定河水系的梯级水电站、密云水电厂、高井电厂、云岗电厂、京西电厂和第二热电厂，此阶段由于贯彻"以供定需"的发展原则，电力供需基本平衡。1985～1995年，电力负荷增速较快，供需矛盾日益突出，为了改变首都电力资源不足的状况，北京市在市区外围建设了房山、安定、昌平3个500千伏变电站，从不同方向接收山西、河北、天津等地电厂输送给北京的电力，区外受电比例逐步提高到55％左右。1996年至今，随着"9950"工程（1997～1999年实施，投资78亿元，大幅度提高电网供电能力及供电可靠性，确保国庆50周年安全供电）及"西电东送"工程的实施，北京电网有了很大发展，形成了包括房山—安定—顺义—昌平四个500千伏变电站在内的500千伏环网，受电范围进一步扩大到蒙西电网，目前全市70％的电力供应依靠外部电力。北京地区电网已经成为京津唐电网的负荷中心和网架中心，除承担为首都电网供电的任务外，还向相邻的天津、河北省部分地区转送电力。未来北京市要继续坚持"外电网送电为主，适当建设本地电源"的电源建设方针，外部电源要"西电东电并重，多方向发展"，保证足够的电力输往北京。同时，严格控制本地电厂建设，保护环境，节约水源。

与电力相比，北京市的天然气供应起步较晚，但发展速度极其迅猛。1985年，华北油田第一条进京输气管线建成，北京市开始使用天然气，但由于供气量较少，没有成为主要气源。1997年9月30日，陕北长庆气田正式向北京供天然气，标志着北京市的燃气发展进入天然气时代。进入2000年以后，随着北京市大气环境治理力度的不断加强，开展了大规模的燃煤锅炉改烧天然气的工作，同时市区新建建筑也主要以天然气采暖为主。1997年北京市的天然气用量为1.7亿立方米，2006年北京市天然气用量达到40.7亿立方米，年均增长率约42％。作为清洁能源的生力军，天然气在越来越多的领域发挥着重要作用。随着天然气的大力引进，北京市的能源供应正从以煤为主向煤、油、外调电力和天然气多元化的能源供应体系转变（2010年清洁能源比例将达到70％），逐步建立起多元互补、多方供应的优质化能源结构，为首都经济、社会的发展提供安全、经济、清洁的能源保障。

2 以人为本，生态环境持续优化

城市新陈代谢产生的废气、废水、垃圾会污染大气环境、水环境和土壤环境，几乎所有的人类活动也都或多或少地影响着我们的生存环境。在保护整个城市环境方面，城市污水处理系统和环卫系统如同人体的静脉系统，排出城市的毒素，维系整个城市肌体的健康和活力。污水、垃圾的妥善处理，还有从1999年开始大力推进的能源结构优化调整，为首都的天更蓝、水更清发挥了巨大作用。

北京市污水处理厂的建设起始于20世纪50年代，初期发展较缓慢，改革开放以前只建成了酒仙桥和高碑店两座一级污水处理厂。1990年为配合亚运村的建设，建成了北京市第一座城市二级污水处理厂——北小河污水处理厂。之后北京市污水处理厂的建设进度明显加快，在市区先后建设了方庄、高碑店、酒仙桥、清河、肖家河、吴家村、卢沟桥、小红门8座二级污水处理厂。到2006年年底，市区9座污水处理厂日污水处理能力达到250万吨，全年共处理污水7.8亿立方米，污水处理率达90％，提前实现奥运水环境目标，通惠河、坝河、清河、凉水河水系的水污染取得明显成效，市区水环境得到明显改善。同时，污水处理的市场运作模式创新也取得丰硕成果，在已建成的9个污水处理厂中，5个是市财政投资，4个是国营、私营和外企多元融资，污水处理建设从过去的政府投资建设，逐步发展到政府主导的市场多元投资，未来将继续向市场运作、政府监管的模式发展。

近年来，北京市污水治理工作逐步从单纯的污染削减走上了循环利用的道路，污水处理已经由稳定达标排放转向提高水质、扩大利用。再生水作为一项重要的水资源被纳入全市水资源平衡计划，承担起进一步缓解水资源供应压力的作用。目前，北京市已建成投产酒仙桥、方庄、清河3座再生水厂，铺设再生水管线约325公里，年供水量超过1亿立方米。经过深度处理的再生水解决了部分工业用户的用水需求，扩大了农业灌溉，增加了河湖景观用水，替代了部分市政用水，既节约了水资源，又改善了城市生态环境。

作为一个特大型城市，北京市的垃圾处理形势一直十分严峻。20世纪90年代以前，北京的垃圾处理主要是简易堆放，在此时期，环卫工作的重点在收运，技术含量全部体现在收运设备上。所以，"垃圾处理"由收运管理单位"代管"，陆续成立了北京市第一清洁车辆场、北京市第二清洁车辆场、北京市第三清洁车辆场和北京市第四清洁车辆场，负责全市的垃圾收运和处理。90年代，陆续建成阿苏卫、安定、北神树、六里屯等几座大型垃圾卫生处理场，基本解决了城八区和郊区卫星城的生活垃圾消纳问题，由于采取了有效的工程防护措施，减少了对地质环境的污染。2000年，北京市开始进行环卫体制和运行机制改革,组建了一清、二清、四清、北清四个集团公司。2006年,环卫企业进行了第二次改革,原一清集团、二清集团、四清集团、北清集团合并组建为北京环境卫生工程集团有限公司。通过这次改革,进一步优化了首都环卫资源配置。北京市也逐步改变了粗放式、简单化的垃圾处理模式,采用了国际上先进的"减量化(reduction)、再利用(reuse)、再循环(recycle)"的3R循环经济原则,加快垃圾分类工作,提高再循环、再利用水平,并建立了2家堆肥厂和6家对纸张、塑料再循环加工的生产企业。

2006年底,北京市每天生活垃圾的产生量为1.6万吨,已超过了现有垃圾填埋、焚烧、堆肥等设施的处理能力,未来垃圾处理工作任务仍然艰巨。可喜的是,目前北京市的垃圾处理体系正在由以卫生填埋为主的无害化处理方式向资源能够最大化利用的综合处理方式转变,在完善现有垃圾卫生填埋工艺的同时,建设一批包括焚烧在内的科技含量高、资源利用率大、具有示范效应的现代化垃圾处理设施,进一步优化生态环境,并充分回收垃圾中的资源和能量(如垃圾焚烧发电、供热)。

以煤为主的能源结构是北京市大气污染的主要根源。1998年之前,在以煤为主要燃料的条件下,北京市一直致力于发展集中供热。相继建成的城市热源有北京第一热电厂、北京第二热电厂、北京石景山热电厂、华能北京热电厂、左家庄供热厂、方庄供热厂、双榆树供热厂和双井蒸汽厂,城市热网供热面积达到3600万平方米左右,热网总长度约280公里。同时,建成燃煤集中锅炉房(单台每小时10吨及以上)200多座,总供热面积约4000万平方米。自1999年以来,北京加大了治理大气污染的力度,开始大规模推广清洁能源供热。以天然气为主、其他能源(电、地热)为辅的多种供热技术得到空前发展。到2006年底,全市供热面积已经达到5.4亿平方米,其中天然气供热约占40%、城市热力约占20%、燃煤锅炉房供热占38%,燃油锅炉、地热、电采暖等约占2%。供热方式的"百花齐放"促进了供热体系的多元化发展,通过因地制宜地选择供热方式,充分实现了节能减排的目标。

3 安全为首,防灾体系逐步健全

在防止城市各类灾害方面,城市防汛、生命线等城市防灾基础设施建设和管理也获得长足的进步。

北京市地处燕山山脉的下游平原,西部、北部均是绵延起伏的山区,比较容易受到洪水的威胁,加上市区人口、产业密集,因此防洪排水问题一直是常抓不懈的问题。20世纪80年代以来,随着城市建设的迅速发展,为解决城市防洪排水问题,北京市对城区排水河道进行了疏挖整治,尤其是1998年以来,为了改善城市环境,开展了大规模河湖水系综合整治工程:1999年完成了内城河湖水系即筒子河、"六海"清淤工程,2000年完成北环水系的京密引水渠昆玉段、长河、双紫支渠治理工程及紫竹院湖、动物园湖、北京展览馆后湖的清淤工程;2001年完成南环水系(昆明湖—玉渊潭—南护城河—通惠河)、清河一期综合整治工程,2002年治理了万泉河、小月河、菖蒲河,2003年完成转河治理,2004~2005年度完成了凉水河城区段的综合整治工程。这些河道治理工程使市区近200公里河道得到整治,完善了城市防洪排水体系,保障了城市安全。

2001年12月7日,一场不期而至的降雪曾经造成了北京的交通全面瘫痪。2004年7月10日,一场暴雨袭击了北京,顷刻间北京城区数百路段和小区发生积水,有的地区甚至出现交通、电力中断情况,门头沟区还引发了泥石流。虽然在这场大雨中,北京各个职能部门都及时出动,但由于缺乏联动机制,取得的效果并不明显。这些事件让大家意识到,必须建立综合交通、水、电、气、热、通信等基础设施的生命线系统,加强其监控、调度和应急体系的建设,才能提高城市抵御灾害的能力。同时,我们也积极对排水规划标准进行调整,提高了城市主干道及重要地区雨水管道的设计重现期,进一步强化了安全保障率。

为了实现奥运承诺,2005年北京市成立了"2008"环境建设指挥部及办公室,负责统一指挥、组织协调、督促落实全市环境建设和城市运行工作。为保证水、电、气、热管网和通信线路等城市生命线的安全,北京市建立了全国第一个城市运行态势监控与危机应对的实时动态信息采集平台,为进一步提供可比的、可测的、可视的和可控的预警策略和应急预案服务,为城市管理决策部门提供及时有效的信息查询和案例反演,为提升城市运行常态与应急一体化管理的"危机抗逆"能力奠定了技术基础。通过不断实践,这个监测系统初步完善了对奥运城市运行较大的供水、排水、电力、燃气、供热、环卫、气象、食品、交通等13个部门城市运行体征指标的采集工作。目前,北京市在此基础上开始着手建设城市运行监测中心,负责对全市城市运行的基本特征数据进行监测,综合分析城市运行状态,保证城市安全平稳和高效运行。

4　信息提速，市场运营卓有成效

在保障城市信息畅通方面，通信、广播电视在快速发展的同时进行了有效的改革创新。

通信行业是一个充满发展活力、积极创新的行业。1979年前，北京由市区到郊区县通信还都是采用架空线；1979年后，部分架空线逐步实现入地敷设，但市区与郊区县通信属于长途电话，极其不便。1990年，北京电信局郊区局进行了全市的通信网规划，由北京市规划局配合选择线路，经过3年奋战，1993年全市全部实现了通信干线光缆化，实现市区与郊区的电话直拨。1998年国内电信企业全行业政企分离，1999～2000年将固定电话与移动电话业务分离，拆分成立了中国电信与中国移动；2002年中国电信再次拆分，成立了中国电信、中国网通两大集团公司，至此在全国范围内形成了中国移动与中国联通竞争、中国电信（新）与中国网通竞争，以及在交叉业务中，四个集团公司共同竞争的局面。北京市的通信行业经过拆分重组，引入竞争，业务不断创新，率先步入市场化。1978年北京市固定电话用户仅有73259户，固定电话普及率只有可怜的0.84%。经过近30年的发展，2006年底北京市拥有固定电话用户905.2万户，固定电话普及率达到57.3%；发展移动电话用户1571万户，互联网宽带接入用户281.2万户。

北京市的有线电视事业也得到飞速发展。1996年北京市光缆、电缆混合有线广播电视网的开工建设，标志着有线广播电视成为一项新的市政基础设施。经过十几年的发展，有线电视网络发展迅速，建设了以光纤为主的有线电视光纤、电缆混合网，目前已经全面实现"一市一网"，形成覆盖全市18个区县、接入270万用户的超大型有线电视光缆网络。全市建成骨干级机房40个，汇聚层级机房210个，接入级机房上千个。这些机房分布广泛、星罗棋布，可为用户提供高品质的网络接入服务。目前可接收模拟电视节目40多套，接收数字电视节目有148套。

未来电信网、互联网、有线电视网三个不同网络在高层业务应用上从竞争到融合，这是通信发展的必然趋势。通过"三网融合"，可以实现网络资源的共享，避免低水平的重复建设。2004年北京市成立了北京信息基础设施建设股份有限公司，着力解决北京市信息管道建设中存在的各自为政、资源垄断、重复建设、资源闲置等诸多问题，为各电信运营商和广电运营商提供互联互通的综合信息管道网络平台，目前已初见成效。下一步北京市将继续推动公用信息机房的建设，打破企业机房建设自成体系的局面，使之与综合信息管道的建设相匹配并节约土地资源。

5　结语

在历史长河中，30年只是白驹过隙。将京城市政基础设施的发展放置于改革开放的大环境中来总结，可以看出，这是一个城市赖以生存的传统行业，又是一个积极改革实践并成就辉煌的行业，也是一个集亮点、热点、难点于一身，面临新机遇、新挑战的行业。身处变革时代的市政行业，必须结合自身特点不断探索，继续在发展中改革、在改革中发展。这是总结思考30年发展变迁后得到的经验和启示。

备注

本文发表在《北京规划建设》2008年第5期。

北京旧城市政基础设施综合规划实施案例分析

朱跃华　马东玲　苏云龙　陈蓬勃

北京作为中国首都，也是世界著名的文化古都，在建设国际化大都市的过程中，城市建设与历史文化名城、历史文化保护区保护的矛盾日益突出。北京市城市规划设计研究院自2006年陆续完成了西城区什刹海、东城区玉河、崇文区鲜鱼口、宣武区大栅栏、前门东片等地区的市政基础设施综合规划工作。本文将北京旧城市政基础设施综合规划的典型案例加以分析和研究，提出创新的工作方法和规划设计理念，希望对今后旧城内开展市政基础设施综合规划工作起到借鉴和示范作用，为更好地保护旧城历史文化街区，提升其基础设施服务水平，为北京市促和谐、促发展奠定坚实基础。

1　旧城市政基础设施规划背景

在北京旧城历史文化保护区（以下简称"文保区"）内，至今保存着传统的城市肌理，保留了传统建筑、商业老字号、民俗文化等传统的城市元素，大量的会馆、庙宇、四合院是珍贵的历史文化资源。文保区以其风貌的独特性、完整性和观赏性成为北京都城历史记忆和古都风貌的重要组成部分。但近几十年来，随着大量居民的不断涌入，北京旧城内人口密度大，生活设施匮乏，道路狭窄，交通混乱，房屋年久失修，私搭乱建多。从市政设施方面来说，一个院落只有一个公用水龙头；居民家中没有卫生间，只能依靠公共厕所；炊事依靠煤气罐；取暖依靠小煤炉；雨污水合流管道和小煤炉燃煤取暖对旧城河湖水体和大气环境造成污染。这些状况，对于老百姓来说是非常不方便的，也是与北京市整体发展水平不相称的。

概括起来，旧城市政基础设施存在的问题主要体现在不能满足历史文化保护区内居民的日常生活需要，不能满足环境保护的要求，不能满足历史文化保护区防灾和市政基础设施维护管理的需要。为此，北京市政府于2002年正式批准《北京旧城25片历史文化保护区保护规划》和《北京历史文化名城保护规划》，要求对北京旧城文保区的历史文化、传统风貌、民族地方特色进行保护，并且要改善、提高区内生活环境质量及市政基础设施的现代化水平。

2　市政设施如何引入到旧城胡同

按照现行的城市工程管线综合规划规范，窄小胡同能够安排的市政管线少之又少，如何解决两者的矛盾，将尽可能多的市政基础设施引入到旧城胡同深处是面临的首要问题。这个问题需要从3个方面着手进行解决。

2.1　规划策略方面

由于旧城内道路狭窄，地下空间十分有限，进行市政基础设施综合规划更需要实现最优的市政设施网络布局，这就要求必须从宏观整体的角度看问题，无论是对整片文保区域的统一整治，还是单条胡同的"微循环"改造，都需要对旧城区域进行统筹规划布局。

在前门东片地区改造项目中，我们采取了"先外围、后中心，先骨架、后支线"的规划设计层序。首先，通过前门大街东侧路将雨水、污水、中水、供水、燃气、信息、热力和供电8种市政管线全部引入，作为前门东片地区的外部市政源；其次，通过结合区内西河沿街、西兴隆街、茶食街、正义路南延和新革路等红线15～20米的城市支路建设，形成该区域的市政环状骨干网络系统，确保市政设施供应；最后结合胡同整改，根据居民最基本的生活需求来确定管线的优先安排顺序，构建市政支线网络，将市政设施引入到旧城中心区域。

在大栅栏街市政工程设计综合中，采用了分段和区域互补的方式解决文保区对市政设施的需求。大栅栏街位于大栅栏地区东部，西起煤市街，东至珠宝市街。街道两侧拥有享誉海外的瑞蚨祥、步赢斋等百年老店。步赢斋门前街道仅宽6.4米，长达29米，按照规范不能敷设6种管线，因此规划采取了在保证供水、雨水、污水、电力管线按照规范敷设的前提下，燃气管线只在步赢斋以西安排，步赢斋东侧的燃气负荷由珠宝市—粮食店街负担，电信在该段改为沿墙敷设架空线。

2.2　工作模式方面

在旧城内进行市政基础设施建设，需要创新工作方法，综合考虑多方面的影响因素，多部门统一协调和不断沟通。在一般模式下，市政工程综合规划是在用地和交通规划方案已经确定的前提下开展的，但由于旧城的特殊性，需要探索新的模式，即将风貌保护、用地、交通和市政同时综合考虑，通过方案比选得到最优方案。

在前门东片地区市政基础设施综合规划中，为了把文保区的保护和城市发展结合起来，使历史街区充满活力，提高居民生活质量，提出了3套胡同整治方案。方案1，道路系统规划以保护整治梳理为主、以区内原历史街巷为基础，力求严格保护地区历史街巷、胡同肌理、走向等原真性，维持现状胡同宽度。现状胡同大多数仅宽1.5~3米，断头路多，仅能引入供水管线、雨污合流管、电力或信息管线，因断头路较多，交通组织混乱，居民出行困难，市政管线无法进入部分四合院。方案2，为将市政管线引入胡同，适度解决交通需求，提出拆除胡同违章建筑和部分翻建建筑将胡同拓宽至7米、打通断头路，将影响道路的历史保护建筑原状异地移建。胡同7米宽，按照《北京旧城历史文化保护区市政基础设施规划研究》[1]推荐的市政管线横断面，雨水、污水、供水、燃气、电力、信息管线均能布置胡同内，能够为四合院改造提供市政设施的保证。但因道路整改需异地移建历史保护建筑，未征求文物管理部门意见。方案3，提出拆除胡同违章建筑，因地制宜将胡同尽量拓宽，在保住历史文物建筑的前提下打通断头路，使胡同虽曲折但通顺。在市政工程设计综合时，通过文物、交通、市政、用地等部门的磨合，在第3方案的基础上进行优化，采用市政管线分段和区域互补的方式，确定了最终的市政综合规划方案。

2.3　技术创新方面

在限制条件较多的情况下，往往需要避免墨守成规，积极吸纳新理念，采用新技术、新材料和新工艺。在旧城文保区内胡同狭窄的地段，采用相关研究成果推荐的市政管线横断面，通过专家论证的方式适当缩小了管线间距，将尽可能多的市政管线引入到胡同深处。在更为狭窄的胡同，采用雨污水管线同位双层敷设的施工工艺，节约利用了有限空间。例如，珠宝市—粮食店街最窄处为4.6米，长约140米，通过采用雨污水占用一个路由、分上下两层布置的施工工艺，避免了雨污水合流给周边环境带来污染。

此外，电力、电信管线采用新的管材或者沿墙敷设架空线，这些技术和方法在节约利用空间上都起到了非常大

的作用，保证了市政设施的成功引入。

3　市政设施如何与历史风貌相协调

从规划设计层面解决市政设施引入问题后，如何使之与周边历史风貌相协调是面临的又一问题。旧城内的文保区相比于其他区域，具有建筑密度大、控制高度低的特点，因此城市级市政站点原则上不安排在文保区内，而直接为文保区服务的市政站点则尽量布置在靠近城市道路或较宽的胡同口附近，建筑风格要与周边风貌相协调。

在前门东片地区市政基础设施综合规划中，由于道路狭窄，只能将中压燃气管线敷设在较宽的西兴隆街，同时结合南深沟胡同为南北走向、四合院临街布置、院落进深较浅的特点，在其下敷设低压燃气管线，使低压燃气能够直接进入厨房，供居民使用。这就涉及在胡同口设置中低压燃气调压箱的问题。首先需要将胡同口居民异地安置，然后按历史风貌翻建院落作为市政设施用房，这样不但避免了胡同内遍布各种市政设施的局面，而且维护了胡同的整体风格。

4　结语

本文通过对北京旧城市政基础设施综合规划及实施过程中的典型案例进行系统分析，归纳总结了创新的规划设计理念。《北京旧城历史文化保护区市政基础设施规划研究》、《北京市历史文化保护区及旧城区工程管线综合规划设计技术规定研究》[2]等研究中提出的市政管线横断面突破了现有的技术规范，适当缩短了管线间距，但当时作为研究成果尚不能以技术规范或法规性文件的形式作为设计依据，导致旧城市政管线综合工作必须通过一事一议的专家论证形式方可开展。2009年12月北京市在相关研究成果的基础上发布了北京市地方标准《历史文化街区工程管线综合规划规范（DB11/T 692—2009）》，为更好、更快地开展旧城市政基础设施规划实施工作，切实提高当地居民的生活质量奠定了基础。

参考文献

[1] 北京旧城历史文化保护区市政基础设施研究课题组. 北京旧城历史文化保护区市政基础设施研究 [M]. 北京：中国建筑工业出版社，2003.

[2] 北京市历史文化保护区及旧城区工程管线综合规划设计技术规定研究课题组. 北京市历史文化保护区及旧城区工程管线综合规划设计技术规定研究 [R]. 2008.

备注

本文发表在《规划创新——2010年中国城市规划年会论文集》中，有删节。

北京市保障性住房基础设施建设问题及对策研究

陈蓬勃　朱跃华

"十一五"期间，北京市保障性住房建设发展迅速，用地供应、投资规模及开（竣）工套数飞速增长。同时，住房保障体系层次也在逐渐丰富，"十一五"期间已经初步构建起由廉租房、公共租赁房、经济适用住房和"两限"商品住房构成的住房保障体系。"十二五"期间，保障性住房供应结构正从"以售为主"向"租售并举、以租为主"转变。北京市提出两个60%的目标，即在北京市新开工建设住房中，保障性住房将占到60%，公租房将占到公开配租配售保障性住房的60%。北京市政府及各区县政府将保障性住房建设作为工作重点，在建委下成立了住房保障办公室，全面负责保障性住房建设。

北京市保障性住房建设力度不断加大，项目开（竣）工数量急剧增长，随之而来的保障性住房基础设施建设问题逐步凸显。特别是近几年，随着保障性住房选址不断向新城及城乡结合部蔓延，使得基础设施支撑本就薄弱地区的问题更加突出。部分保障性住房基础设施建设过程中，存在市政设施源头、场站建设或者排水下游不能与保障性住房同步实施的问题，只能以临时方案代替，造成市政供给不稳定、居民出行不便，使得百姓对保障性住房建设这一关系民生的惠民工程怨声载道。因此，本文在对北京市2010年竣工的40个、2011年竣工的84个保障性住房项目进行跟踪调研的基础上，对其外部基础设施问题及原因进行分析，提出解决对策，以期实现保障性住房建筑主体与外部基础设施"同步交付使用"的目标，为保障性住房提供安全可靠、充足高效的市政供给条件，使得保障性住房建设这一关系民生的举措真正惠及人民。

1　保障性住房外部基础设施建设存在问题分析

在对北京市2010年竣工的40个保障性住房项目的地理位置及行政区划分布的分析中，可以看到在空间上约有80%的项目位于北京市五环路以外，南部地区的项目数量明显高于北部地区。而2011年竣工的84个保障性住房项目则在北京市更广阔范围内分布，且有向远郊区县蔓延的趋势。按照行政区域划分，2010年及2011年竣工保障性住房项目中约有51.2%集中在朝阳、通州、大兴三个区，五环

路以外、南城、新城、中心城边缘地带，这些空间属性造就了先天薄弱的基础设施供给条件。

通过对两年内拟竣工的保障性住房项目外部基础设施建设问题追踪来看，保障性住房外部基础设施问题首先集中在三大专业，即供电、排水和道路，问题多而且特别突出；其次为供水、供热方面，而在中水、燃气、信息三个专业问题方面相对较少。

1）供电问题

供电问题主要集中在场站建设，规划变电站建设滞后于项目自身建设，变电站建设跟不上，项目供电只能由临电解决，造成供电系统不稳定。而且保障性住房项目经常分期竣工，在前期中采用临电的方式应付，并不能长久解决供电根本问题，只是在各区县政府完成年度保障性住房任务的同时，问题隐藏了下来，而在下年的竣工任务中依然要面对缺电问题。

2）排水问题

排水问题主要集中在排水下游的管线或河道疏浚、污水处理场站不能同步实施，造成雨水排除没有出路，降雨量大时易造成"内涝"；污水简单处理后直排入河道，对城市环境造成破坏，即使建设临时污水处理设施仍然存在占地、资金成本、近远期结合的问题。

3）外部道路建设问题

保障性住房项目外部道路的建设不仅仅关系到居民的便利出行，它同时也承载着保障性住房项目市政需求的供给。由于拆迁、资金等问题影响着道路建设时序，尤其是城市主干路承担了交通和市政需求供给的双重任务，因此其建设尤为关键。而北京市城市主干路基本由北京市公联公司作为主体进行建设，作为保障性住房建设的开发单位很难对其建设计划形成影响，彼此信息不对称，很难同步，因此，极易造成项目本体完工而外部交通和市政源头无法引入的问题，直接影响居民入住使用。

4）供水问题

供水问题主要在水源，北京是严重缺水城市，缺水是全市面临的紧迫问题。部分保障性住房项目采用开采自备井的方法解决缺水问题，但依然存在隐患：一方面，目前并无针对自备井水源的水质检测机制，会因水质不达标影

响居民健康；另一方面，自备井的过度开采易引发地质沉降问题，对地质条件造成潜在破坏。

5）供热问题

供热问题在供热方式的选择上。从北京市已经竣工的保障性住房项目来看，表面上看供热都解决了，不存在问题，也极易被忽视，但在研究中发现，在2010年竣工项目中，燃气壁挂炉采暖面积占到总竣工面积的61%，而保障性住房规划设计技术导则中明确规定：保障性住房应采用集中供热，也就是说大部分保障性住房供热方式未按规划实施。燃气壁挂炉日常维护费用较高，寿命一般为10～15年，一个壁挂炉费用在5000～12000元。这些费用对于中低收入家庭来说是个不小的支出，由于目前北京市最早建设的保障性住房大部分还不到10年，因此矛盾并不突出，一旦集中爆发，极易给社会安全造成隐患。笔者在调研中发现，开发商选择燃气壁挂炉最为直接的原因在于，宜于收取供暖费，而对该供热方式所引发的更为长远的社会问题、安全问题没有考虑。

2　保障性住房项目外部基础设施问题原因分析

2.1　直接原因分析

通过对竣工的保障性住房项目进行规划综合和建设实施跟踪调查，分析发现造成其外部基础设施问题的直接原因主要有以下几点。

（1）部分开发建设单位对基础设施建设不够重视，将精力和目光集中在竣工套数上，这也是区县政府的主要关注点，而对于隐性的保障——基础设施未引起足够重视。同时，对于基础设施规划工作流程和作用不清楚，委托编制规划方案的时间比较晚，导致外部基础设施问题暴露也较晚，使得应该先行的基础设施建设到房屋都建成了才开始建设，从周期上来说很难同步。

（2）部分项目由于选址偏远，先天基础设施支撑薄弱地区需要相当长时间的完善。或者部分项目因其他现状因素造成自身位置特殊，外部基础设施的引入条件较差，需要多部门较长时间的论证和磨合，如门头沟区的站前小区保障性住房建设，由于其位于铁路附近，所有的市政接入都要穿越铁路，在部门沟通中需要长时间的沟通和协商。

（3）外部基础设施工程实施主体不明确。在北京市现有的相关政策文件中，仅有《北京市经济适用住房管理办法（试行）》中第十三条第（三）款明确指出[1]"经济适用住房小区外基础设施建设费由政府负担"，对于廉租房

和限价商品房，相关政策文件中没有明确的说法，有待进一步研究。目前大多数保障性住房项目参照2009年5月由北京市人民政府办公厅发布的《关于落实2009年保障性住房和限价商品住房竣工项目红线外配套市政基础设施建设工作的通知》（京政办发〔2009〕28号）执行[2]。但通过发文解决个案问题的方式使得基础设施建设的投资体制没有规律可循、效率不高。

（4）缺乏相应的监管体系，责罚执行力度较弱。个别项目存在一、二级开发商权责不明确的情况，一级开发未能完成任务，给二级开发进度造成障碍。或者两者相互推诿，长时间消耗在扯皮过程中，即使发现问题也很难追溯责任，最终依旧是难以落实基础设施建设。

（5）项目外部基础设施工程与项目本体建设计划不协调。由于保障性住房项目外部道路、雨污水下游工程、供水、供电、供气、供热等场站源头的建设主体与项目本体不是同一个建设单位，都有各自的责任主体，建设时序往往滞后于项目本身，造成不能同步交付使用。

（6）集资、拆迁问题。在调研的项目中，约有15%的项目存在外部基础设施集资、拆迁进展缓慢问题，成为制约其外部基础设施同步交付使用的因素之一。

2.2　根本原因分析

保障性住房建设是政府和规划编制部门面临的新课题，由于其具有公益色彩的社会特性及某种程度上的政治意义，并且其面对的服务对象是中低收入人群这一特殊的属性，使得保障性住房建设同一般住宅建设有很大不同。在具体的管理、建设层面仍然存在许多问题。针对保障性住房外部基础设施建设存在问题的根本原因在3个方面：规划编制管理工作待完善、建设协调机制欠成熟和相关政策体制不健全。造成项目外部基础设施建设出现各种问题的7种直接原因就是由于以上3种根本原因综合作用而产生的结果（图1）。

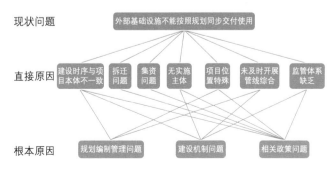

图1　北京市保障性住房外部基础设施问题原因分析图

3 保障性住房项目外部基础设施问题的对策建议

在调研的120余个项目中，约有46%的项目存在外部基础设施建设实施问题。针对当前保障性住房基础设施建设实施过程中出现的问题，一方面，需要从根本原因着手，从源头上减少矛盾问题出现的可能性，此种方法是解决保障性住房基础设施问题的最有效途径，但需要的时间也相对较长，短期内效果不会太明显。所以，另一方面，结合保障性住房竣工项目的进度要求，还需要从直接原因着手，根据不同项目的具体情况进行逐个分析，提出外部基础设施规划实施建设的建议，并对出现的问题提出解决方案，对于近期确实不能解决的制订临时方案，并考虑远期规划的实施。

3.1 规划编制管理层面

3.1.1 科学进行保障性住房项目选址，优化土地供应流程，引入基础设施预评估环节

目前保障性住房的土地选择在区县政府，而区县政府在选择土地时，考虑到在保障性住房建设中市政府有资金、政策方面的扶植，用地往往选择在发展不成熟的地区，期望通过保障性住房的建设带动区域发展，而将区位较好、配套较全的地块提供给能产生较大经济效益的建设项目，这样就导致保障性住房地块区位日趋"边缘化"。区县政府选择保障性住房土地时，技术支撑不足，未充分考虑落后基础设施建设所带来的巨大成本和容易引起的社会矛盾。所以，各区县政府应组织编制本区域保障性住房空间布局规划，同时将基础设施建设条件作为重要考量因素。

建议在土地供应流程中设置基础设施预评估环节（图2）。由各区县政府提出可供选择的保障性住房用地，规划部门组织对周边基础设施现状条件进行分析，提出基础设施规划建设项目，发改委、住建委、国土局、交通委等相关部门分别对其投资、拆迁、实施难度、建设计划衔接进行综合评估，统筹确定保障性住房的项目用地供应计划。

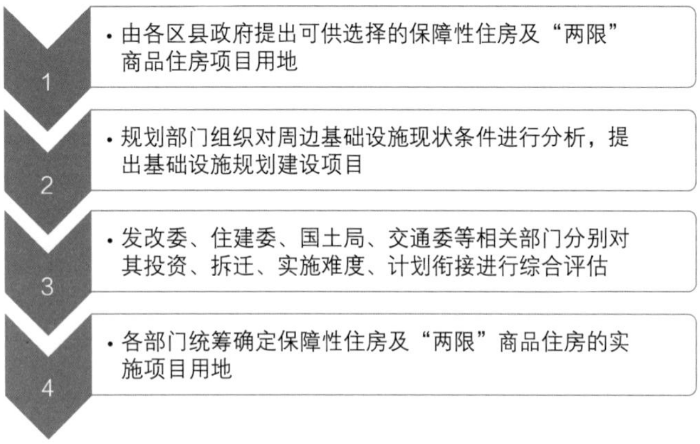

3.1.2 对于保障性住房密集成片的区域，开展区域性市政综合研究

对保障性住房密集的区域进行区域性的基础设施规划综合研究，能够更好地与基础设施建设的"系统性"、"网络性"特点相契合，有助于对多个项目统筹考虑，在更大的空间范围内解决问题。以朝阳区的东坝南区为例，该地区至今已开发建设了奥林匹克花园小区、朝阳新城、驹子房等保障性住房项目。该区域近期计划开发的保障性住房项目有规划驹东地块、城建道桥地基厂及钢材市场、星海乐器厂及土储地块、单店地块等。计划开发建设的这4个项目占地面积约71公顷，住宅建设规模约100万平方米，估算套数约为15050套。项目类型有经济适用性住房、"两限"商品住房、公租房等多种类型。

通过对该区域现状进行整体分析发现，虽然目前东坝南区已有部分开发项目，但并未完全实现规划，基础设施建设仍不完善，市政条件薄弱。结合东坝地区的发展规划、保障性住房建设进度，需尽快开展相关基础设施的建设工作，具体的建设建议汇总如表1所示。

3.1.3 针对保障性住房向中心城边缘地带及新城发展的大趋势，在基础设施规划编制过程中注意近、远期方案结合的研究

由于中心城建设成熟，可用空地不多，建设重心向新城转移，保障性住房向中心城边缘地带及新城发展已经成为趋势。但中心城边缘地带、城乡结合部地带、新城地区目前基础设施建设薄弱。基础设施受其系统性特点的影响，往往要解决的不是"点"的问题，而是"线、面"的问题，因此牵涉范围广、投资巨大。一面是庞大的建设量、巨大的资金投入，一面是严格的竣工指标。因此，对已经确定建设、确实存在基础设施难点的保障性住房项目，在规划方案编制过程中还应结合远期规划，考虑近期实施方案。

3.2 机制优化层面

3.2.1 建立北京市保障性住房规划设计数据库，全面反映保障性住房项目的规划建设情况，追踪实施，动态更新，信息共享

在对保障性住房外部基础设施问题的追踪分析过程中，笔者发现，一个项目可能分期在每年的竣工名单中出

1	• 由各区县政府提出可供选择的保障性住房及"两限"商品住房项目用地
2	• 规划部门组织对周边基础设施现状条件进行分析，提出基础设施规划建设项目
3	• 发改委、住建委、国土局、交通委等相关部门分别对其投资、拆迁、实施难度、计划衔接进行综合评估
4	• 各部门统筹确定保障性住房及"两限"商品住房的实施项目用地

图2 基础设施规划预评估流程图

东坝南区近期基础设施实施建议　　　　表1

类别	场站建设	管线建设
河道		疏挖整治坝河、亮马河、大华窑排水沟
雨水		需同步新建单店中路、东坝中路、驹子房路、北小河东路、东苇路的规划雨水干线
污水	东坝污水处理厂	需同步新建单店南路、东坝中路、驹子房路、北小河东路、东苇路、东坝南二街的污水干线
供水	自来水十厂	沿东西向道路（坝河南路-东坝中街、东坝南二街、单店南路-焦庄路、钢窗厂北路）和南北向道路（东坝西环路、单店中路、东坝中路、驹子房路、北小河东路、东苇路）新建供水管线；改移驹东地块内的2根DN800mm引潮入京输水干线
中水	东坝污水处理厂	沿东西向道路（坝河南路-东坝中街、东坝南二街、单店南路-焦庄路、钢窗厂北路）和南北向道路（东坝西环路、单店中路、东坝中路、驹子房路、北小河东路、东苇路）新建中水管线
供电	2座110KV/变电站	沿东西向道路（坝河南路、东坝南二街、单店南路-焦庄路、钢窗厂北路）和南北向道路（单店中路、驹子房路）新建电力管线，同时对东坝中路的现状110KV高压架空输电线路进行入地改造
信息	现状电信局扩建为综合业务局，并新建1座有线电视基站	沿东西向道路（东坝南二街、单店南路-焦庄路、钢窗厂北路）和南北向道路（单店中路、东坝中路、驹子房路）新建信息管线
燃气	新建1座高压B调压站和2座次高压调压站	沿五环路、姚家园路、石各庄路、北小河东路、坝河北岸新建次高压管线将规划调压站连通。同时需沿区内主干、次干路新建中压燃气管线
供热	建设天然气街区式锅炉房	项目周边道路的规划燃气管线考虑供热需求量

现，而且都面临同样的基础设施问题，因此迫切需要建立一个数据库，能够在空间上反映全市逐年建设情况，及时解决相同和反复出现的问题。规划部门在长期与市发改委、住保办等部门协调解决北京市保障性住房基础设施问题的过程中发现，各自掌握的数据、空间位置、项目信息都不在一个层面，甚至有偏差。数据库的建立可以使大家统一在一个平台上解决问题。信息共享，每个部门在保障性住房建设中关注的层面不同，数据库的建立更利于每个参与部门掌握综合全面的情况。

3.2.2　优化保障性住房外部基础设施规划建设工作流程，实现规划、财政、建设、管理等多部门的联动协调机制

为根本解决保障性住房外部基础设施建设协调部门多，而实际效率不高的问题，提出建立部门联动协调机制，即由北京市住保办在综合各方意见的前提下在前一年的中旬提出下年度拟竣工项目的名单，由规划委对项目逐个进行基础设施规划的梳理，提出为保障这些项目竣工所必须具备的外部市政条件，并分区县提出应该建设的项目，如道路建设、污水处理场站、河道疏挖、水厂、变电站等相关交通及市政基础设施。此意见反馈给市区住保办、市区发改委、区县政府、土地储备中心及各市政专业公司。市、区发改委将此意见结合列入年度建设计划，保证资金供给。在这批保障性住房建设的年度，

住保办及规划委还应积极追踪基础设施规划在实施过程中的问题，反馈到综合平台上，由各部门共同协调解决问题。

该联动机制最关键的就是拟竣工项目确定的时间节点，只有预先研究、与年度建设计划协调，才能从根本上解决建设时序不协同的问题。规划建设联动工作机制的建立，将会及时发现各区县保障性住房项目外部基础设施规划建设过程中存在的问题，有利于基础设施规划方案近、远期结合考虑，推进规划审批进度，尽快将规划落到实处，为基础设施的规划管理、政府决策提供技术支持。

3.3　相关配套政策层面

3.3.1　制定保障性住房相关的法律法规体系

目前北京市没有形成专门针对保障性住房的法律法规，外部市政基础设施问题的解决"无法可依"，目前只能"一事一议"，效率较低。随着保障性住房项目的集中建设，需要一套完善的管理和政策体制进行规范，才能从源头上减少问题的产生，为外部基础设施的同步实施提供依据和法律基础。

在相关法律法规中应严格规定基础设施与住宅同步交付使用的内容。目前，《北京市新建商品住宅小区住宅与市政公用基础设施、公共服务设施同步交付使用管理暂行

办法》（京建法[2007]99号）第四条规定[3]：房地产开发企业应当按照规划意见书的要求安排住宅小区市政公用基础设施和公共服务设施，并与住宅同步建设、同步交付使用。第十九条规定：经济适用房住宅小区住宅与市政公用基础设施和公共服务设施建设，参照本办法执行。以上规定只针对商品住房和经济适用住房，而对其他类型的保障性住房没有明确规定。而这项内容恰恰是确保保障性住房市政基础设施安全、充足供给的关键。

3.3.2 完善监管协调体系，明确考核验收责任

政府部门应构建一套相对完善的监管协调体系，以保证保障性住房在后期建设过程中，严格按照基础设施规划提出的方案实施，明确界定土地一、二级开发之间的责任，并完善监管体系。在协调保障性住房基础设施建设过程中，土地一、二级开发之间责任不明确，本来该在土地整理阶段完成，基础设施基本完备的情况下上市的土地，到了二级开发商手里周边基础设施建设还未到位。因此，应加强考核验收，明确责任，引入惩罚机制。

4 结语

目前，本文提出的基础设施预评估环节及部门联动协调机制已经逐步应用到2012年北京市保障性住房的规划建设实际工作中，并取得了显著效果。基础设施建设是使保障性住房这一惠民工程真正落到实处的重要方面，是保障性住房虽不直观但非常必要的隐性保障因素，是使"好事"成为"好事"的关键，因此，保障性住房外部基础设施建设是房子竣工之外我们更应该关注的方面。相信随着经验的积累、机制的完善、社会的进步，保障性住房的基础设施保障会更平稳、安全、高效。

参考文献

[1] 北京市人民政府. 关于《北京市经济适用住房管理办法（试行）》的通知 [R]. 2007.

[2] 北京市人民政府办公厅. 关于落实2009年保障性住房和限价商品住房竣工项目红线外配套市政基础设施建设工作的通知 [R]. 2009.

[3] 北京市新建商品住宅小区住宅与市政公用基础设施、公共服务设施同步交付使用管理暂行办法（京建法 [2007] 99号）[R]. 2007.

[4] 市住房城乡建设委等部门联合制定. 北京市廉租房、经济适用房及两限房建设技术导则 [R]. 2008.

[5] 国务院办公厅. 关于全面进行城镇住房制度改革的意见 [R]. 1991.

[6] 市住房城乡建设委，市规划委，市国土局，等. 北京市公共租赁住房建设技术导则（试行）[R]. 2010.

备注

本文发表在《多元与包容——2012年中国城市规划年会论文集》中，为宣读论文，有删节。

多元投资体制下市政基础设施初步设计技术审查范围的思考

槐宝强　崔曙光　张磊

引言

为贯彻落实十八大精神，2013年7月，北京市人民政府印发了"《引进社会资本推动市政基础设施领域建设试点项目实施方案》的通知"，进一步降低社会资金进入市政基础设施领域的门槛，在一定程度上盘活了社会资金，也保障了基础设施的建设效率。随着社会资金进入基础设施领域，基础设施项目前期工作程序也需由审批工作程序向核准工作程序转变。对于政府投资项目，初步设计是其中必经的阶段，应由政府机构进行审查以确保政府资金使用及技术方案的合理性；对于企业投资项目，初步设计仅作为企业内部决策的文件，无需政府主管部门的审查。

市政基础设施作为维持城市正常运转基础性设施，具有特殊性，初步设计审查环节是政府主管部门对项目规划、设计实施管理的重要阶段，在社会资本进入市政基础设施领域后，政府主管部门如何实现对建设项目的管理，如何界定初步设计技术审查的范围成为当前迫切需要解决的问题。

1 初步设计技术审查的职责分工

1.1 初步设计技术审查的内涵

初步设计技术审查是指主管部门按照国家有关政策、标准、规范及相关文件，从设计文件内容构成及深度、设计标准及依据、工程技术方案合理性等方面进行审查，确保工程方案更加经济、合理、可行且满足审批的要求。当前，北京初步设计技术审查可从技术合理性及经济合理性两方面着手开展。

1.2 初步设计技术审查的职责划分

2009年5月22日，北京市人大常委会正式审议通过《北京城乡规划条例》，其中，第二十八条明确提出"市规划行政主管部门和市发展改革行政主管部门应当组织有关部门对重大城乡基础设施建设工程的扩大初步设计方案进行审查"。根据职能划分，市规划委侧重于技术方案的审查，市发改委侧重于概算评审。"技术审查"和"概算评审"就像政府的两只手，一手掌握"技术"，一手掌握"经济"，两手协调合作，实现了对政府投资市政基础设施项目的管理。

市规划委开展的初步设计技术审查，重点从上位规划执行情况、设计内容构成及深度与设计方案技术合理性等角度开展，旨在为政府把好技术关，确保工程方案能够从功能性、公平性及技术性满足相关规定的要求。市发改委开展的初步设计技术审查，重点从政府资金使用的合理性角度开展，通过初步设计技术审查实现对政府资金的管理，旨在看好政府的钱袋子。两委各有侧重，分别从技术及经济两方面实现了对建设项目的管理。

2 国内其他地区初步设计审查范围经验借鉴

目前，国内主要省市均出台了指导初步设计审查的相关文件，其中均对初步设计审查的范围做出了相应的规定。

2.1 山东省

2011年山东省出台了《山东省建设工程初步设计审查实施细则》，提出大、中型市政工程项目（供水、排水、供热、道路、桥梁、地铁、垃圾处理等）均应需省城乡建设行政主管部门开展初步设计审查，审查范围的确定与资金的来源无关。

2.2 广东省

2008年，广东省印发了《广东省建设厅大中型建设工程初步设计审查管理办法》，提出关系社会公共利益和公众安全的大中型基础设施、公用事业等项目应开展初步设计审查。凡是涉及公共利益及公众安全并具备一定规模项目均应纳入初步设计审查范围，与投资的方式无直接联系。

2.3 四川省

2011年，四川省出台了《四川省房屋建筑和市政基础设施建设项目初步设计审查实施办法》，提出涉及公众利益和公共安全的大型房屋建筑、各类市政公用行业建设项目，不分投资来源、出资性质均属于初步设计审查范围；民间资本、外资、非政府组织出资建设的中小型房屋建筑项目不属于初步设计审查的范围。

2.4 经验总结

各地对于市政基础设施项目初步设计审查范围的确定主要考虑两方面因素。首先，市政基础设施项目是否涉及公众利益及公共安全，与资金来源及投资方式无直接联系；其次，纳入初步设计审查范围的项目需具备一定规模，目前国内普遍将大、中型项目纳入到审查的范围。

3 北京市初步设计技术审查范围界定的基本原则

按照现行的相关政策，政府逐步放宽社会资金进入市政基础设施领域的方向不会改变，在既定政策环境下确定初步设计技术审查的范围应坚持以下基本原则。

3.1 "技术"审查与"概算"审查相区别原则

当前针对政府投资项目初步设计技术审查，北京市实行"双审制"，市规划委侧重于技术审查，市发改委侧重于概算审查，两委共同审查，从"技术"及"概算"两方面实现对建设项目的管理。

社会资金进入市政基础设施领域后，市政基础设施建设资金主要通过社会渠道筹集，在简政放权的环境下，政府应该放松掌管经济的"手"，以发挥社会资金的活力。社会资金进入市政基础设施领域后，项目建设可采用BT、BOT等多种形式，建设项目在建成或运营期结束后移交政府，为保障投资收益，项目建设单位可能会尽量采用减少资金投入的工艺、材料等，甚至在一定程度上牺牲部分功能以增大投资的收益，为此，主管部门不能完全放松掌管技术的"手"。

3.2 "抓大放小"原则

市政基础设施项目的影响范围与其规模有着直接关系，大、中型建设项目具有方案复杂、影响范围大等特点，当前国内主要城市均针对大、中型建设项目开展严格的技术审查，北京市市政基础设施项目的初步设计审查范围也应重点审查大、中型项目，若小型建设项目不涉及复杂技术方案的可不进行技术审查。

4 北京市初步设计技术审查范围

市政基础设施作为关系公共利益及公共安全的项目，具有维持城市正常运转的特殊属性。民间资本进入市政基础设施领域后，初步设计概算审查应按照相关规定执行，但需同步加强技术审查，以确保项目技术方案合理、功能完善且满足项目建成或运营后移交的要求。

北京市市政基础设施初步设计审查的范围为：关系社会公共利益和公众安全的大、中型市政基础设施项目，涉及城市道路、公路、桥梁、隧道、给水、排水、燃气、人力、电力、环卫、公共交通及轨道交通等多个专业，具体审查范围如表1所示。

北京市市政基础设施初步设计技术审查范围　　　　　　　　　　　　　　　　　　　　表1

序号	专业	审查范围
1	城市道路工程	（1）规划等级为城市主干路及以上的项目； （2）规划等级为次干路及以下但节点方案复杂的项目
2	公路工程	（1）规划等级为二级公路及以上的项目； （2）规划等级为三级公路及以下但涉及重岭山区或节点方案复杂的项目
3	城市隧道工程	
4	大、中型桥梁工程	
5	给水工程	（1）设计规模达到5万立方米/天的给水厂及配套管线工程； （2）单独立项且管径达到1000毫米的给水管道工程； （3）单独立项的设计规模达到5万立方米/天的给水泵站工程
6	排水工程	（1）设计规模达到4万立方米/天的污水厂、再生水厂及配套管线工程； （2）单独立项且管径达到1000毫米的雨水、污水工程及再生水工程； （3）单独立项的污泥生化处理工程； （4）单独立项的设计规模达到5万立方米/天的雨水、污水泵站
7	燃气工程	（1）城市燃气管线工程（不含小区管线）； （2）高中压调压站、高低压调压站； （3）汽车加气站
8	热力工程	（1）城市热源厂； （2）城市供热一级管网及热力站
9	电力工程	（1）≥220千伏变电工程； （2）≥220千伏送电工程

续表

序号	专业	审查范围
10	环卫工程	（1）生活垃圾焚烧工程； （2）设计规模超过200吨/天的卫生填埋场； （3）堆（制）肥厂； （4）设计规模超过150吨/天的垃圾转运站
11	公共交通工程	（1）快速公交系统； （2）公交枢纽； （3）大型公交场站
12	轨道交通工程	

5　结语

　　引进社会资本尤其是民间资本，参与市政基础设施的建设，有利于形成多元主体和适度竞争的格局，保障公共产品有效供给。多元投资环境下需正确处理好"资金"与"功能"的关系，为增加市场的灵活性，政府需放宽掌管"经济"的手，但同时掌管"技术"的手需切实把好技术关，保障初步设计技术方案的合理性。

参考文献

[1] 北京市人民政府. 北京市城乡规划条例 [R]. 2009.

[2] 山东省住房和城乡建设厅. 山东省建设工程初步设计审查实施细则 [R]. 2011.

[3] 广东省住房和城乡建设厅. 大中型建设工程初步设计审查管理办法 [R]. 2008.

[4] 四川省住房和城乡建设厅. 四川省房屋建筑和市政基础设施建设项目初步设计审查实施办法 [R]. 2011.

备注

本文发表在《北京规划建设》2015年第4期，有删节。

北京中心城再生水利用规划探讨

王强　刘京　王军

北京属于半湿润大陆性季风气候，多年平均降水为585毫米，天然水资源量十分有限，北京市人均水资源占有量不足300m³，占全国平均水平的八分之一、世界平均水平的三十分之一。随着社会经济高速发展、城市人口迅猛增加，北京市水资源供需矛盾日益突出。从20世纪80年代以来，为缓解水资源短缺问题，北京市政府高度重视污水资源化工作，在2006年新修编的《北京城市总体规划（2004—2020年）》中，将再生水利用作为北京市水资源可持续发展的重要策略之一。

1　基本情况

1.1　相关政策

北京污水资源化再生利用始于20世纪80年代，1987年市政府颁布了《北京市中水设施建设管理试行办法》（以下简称《试行办法》），其规定建筑面积超过2万平方米的饭店、公寓，超过3万平方米的机关、院校、大型公共建筑等，必须建设中水设施。2001年6月，北京市市政管委、规划委、建委联合发布《关于加强中水设施建设管理工作的通告》，通告在《试行办法》基础上补充规定，建筑面积5万平方米以上，或可回收水量在150立方米/天的居住区和集中建筑区必须建设中水设施。2009年11月26日由北京市政府批准《北京市排水和再生水管理办法》。这些条例和政策的颁布，加强了污水资源化再生利用的建设立项和管理。

1.2　再生水利用

2003年以来，北京市将再生水纳入全市年度水资源配置计划中，利用量逐年增加，利用领域不断拓展。2010年全市利用再生水达6.8亿立方米，其中中心城为5.3亿立方米。在中心城，工业利用1亿立方米，河湖环境利用1.9亿立方米，市政杂用0.3亿立方米，农业灌溉2.1亿立方米。

1.3　设施建设

截至2010年，北京市中心城已经建成第六水厂、酒仙桥、方庄、清河、吴家村、肖家河、北小河7座再生水厂，总供水能力达到44万立方米/天，实际供水为15～30万立方米/天，铺设配水管道约550公里，再生水厂和管网供应系统基本形成，为再生水利用提供了基本保障。

1.4　存在的主要问题

1）配水管网建设难度大，影响再生水使用

一般再生水处理厂与污水处理厂处在相同地址，相对集中，比较容易实施。而再生水用户分散，配置管网建设比较困难。尤其在城市已建成区域，由于道路交通受影响、投资大等原因，往往造成再生水管道无法建设，限制了再生水推广利用。目前，北京中心城第六水厂、酒仙桥和清河再生水厂受配水管道限制，再生水实际利用量就小于处理能力。

2）城市河湖环境再生水利用量偏小，水环境状况欠佳

在总体规划中确定城市河湖景观再生水利用量除考虑蒸发渗漏以外，要求每年换新鲜水2～8次，换水水深1米。此标准换水量偏低，实践中容易造成水体发生"水华"现象，水环境欠佳。

3）管理机制、政策法规不健全，影响再生水推广使用

污水资源化再生利用的法律法规仍然不健全，缺乏相应管理机制，影响再生水利用。在再生水利用工程建设方面，由于没有相应鼓励政策，开发商往往缺乏投资建设再生水设施的积极性。

2　发展目标与思路

2011年9月，北京市政府颁布《北京市"十二五"时期绿色北京发展建设规划》（以下简称《绿色北京规划》），是北京市"十二五"国民经济和社会发展规划体系的综合专项规划之一。《绿色北京规划》以切实提升首都可持续发展能力为核心，综合考虑城市功能布局、设施建设管理、生产生活行为等因素，统筹"资源供给—消耗利用—废物排放"全流程，围绕"绿色生产、绿色消费、生态环境"三大体系建设，系统阐述绿色北京建设的目标、任务与措施。其中，在绿色消费部分，确定了北京市再生水利用的"十二五"发展目标：要求利用率达到75%；要求加快再生水厂配套管线建设，扩大再生水在工业生产、河湖补水、环境用水、农田灌溉和市政杂用等领域的利用规模，2015年全市实现再生水利用量达到10亿立方米以上，其中北京中心城达到9亿立方米以上。围绕发展目标，确定发展思路如下。

2.1　优先用于工业生产

北京中心城的工业结构进行调整后，工业再生水利用主要体现在热电厂循环冷却用水方面。由于热电工业冷却水用水量大，单位水量的投资和运行成本较低，应优先考虑将再生水用于工业生产，有效替代清水资源。

2.2　加大在城市绿化、道路浇洒和建筑冲厕等方面的应用

绿色北京建设对城市街道、绿化环境提出了较高要求，而在城市环境整治方面需要大量的水资源。对于北京这样一个严重缺水的城市，适合利用再生水为城市绿化、道路浇洒、建筑冲厕和冲洗车辆等提供水源，既能满足绿色北京建设对环境的需求，又能更多、更有效地节约清洁水资源。

2.3　补充城市河湖景观用水，改善水体环境，并满足下游农业灌溉需要

污水资源化后，再生水已经达到河湖景观补水的水质要求。通过截污、清淤、定期补充再生水等措施可以有效改善城市水体环境。规划合理分配中心城再生水资源，建设河湖补水调水工程，加大再生水在城市河湖景观补水方面的利用。

另外，河道也是再生水的转输通道，可以为下游区域农业提供灌溉用水。规划北京市再生水农田灌溉区域分为严格控制区、控制区、适宜区，其中北京市适宜再生水灌溉的农田大多分布在通州区、大兴区等中心城下游地区，再生水可以通过河道和灌渠直接输送到这些地区用于农业灌溉。

2.4　积极探索新的再生水用途，加强再生水回灌地下水的研究

积极开展再生水回灌地下水试验，研究再生水回灌对地下水水质的影响。

3　再生水资源优化配置

3.1　需水量分析

3.1.1　工业需水量

1）电力工业

通过对2009年用水量大于10万立方米以上工业用户分析，工业用水大用户为热电厂。北京中心城现有的第一热电厂、华能热电厂、石景山热电厂、高井热电厂、郑常庄热电厂、太阳宫热电厂等，其工业冷却已全部使用了再生水。根据《北京市"十二五"能源发展规划》，北京中心城将建设东南、东北、西北和西南四大热电中心，按电厂的供热能力及装机规模预测再生水需求，高日需求量为34

万立方米，年需求量为6451万立方米。

2）一般工业

工业用水大用户除电力行业以外，还涉及化工、冶金、电子仪表、建筑材料制造业、交通运输设备制造业、医药制造业、饮料制造业等10个行业，扣除电力工业、医药制造业和饮料制造业以及搬迁停产企业以外，中心城（含亦庄经济开发区）一般工业中还有42家企业具备再生水利用的潜力。经预测，一般工业再生水需求量为0.3亿立方米。

综上所述，工业再生水年需求量小计为0.95亿立方米。

3.1.2　绿化需水量

将中心城绿地分为公园、街头绿地、防护绿地三类，按照再生水管网周边1公里范围内统计各类绿地面积。经统计，中心城再生水管网服务范围内共有绿地6643公顷，其中公园总面积3703公顷，街头绿地总面积1761公顷，其他绿地总面积1179公顷，预测绿地高日需水量为13.29万立方米，年需水量为1794万立方米。

3.1.3　道路浇洒需水量

据统计，中心城现状和规划道路总长度为4764公里，其中快速路517公里，主干路873公里，次干路1222公里，支路2152公里。由于城市边缘集团的道路网还未完全实现，同时受到再生水管道系统不完善、洒水车数量不足等条件的制约，规划近期再生水只作为主干路及次干路浇洒水源。经预测，道路浇洒年需水量为525万立方米。

3.1.4　建筑冲厕需水量

利用再生水进行建筑冲厕，除受市政管道建设制约外，还受建筑内部管道建设和改造困难的限制。因此，近期仅考虑2001年以后部分新建小区、公共建筑和位于现状及拟建再生水管道覆盖范围内的小区及公共建筑采用再生水冲厕。对102个已利用再生水小区和139个拟利用再生水小区进行统计，预测近期建筑冲厕年需水量为0.30亿立方米。

3.1.5　城市河湖需水量

城市河湖需水量包括蒸发渗漏和定期换水两部分。城市河湖蒸发渗漏量标准为2厘米/天，即200立方米/（公顷·天）；河湖换水标准为：河道换水每年8次，每次换水按1米深考虑；湖泊换水按每年2次，每次换水按1米深考虑。中心城景观补水河湖水面面积总共约1237公顷，经预测，补水年需求量约2.20亿立方米。

3.1.6　农业灌溉需水量

通州新河灌区一期、二期、三期工程2007年底前已建成，有效灌溉面积1.65万公顷，再生水利用量约1.0亿立方

米/年；通州新河灌区四期、五期工程正按计划实施改造，有效灌溉面积约1.23万公顷，利用再生水量约1.0亿立方米/年；大兴区魏善庄、赢海和安定庄镇0.67万亩的农田灌溉，利用再生水量约1.0亿立方米/年。北京中心城可以为下游通州区和大兴区农田灌溉提供再生水，小计约3.0亿立方米/年。

3.1.7 需水量汇总

综上分析，近期中心城再生水量年需求量合计为6.70亿立方米，其中在工业、城市绿化、道路浇洒、小区冲厕等年利用量为1.50亿立方米，河湖景观年需水量为2.2亿立方米，农业灌溉年需水量为3.0亿立方米。

3.2 可供水量分析

2009年，北京中心城现状用水量为10.1亿立方米/年，按3000万立方米/年用水量递增，到2015年预测中心城生活和工业用水量将达到11.6亿立方米/年。如果污水排除率取0.9，则规划污水量约为10.44亿立方米/年；如果中心城全部污水均经二级和深度处理达到再生水利用水质标准，再生水生产率取0.9，则再生水量可以达到9.40亿立方米/年。

3.3 供需平衡分析

经预测，2015年末，北京中心城再生水可供应量最大可以达到9.40亿立方米/年，完全可以满足每年6.7亿立方米的再生水需求。多余再生水就近排入河道，增加河道景观补水量，提高水体环境质量，同时为中心城下游地区农业、绿化、市政杂用等提供水源。

4 再生水设施规划

4.1 处理厂规划

北京中心城现状建有第六水厂、酒仙桥、方庄、清河、吴家村、肖家河、北小河7座再生水厂，再生水处理能力为44万立方米/天。

在"十二五"期间，规划将现状10座污水处理厂，即清河、肖家河、北苑、北小河、酒仙桥、高碑店、吴家村、卢沟桥、小红门、方庄污水处理厂，升级改造和扩建成再生水处理厂，新增再生水处理能力210万立方米/天。

在"十二五"期间，规划新建6座污水（再生水）处理厂，包括回龙观、郑王坟、东坝、定福庄、垡头、五里坨污水（再生水）处理厂，新增再生水处理能力35万立方米/天。

北京中心城所有污水（再生水）处理厂必须具有深度处理工艺，出厂水水质达到国家相关再生水水质标准。

4.2 配水管网规划

在中心城再生水利用总体规划中，根据北京市西高东低的地形特点，将整个中心城再生水管网系统划分为4个供水子系统，即中心城北部再生水系统，包括北小河、北苑、清河供水区域；中心城东、中部再生水系统，包括第六水厂、高碑店、东坝、酒仙桥供水区域；中心城南部再生水系统，包括卢沟桥、郑王坟、小红门、方庄供水区域；中心城西部再生水系统，包括首钢、吴家村、田村路、万泉庄供水区域。

为了满足再生水优化配置的要求，规划在中心城北部供水区域沿圆明园西路、树村路、京包高速公路、八达岭高速公路、西三旗路、学院南路等道路新建再生水管道，在中心城东、中部供水区域沿东四环路、东五环路、广渠路、京沈高速公路、垡头南路等道路新建再生水管道，在中心城南部供水区域沿复兴路、柳村路、西三环路、京开高速公路、丰北路、六圈路、万寿路南延、丰葆路等道路新建再生水管道，在中心城西部供水区域沿西四环路、闵庄路、杏石口路、南旱河路、北旱河北岸、西五环路等道路新建再生水管道。规划建设再生水管道共约209公里。

4.3 调水工程规划

规划在北京中心城建设四大调水工程，为永定河、清河、坝河、通惠河、凉水河等主要河道景观补水，建设宜居的滨水环境；同时，为下游地区市政杂用、农田灌区提供水源，实现再生水的"一水多用，循环利用"。

（1）清河再生水调水工程：从清河再生水厂调水至清河上游及永定河，调水规模25万立方米/天。其中，15万立方米/天向永定河补水，10万立方米/天补充清河上游环境用水。

（2）酒仙桥再生水调水工程：从酒仙桥再生水厂调水至中心城东北城角，调水规模12万立方米/天，为坝河、亮马河等河湖补水。

（3）高碑店再生水调水工程：从高碑店再生水厂调水至右安门泄洪道，调水规模25万立方米/天，为凉水河、南护城河、通惠河补水。

（4）小红门再生水调水工程：从小红门再生水厂调水规模30万立方米/天，其中20万立方米/天为永定河补水，10万立方米/天为供给大兴区环境用水。

5 结论与建议

本文对北京市中心城污水再生水利用规划进行总结，

确定发展目标和发展思路，优化配置资源，为绿色北京建设提供决策支持。在实践过程中，有几点建议希望与同行一起探讨。

（1）合理布局再生水管网。不同用户对再生水需求有所不同，河湖景观补水量大，对水压要求低；工业、绿化、道路浇洒、建筑冲厕、洗车等用水量相对小，对水压要求高。建议针对不同类型用户采用分压供水方式：①建设独立的河湖补水低压系统，管道宜沿河岸绿带敷设，呈枝状布置；②建设供工业、绿化、道路浇洒、建筑冲厕等用水的市政配水高压系统，沿城市道路敷设管道，主干管道宜布置呈环状，次、支干管道可以呈枝状布置；③两套系统之间可以连通。可以设置连通管道，通过阀门控制实现互补和备用，也可以利用河道作为输配水通道，下游地区再提升，提供工业、绿化、道路浇洒、建筑冲厕等用水。

（2）高度重视再生水水质。再生水来源于污水，其水质存在一定风险，尤其是再生水中的内分泌干扰物，通过绿化或浇洒道路等方式散发到空气中，对行人健康会造成影响。因此，公共场所利用再生水应该制定严格的水质标准和监测机制，尤其是对水中微量污染物的研究、控制与监测。目前，北京市即将出台严格的再生水水质标准，但仍缺少相应的监察或监督机制。

（3）充分宣传和规范再生水利用。水是不可替代的自然资源，它可以通过自然循环再生，也可以用外力促其净化再生，因此，再生水与自然水一样就是宝贵的水资源。在北方缺水城市，污水资源化再生利用可以有效缓解城市水资源供需矛盾，大大减轻水体环境污染，同时减少地下水资源开采，保证水的可持续性利用，造福子孙后代。要充分加强宣传教育和法规建设，增强全民节水意识，使污水资源化再生利用深入民心。

参考文献

[1] 北京市城市规划设计研究院. 北京城市总体规划（2004—2020年）[R]. 2004.

[2] 北京市城市规划设计研究院. 北京市中心城城市污水处理厂污水再生利用总体规划研究 [R]. 2006.

[3] 王强. 关于北京市中心城污水再生利用的若干思考 [J]. 中国建设信息（水工业市场），2010（8）：21-23.

备注

本文发表在《给水排水》2012年第10期，有删节。

北京市城市雨水排除系统规划设计标准研究

王强　张晓昕　韦明杰　周玉文　李萍　白国营

引言

北京市位于华北大平原的北端，地形西北高、东南低，西部和北部为山区，多属中低山地形，由西向东、由北向南形成中山、低山、丘陵过渡到洪冲积台坡地和平原。北京属温带大陆性季风气候，四季分明，1956~2000年多年平均降水量为585毫米，降水主要集中在6~9月。

近年来，北京市经济飞速发展，城市化进程较快，土地硬化面积越来越大，城市"热岛效应"突显，加上全球气候变暖等原因，造成极端天气事件明显增多，汛期区域环境恶化、交通阻塞，财产受损现象频繁发生。当前，人们对城市积水或内涝十分敏感，对雨水系统重要性的认识不断提高，对雨水系统的规划、设计、建设和管理提出了更高要求。在此背景下，由北京市城市规划设计研究院会同北京市气象、水文、设计、高校等单位对北京市城市雨水系统规划设计标准进行研究、校核与修订（图1）。

研究目标：按照北京市防洪排涝要求，与规划设计方法体系相适应，研究适合北京气候特点和经济发展需要的城市雨水系统规划设计标准，提高城市雨水基础设施保障城市安全运行的能力，减少洪涝灾害。

研究内容：北京市城市雨水系统规划设计方法研究、北京市降雨变化趋势研究、北京市暴雨强度公式修订及研究、北京市径流系数研究、北京市中心城降雨雨型研究、北京市城市雨水系统规划设计重现期研究。

研究思路：①首先，在国内外设计方法比较的基础上，研究适合北京市的雨水系统规划设计方法、校核方法和评价方法，分析各个阶段对应的设计标准，以指导后续各项研究工作，同时分析北京市降雨时空变化趋势，为后续研究工作奠定基础；②在上述工作指导下，重点开展北京市暴雨强度公式、降雨雨型、径流系数和设计重现期等研究工作；③将各项标准的研究成果综合分析，与现行标准体系相比较，推荐新的雨水系统规划设计标准。

1　规划设计方法

长期以来我国雨水系统规划设计计算方法一直采用推理公式法，该方法是基于历史降雨资料的一种经验方法，

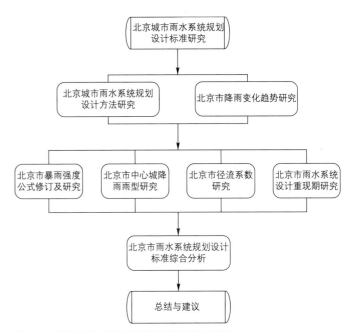

图1　北京城市雨水系统规划设计标准研究思路

对于一定流域雨水系统的设计是可以满足要求的。近十几年，国外发达国家在经验总结和数理分析基础上，普遍引入计算机模拟技术，对雨水管渠的水力状况描述更为细致，设计标准和计算方法更加科学合理。

本文首先对国内外设计理论基础、设计流量计算方法和规划设计标准三方面进行了调查和比较，并结合我国现有国家规范、行业规定和技术条件，提出引入水力模拟技术，研究适宜北京的城市雨水系统规划计算、校核与评价方法。如图2所示，仍然遵循国家现行法律法规，采用公式推理法进行雨水系统方案的规划设计，对于重点地区和复杂情况的雨水系统需采用水力模拟技术进行规划设计方案的校核与抗洪能力评价，即在现行传统规划计算基础上，增加了模拟校核与评价的环节。

从图2中可知，在规划设计环节，需要采用暴雨强度公式、径流系数和设计重现期等主要标准；在方案校核和抗洪评价环节，除上述各项标准以外，还需要采用降雨雨型。围绕规划设计的计算、校核和评价方法，后续开展了各项标准的研究。

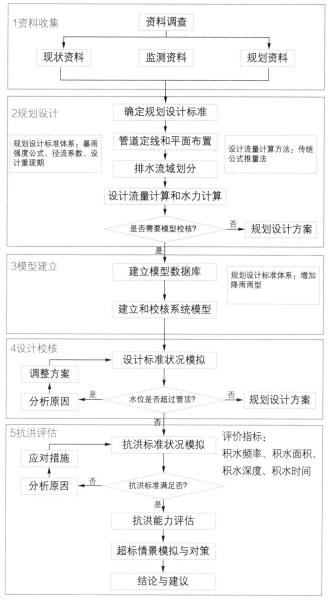

图2　北京城市雨水系统规划设计、校核与评价方法

2　降雨变化趋势

2.1　降雨时间变化趋势

利用北京市南郊观象台（1841～2008年）、三家店水文站（1920～2008年）和卢沟桥水文站（1919～2008年）长序列的降雨资料分析得到北京地区年、日降雨变化趋势。

年降雨存在10年左右的波动变化规律，近30年以来，年降雨量呈下降趋势，东部地区下降最为明显。近50年以来，降雨日数呈减少趋势，极端降雨发生的频次减小，但日降雨强度有增大的趋势，暴雨集中度增加，小雨和中雨呈增加趋势，而大雨、暴雨和大暴雨以上量级降雨量则呈

减小趋势。

利用观象台、海淀、密云、延庆、大兴等气象代表站短历时（5分钟、10分钟、60分钟、120分钟等）降雨资料分析得到北京地区短历时降雨变化趋势。近30年，全市短历时平均最大降雨量20世纪80年代最高，90年代最小，2001～2008年比90年代增大。尤其是2006～2008，全市1小时平均最大降雨量为近50年来最高值。

2.2　降雨空间变化规律

北京市西部和北部为山区，由西向东、由北向南形成中山、低山、丘陵过渡到洪冲积台坡地和平原。由于气候和地理原因，北京地区降雨在空间上分布不均匀。十分有必要对北京市降雨空间变化规律进行分析，为不同地区雨水系统规划设计标准研究奠定基础。

本文采用主成分分析法、等值线图分析法和距平百分率法分别进行了研究，各种研究方法相互验证，将北京地区分为4个降雨区域。

然后根据各降雨分区详细的边界区划，由气象部门最终确定将延庆站、海淀站（或观象台站）、密云站和大兴站作为Ⅰ～Ⅳ降雨分区的气象代表站。

3　暴雨强度公式

暴雨强度公式是根据代表站的历史气象资料，采用数理统计方法来推导，用于计算某一时段内平均降雨量，即暴雨强度，它是雨水系统规划设计的主要标准之一。

自1949年以来，北京市暴雨强度公式经历了1949年"施氏公式"、1951年"卫工公式"、1955年"北京市公式"、1959年"北京市政公式"（1961年修订）和1980年"80版公式"的历史沿革。现行使用的"80版公式"是根据当时中央气象局提供的观象台1941～1980年共40年的自记雨量计记录资料进行整理、分析和推导。至今该公式已经使用了30年而没有进行过修订，从统计学角度看，该公式应该增加新的气象资料进行修编。另外，"80版公式"编制年代，北京市各郊区县降雨监测资料缺乏，无法进行北京市降雨空间分区特征研究，整个北京地区均采用由代表站——观象台站推导的暴雨强度公式。随着北京各地区气象和水文代表站监测资料的增加，本次研究有条件进行北京市域暴雨分区的研究（如上节所示），并在此基础上推导各分区对应的暴雨强度公式。

另外，暴雨强度公式按样本选取方法不同，一般分为年多个样法公式和年最大值法公式。年多个样法公式

是指在气象资料年数有限（<20年）时，每个历时每年取6～8个最大样本值作为统计基础数据而推导的暴雨强度公式（可以得到小于1年一遇的重现期雨强），国内城市市政部门以往均采用年多个样法公式，如上述北京的"80版公式"。年最大值法公式是指在气象资料年数充足（≥20年）时，每个历时每年取1个最大样本值作为统计基础数据而推导的暴雨强度公式，国外发达国家和国内水利部门样本数据充足，一般多采用年最大值法公式。年最大值法取样和统计相对比较简便，理论上对应的是年频率，比较直观；年多个样法取值复杂，理论上对应的是次频率。在选取的小重现期雨样上，年最大值法由于忽略了年次大值而明显小于年多个样法。但在选取的大重现期雨样上，两种方法基本上一致。随着城市发展，大城市的自记雨量资料积累较多和城市排水设计重现期也有较大提高（≥1年一遇），年最大值法已具备了适用条件，而且由此法推导的公式及其重现期与国外和水利部门的公式标准便于衔接，比较符合未来发展的要求。本次研究考虑对历史多个样法公式延续，有利于比较分析，又考虑为年最大值法公式今后正式使用做前期研究，因此对两种取样方法的暴雨强度公式均做了推导。

暴雨强度公式的推求包括样本选取、频率分析、参数求解三个主要环节。

（1）样本取样：本文同时采用了年多个样法（年次大值法）和年最大值法。其中，年多个样法降雨历时取5分钟、10分钟、15分钟、20分钟、30分钟、45分钟、60分钟、90分钟、120分钟、150分钟、180分钟，每个历时每年取8个最大降雨强度值。年最大值法降雨历时取5分钟、10分钟、15分钟、20分钟、30分钟、45分钟、60分钟、90分钟、120分钟、150分钟、180分钟、240分钟、360分钟、720分钟、1440分钟，其中每个历时每年取其最大降雨强度值。

（2）频率分析：常用的拟合曲线分布包括皮尔逊Ⅲ（P-Ⅲ）型分布、指数分布和耿贝尔（Gumbel）分布等。本文首先选取北京市代表气象站——观象台站，对其监测数据分别采用上述各种分布曲线进行频度分析。最终通过分析样本和理论频率曲线的拟合程度，确定北京市暴雨强度频率分析采用P-Ⅲ型曲线来适线比较合理。继而，本文对其他暴雨分区分别采用P-Ⅲ型曲线进行频度分析，得到了对应的$P-i-t$数据表。

（3）参数求解：即利用频率分析得到的$P-i-t$数据，采用多种数学方法，如北京法、北京简化法、南京法、曲面最小二乘法、同济大学法和直接拟合法等求解暴雨强度公式的各项参数。

本文对延庆站、海淀站、观象台站、密云站和大兴站按年多个样法和年最大值法两处取样方法推导暴雨强度公式。经比较分析，认为第Ⅱ区、第Ⅳ区代表站——海淀站、观象台站、大兴站的暴雨强度公式数值较为接近，故选取观象台站暴雨强度公式作为第Ⅱ区、第Ⅳ区的代表公式，如表1所示。

4 降雨雨型

降雨雨型包括降雨时间变化雨型和降雨空间变化雨型。本文推求的是前者，即降雨过程线或降雨强度随时间的分配曲线，目的是用于雨水系统的模拟计算，进行方案校核、抗洪涝评价及抗风险评估。

本文基于北京市中心城代表站（观象台站、松林闸站、东直门站）的长系列高精度降雨资料，采用同频率分析方法和Pilgrim & Cordery法分别推求了1440分钟长历时降雨雨型和180分钟、120分钟、60分钟短历时降雨雨型，如图3～图6所示。

研究认为，同频率方法选取降雨样本全面，推求的设

各降雨分区年多个样和年最大值取样法的暴雨强度公式　　　　　　　　　　　　　　表1

	年多个样法公	年最大值法公式式	
（1）延庆站	$i = \dfrac{18.35 \times (1 + 0.741\lg P)}{(t + 11.35)^{0.912}}$	$i = \dfrac{14.423 \times (1 + 0.841\lg P)}{(t + 10.27)^{0.882}}$	代表Ⅰ区，即山后背风区
（2）观象台站	$i = \dfrac{14.075 \times (1 + 0.7651\lg P)}{(t + 13.4)^{0.730}}$	$i = \dfrac{12.267 \times (1 + 0.9131\lg P)}{(t + 13.4)^{0.725}}$	代表Ⅱ区、Ⅳ区，即平原区
（3）密云站	$i = \dfrac{8.779 \times (1 + 0.6871\lg P)}{(t + 8.14)^{0.619}}$	$i = \dfrac{11.13 \times (1 + 0.671\lg P)}{(t + 12.76)^{0.67}}$	代表Ⅲ区，即东部山前区

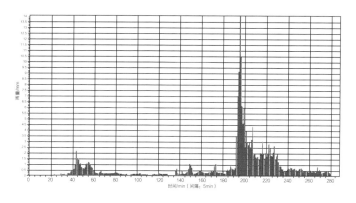

图3 5分钟间隔1440分钟降雨雨型（P=5年）

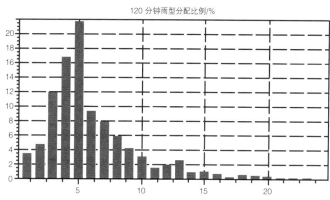

图5 历时120分钟的降雨雨型

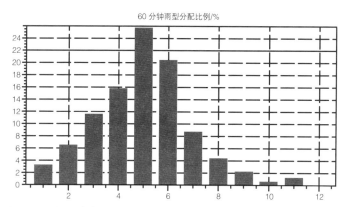

图4 历时60分钟的降雨雨型

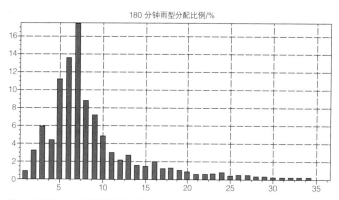

图6 历时180分钟的降雨雨型

计暴雨雨型具有在雨峰各时段的平均雨强与暴雨公式计算的平均雨强相等的特性，其雨峰前后的短历时部分适用于城市雨水系统的规划设计，其长历时部分适用于与水文河道的耦合计算；Pilgrim & Cordery方法推求的短历时降雨雨型能够反映北京中心城实际降雨过程，可以作为场降雨通用情景对城市雨水系统进行设计方案校核和超标风险评估。

5 径流系数

径流系数是雨水系统规划设计的重要参数，由地面流域状况决定。单位时间的降雨量与径流系数的乘积就是雨水系统的规划设计流量。本文主要研究内容和结论如下。

（1）通过资料调研和试验研究，得到单材质的径流系数为0~0.94，其中不透水材质下垫面2年一遇径流系数为0.5~0.8，1~50年一遇径流系数修正系数为0.8~1.175；透水材质下垫面5年一遇径流系数为0.1~0.2，1~50年一遇径流系数修正系数为0~2.0。

（2）采用统计分析法，通过典型调查，计算得平房区、老居住区、新居住区、学校体育区、公园区、商业区和工业区的综合径流系数分别为0.90、0.68、0.65、0.62、0.35、0.65、0.65，推荐规划建设区综合径流系数为0.65。

（3）采用实测法，研究了雨水控制和利用措施对综合径流系数的影响。研究认为，在一定重现期降雨条件下，大面积透水铺装和下凹式绿地等雨洪控制措施对城市小区综合径流具有明显的削减作用。

6 设计重现期

重现期是指等于或超过一定数值的暴雨强度出现一次的平均间隔时间，单位用年表示。设计重现期是暴雨强度公式的一个重要参数，它的大小决定了规划设计中采用的单位时间降雨量，即单位时间内雨水系统能够排除的降雨量。因此，设计重现期通常被作为城市市政雨水系统排水的设防标准之一。本文采用了两种研究方法。

研究方法1为国内外资料对比分析法。通过综合比较城市的政治地位、人口、经济、自然条件等各类因素，认为北京市一般地区雨水系统设计重现期宜采用3年一遇，重点地区宜适当提高至5~10年一遇。该重现期标准与国内城市对比处于较高水平，与主要世界城市对比属于中等水平。

标准体系主要标准汇总　　表2

版本	年多个样法暴雨强度公式i（mm/min），（t表示历时（min），P表示设计重现期（年）		综合径流系数ψ	设计重现期P/年
现行标准体系	"80版公式" $t\leqslant120$，$P\leqslant10$ $t\leqslant120$，$P>10$ $t>120$，$P\leqslant10$ $t>120$，$P>10$	$i=\dfrac{12.004\times(1+0.811\lg P)}{(t+8)^{0.711}}$ $i=\dfrac{8.265\times(1+1.0471\lg P)}{(t+8)^{0.642}}$ $i=\dfrac{13.878\times(1+1.0911\lg P)}{(t+10)^{0.759}}$ $i=\dfrac{11.479\times(1+1.3211\lg P)}{(t+10)^{0.744}}$	建设区综合径流系数采用0.55	依据总体规划：城市一般地区重现期采用1～3年，重要干道、重要地区或短期积水能引起严重后果的地区重现期宜采用3～5年。在工程规划中，推荐一般地区设计重现期采用1年一遇，重点地区及主要干道采用3年一遇
新研究标准体系	观象台站 密云站 延庆站	$i=\dfrac{14.075\times(1+0.7651\lg P)}{(t+13.4)^{0.730}}$ $i=\dfrac{8.779\times(1+0.6871\lg P)}{(t+8.14)^{0.619}}$ $i=\dfrac{18.35\times(1+0.741\lg P)}{(t+11.35)^{0.912}}$	建设区综合径流系数采用0.65	依据总体规划（与以上相同）。在工程规划中，推荐一般地区设计重现期采用3年一遇，重点地区及主要道路采用5年一遇，特别重要地区宜采用10年一遇

研究方法2为社会总投入最低分析法。将社会总投入分为建设投资和经济损失两部分，考虑经济损失的复杂性，又将积水带来的经济损失简化为交通影响损失，将车速随积水深度变化的衰减模型（双曲正切函数模型）与直接和间接经济损耗模型相耦合来计算积水损失。结合若干典型案例，得到一系列社会总投入随设计重现期的变化曲线，通过拐点分析，研究认为北京市一般地区雨水系统设计重现期宜采用3年一遇，重点地区宜采用5年一遇。

综合认为，北京市域一般地区雨水系统设计重现期宜采用1～3年一遇，重点地区宜采用3～5年一遇。其中，北京市中心城雨水系统宜采用重现期标准上限，即一般地区采用3年一遇，重点地区及主要道路采用5年一遇，特别重要地区宜采用10年一遇。新城、镇中心区及远郊县城应酌情确定。

7　综合分析

针对常规雨水系统规划设计计算方法，本文最后将暴雨强度公式、径流系数和设计重现期进行综合分析，将新研究标准体系与现行标准体系做了对比分析。两套标准体系具体内容如表2所示。

经比较，新标准体系中综合径流系数和设计重现期标准均高于现行标准体系中相应标准。新标准体系中由观象台站、密云站和延庆站气象数据推导的暴雨强度公式在短历时（<60min）部分的雨强计算值均小于现行标准体系中"80版公式"计算值。需要说明的是，延庆站代表区域处于山后区，气候条件与山前区差异较大，虽然延庆站暴雨强度公式计算值偏小，但比较符合当地气候特征。

因此，考虑区域特征和排水安全性，推荐北京市雨水排除系统规划设计采用新研究的综合径流系数和重现期标准，由延庆站代表的第I分区，即山后区，采用新研究的暴雨强度公式，北京市其他地区仍采用现行的"80版公式"。对于重点地区的雨水排除系统规划设计方案，建议结合北京市防洪排涝要求，采用水力模拟方法进行校核。

8　结论和建议

在北京市雨水系统规划设计方法和降雨变化趋势研究的基础上，研究并修订了北京市暴雨强度公式、降雨雨型、径流系数和设计重现期。经专家评审，认为研究成果可以作为下一阶段制定北京市雨水系统规划设计地方标准的依据，并可作为北京市雨水系统规划设计工作的参考。对下一步工作的建议如下。

（1）进一步对立交桥雨水泵站等雨水系统设施规划设

计标准开展研究。

（2）结合本研究提出的北京市雨水系统规划评价方法和标准体系，进一步研究北京市城市排涝标准，保障城市排涝安全。

（3）以本研究成果为基础，进一步编制北京市雨水系统规划设计地方标准。

9 致谢

在本课题研究中，北京市气象局马津京和北京市水利科学研究所张书函共同参与了北京市降雨变化趋势分析、暴雨强度公式推导、径流系数研究和降雨雨型推求工作，在此一并表示感谢。

参考文献

[1] 朱颖元. 暴雨强度公式参数率定方法 [J]. 中国给水排水，1999，15（7）：33-34.

[2] 任伯帜，龙腾锐，王利. 采用年超大值法进行暴雨资料选样 [J]. 中国给水排水，2003，19（5）：79-81.

[3] 邵尧明，何明俊. 现行规范中城市暴雨强度公式有关问题探讨 [J]. 中国给水排，2008，24（2）：99-102.

[4] 邓培德. 城市暴雨两种选样方法的概率关系与应用评述 [J]. 给水排水，2006，32（6）：39-42.

[5] 邵尧明. 城市设计暴雨强度信息系统建立方法的探索 [J]. 给水排水，2007，33（5）：192-195.

[6] 邵尧明. 最大值选样配合指数分布曲线推求雨强公式 [J]. 中国给水排水，2001，17（1）：40-42.

备注

本文发表在《给水排水》2011年第10期，略有删节。本文获2011年"沃德杯"给水排水优秀论文一等奖。本文获2012年中国土木工程学会第十届优秀论文三等奖。

燃气冷热电三联供在可再生能源领域的应用

高建珂　武亦文

1　燃气冷热电三联供在北京地区应用中存在的问题

　　燃气冷热电三联供在北京地区应用中主要遇到如下两个方面的问题。

1.1　能源价格影响

　　燃气价格高、发电成本高、投资回收期长是燃气冷热电三联供在北京地区应用中遇到的首要问题。

　　目前，北京市发电用气价格为每立方米3.26元，相应燃气冷热电三联供自发电成本为每千瓦时0.815元。而北京市非居民销售平均电价为每千瓦时0.887元（表1）与燃气冷热电三联供自发电成本相差很小。所以，燃气冷热电三联供项目投资回收期长达20年以上。

北京市非居民销售电价　　　　表1

分段	时间范围	一般工商业电价/（元/kW·h）
7～9月尖峰电价	11:00～13:00	1.5295
	20:00～21:00	
高峰段	10:00～15:00	1.4002
	18:00～21:00	
平段	7:00～10:00	0.8745
	15:00～18:00	
	21:00～23:00	
低谷段	23:00～7:00	0.3748

1.2　单体建筑用能与燃气冷热电三联供系统匹配规模偏小

　　燃气冷热电三联供在北京地区受发电不能上网的限制，只能采用并网不上网的运行方式。这样，导致燃气冷热电三联供的供电对象仅限于所在单体建筑，装机规模小，不能形成规模效益。这是燃气冷热电三联供在北京地区应用中遇到的第2个问题。

　　以20万平方米的单体建筑为例，取建筑用电指标为每平方米50瓦（不含空调用电），同时系数60%；采暖指标取每平方米32瓦，冷指标取每平方米49瓦，则建筑用电负荷为6.0兆瓦，采暖负荷为6.4兆瓦，冷负荷为9.8兆瓦。

　　考虑燃气冷热电三联供系统运行的稳定性和经济性，按建筑用电负荷的30%考虑燃气冷热电三联供的装机，可安装850千瓦内燃机2台，配置烟气热水一体机2台。机组制热能力为2台×384千瓦，制冷能力为2台×582千瓦。这样，燃气冷热电三联供机组的供热能力占总热负荷的12%，

供冷能力占总冷负荷的11.9%。由此可见，按照以电定热的方式选择发电机，不但装机受限，发电不成规模，而且余热供热供冷能力与单体建筑的冷热负荷需求极不匹配。因此，为解决其装机规模小，余热供热供冷能力与单体建筑负荷不匹配的问题，就需要将燃气三联供系统与有稳定电力需求的设施结合起来建设。

2　可再生能源与燃气冷热电三联供结合的可能性

　　可再生能源包括太阳能、地热能、生物质能、风能等非化石能源。在这些可再生能源中大部分用来发电，如光伏发电、光热发电、生物质发电、风力发电等。仅有浅层地温能（地热能的一种）是要以电力作为驱动能源，通过地源热泵系统为建筑提供冷和热能。该可再生能源系统用电量大，而且用电负荷稳定。

　　仍以前述20万平方米单体建筑为例。取地源热泵系统冬季COP为3.5，夏季制冷能效系数为4.0，按70%的热负荷由地源热泵系统供应，则该机组夏季的用电负荷为0.995兆瓦，冬季为1.280兆瓦。按地源热泵系统最低用电负荷的50%考虑燃气冷热电三联供机组的装机容量，至少可安装1067千瓦内燃机2台，增加了机组的装机容量。而且，随着地源热泵系统规模的增加，燃气冷热电三联供机组的装机容量也将随之增加。由此可见，燃气冷热电三联供与地源热泵系统结合具有良好的可操作性。

3　燃气冷热电三联供与可再生能源结合的技术经济性研究

　　为了研究燃气冷热电三联供与地源热泵系统结合的技术经济性，制定了2个对比方案，从初投资、节能、减排和运行费的角度对二者进行比较。

　　第1方案是只有区域地源热泵系统为建筑供热和供冷。地源热泵系统按70%热负荷装机，冬季供热不足部分由燃气锅炉房补充，夏季不足冷负荷由电制冷机补充。

　　第2方案是区域地源热泵和燃气冷热电三联供系统共同为建筑供热和供冷。地源热泵系统按70%热负荷装机，燃气三联供系统按热泵系统夏季用电50%装机，该系统冬

方案单位能耗情况对比表（单位：kg/m²）				表2
方案	自发电能耗	燃气锅炉房能耗	城市电网能耗	总计
1	—	1.85	8.62	10.46
2	2.00	1.26	5.63	8.88

方案单位污染物排放情况对比表		表3
类别	第1方案	第2方案
二氧化碳年排放量/（kg/m²）	26.09	22.13
烟尘/（g/m²）	1.78	1.45
二氧化硫排放量/（g/m²）	3.56	2.91
氮氧化物排放量/（g/m²）	15.77	6.34

季供热不足部分由燃气锅炉房补充，夏季供冷不足部分由电制冷机补充。

经过对2个方案的技术经济比较，可以从以下3个方面得到结论。

（1）从能耗方面看：第2方案的单位面积总能耗小于第1方案的能耗（表2）。其主要原因是第2方案中的用电大部分来自自发联产电力，它的发电效率高于城市电网的电力；将燃气这种高品位能源实现梯级利用，实现了系统的节能。

（2）从经济性方面看：第1方案的初投资约为每平方米230元，第2方案的初投资约为每平方米300元，第2方案比第1方案每平方米高出70元。而年运行费用第1方案约为每平方米67.1元，第2方案约为每平方米49.4元，第2方案比第1方案每平方米节省17.7元。第2方案相对于第1方案的增量投资回收期约为4年，经济效益明显。

（3）从环保角度看：第2方案的污染物排放量明显小于第1方案。其主要原因是燃气冷热电三联供发电效率高于城市电网的发电效率，且没有远距离输送损失，所以能耗低，污染物排放少（表3）。

综上所述，燃气冷热电三联供与地源热泵系统结合配置，不仅经济性好，而且节能及环保效益也明显。

4　典型应用案例

长辛店生态城是位于北京市丰台区的国家级生态示范区。为了体现生态环保的理念，在该区的能源规划中，采用燃气冷热电三联供与地源热泵结合的技术路线为建筑供热和供冷。以下将以长辛店生态城能源规划中一号能源站为例进行介绍。

能源中心服务区域的规划总用地面积为64公顷，总建筑面积为194万平方米，主要为设计研发和公建混合住宅用地[1]。

经预测，规划区域总建筑热负荷为62.28兆瓦，总冷负荷为116.97兆瓦（其中公共建筑冷负荷为87.72兆瓦）。能源中心所在建筑电负荷4.29兆瓦（不含空调用电）。地源热泵夏季用电负荷4.284兆瓦，冬季用电负荷5.355兆瓦[1]。

为解决规划区内建筑的供热和制冷需求，规划能源中心一座及相应的冷热管道。能源中心安装7台3060千瓦地源热泵机组，利用能源中心南侧约11万平方米集中绿地进行打孔提取地能。由于绿地空间有限，本次规划的地源热泵仅提供30%的供热能力。另外，在该能源中心安装3台1067千瓦的燃气冷热电三联供机组，主要用于满足地源热泵机组的用电需求，不足电负荷由城市电网补充。能源中心冬季利用发电余热和地源热泵提供的热量供应片区内建筑的热负荷，不足部分由燃气锅炉补充。夏季利用烟气余热吸收式制冷机和地源热泵提供的冷量供应该片区内公共建筑冷负荷，不足部分由电制冷机补充[1]。

上述工程总投资约为5.26亿元，其中能源中心投资35433万元，管网投资9998万元，换能站投资7160.9万元[1]。

该项目实施后，可使服务区内的公建建筑可再生能源贡献率达5.46%，达到《绿色建筑设计标准》的要求。年减少排放二氧化碳每平方米6.7千克，烟尘每平方米0.5克，二氧化硫每平方米1.0克，氮氧化物每平方米7.2克[1]。

5　结论与展望

通过对燃气冷热电三联供在可再生能源领域应用的研究，可以归纳出以下两点结论。

（1）燃气冷热电三联供与地源热泵结合，可以突破燃气冷热电三联供装机容量受不能发电上网的制约，使燃气冷热电三联供装机容量从只考虑所在单体建筑的供热和供冷需求，扩展到可以考虑区域建筑的供热和供冷需求。大大增加了燃气冷热电三联供机组的装机容量，充分发挥了燃气冷热电三联供的规模效益。

（2）燃气冷热电三联供与地源热泵系统结合，不仅提高地源热泵系统的经济性，同时也使燃气冷热电三联供披上了绿色能源的外衣。二者共同开创绿色、高效的分布式能源系统。

参考文献

[1] 北京市城市规划设计研究院，北京神州恒业能环国际科技有限公司. 北京长辛店生态城地源热泵及三联供技术方案研究
　　[R]. 2015.

备注

本文发表在《分布式能源》2015年第4期。

小井盖，大问题——从行车安全谈市政管线的敷设

奚江波　朱跃华

2004年8月27日下午，在北京市海淀区圆明园西路，一辆超速驾驶的小汽车碾压在一个脱离井口的检查井盖上，车辆打滑失稳，造成3死1伤的交通事故。此外，由于井盖丢失、沉降、破裂等原因造成的交通事故还有很多。2008年全国"两会"期间，全国政协委员巩汉林也曾提出关于市政井盖影响道路交通的议题。由此可见，市政管线敷设的相关问题已经引起越来越多人的关注。

随着城市的快速发展和现代化程度的不断提高，支撑起整个城市正常运转的市政基础设施种类也越来越繁多。就北京市而言，城市道路下的市政管线主要有雨水管道、污水管道、给水管道、电力电缆管（沟）、信息管道（电信和歌华有线等）、燃气管道、热力管（沟）、中水管道8种。城市道路除承担交通功能外，还是各种市政工程管线的载体。在有限的道路空间内，按照国家规范间距要求安排8种市政管线时，需要统筹考虑管线的维护频率、施工特性、相互之间的影响关系等因素。本文就是基于行车安全的角度，从市政管线的规划、设计、施工、维护等不同层面提出改善建议，以实现道路交通的畅通安全，城市环境的和谐统一。

1　市政管线敷设影响行车安全的原因分析

市政管线对行车安全的影响，主要体现在各种市政管线的检查井盖上。道路工程竣工通车后，沥青混凝土道路路面环绕检查井井盖边缘10～50厘米范围，由于受车辆反复碾压，发生环裂、裂缝的数量随着时间推移逐渐增多，宽度也逐渐增宽，继而形成路面的网裂、下陷和检查井盖失稳、破损、轻微下沉等道路病害。车辆行驶时轻则发出"哐哐"的噪声，同时影响车辆行驶的平稳舒适性及周边居民的正常生活；重则造成交通事故，对驾驶员和行人造成伤害。

对北京市两条主干路的检查井总数量及其周围路面破损状况进行调查和统计[1]，发现检查井周围路面的病害形式以沉陷和破损（碎裂和坑槽）为主，同时伴有突起和其他一些病害（表1）。A路检查井总数为14272个，其中共有2643个不合格，占总数的18.5%；B路检查井总数为10821个，不合格数为1975个，占总数的18.3%。

造成井盖沉降破损的原因主要有：

（1）市政管线敷设位置不合理。在进行市政管线的综合规划时，未考虑管线检查井与车道线的关系，使车辆在行驶过程中无法躲避井盖，造成反复碾压，其结果就是井盖沉降，影响行车安全。

（2）检查井与其周围路面结构刚度不同。在车辆荷载作用下，由于结构刚度不同，检查井与周围路面变形不协调，由此产生应力突变或应力集中，反复作用后便导致路面开裂，伴随着水的侵入，严重时即产生坑槽。

（3）施工流程不严格。检查井在施工过程中未按照规范标准进行对称夯实，检查井井盖、井座不稳固，与路面高程或道路的纵、横坡度不吻合，造成行驶车辆跳车，加大了对井周路面的冲击。在管道与检查井井筒的衔接过程中防水防渗等标准未达标，管道安装完毕后未按照施工规范和相关标准进行回填或养护，密实度未达到设计要求，交通运行后导致路基下沉，从而直接破坏检查井及其井周边的路面。

（4）检查井井盖和井座存在质量问题或者使用不当。本应用于人行道上的轻型井盖作为重型井盖用在了车行道上，使得检查井井盖及其构件损毁，进一步传力给检查井井盖周边路面。

2　规划层面的解决方法研究

进行市政管线综合规划时，应当将管线优先安排在道路两侧的绿化带、人行道和非机动车道下，便于管线日后的维护，也有利于机动车的行车安全。但是往往城市中的市政管线种类较多，受道路空间的限制，部分管线不得不进入机动车道。因此，在规划层面要合理安排管线位置，从源头上减少市政检查井盖与道路行车的矛盾。

2.1　基本路段机动车道线的施划方法

根据《道路交通标志和标线》（GB 5768—2009）中

检查井评定结果　　　　　　　表1

道路编号	评定检查井总量/个	沉陷/个	突起/个	破损/个	其他/个	不合格总数/个	合格率/%
A	14272	1081	291	1244	27	2643	81.5
B	10821	656	77	1236	6	1975	81.7

对车道线施划的要求，车道边缘线与路缘石的距离取为0.25～0.5米。城市道路一般分为快速路、主干路、次干路和支路。《城市道路设计规范》（CJJ 37—90）中规定，机动车道宽度应根据车型及计算行车速度确定，单条机动车道宽度建议值如表2所示。

由于《城市道路设计规范》编制年代较早，我国部分地区结合当前城市道路的交通流状况，开始尝试缩窄车道的试点研究，以节约城市建设用地，提高道路通行能力，但目前并未形成最新的规范条文进行要求，所以本文对于车道线的划分还是依据原有的道路设计规范。车道线的施划会综合考虑道路等级、交通组成、横断面设置等因素，因具体情况而异。为便于分析，本文以车道宽度为3.5米为前提条件，在此基础上讨论市政管线敷设与车道线划分之间的关系，以保证行车安全。

2.2 车辆特性分析

从北京市目前机动车的组成比例来看[2]，微型车为16.4%，小型车为73.4%，中型车为7.73%，大型车为2.56%，大、中型与小型车的比例趋于1∶9。基于城市道路上行驶的小型汽车越来越多这一客观形势，本文主要研究检查井与小型汽车的关系。小型汽车的车身宽度普遍为1.6～2.0米，前后轮距因车型的不同而稍有不同。为便于计算和分析，本文取前后轮距均为1.5米作为本次研究的标准轮距。

2.3 基于行车安全的市政管线布置方法

管线的敷设特性因市政专业不同而有所不同。每个专业管线的管井根据不同用途，大小、形状又各不相同。参考中华人民共和国城镇建设行业标准《铸铁检查井盖》（CJ/T 3012—93）中的相关要求，本文以直径为0.7米的圆形检查井为基础进行分析。通过对各个专业公司的设计人员进行问卷调查和访谈，各专业管线检查井设置的特性汇总如表3所示。

通过比较发现，各专业管井的一般间距按照由小到大排序依次为电力、雨水、污水、信息、供水、中水、热力、燃气。日常平均维护、作业频率由大到小排

序依次为电力、信息、燃气、雨水、热力、污水、供水、中水。

综合分析可知，在安排管线平面位置时，应当在道路人行步道、非机动车道优先安排管井间距小，日常巡线、维护、作业频率高的管线。一般将电力和信息管道布置在人行道的两侧，供水、中水、燃气和热力管线布置在非机动车道或者慢车道下。雨水管线虽然与检查井间距较小，但是需要向道路两侧预留较多分支以承接雨水箅子汇集的路面雨水，考虑到单侧支管不宜过长，一般将雨水管道放置在道路中心位置。污水一般紧邻雨水管道布置，便于合槽施工。从行车安全角度出发，此时需要着重考虑机动车道下市政管线的敷设。

在机动车道下安排管线，需要结合车道线和车辆行驶特性进行统筹安排。本文以检查井直径0.7米、车辆轮距1.5米、车道宽3.5米为基础进行分析。对于单条车道来说，当检查井位于车道线上，车辆为避让检查井可以偏向另一侧行驶，此时车辆活动空间相对变为3.15米，完全可以满足车辆正常驾驶，自由度和舒适度较好（图1）；当检查井位于车道中心线时，车辆为避免碾压井盖可沿车道中心线行驶，此时车辆的行驶受到一定束缚，但是对相邻车道的干扰最小（图2）；当检查井偏向车道一侧时，车辆避让井盖后的行驶空间较小，且容易对相邻车道产生干扰，行车安全度降低（图3）。

综上可知，在机动车道下敷设市政管线时，优先考虑将检查井盖敷设在机动车道线上或者机动车道中心线位置。由于在机动车道内的市政管线可能有很多种，所以在进行安排时还需要根据具体情况，结合相关规范对管线间距的要求进行统筹安排。本文以红线为35米的3幅路为例进行分析，管线安排情况如图4所示。

城市道路路段机动车道宽度 表2

车型及行驶状态	计算行车速度/km/h	车道宽度/m
大型汽车或大、小型汽车混行	≥40	3.75
	<40	3.50
小型汽车专用线	—	3.50
公共汽车停靠站	—	3.00

市政管线检查井的特性比较 表3

市政专业	管井一般间距/m	后期平均维护及作业频率
雨水	40	6月/次
污水	≥30（随管径增加）	6月/次
供水	120	1年/次
中水	150	1年/次
电力	40～70	1月/次
信息	80～120	1月/次
供热	300	6月/次
燃气	2000	1月/次

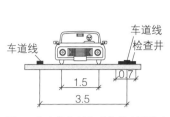

图1　检查井位于车道线示意图及实践案例（单位：m）

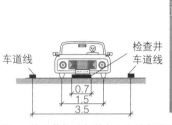

图2　检查井位于车道中心线示意图及实践案例（单位：m）

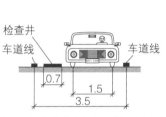

图3　检查井偏向车道一侧示意图及案例（单位：m）

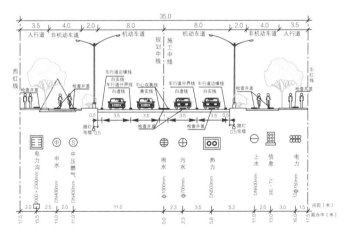

图4　3幅路市政管线安排横断面示意图（单位：m）

3　设计与施工层面的解决方法研究

3.1　严格施工流程

对施工人员进行安装工艺交底，严格执行相关的施工技术要求。加强检查井井周夯实回填土强度意识，加强检查井井座座浆密实度，满足座浆水泥混凝土浇筑时的流动性和振捣密实性要求；严格控制高程，保证检查井盖、井座与施工设计道路的高程或路面的纵、横坡度吻合；加强材料的管理和检查机制，不合格的各类施工材料坚决退返，禁止采用水泥砂浆替换水泥混凝土或利用后塞水泥砂浆找平座浆的方法施工；现场人工拌和的配料必须严格按照标准配合比拌和，杜绝配料不计量、拌和不均匀、用水随意的现象发生[3]。

3.2　采用适合的井盖类型

检查井盖由于材质不同，其性能也各不相同（表4），需要结合检查井盖的安装位置，选择合适的井盖类型[4]。

由于检查井盖的性能不同，因此需要由相关的主管部门对检查井盖标准进行统一规范，尤其是承载能力等级的划分及对应的标识符号、适合使用场地等做统一规定。目前，长安街使用的检查井盖结构分为上、下两层，上层为主盖，下面为子盖。主盖为球墨铸铁材质，子盖使用玻璃钢等非金属材料制造。该井盖具备新型的"五防"功能，即通过在圈口设置T形橡胶圈、井盖表面模压图案、配备防盗链或防盗锁、增设防坠落井篦、井圈外圈设置3个呈120°的栓固点等措施实现防响、防滑、防盗、防坠落和防位移功能，在今后的井盖设计和选择上，可以借鉴使用。

4　日常维护层面的解决方法研究

道路竣工通车后，对道路及检查井盖的科学维护能够提前预防道路设施病害发生，防微杜渐，避免造成交通事故。后期维护过程中，应及时治理随时出现的损坏，防止

不同材质井盖的优缺点　　　　　表4

井盖材质	优点	缺点
普通铸铁	承载能力和耐候性较好	生产成本较高；井盖与井座接触不良易引起较大跳动噪声；具有回收价值，被盗现象严重
钢纤维混凝土	制作成本低、承载能力好、回收价值小、防盗	脆性大、易老化、易断裂、笨重、开启困难、操作不灵便
玻璃钢	材质轻、强度高、抗疲劳、耐腐蚀、不易脆性破坏、易加工成型、防盗、破损后不易整体塌落	自重小、嵌入深度小、井盖和支座间隙大、易造成倾翻
硅塑复合材料	成本低、节能环保、材料再生利用、防盗	材料融合性差、承载能力低、破损后整体塌落
菱镁	工艺简单、成本低、防盗	吸水率高、冻融性差、耐候性能差、承载能力低、抗冲击能力差

微小病害的进一步扩大；如果发现道路检查井井盖的沉降和周边道路产生病害应及时处理，在处理过程中必须分析原因从本质上处理好病害，严防只做道路面层处理和修建形象性工程。

5　结语

　　本文是从保证行车安全的角度进行研究的，但在市政管线的敷设过程中，还需要根据相关规范要求，结合实际的道路断面形式、规划及现状管线种类和规模情况，本着节约道路空间、方便车辆驾驶等原则进行具体安排。的确，道路上的井盖问题本来不是什么国家大事，但这些小问题关乎百姓的出行安全，积少成多就是大事。城市道路的市政工程综合规划工作更应当关注百姓生活的细微点，将人文关怀真正体现在规划工作中。

参考文献

[1] 金珊珊，张金喜，王书云，等. 城市道路养护状况调查及相关问题分析 [J]. 中外公路，2009，29（3）：251-254.

[2] 北京市城市规划设计研究院.《北京城市道路空间规划指南》及说明 [R]. 2009.

[3] 李富兴，徐财门. 浅析道路检查井井盖的沉降及周边道路质量通病的防治 [J]. 中国新技术新产品，2009（1）：77.

[4] 鞠洪祥，李文晓. 检查井盖产品的质量现状和应对措施 [J]. 中国质量技术监督，2010（3）：52-53.

备注

本文发表在《转型与重构——2011年中国城市规划年会论文集》中，有删节。

第七部分

生态环境与城市安全

"7·21"带来的城市防灾减灾思考

京津冀地区生态环境的症结及城乡规划可能作为

北京市水资源供需分析

城市总体规划层面低碳城乡规划方法研究——以北京市延庆县规划实践为例

发挥规划特长，营造安全城市——以北京为例探索城市综合防灾减灾规划的编制方法

基于气象条件的城市空间布局研究初探——以北京中心城区为例

"7·21" 带来的城市防灾减灾思考

何芩 张帆 魏保义 盖春英 王崇烈 李哲

2012年7月21日，北京遭受了新中国成立以来最大一场暴雨的袭击，造成了特大自然灾害，给整个城市带来了重大的人员伤亡、财产和经济损失。暴雨过后，有很多城市发展、建设、管理的问题值得我们反思。

1 快速城市化时期城市建设与自然生态的关系趋于紧张

我们所处的快速城市化时期，城市各类建设迅猛增长，为持续快速的经济增长提供了空间载体，但同时大量增加的城市建设对城市的生态环境造成严重威胁。

在快速城市化发展过程中，城市建设导致高绿地、不透水的铺装、道路、广场等硬地区域大量增加，建设项目开发后的地面雨水径流大于开发前，建设增加越多，地表径流相应增加越多，客水大量汇集，使城市低洼地段造成严重积滞水。同时，雨水渗透途径被阻断，破坏了自然界的水循环系统，地下水得不到回补，严重影响北京的生态环境。大量、集中的城市建设造成城市局地小气候改变，城市热岛效应增强，强对流天气增加，酷暑、暴雨等极端天气增加。

城市开发建设势头强劲，绿色空间不停被侵占，城市规划确定的绿化隔离地区、楔形绿地等城市绿地系统实施效果不理想，村庄搬迁安置实施不到位，绿化隔离地区中用于平衡资金的商品房用地却一再增加。绿色空间在城市中承担着通风廊道、透水孔、雨水蓄流区域的重要作用，还承担着消防隔火、灾害避难安置空间、疏散救援通道、将灾害控制在最小范围内等重要作用。规划绿色空间系统是城市生态安全的重要保障，但现状仍然被村庄、企业以及各类建设用地占据，造成绵延成片的局面，情况不容乐观。

城市所在的广域范围的宏观环境背景是影响城市灾害发生频率的重要因素。如果周边环境的水土保持较好，发生沙尘、山洪、崩塌、滑坡、泥石流、高温等灾害的频次会相应减少。但目前山区小流域的水土保持不力，在经济利益的驱动下，部分小流域存在开山采矿、毁坏植被现象。植被受损后大量山石裸露，蓄流能力差，降雨产生洪峰流量大大增加，加剧了洪水威胁，也加剧了地质灾害威胁。

城市广域生态环境的治理和城市中绿色空间系统的实施管理亟待加强，将城市建设强度和密度控制在合理的范围内也十分重要。城市如同一个生命体，健康有机的城市将大大增强城市抵御灾害的能力，实现可持续发展。

2 快速城市化时期基础设施的建设管理相对滞后

快速城市化时期，城市基础设施建设略显滞后，迅速增长的城市建成区也为各类设施管理带来巨大压力，管理工作的系统性和高效性较为滞后。

"7·21" 暴雨产生的洪水、河道漫溢造成洪水灾害使山区村庄居民点、民俗旅游设施被山洪或泥石流冲击造成严重损害，中心城区多处严重积水，城市排水系统和山区防洪系统均遭受严重考验。同时，"7·21" 暴雨导致北京道路交通系统遭受重创，中心城区道路交通中断37处，道路塌陷110处。高速公路护坡水毁255处，县级以上公路阻断47条，路基损毁29.2万立方米，路面损毁47.7万平方米，桥涵损毁159座，公路塌方1601处。乡村公路损毁更为惨重。

本次灾害暴露出基础设施系统多方面问题。

1）基础设施年久失修、设计标准低、建设时序不匹配，导致地下严重滞后于地上

以排水系统为例，目前使用的管道有明清时代的、新中国成立前的，还有20世纪50～60年代修建的合流管道。排水系统设计标准低、使用年限长，结构老化严重，容易发生断管塌陷。根据相关研究，1225公里主要道路雨水干管中雨水排除重现期P≥3年一遇的管线约192公里，仅占15.6%，其他均为1~2年一遇标准。

在历史形成的建设体制中，排水工程是列入道路建设项目中的组成部分，这就造成道路的起、终点即是排水工程的起、终点，而排水工程是需要与下游管线、河道衔接才能够形成完整系统，发挥出应有的设计功能，如果路外排水工程与道路工程不能同步实施，便使这些道路的雨水管道无下游排除出路，造成部分地区雨水管道系统不完善。现有的排水工程建设体制亟待改进，以系统工程的理念制定排水工程建设投资计划。

城市的燃气、供水、电力、热力等其他系统同样存

在这样那样的问题。道路系统中部分路面老化、年久失修，在暴雨的影响下道路靠河道一侧路基松软，路面坍塌，部分桥涵自身就存在拱跨不足等缺陷，加上桥面老化、桥台砂浆剥落失修，暴雨来袭时自然成为受损对象。

2）雨水径流管理较为落后

目前北京的雨水管理以单纯的雨水排放为主，既不能很好地利用雨水，又给城市排水系统带来巨大压力。针对北京市雨水控制与利用设施建设管理不到位状况，市规划委发布了《关于加强雨水利用工程规划管理有关事项的通知（试行）》，目前《建筑、小区及市政雨水利用工程设计规范》正在征求意见阶段，近期拟将规范提升为强制性规范，并将雨水控制与利用设施的建设纳入绿色建筑标准，改变以往单纯的雨水排放理念，贯彻对雨水采取"渗、蓄、控、排"的规划设计管理原则。在雨水水量控制的同时，应加强雨水水质的监管，通过对初期雨水的治理，控制面源污染，防止河道环境恶化。加强限制性法律法规条文的制定和实施，规范土地开发行为，让土地开发者承担部分排水管理和环境保护的职责。

3）部分河道排水不畅

中心城现有排水系统中，下游的市属河道均已按规划实施，目前尚未按规划治理的河道均为各区及乡镇管辖的二、三级河道，断面小，排水能力不足。另外，兼有景观功能的河道日常水位较高，管道入河的排水口因防止污水进入而被封堵等也会造成排水不畅，如清河（圆明园西路—京藏高速路）、京密引水渠昆玉段（西北四环—西三环）等。

3 山区灾害的监测预警和易发区建设管理有待加强

本次洪涝灾害房山区是重灾区，损失最为严重。本次暴雨造成房山区378处河道堤防决口，约300公里河道受损，多处河道漫溢，洪峰通过时洪水位超过河道两岸地面高达1~2米，灾害成因主要有以下几方面。

3.1 建设管理不到位，违章建设多，水系侵占多

村民临沟渠建设没有退后一定安全距离，甚至地面高程低于山洪沟高程，在河床滩地上建设临时房屋或民俗旅游设施、种植大量树木、农作物，使自身安全难以保障且影响河道行洪。村庄内的沟渠被挤占或明渠改暗渠，人为压缩了渠道的过流能力，致使洪水漫出山洪沟沿着道路或其他低洼地区四处冲刷。山区部分地区存在各种施工现场，产生的渣土沿山路及河道两侧随意堆放，被洪水冲击坍塌，并冲至下游山路、村庄居民点等地区

阻断道路、严重破坏河道等基础设施。应结合村庄体系规划，对位于山洪泥石流易发区、河道、行洪区内的违章村庄居民点、企事业单位等进行搬迁拆除。

3.2 山区防洪体系建设不到位

现状山洪沟多数为5年一遇左右过流能力，能力偏低。部分山区小流域的小型水库或塘坝由于多年不用而缺少维护管理，存在险情，结构安全不满足蓄水、挡水要求。在暴雨来临时，受到洪水的猛然冲击，水坝决口或溃坝，对下游形成瞬间致命之灾（如水峪村小水库坝已经开始漏水）。应按规划尽快开展流域内大中型水库建设相关工作，如拒马河上游张坊水库、大石河上游二道河水库、永定河上游陈家庄水库等。尽快开展山区小型水库、塘坝除险加固工作。应按规划疏挖整治山洪沟、中小排水河道，满足流域内防洪排水要求。对改暗渠段河道进行明渠恢复，对淤积严重段河道尽快实施清淤、损害堤防尽快修复治理。

3.3 部分山区公路系统不完善，且部分处于地质灾害易发区，紧急疏散救灾通道系统不完善

部分山区乡镇和村庄进出道路单一，一旦道路受阻或被毁，没有替代进出道路。部分山区道路局部为开山路段，或经过易塌方地段，强降雨时易引发山体坍塌、滑溜、滑坡等地质灾害，极易造成道路中断受阻。亟待建立完善的山区紧急疏散救灾通道监测和管理系统。

3.4 应加强山区灾害监测预警工作

此次灾情发生以后，山区灾害地区虽有地方政府统一安排疏散居民，但缺乏灾情的提前监测预报系统，临时调动及安排较为仓促，存在准备不充分的情况。应加强洪水、地质灾害的预报、监测，进一步摸清灾害影响范围，制订超标洪水应急减灾预案，加强洪水调度，加强灾害发生时对居民的预警和转移工作。对水库、堤坝、主要排水河道进行安全监测，洪水预报，并规划治理。

4 城市防灾减灾体系的综合统筹有待加强

随着全球环境危机日益加深，近年来重大自然灾害频繁发生，并且呈现巨灾化、频率高、破坏严重的特点，城市面临的防灾形势十分严峻。北京经历了近百年的现代城市建设，建成区各类设施盘根错节，危险源星罗棋布，城市复杂脆弱。新中国成立后，我国在抗震、消防、气象、地质灾害、防洪、卫生防疫等专业领域取得了长足的发展，分别进行了深入工作，但是各灾种自成系

统，各部门之间条块分割，既存在管理真空，又存在重叠浪费，急需整个城市层面的综合统筹，建立完整、系统的综合防灾减灾体系。

特大城市各个系统间关联度大，系统内各节点之间关联度大，导致发生灾害时影响范围远远大于小城市或者非城市化地区。"7·21"充分暴露了交通系统与防洪系统的相互影响，城市下凹式立交桥与排水系统的建设各自都符合设计规范，但系统问题叠加变成大问题。京港澳高速的下沉路段设计建造完全符合规范，因邻近河道决口造成严重灾害。

建立综合防灾减灾体系，将有助于协调系统间问题，通过空间整合发现各自合理却彼此干扰的系统间问题，从空间布局上提出根本性规避灾害风险的规划策略；同时，还有助于覆盖系统间真空。城市现状形成了具有多重灾害易损因素的地区，但却不在单灾种规划中体现。例如，位于危险品厂库周边的居民区，在发生地震的情况下，会遭受爆炸、火灾等次生灾害，但这在抗震规划和消防规划中均没有涉及。应在综合体系中将这些系统间问题进行全面的空间梳理，包括生命线工程与地震断裂带的关系、高层建筑密集区与沉降的关系、生命线系统与危险品分布的关系、道路交通系统与防洪系统的关系、危险品输送走廊与地下轨道交通的关系等。

各系统之间的综合统筹不仅仅是技术问题，更主要的是制度设计问题，需要建立明晰的防灾减灾组织机构保障体系、制度保障体系、法律法规体系、设施监测管理体系、公众行动指导宣教演练体系。在明晰的法规制度保障下，才有可能良好地运转各系统间的协调机制，建立一个完整顺畅的综合防灾减灾体系。

5 灾害预警机制和应急公众管理有待加强

应当建立面向全社会的预警发布渠道，制定与各类预警相配套的公众行动指导细则，告知公众预警级别的具体含义是什么，对公众的行为要求是什么。"7·21"暴雨时，大型演唱会、大型球赛都在举行，公众照常出行，没有采取相应的避险行动。

应当建立生命线监测系统、重大灾难时的紧急预警、指挥与控制系统。

"7·21"暴雨，京港澳高速已经淹水，收费站还在放行车辆，没有及时关闭，市区众多积水路段没有及时交通管制，所有报警电话占线，救援人员没有及时到达，

京港澳高速遇灾点在等待几个小时后依靠附近工地民工完成约190人的救援，否则后果不堪设想。

香港用"风球制度"指导整个城市自动进入抗灾程序，政府、企业和公众根据不同标号的风球，各知要领、各就其位。2008年编号0806号"风神"台风来袭，天文台通过政府新闻处向公众发出8号风球警告，全社会按照《台风和暴雨警告下的工作守则》等各种指导回港避风、停工停课、关闭桥梁、增加公交、提醒旅客在前往机场前先行查询等。该台风在菲律宾造成229人死亡，800多人失踪，香港整个社会运转自动有序，全港无人员死亡，只有17人受伤。

美国加利福尼亚州警报中心（CSWC）负责一年365天，每天24小时不间断地进行紧急通报。该中心与国家应急点、州机构和联邦机构以及全国警报中心保持联系。

日本的地震预警利用地震波传输与通信信号传输的时间差（P波传输速度6公里/小时，S波3.5公里/小时），埋深100米的地震探测设备能够争取十几秒的预警时间。日本地震监测机构有直接连接到广播电视机构的专用信息通道，地震预警可以在第一时间告知所有民众，就是这十几秒将使关闭燃气、输油管线阀门、停运高铁成为可能，使对危险品生产采取应急措施成为可能，也成为百姓宝贵的逃生时间。

另外，应急状态下的公众管理是赢得救灾胜利的关键因素，包括灾害发展信息、救灾进展信息、灾损信息的准确及时通报，以及明确的灾时公众行动指导是保证良好的灾害应对秩序的重要因素。应急状态下的公众管理同样需要事先制订完善的方案和技术细则。

6 灾后安置工作应建立相关的制度、规划指引

北京市规划委员会在灾后第一时间组织协调房山区规划分局、北京市规划院、北京市测绘院成立了灾后规划工作组，多次奔赴灾区现场实地踏勘，组织开展规划编制工作。在具体工作中，测绘院补测安置用地坐标和高程，规划院进行用地安全性规划校核意见分析，总结问题，提出相关规划意见和工作建议。各级地方政府应共同牵头统计安置需求，开展临时安置房选址工作。

为更妥善解决好灾区中长期的生产、生活安全问题，合理安排居民点的建设，有效促进山区社会、环境、经济共同发展，灾后安置应从以下几方面开展工作。

首先，应制定灾后搬迁安置的有关政策、标准，作

为规划选址、建设、管理等各项工作的依据。

灾后评估：首先应对灾后受损房屋进行评估，根据房屋的实际居住状况和周边灾害发生的隐患程度，明确灾后房屋评估原则和标准，综合确定受损房屋是否能够继续使用，进而确定对房屋是进行维修加固还是拆除重建。根据该评估原则和标准，统计灾后共有多少房屋是维修加固，有哪些房屋需要拆除重建，统计出重建需求规模和维修总量。

安置标准：需结合安置工作指导思想明确安置方式，是重新选址集中建设农村居住点，还是结合搬迁安置工作加快城市化进程解决农民转居转工。永久安置点除了解决居住问题，是否需要解决农民就业问题，以及资金平衡问题。结合不同的思路应有不同的人均建设用地、人均安置房建筑面积的标准和规模。

建设用地指标：明确永久安置地的建设用地指标来源，是全区统筹调整，还是向市政府单独申请，还是与搬迁乡镇置换整合，还是直接按照集体占地方式建设农民居住点，建设用地的方式将会影响到规划建设的配置标准，将与全区及各乡镇建设用地总量有密切关系。

其次，应结合灾后重建需求，开展区域层面系统性的规划工作，以及局部地区的专项规划，对灾后重建的规划工作起到更有力的技术支持。例如，灾区村庄体系规划、山区公路网系统优化规划、水系治理专项规划等。

远期还应开展一系列宏观研究，包括：结合山区村镇长远发展，对乡镇规划提出优化建议；开展山区产业发展、居住区域布局、基础设施系统、综合防灾等规划研究；开展山区规划标准、规划实施政策、实施办法的相关研究。

备注

本文发表在《北京规划建设》2012年第5期。

京津冀地区生态环境的症结及城乡规划可能作为

何永　赵丹　贺健

1　地区生态环境问题的表象

随着京津冀地区社会、经济快速增长，人口大量集聚、用地范围日益蔓延，从而导致对自然资源的需求急剧增加，带来一系列的资源短缺和生态破坏问题；同时，城市生活、生产排出大量废弃物，远超出城市生态系统的自净能力，造成一系列的环境污染问题[1]。

1.1　资源紧缺

水资源、能源和土地资源是区域和城市发展中最重要的资源束缚。京津冀地区水资源和能源对区域发展的制约作用尤为突出。

1.1.1　水资源

首先，京津冀地区地处我国水资源最为短缺的海河流域，水资源总量有限，多年平均水资源总量不足全国的1.3%。2012年，人均水资源量仅为286立方米，为全国平均水平13%，世界平均水平的1/30。其次，区域水资源时空分配不均。时间分布方面，降雨集中在7、8两月，年内分布不均。空间分布方面，在国内以1.3%的水资源量承载着全国约10%的人口、粮食和GDP；在京津冀地区内，京津两市与河北水资源总量比例为2∶8，河北为京津提供大量水源。再次，区域水资源开发利用程度高，海河流域水资源开发利用率达118%，可开发利用潜力十分有限。

1.1.2　能源

京津冀地区能源资源紧缺，能源对外依存度越来越大。2003～2012年，常规一次能源生产由8668万吨标煤增长至15242万吨标煤，年均增长5.8%。2003～2012年，能源消费总量由23161万吨标煤增长至45635万吨标煤，年均增长7.0%。京津冀地区一次能源自给率由2003年的37.4%下降至2012年的33.3%。地区以煤为主的能源消费结构难以改变，2012年煤炭消费仍占到地区一次能源消费量的71%。巨大的化石能源消耗以及以煤为主能源消费结构是导致京津冀地区严重环境污染的根本原因。

1.2　环境污染

城市发展和城市化造成的环境污染主要包括大气环境污染、水环境污染、土壤、噪声、电磁辐射污染等。其中，大气雾霾和水体污染是京津冀地区最主要的环境污染问题。

1.2.1　大气污染

京津冀是我国空气污染最重的区域，特别是PM2.5污染已经成为国际社会及公众关注的热点[2]。2013年，京津冀13个城市空气质量无一达标，平均达标天数仅为37.5%。PM$_{2.5}$是京津冀首要污染物，年均浓度达106微克/立方米，是74个城市年平均浓度（72微克/立方米）的1.5倍，超过长三角地区和珠三角地区57.7%和126.3%，更为WHO指导值和美国平均年均浓度的10倍以上。

从源解析结果来看，区域大气污染是传统煤烟型污染、汽车尾气污染与二次污染物相互叠加形成的复合污染，具有高浓度、大区域、长时间、跨介质、复合型、非线性等新特征。二次颗粒物在PM2.5中的比例高，整个京津冀为50%～70%，北京市、天津市和河北省分别为60%、53%和59%。

1.2.2　水污染

京津冀地区所处的海河流域是水资源开发程度最高的流域，也是我国水污染最严重的流域，污染物排放量远超过环境容量。区域地表水以IV类、V类水体居多。地表水水功能区有72%达不到相应的功能区水质标准。2013年，区域51个国控断面中劣V类占35.3%，23个国控省界断面中劣V类占43.5%，主要污染指标为氨氮、总磷、COD等。京津冀地区流域范围内山区、平原水质相差很大，上游水质良好，城市下游几乎无天然径流、河道内为城市排水、水质多为劣V类。

地下水污染问题也不容乐观，区域三分之一的地下水已经遭受不同程度污染。重金属污染多集中在石家庄等城市周边，以及天津、唐山等工矿企业周围，地下水中"三氮"超标率较高[3]。

此外，近海海水污染严重，渤海湾劣四类海水占75%，全国9个重要海湾中，劣四类比例仅次于杭州湾和长江口[4]，水污染问题更加重了区域水危机的严重程度。

1.3　生态退化

区域生态破坏和退化主要体现在两个方面：一是因城市蔓延导致近郊或远郊大量农田、草地、林地、湖泊等自然生态用地被水泥建筑和柏油路面所取代，生态源地遭到破坏，生物多样性逐渐丧失；二是因地下水超采或过分集中开采，导致地面沉降、海水入侵等一系列的环境地质问题。

1.3.1　水生态系统退化

海河流域地表水多年平均年径流量和径流深均处于全国倒数第二；17条主要河流年均断流335天，河流缺水严重。湿地萎缩的问题也十分严峻。另外，严重的地下水超采导致地下水水位急剧下降，地面沉降、海水入侵。目前，华北已成为世界上最大的地下水"漏斗区"，包括浅层漏斗和深层漏斗在内的华北平原复合地下水漏斗面积达73288公里，占总面积的52.6%。此外，20世纪90年代以来，渤海湾进行了大量的围垦项目，使得沿海滩涂面积骤减，直接导致沿海生境的破坏，湿地鸟类栖息地和觅食地缩减或消失。

1.3.2　土地退化

京津冀荒漠化土地面积44167.2平方公里，接近20%。水土流失面积5.8万平方公里，占全区总土地面积的31.7%，水土流失严重的地区多为贫困人口集中的西部和北部的太行山东坡、燕山山地，进一步引发生态与贫困的恶性循环，对官厅和密云两大水库行洪和供水形成巨大压力。

1.3.3　农田萎缩

2000~2010年，京津冀地区城镇面积增加4076平方公里，挤占了大量农田、湿地和草地。2005年区域耕地面积108455平方公里，至2010年下降至106097平方公里。5年时间面积萎缩2358平方公里，城镇化快速发展导致区域的农田生态系统受到冲击加大。

2　地区生态环境问题的症结

2.1　客观环境条件

2.1.1　地形地貌

北京小平原三面环山，地势呈西北高、东南低的走势，"弧状山脉"这种特殊的地形影响着北京及周边地区的空气流动特征，易于雾霾天气产生。一方面，"弧状山脉"形成了天然的气流屏障。当边界层以下盛行偏南风时，由于山脉的阻挡，偏南气流就会减速并在山前迎风坡附近出现气流停滞和空气堆积。另一方面，当冷空气以西北路径或偏西路径侵入华北平原时，这种阶梯地形将迫使气流过山后下沉并在山脉的背风坡形成下沉增温层。由于弧状山脉的高度恰恰与边界层顶相当，于是在特殊地形导致的增温与近地面层辐射冷却降温共同作用下，就在弧状山脉南麓和东麓的边界层内形成了逆温层，大气的稳定度高于山区和远离山脉的东南部平原地区。

2.1.2　气候气象

气象要素是制约污染物在大气中稀释、扩散、迁移和转化的重要因素[5]。研究表明，大气降水不仅可以冲刷空气中的部分PM10颗粒，也可以在一定程度上抑制地面扬尘发生，从而有效减少PM2.5排放。因此，降水对京津冀地区污染物有较好的净化作用。而风是边界层内影响污染物稀释扩散的重要因子，风速是造成快速水平输送或平流的主要原因，而风向则决定大气污染物浓度的分布[6]。由于近30年来，京津冀地区通风能力和降雨呈下降趋势，使得雨水对大气中污染物的"清洗"作用减弱，使污染物颗粒能够更长久地在空气中留存，从而更易形成雾霾天气。

2.2　人类活动影响

2.2.1　经济、社会快速发展

快速人口增长、经济发展、能源消费和用地扩张是导致城市生态环境变化的重要因素。"六普"数据显示，京津冀的人口规模达到1.04亿，占全国人口的7.79%；随着人口的不断增长，人类活动对自然生态系统的干扰和破坏不断加剧，对生态环境的压力越来越大。另外，区域近10年的经济增长主要建立在大量的资源、能源消耗和大量废弃物排放的基础上。2013年京津冀地区GDP总量占到全国的10.9%，与此同时，能源消费总量占全国能源消费总量的12.6%，超过德国全国能源消耗总量，更超过印度的一半。这种粗放型的经济增长方式使经济增长付出高昂的环境代价。此外，产业结构不合理是导致京津冀地区碳排放增加、大气污染的重要原因之一。

2.2.2　资源利用效率不高

（1）水资源利用效率较低。区域内各城市10年间单位GDP用水下降较快，北京、天津、廊坊的单位GDP用水量一直低于区域平均水平，其余城市单位GDP用水量仍较高。

（2）固体废弃物循环利用率较低。京津冀地区危险废物综合利用率低于全国平均水平，河北省一般工业固体废物综合利用量和储存量均居全国第一。

（3）能源利用效率不一。能源使用效率方面，河北与北京、天津之间存在较大差异。2012年，北京、天津、河北人均综合能耗分别为3.47吨标煤/（人·年）、5.8吨标煤/（人·年）、4.15吨标煤/（人·年），天津、河北分别较北京高出67%和20%；天津、河北分别高出北京60%和185%，区域内能源利用水平严重不均衡。

2.2.3 污染无序超标排放

2004~2012年，京津冀地区废污水排放总量呈增加趋势；北京以生活污水为主，河北省工业废水和生活污水基本相当；废水中COD和氨氮的比例，河北省明显高于北京市和天津市。另外，一些城市工业废水未经处理直接排入河、湖、海中，使地表水和地下水受到严重污染。地区废气排放量也呈增长趋势，河北省占主要份额，排放量远远高于北京市和天津市。

2.2.4 生态空间缺乏管控

京津冀地区城镇扩张以京津保地区为中心，中小城镇规模和实力整体较弱；另外，沿海地区城镇蔓延的趋势较为严重。东南环京地区的规划建设用地对首都形成"围堵"之势，割断了区域生态廊道的连续。

2.2.5 设施建设各自为政

京津冀地区环境基础设施建设各自为政，三地的污染物处理标准不同、工艺选择不同、处理率不同，造成区域和城市层面的环境基础设施建设缺乏协调、区域整体利益下降，难以实现区域或流域的综合治理。例如，各城市垃圾处理场都放在行政边界，而没有形成各省市共同使用的垃圾处理场。这一方面造成设施重复建设，另一方面也不利于集约化、规模化设施建设。随着区域协同发展的推进，一批落后的环境基础设施应当关闭、提升和整合，生活垃圾中转、处置等环节势必要打破区域壁垒，实现资源共享、资源利用最大化。

3 城乡规划的可能作为

城乡规划是引导和调控城乡发展的重要手段。面对当前区域城乡发展面临的生态环境危机及转型发展的新要求，如何充分发挥规划的关键作用，利用科学、合理、前瞻性的城乡规划积极促进区域可持续发展成为学界研究的热点。本文从城乡规划的角度，提出整治和改善区域生态环境的可能切入点和着力点。

3.1 全域需求管理

以2030年区域环境空气质量达标为控制指标，最大限度实现资源高效利用、能源结构调整、产业结构调整、倒逼合理发展规模，进而实现全域的需求管理。

3.2 资源合理调配

资源合理调配是确立区域发展方向、合理布置生产要素的关键，也是解决经济社会发展与资源供给有限性矛盾的重要措施。在京津冀区域一体化的大背景下，实现水资源、能源的合理配置是区域协同发展的重要突破点。

3.3 环境联防联控

京津冀区域污染一体化倒逼区域环保一体化。环境联防联控应以区域环境容量为依据，以削减污染物排放总量为主线，建立区域污染防治协作机制。

3.3.1 区域大气污染联防联控

以京津冀地区为统一体，打破行政区界限，研究建立区域环境合作支撑体系，协同健全完善大气污染防治法规体系和标准体系、环境准入制度、机动车大气污染防治机制和统一协调管理的工作机制。

3.3.2 区域水污染综合防治

区域水污染防治也应改变传统的水污染治理观念，建立点源、面源、流域、近海一体化的水污染综合防治体系，提出分类、分级、分步管控要求，从水质改善需求出发，确定工业、生活、农业源、面源污染等重点防治方向。

3.4 生态保护修复

坚持区域生态保护、生态修复和生态建设并重的原则，统筹京津冀地区水源保护和风沙治理，加强生态敏感区和脆弱区的保护与建设，全面改善区域生态环境质量。

3.5 空间合理布局

依据生态服务功能重要性评价结果，京津冀地区生态服务功能极重要和重要地区主要分布在山前地区及沿海地区，平原的生态要素十分贫瘠，生态服务功能较低。因此，亟需构建区域和城镇密集区两个尺度下的生态安全格局，划定生态保护红线，优化区域空间布局。

3.6 区域共建共治

打破行政区域限制，以生态环境共建共治为核心，加强顶层设计，形成三地互惠互利、协同共生的生态环境管理新模式；坚持高标准、严要求，用最有效的机制、最管用的政策、最严格的制度、最可行的手段加强生态环境治理，实现区域层次上的健康、和谐、可持续发展。

4 生态导向的城乡规划变革

城市规划是城市建设和发展的蓝图，是建设和管理城市的基本依据。一个合理、科学的城市规划对于城市经济与社会的发展有着很好的推动和指引作用。当前城乡发展面临着巨大的生态环境危机及转型发展的要求，城乡规划工作应当与时俱进、更新观念、拓展视野、充实内容，积极促进城乡及区域健康、协调、可持续发展。

4.1　更新规划理念

规划是城市发展的龙头，理念决定规划的水平。在城市规划编制过程中，应该将生态的理念融入城乡规划的各个方面，贯穿到城市建设的全过程。传统的城乡规划以经济优先、功能完善、设施现代为导线，往往由于过分追求经济发展而牺牲城市生态环境，造成自然资源过度开发消耗和污染物质大量排放。而生态导向的城乡规划以生态文明和可持续发展理念为指导，强调人与自然和谐共处，社会经济与生态环境协调发展。另外，应当树立全域空间管理的理念，从区域和流域的尺度、时间和空间的维度、顶层设计的高度去发现城市问题，制定规划策略、统筹城乡发展。

4.2　拓展规划视野

城乡规划是一项全局性、综合性、战略性的工作，城乡规划仅仅关注城市空间和土地利用已经远远不够，必须拓展工作视野，关注自然、社会、经济复合系统的综合平衡，围绕资源节约、环境友好、生态和谐等各个方面做出系统考量和综合安排。同时，城乡规划要打破就城市论城市的狭隘观念，增强区域意识。城市不仅要从自身条件和发展要求出发，还必须充分考虑区域整体状况，安排好生态环境保护、资源开发利用和基础设施建设等各项工作。

4.3　变革规划方法

科学、合理的城乡规划方法是实现生态导向的城乡规划变革的重要手段。首先，在现有土地资源详查和林业资源详查基础上，完善建立矿产资源、地质资源、水资源、生物资源、旅游资源等详查制度。通过对自然资源现状的详细调查和分析，绘制生态资源一张图，摸清需要保护和修复的生态空间，为城市建设用地的布局提供参考。其次，将资源、环境等相关指标纳入城市总体规划和控制性详细规划的核心指标体系中，通过关键生态指标的刚性约束，实现低碳、绿色、生态理念的逐步落地。

4.4　完善规划内容

在传统城乡规划的核心内容，如城市性质、城市规模、城市形态和空间布局等中加入生态环境要素的约束和指引，以适应新形势下城市发展的需求[7]。以可持续发展理念确定城市发展目标和功能定位，调整产业结构、引导发展方式。以资源承载力制约需求，调控城市人口和经济发展规模；以良好的环境质量，引导发展品质。以生态空间约束城镇空间的过度开发和无序扩张，优化区域发展格局；以生态保护红线为硬约束，保障区域生态用地和生态系统服务的底线。以体制机制协调区域矛盾关系，建立最严格的生态环境保护制度以及跨区域的联合执法机制、应急联动机制、环境标准和信息共享机制，保障规划策略有效实施。

5　结语

京津冀地区生态环境形势严峻而复杂，已经成为制约区域社会、经济发展的重要因素，引起全社会的广泛关注。本文从城乡规划的角度对改善区域生态环境质量提出一些对策和措施，但区域生态环境问题的缓减和根本解决需要一个长期过程，不可能一蹴而就，需要区域各部门、各行业协力合作、多措并举、共同努力。

参考文献

[1] 方创琳，鲍超，乔标. 城市化过程与生态环境效应 [M]. 北京：科学出版社，2008.

[2] 吴兑，廖碧婷，吴蒙，等. 环首都圈霾和雾的长期变化特征与典型个例的近地层输送条件 [J]. 环境科学学报，2014，34（1）：1-11.

[3] 国家环保部规划院. 京津冀区域协同发展生态环境保护规划 [R]. 2014.

[4] 2012年中国环境状况公报 [R]，2012.

[5] 周兆媛，张时煌，高庆先，李文杰，赵凌美，冯永恒，徐明洁，施蕾蕾. 京津冀地区气象要素对空气质量的影响及未来变化趋势分析 [J]. 资源科学，2014，36（1）：191-198.

[6] 孙家仁，许振成，刘煜，彭晓春，陈来国，李海燕，陶俊，林泽健. 气候变化对环境空气质量影响的研究进展 [J]. 气候与环境研究，2011，16（6）：805-814.

[7] 周岚，于春. 低碳时代生态导向的城市规划变革 [J]. 国际城市规划，2011，26（1）：5–11.

[8] 关大博，刘竹，雾霾真相—京津冀地区PM2.5污染解析及减排策略研究 [M]. 北京：中国环境出版社，2014.

[9] 北京市环保局. 北京空气污染源解析 [N]. 法制晚报，2014.

[10] 张健，章新平，王晓云，张剑明. 近47年来京津冀地区降水的变化 [J]. 干旱区资源与环境，2010，24（2）：74–80.

[11] 黄凌翔. 土地竞争力视角下的京津冀差异与一体化研究 [C] // 京津冀区域协调发展学术研讨会论文集. 2009.

[12] 徐健，赵柳榕，王济干. 北京建设节约型城市评估指标体系的研究 [J]. 科技管理研究，2009（6）：104–105.

备注

本文发表于《城市与区域规划研究》2015年第3期，有删节。

北京市水资源供需分析

魏保义　王军

北京是世界上严重缺水的特大城市之一，年人均水资源量不足300立方米，仅为全国人均的1/8，世界人均的1/30，是资源性缺水地区。水资源是经济和社会发展的基础性资源，水资源的不足不仅会制约城市的社会、经济发展，甚至会对社会安定产生不良影响。本文结合《北京城市总体规划》的编制，从可供水资源量、需水量预测分析等几方面，对北京市2020年水资源供需平衡情况进行了分析研究。

1　北京市水资源概况

北京市位于华北平原西北部，地处海河流域中部，西以西山与山西高原相连，北以燕山与内蒙古高原相连，东南面向平原，全市总面积约16400平方公里。境内主要有永定河、潮白河、北运河、拒马河、泃河五大河流。本市水资源主要是靠地区降水产生的地下水和地表径流，其次是从河北、山西等地区流入境内的地表径流。

根据相关资料研究分析[1]，北京地区1956~2000年平均年降水为585毫米，受季风气候及地形的影响，降水时空分布极不均匀。年际变化悬殊，丰枯水年全市平均降水量可相差3.5倍，个别地区可达5.8倍；降水年内分配也不均，汛期（6~9月）雨量一般占年降水量的85%，最大3天雨水可占全年的30%，尤其是进入21世纪以来，受全球气候变化以及城市"热岛效应"的影响，极端降雨情况更是时有发生。此外还会出现连续丰水年和连续枯水年的情况。

由于整个华北地区的干旱少雨及上游地区用水量的增多，近几年北京市水资源储量明显减少，尤其是北京市两座主要水源水库——官厅水库、密云水库来水量减少尤为突出，水库蓄水量急剧下降。为了维持城市发展及百姓的正常生活，除了不断加强节约用水外，只有通过超采地下水来弥补地表水资源的减少。根据相关资料统计[2]，1999~2006年，北京市地下水位持续下降，共约9.6m，地下水资源储量减少了约50亿立方米。密云和官厅两大水库是本市主要地表水源，其来水量在近几年严重衰减（图1）。官厅水库20世纪70年代年均来水量约为8亿立方米，80年代年均来水量约为4.1亿立方米，2002年来水量仅0.93亿立方米；密云水库20世纪60~70年代，年均来水量约为12亿立方米，80~90年代年均来水量约为7.7亿立方米，2002年来水量仅为0.78亿立方米。

2　北京市用水量概况

自1999年以来，北京发生连年干旱，本地可利用水资源量愈发紧张，为保障首都经济、社会持续稳定发展，北京市政府和有关管理部门采取各种措施，落实《21世纪初期首都水资源可持续利用规划》，解决和应对首都水资源紧缺问题[3]。除了继续超采地下水外，主要通过建设怀柔、平谷、房山、昌平等应急水源地，从上游山西、河北调水进京，以及推广再生水利用等途径，来增加北京市的可供水量。此外，还通过调整产业结构以及农业种植结构，限制和转移高耗水行业，推广节水灌溉，大量压缩农业用水以及牺牲生态环境用水等途径，以保障首都的社会生活、生产用水正常需求。从20世纪80年代至今，北京市实际年用水量呈逐年下降趋势（图2）。根据统计[2]，从1986年到2000年，全市年平均用水量约为42.19亿立方米；从2001年到2006年，全市年平均用水量约为35.45亿立方米，减少了约6.74亿立方米。2006年，北京市全年总用水量约为34.3亿立方米，其中工业用水量约为6.21亿立方米，农业用水量约为12.78亿立方米，生活用水量约为13.7亿立方米，其余1.61亿立方米为生态景观用水。

3　需水量预测分析

北京是全国的政治中心、文化中心，是世界著名古都

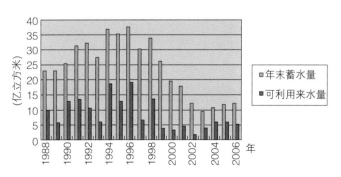

图1　1988~2006年官厅、密云水库水资源量变化图
（数据来源：北京市《水资源公报》，1988~2006年）

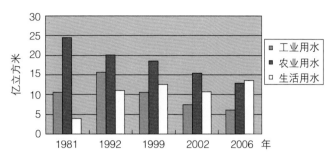

图2 北京用水量年际变化图
（数据来源：北京市《水资源公报》，1981～2006年）

和现代国际城市[4]，根据《北京城市总体规划（2004—2020年）》，2020年北京规划人口规模控制在1800万，其中城镇人口规划控制在1600万，规划城市建设用地规模控制在1650平方公里。北京的经济发展要加快产业结构优化升级，大力发展科技含量高、资源消耗低、环境污染少的新型工业；深化农家结构调整，积极发展现代农业，促进农业科技进步。

根据上述北京城市发展规模及发展导向，规划考虑水资源配置的基本原则主要为确保城乡人民生活用水，兼顾生态环境用水与生产用水，要压缩农业用水、控制工业用水并适当增加生态用水。经预测，在充分考虑节水的情况下，2020年平水年及偏枯年需水量分别约为51.63亿立方米和54.03亿立方米，如表1所示。

4 供需平衡分析

北京市可供水资源主要包括本地地表水、地下水、再生水及外调水。本地地表水主要是指官厅水库、密云水库及市内其他水库、河道基流可利用水资源量。地下水主要是指地下可供开采利用的水量，即在一定的技术经济条件下可获得并在质量上符合要求，开采后对环境质量是允许的那部分地下水资源。根据相关研究分析[4]，北京市2020年平水年及偏枯年本地地表水可利用资源量分别约为11.4亿立方米和8.2亿立方米，地下水可利用资源量均为24亿立方米，本地可利用水资源总量分别约为35.4亿立方米和32.2亿立方米，水资源量缺口分别约为16.23亿立方米和21.83亿立方米。

为了保障北京市生态环境系统稳定和经济、社会可持续发展，必须坚持"节流、开源、保护并重"的原则，通过以下几方面措施，以实现2020年北京市水资源在偏枯年情况下供需基本平衡[1,4]。

（1）建设节水型社会。建设节水型社会是应对水资源

紧缺的首要出路。除了要按照总体规划要求严格控制城市发展规模外，重点积极推广节水新技术，大力发展喷灌、滴灌，完善渠道系统，减少渗漏损失，建设节水农业；调整用水结构，提高用水效率，严格控制用水效益低、耗水多、能耗高的工业在京发展。通过上述措施，严格控制2020年偏枯年情况下规划蓄水量不突破54.03亿立方米。

（2）多渠道开源。开源是增加水资源量的重要手段。从20世纪80年代开始，水资源规划中就提出利用外地调水，来增加北京水资源量。此外，随着科学技术的发展，还逐渐提出再生水利用、雨洪利用、海水淡化等其他多种方式，来缓解北京水资源供需矛盾。根据规划[4]，2020年南水北调中线引水进京约14亿立方米/年，再生水利用量将达到8亿立方米/年以上，即2020年偏枯年情况下可用水资源总量约为54.2亿立方米，基本能够满足供需平衡。在丰水年及平水年，应充分利用地表水及外调水源，加大雨洪利用，养蓄地下水，从而增加本地可利用水资源量。

（3）治理污染，保护水源。水质污染加重了水资源的供需矛盾，治理污水、保护水资源是缓解首都水资源紧缺的根本措施。要对点源污染、面源污染进行全面治理，要继续划定水源保护区，加强水源地管理，重点控制工业企业的污水排放，减少农业面源污染。此外，还要联合上游省（市）、地区，继续改善官厅水库水质，稳定密云水库水质，从而保证首都水资源的安全供给。

5 结论及建议

综上所述，北京属于资源性缺水城市，随着首都经济和社会的快速发展，水资源供需矛盾越来越突出。为了实现在2020年偏枯年情况下北京市水资源供需基本平衡，需要严格控制城市发展规模，建设节水型社会，早日实现南

北京市2020年总需水量预测成果表　　　　表1
（单位：亿立方米）

项目	平水年（P=50%）	偏枯年（P=75%）
农业	12.2	14.6
农村生活	0.73	0.73
城镇生活	15.6	15.6
工业	9.0	9.0
生态环境	12.1	12.1
输水损失	2	2
合计	51.63	54.03

（数据来源：《北京城市总体规划（2004—2020年）》（2005年国务院批复）

水北调引水进京，积极推广利用再生水，同时还需继续加强水源保护工作，保证首都水资源的安全供给。

　　为了充分、合理地利用有限的水资源，规划考虑应发挥密云水库及地下水的多年调节作用，优先配置使用南水北调来水，后用密云水库水，用密云水库作为南水北调的间接调蓄库，使密云水库有所储备，确保城市供水安全。坚持贯彻"优水优用"的原则，密云水库、南水北调来水和优质的地下水要优先满足生活用水；对水质要求不高的工业和农业，尽量使用再生水。

参考文献

［1］北京市水利局，水利部水资源司. 21世纪初期（2001～2005年）首都水资源可持续利用规划［R］. 2000.

［2］北京市水务局. 水资源公报（1981～2006年）.

［3］王军，魏保义. 开源与节流－北京市水资源规划的历史回顾［J］. 北京规划建设，2006（5）：39-41.

［4］北京市人民政府. 北京城市总体规划（2004—2020年）［R］. 2004.

备注

本文发表在《南水北调与水利科技》2009年第2期，有删节。

城市总体规划层面低碳城乡规划方法研究——以北京市延庆县规划实践为例

鞠鹏艳

1 低碳城乡规划对统筹碳减排工作的作用

我国国家和省市层面中长期碳减排指标分解工作基本完成,《"十二五"节能减排综合性工作方案》(国发[2011]26号)将国家目标分解为省市地区总量控制计划。城市层面以北京为例,《北京市"十二五"时期节能降耗与应对气候变化综合性工作方案》(京政办发[2011]19号)按照"条块结合"原则,对各区县和市级主要部门下达了减排分解目标。各级地方政府在碳减排工作中承担了重要责任。

节能减排系统性、综合性强,地方政府、部门之间的减排措施存在关联,减排必须强化统筹调控机制。建构有效的平台来评估并整合部门策略、统筹经济社会发展与合理减排的关系、系统推动城市碳减排工作,关系国家宏观碳减排目标的实现。由于城市规划"碳锁定"效应突出,并且与土地利用规划、国民经济与社会发展规划等宏观规划政策关系紧密,应成为政府统筹碳减排工作的平台。

国内低碳总体规划缺乏将低碳原则转化为可操作内容的手段,规划尚无法为政府减排提供明确的目标和内容[1],必须通过创新方法将可操作的减排目标与策略纳入到总体规划中。本文结合《低碳城乡规划研究与延庆试点应用》[2]对城市总体规划层面的低碳研究方法进行阐述。

2 总规层面低碳城乡规划工作步骤

国际非政府组织地方环境行动国际委员会(ICLEI)提出CCP"5个里程碑"计划(CCP's five milestones)[3],为城市碳减排工作提供了可执行的工作步骤,包括:基准年排放清单和预测,建立预测年份减排目标,制定地方行动计划,实施政策和措施,检测和检查结果。

在此基础上本文提出总规层面低碳城乡规划9个方面的工作内容,并与CCP"5个里程碑"计划相对应。从减排工作步骤来看,规划主要支撑城市减排计划的前3个步骤,工作内容的核心是建立规划要素与碳排放的量化关系,然后分析城乡规划策略联动作用下碳减排的综合效果,保证碳减排目标在城市总体规划中"落地"。

3 总规层面低碳城乡规划方法

3.1 城乡碳排放评估方法

3.1.1 国内外温室气体排放清单

联合国气候变化框架公约(UNFCCC)要求缔约国提交国家温室气体排放清单,《IPCC国家温室气体清单指南》[4]是国际上最为权威的排放清单编制指导文件,它将温室气体排放和清除分为5大类:能源使用、工业过程、农业林业和其他土地利用、废弃物、其他。IPCC主要指导国家层面清单的编制,与城市温室气体清单在编制模式和覆盖范围上各有特点,但是它提出的排放和清除概念使不同地区温室气体排放比较具有相对统一的口径。

ICLEI的温室气体清单[5]是当前国际较主流的城市温室气体清单编制方法,主要针对地方政府设计,编制模式考虑了城市和外界有能量与物质交流,将城市温室气体排放的核算范围分为3个方面,明确了地方政府在处理温室气体排放边界时的方法,在排放和清除的类别上同样采用了能源使用、工业过程等几大类内容。发达国家城市温室气体研究多采用ICLEI统一框架,但在交通、电力等跨区域系统排放核算范围上存在差异。

从实践看国外城市清单编制内容,一般包括居住、商业、工业、交通运输、废弃物等几项,特别是发达国家城市由于几乎没有农业、工业比例也很小,所以能源供应、建筑和交通以及废弃物处理往往是城市清单的主要内容。例如,伦敦市2006年城市温室气体排放[6]主要包括地面交通、工业、商业和公共建筑、家庭,航空排放也纳入到考虑范畴。

中国城市是一种行政区划建制,和西方国家城市相比除了城市建设区还包含大量的农村、林地等。国内顾朝林、蔡博峰、郭运功、朱世龙等对城市温室气体排放清单及其核算方法进行了研究[7-10],叶祖达提出了以城乡规划管理为平台建立温室气体清单[11-12],这些研究分别基于宏观经济社会统计数据和城乡规划要素进行探索,从研究方法上,叶祖达建议的评估方法[13]与总体规划内容可直接对应,可有针对性地指导城乡规划建设。

3.1.2　城乡碳排放计量框架与核算方法

本文借鉴叶祖达的建议，自下而上地按照空间规划的碳排放源头开展计量，并进一步细化计量框架与核算范围的具体内容（表1）。需指出能源结构不直接产生温室气体排放，参照IPCC的做法，在城乡温室气体排放/清除类别中不列入能源结构，但是能源结构影响消费端碳排放，是城乡温室气体计量需考虑的重要内容。

针对ICLEI提出的3个尺度城市温室气体核算范围，本文认为范围Ⅱ的排放源虽不在城市边界内，但与城市内部活动紧密联系，可以通过规划策略改变活动水平进而影响碳排放，在计量方面具有现实意义和可操作性；范围Ⅲ在数据获得层面缺乏有效支撑，规划可暂不将其纳入到核算范围。综上所述，城乡碳排放核算既包括边界内部因能源消耗、生产过程等产生的直接排放，也包括由外部调入二次能源（电力、热力、蒸汽等）的转换及输配所产生的温室气体排放。国际上绝大部分城市如纽约、多伦多、伦敦等都是采用这一模式编制温室气体清单。

各类碳排放与碳汇的计算公式可概括为排放/清除量=活动量（AD）×能源消耗强度（EE）×排放系数（EF），其中不涉及能源消耗的碳排放核算不需考虑能源消耗强度（EE）。

3.1.3　城乡碳排放评估模型

依据城乡碳排放计量框架的结构、各类碳排放核算方法与数据关系，搭建城乡碳排放评估模型。模型共采用10个模块，最底层是基础数据模型和数据库，数据库中存储城乡规划碳计量各板块的所有数据，基础数据模型是各板块分析所需要的公共数据，保证规划各部门策略的相关性，在数据库支撑的基础上，城乡规划碳计量各板块都有相对独立的计算模型，各计算模块之间除了在基础数据方面存在关联，还在能源结构、排放系数等方面存在整体的联动关系。

3.2　低碳目标下城市总体规划策略与部门行动

现阶段低碳城市规划关于新能源利用以及节能减排技术等研究较多，还需加强碳排放与城市形态、土地利用、产业发展、能源利用、交通模式、建筑等综合性内容的研究，为选择最适宜的城市发展道路提供思路[14]。

根据城乡碳排放驱动因素与城市总体规划对应关系，可以通过调整与主要驱动因素相关的规划策略，构建总体规划层面的城乡综合发展策略，并应用评估模型、数

城乡碳排放计量框架与核算范围　　　表1

温室气体排放/清除类别	内　容	排放/清除范围
（1）工业与建筑业	工业生产活动中消耗的各种矿物能源所产生的排放	边界内活动本地排放/范围Ⅰ
	建筑业活动中消耗的各种矿物能源所产生的排放	边界内活动外部排放/范围Ⅱ
	工业产品生产过程的温室气体排放	
（2）城镇建筑	城镇公共建筑能源消耗产生的排放	边界内活动本地排放/范围Ⅰ
	城镇居住建筑能源消耗产生的排放	边界内活动外部排放/范围Ⅱ
（3）农村生产与生活	农村生活消耗能源产生的排放	边界内活动本地排放/范围Ⅰ
	农业生产消耗能源产生的排放	
	牲畜饲养、化肥施用等产生的排放	边界内活动外部排放/范围Ⅱ
（4）交通	客货运交通消耗能源产生的排放	边界内活动本地排放/范围Ⅰ
		边界内活动外部排放/范围Ⅱ
（5）废弃物	废弃物产生的温室气体直接排放	边界内活动本地排放/范围Ⅰ
	废弃物处理消耗能源产生的排放	边界内活动外部排放/范围Ⅱ
（6）水资源	水源输配和处理过程中能源消耗产生的排放	边界内活动本地排放/范围Ⅰ
	污水产生的温室气体直接排放	边界内活动外部排放/范围Ⅱ
	污水处理消耗能源产生的排放	
（7）生态空间	林地、水稻田、园地、草地、湿地以及城市绿地产生的清除/排放	边界内活动本地清除/范围Ⅰ

据库等量化分析手段，评估城市总体规划的减排效果。从城乡碳排放驱动因素与部门策略的对应关系可以看出，城市总体规划的减排策略具有综合性，并与部门减排策略之间有紧密关联，研究采用的技术手段将各部门减排措施与整体碳减排目标联系起来，确保减排目标可以分解为每一部门的具体目标与行动，全面推动地方政府减排工作。

4　应用：延庆县碳排放评估与低碳总体规划策略研究

延庆县是北京市城乡空间的缩影，县域面积1994平方公里，是北京市新能源、可再生能源和循环经济示范区，全国绿化模范县。与北京市其他区县相比，延庆县

整体经济发展处于落后地位，在实现碳减排目标前提下如何提升经济和社会发展水平是地方政府亟待解决的问题。

4.1 现状碳排放水平评估

按照上述城乡碳排放计量框架与方法，研究对延庆县各类碳排放/清除进行评估。碳排放计算采用的各类能源标准煤转化系数及CO_2排放因子主要参考《IPCC国家温室气体清单指南》、《中国温室气体清单研究》[15]和《中国能源统计年鉴2010》[16]，电力部分依据《中国区域电网基准线排放因子》[17]华北电网碳排放因子缺省值与延庆本地发电的排放因子计算延庆电网排放因子。

从能耗和碳排放水平分析，2005年和2010年延庆县现状人均碳排放水平减少量为18%，较人均能耗水平有较大幅度减少（表2）。进一步分析能源消费情况，2005年其能源消费总量48万吨标煤，2010年为51万吨标煤，延庆县通过建设官厅风电场并实现上网，加大生物质能、太阳能的利用，提高可再生能源在能源消费中的比例，使2010年能源消费总量增加的同时，碳排放较2005年减少16万吨。从研究角度可以看出，碳排放水平指标比常规能耗密度指标能够更清楚地反映出能源结构优化对于碳减排的重要作用。

4.2 城乡发展情景评估及潜力分析

4.2.1 基准与政策情景评估

评估延庆县基准情景和政策情景的城乡碳排放，并与北京市提出的"延庆县2015年单位GDP能耗降低16%，能源消费总量控制目标70万吨标煤"目标相比较，得出若实现延庆县"十二五"规划2015年GDP 110.6亿元的目标，并落实全市减排要求，必须调整优化既定规划及相关政策（表3）。

4.2.2 减排潜力与驱动因素分析

基于城镇建筑、农村生产与生活、工业与建筑业和交通构成延庆县碳排放的主要部分，能源结构、生态空间对减少碳排放总量有重要作用，研究重点分析这几大板块的减排潜力。选取板块碳排放驱动的主要因素，从产业结构、城镇化水平、建设用地布局、交通出行、能源供应结构、建筑节能、生态空间布局几个方面分析现有规划策略优化的可行性。

在较大减排潜力方面，随着北京市社会经济发展结构、水平的整体提升，延庆县既定产业结构、城镇化目标可以做出进一步调整，并带动城乡用地布局优化；现状该县煤炭消费比例超过50%，与北京市现状70%清洁能源利用水平有较大差距，随着县域天然气、电力管网系统的建设，其能源结构会有较大调整，同时，尽管延庆县现状可再生能源利用已接近20%，远高于北京市2010年3.2%、2015年6%的发展水平，但是其在风能、太阳能、生物质能、地热的系统化利用方面还可进一步开发，该县"十二五"规划已提出2015年可再生能源达30%；延庆县城镇居住建筑仅有11%、公共建筑仅有16%达到节能设计标准，随着既有建筑节能改造、北京市居住建筑节能设计标准提高、城镇化发展力度加大，其城乡建筑减排潜力较大。

在适度减排潜力方面，延庆县绿色交通出行和生态环境建设已构成发展特点，但由于总体结构已达到较高水平，如2010年新城公交、自行车、步行出行比例达70%，既定规划生态空间已占县域总用地的78%，因此在现有基础上交通和生态空间不具备更大碳减排潜力。

4.3 低碳总体规划策略与部门行动

4.3.1 低碳规划策略

1）策略1：优化城乡经济、社会发展目标

按照社会、经济结构细化重组各板块的碳排放，分析延庆县三次产业、城乡生活碳排放水平，得出第三产

2015年、2020年延庆县不同发展情景能耗、碳排放水平汇总　表3

情景	基准情景		政策情景	
年份	2015	2020	2015	2020
人均碳排放/（吨二氧化碳当量/（人·年））	5.93	8.30	4.39	5.80
人均能耗/（吨标煤/（人·年））	2.43	3.48	2.14	2.89
单位GDP能耗/（吨标煤/万元）	0.77	0.74	0.68	0.62
单位GDP碳排放/（吨二氧化碳当量/万元）	1.87	1.77	1.38	1.24

（资料来源：《低碳城乡规划研究与延庆试点应用》）

2005年、2010年延庆县能耗、碳排放水平汇总　表2

	2005年	2010年	减少幅度/%
人均碳排放/吨二氧化碳当量/（人·年）	4.64	3.79	18%
人均能耗/吨标煤/（人·年）	1.65	1.61	2%

（资料来源：《低碳城乡规划研究与延庆试点应用》）

业和城镇化发展对进一步减少延庆县碳排放有较大作用。采取调整产业结构、城镇化集约发展的策略，适度调整15%～70%的城镇化目标，适当弱化二产、强化三产，调整三次产业比例为10∶26∶64，可以使延庆碳排放相对基准情景降低147.8万吨二氧化碳当量。

2）策略2：优化城乡用地布局和交通系统。

分析新城职住均衡状况与公共设施可达性，完善新城各街区的产业、居住、公共设施职能。分析新城、乡镇的人口规模与经济水平，以就业、公共服务为支撑优化区域城镇体系，强化新城与重点镇集聚发展，现状延庆县城乡公交出行占比仅为12%，城镇体系优化将和区域公交系统完善相结合。土地与交通协调发展策略可使延庆碳排放相对基准情景降低3.25万吨二氧化碳当量。

3）策略3：优化能源供应方式

在新城、各乡镇因地制宜地利用风能、天然气、地热和生物质燃料等实现差异化的供能方式，并以新能源产业带动循环经济发展，使延庆碳排放相对基准情景降低161.5万吨二氧化碳当量。

4）策略4：建设资源节约型新城

制定低碳模式下城乡生活用水、工业用水水平与供水方案，污水排放水平与污水处理、废弃物处理方案，循环利用处理过程产生的电、填埋气等资源，使延庆碳排放相对基准情景降低10.45万吨二氧化碳当量。

5）策略5：进一步强化生态用地种植结构

将城乡规划、土地利用规划、产业规划、生态规划合一，统筹考虑建设空间与生态空间的资源配置，通过退建还绿、适度退耕还林、湿地恢复、改善绿地种植结构，使延庆碳汇清除量相对基准情景增加3.69万吨二氧化碳当量。

4.3.2　低碳规划减排效果评估

综合评估低碳规划策略，在2020年经济总量和城市建设总量均实现规划目标的前提下，延庆县总体碳排放相对于基准情景可减少165万吨二氧化碳当量。城镇建筑、工业与建筑业、农村生产与生活三大板块分别具备44%、22%、22%的减排能力，这与前面延庆县减排潜力和驱动因素的初步分析结论基本一致。

4.3.3　低碳发展路径与部门行动

依托碳排放评估模型，将低碳发展主要路径和低碳规划策略进一步分解，提出具体部门的减排行动和量化目标（表4）。

延庆县低碳发展减排路径与部门行动一览表　　表4

主要路径	减排措施	相对基准情景减少/增加碳排放/碳汇	行动部门
城镇建筑	提高建筑节能水平 建筑一体化可再生能源 能源结构调整	减少92万吨二氧化碳当量 ——住宅减少44.9万吨二氧化碳当量 ——公建建筑减少47.1万吨二氧化碳当量	县规划分局/县住建委/县发改委/县旅游局/县商务局
工业与建筑业	产业和工业内部结构调整和优化 提高能源效率 优化能源结构 加强管理和实施激励政策 建筑业综合措施	减少33.7万吨二氧化碳当量 ——工业减少31.7万吨二氧化碳当量 ——建筑业减少碳排放2万吨二氧化碳当量	县发改委
农村生产与生活	提高农村建筑围护结构热工性能 提高太阳能热水普及率 产业结构调整 单位一产增加值能耗降低	减少碳排量为22.1万吨二氧化碳当量 ——农村生活减少9.1万吨二氧化碳当量 ——生产减少13万吨二氧化碳当量	县住建委/县农业局/县发改委
生态空间	增加城镇建设用地外的林地面积 在城镇建设用地内增加城市绿地面积和城市绿地植林率	增加碳汇3.69万吨二氧化碳当量	县规划分局/县园林绿化局/县水务局/县国土局
能源	降低煤炭比例 积极引入天然气 增加可再生能源发电 提高可再生能源比重	—	县发改委

5　结语

本研究提出的城市总体规划层面系统、量化的低碳城乡规划方法，以城乡碳排放计量、评估模型与数据库建设为基础，建构城市总体规划策略与碳排放的耦合关系，保证地方政府在落实低碳总目标和横向推动各项低碳建设工作时具有可操作性和可考核性。建议从城乡规划制度和政府管控机制方面深化如下工作：完善总体规划层面的低碳城乡规划，将影响碳排放的综合性规划指标和重要策略纳入城乡规划；完善城乡碳排放相关数据统计工作，为制定碳减排策略奠定基础。

参考文献

[1] 宋彦, 彭科. 城市总体规划促进低碳城市实现途径探讨——以美国纽约市为例 [J]. 规划师, 2011 (4): 94-99.

[2] 北京市城市规划设计研究院, 奥雅纳工程咨询（上海）有限公司. 低碳城乡规划研究与延庆试点应用 [R]. 2011.

[3] ICLEI. The Five Milestone Process [EB/OL]. 2008 [2012-11-14]. http://www.iclei.org/index.php?id=810.

[4] Intergovernmental Panel on Climate Change. 2006 IPCC Guidelines for National Greenhouse Gas Inventories [M]. Japan: Institute for Global Environmental Strategies (IGES), 2006.

[5] ICLEI. International Local Government GHG Emissions Analysis Protocol (IEAP) Version 1.0 [EB/OL]. 2009-10 [2012-11-14]. http://www.iclei.org/fileadmin/user_upload/documents/Global/Progams/CCP/Standards/IEAP_October2010_color.pdf.

[6] Greater London Authority. Action Today to Protect Tomorrow: The Mayor's Climate Change Action Plan [EB/OL]. 2007-2 [2012-11-14]. http://legacy.london.gov.uk/mayor/environment/climate-change/docs/ccap_summaryreport.pdf.

[7] 顾朝林, 袁晓辉. 中国城市温室气体排放清单编制和方法概述 [J]. 城市环境与城市生态, 2011 (1).

[8] 蔡博峰, 刘春兰, 陈操操, 等. 城市温室气体清单研究 [M]. 北京: 化学工业出版社, 2009.

[9] 郭运功. 特大城市温室气体排放量测算与排放特征分析——以上海为例 [D]. 上海: 华东师范大学, 2009.

[10] 朱世龙. 北京市温室气体排放现状及减排对策研究 [J]. 中国软科学, 2009 (9).

[11] 叶祖达. 编制以城乡规划管理为平台的温室气体清单 [C] //第九届中国城市住宅研讨会. 中国香港, 2011.

[12] 叶祖达. 温室气体清单在城乡规划建设管理中的应用 [J]. 城市规划, 2011 (11).

[13] 叶祖达. 碳排放量评估方法在低碳城市规划之应用 [J]. 现代城市研究, 2009 (11): 20-26.

[14] 张泉, 叶兴平, 陈国伟. 低碳城市规划——一个新的视野 [J]. 城市规划, 2010 (2): 13-18.

[15] 国家气候变化小组, 国家发改委员会能源研究所. 中国温室气体清单研究 [M]. 北京: 中国环境科学出版社, 2007.

[16] 国家统计局能源统计司. 中国能源统计年鉴2010 [M]. 北京: 中国统计出版社, 2011.

[17] 国家发展改革委气候司. 2010中国区域电网基准线排放因子 [EB/OL]. 2010 [2012-11-14]. http://cdm.ccchina.gov.cn/WebSite/CDM/UpFile/File2552.pdf.

备注

本文发表在《城市规划》2013年第8期，有删节。

发挥规划特长，营造安全城市——以北京为例探索城市综合防灾减灾规划的编制方法

张帆

　　自然灾害和社会安全是长期以来影响人类生产、生活的重要因素。以北京市为例，"十五"期间，发生的主要突发公共事件多达42种，按类别统计包括：自然灾害（9种）、事故灾难（22种）、突发公共卫生事件（4种）、社会安全事件（7种）。可见，首都城市安全问题不容小觑。

　　针对灾害防御和减灾，新中国成立后，我国在地质勘探、地震、消防、气象、人民防空、交通安全、生产安全等各专业领域分别取得了长足的发展，制定了一系列的专业规划、规范、法规。各相关部门开展了深入细致的工作，初步建立了针对某些灾害和事故的监测、预警和救援系统。北京市目前根据部门分工编制了应急预案体系，但大部分仅限于灾时紧急应对的工作组织和责任落实。虽然各专业部门针对不同灾种分别开展了深入的工作，但政府各部门之间的条块分割使得城市缺少注重整体性的综合防灾减灾体系建设方面的深入工作，各部门之间既存在管理真空，又存在管理重叠和重复建设、资源浪费现象。在城市规划领域，国内各个城市均缺少基于防灾减灾视角的空间整合、空间统筹和资源共享，缺少具有实际可操作性的、综合的防灾减灾规划管理依据。由于各部门之间缺少协调和统筹，有些各自看来合理的东西，整合在一起就成为严重的问题，这使得综合防灾减灾规划的编制成为保障城市安全的迫切需要。

　　如前文所述，城市综合防灾减灾工作牵涉面极大，主管部门多，相关学科专业多，内容极其庞杂，此类规划到底如何编制，是一个难解之题。笔者作为北京市综合防灾减灾规划的项目负责人，在编制过程中经过不断摸索，突破以往城市规划领域单灾种罗列的编制方式，重点强化城市规划在城市综合防灾减灾中的前瞻性、空间统筹、综合协调等优势，力争衔接起城市总体规划与各相关专业规划，发挥恰如其分的作用。

1　城市综合防灾减灾规划的作用与定位

1.1　我国现行的防灾减灾体制

　　我国现有的灾害管理体制总的来说遵循了政府统一领导、上下分级管理、部门分工负责的原则。简单来说，就是"单灾种管理"，各管理职能部门按照各自的职责，分兵把口，负责防灾、减灾、救灾和灾后恢复等活动。各专业部门制定了一系列的专业规划、规范、法规，开展了深入细致的工作，针对某些灾害和事故初步建立了监测、预警和救援系统（表1）。各部门的专业规划分别达到了一定深度，是各部门指导内部工作的主要依据。

　　在城市规划部门，以往主要依据住房和城乡建设部通过的《建筑技术政策纲要》，考虑的城市相关灾害可归纳为"地震、火灾、洪水、风灾、地质破坏"五大类，另有战争带来的威胁。这些内容均以单灾种为线索，按照专业规划的脉络分别阐述。

　　在以往的防灾减灾工作中，现行体制发挥了重要、积极的作用，但"各管一摊"的工作方式，使防灾减灾工作往往缺少多部门间的协调与整合，整体效力有待进一步提高。由于前瞻性不够，发挥的救灾作用往往大于防灾减灾作用。

1.2　综合防灾减灾规划的职责定位

　　综合防灾减灾规划的"综合"二字是规划编制主旨的核心关键字，其作用就在于将以往各自成体系的专业规划整合起来。但必须把握的一点是，该规划仍是城市规划体系框架下的一部分，应当控制在城市规划部门的事权范围内，把握城市规划与各专业部门的专业规划的区别。

1.2.1　与总体规划的关系

　　根据城乡规划法及城乡规划编制办法的要求，应当明确的一点是，城市综合防灾减灾规划是在城市总体规划指导下的一个专项规划，应当以城市总体规划确立的城市发展与建设的各项指导原则为依据。在城市总体规划编制中，防灾减灾规划作为单独的一个章节，大多仍以单灾种为线索，分别阐述各种灾害的防灾减灾对策，但规划深度远不及各专业部门规划。综合防灾减灾规划应当从防灾减灾角度对城市总体规划提出的城市发展总体规模、布局方式、建设强度进行进一步的校核和深化、细化，对总体规划提出的纲领性防灾减灾要求进一步落实。

我国灾害管理部门的职能划分　　　　　　　　　　　　　　　　表1

	气象灾害	海洋灾害	洪水灾害	地质灾害	地震灾害	农业灾害	林业灾害	特重大事故
监测预报	气象局	海洋局	气象局、水利局	地矿部	地震局	农业部	林业部	劳动部主管（交通、公安、全总等）
防灾抗灾	各级政府农、林、渔、交通、工业等部门	各级政府交通、水产、能源、建设等部门	各级政府水利、交通、建设等部门	各级政府铁道、交通、建设等部门	各级政府地震局、交通、建设等部门	各级政府农业部门	各级政府林业部门	各级政府及省市安委会
救灾	各级政府国务院生产办、民政、部队等	各级政府国务院生产办、民政、交通、部队等	各级政府国务院生产办、民政、部队等	各级政府国务院生产办、民政、交通、铁路等	各级政府国务院生产办、民政、部队等	各级政府国务院生产办、民政、部队等	各级政府国务院生产办、民政、部队等	政府、安委会、民政、红十字会等
援建	政府	政府	政府	政府	政府	政府	政府	政府

（资料来源：金磊.中国城市综合减灾管理问题［J］．科学研究，1997.）

1.2.2　与专业规划的关系

城市综合防灾减灾规划对各灾种的专业规划不应做简单罗列，应发挥城市规划系统整合、空间统筹的作用，将各专业规划在空间上进行叠加，进而发现系统间彼此冲突矛盾的问题并提出对策；同时，把各系统可能存在的重复建设和资源浪费问题进行整合。同时，对于各专业规划，应控制好整合深度，既要对城市总体规划中列出的原则性指导纲要进行深化，又要避免陷入过细的专业枝节，与专业部门规划分清职责，能够更加有效地发挥综合防灾减灾规划的作用。

1.2.3　与其他相关规划的关系

城市综合防灾减灾规划与总体规划、控制性详细规划等法定规划不同，不能够作为审批的依据，不能直接指导建设；与市政交通专项规划也不同，不能达到具体工程技术测算的深度。防灾减灾规划应制定城市的防灾减灾纲领性要求，并对控制性详细规划、市政交通专项规划提出防灾减灾要求，然后通过上述规划将防灾减灾措施落实到用地和具体专项上去。在防灾减灾规划的指导下，应继续对系统性问题做进一步专项研究，如城市灾害风险评估分区与监测、超高层建筑群防灾减灾规划等专项规划等。

2　编制城市综合防灾减灾规划的核心内容

2.1　建立框架

为了发挥城市规划部门的"龙头"作用，为城市构建

完整的防灾减灾体系搭建框架，为政府建立多部门协同的综合防灾减灾机制奠定基础。只有搭建完整的体系框架，城市规划部门才能够从中全面和准确掌握需要城市规划解决的问题（图1）。

应对灾害而建立的体系中，应把重点放在城市规划体系以及其他体系中与城市规划空间布局相关的问题上，以期达到降低城市脆弱度的目的。通过坚固城市自身，尽可能减少自然灾害带来的伤害，并尽可能避免因人类活动带来人为灾害。对于不可抗拒的灾害通过增强抗灾能力来实现城市综合防灾减灾能力的全面提升，尽最大可能保障人民的生命安全，保障城市照常运转。

2.2　梳理问题

总结各国城市建设和防灾减灾经验，首先应当对现状灾害易损地段进行梳理。灾害易损地段的圈定和评级既包含各种致灾因子的空间分布范围和强度分析，也包含城市作为承灾体，其承灾能力的分析，以及关于城市承灾体集中度的综合考虑。摸清底数是下一步提出治理对策的工作基础，也是建立相应的GIS数据库平台，以及灾害易损地段管理台账制度和灾时应急响应制度的基础。

以北京为例，灾害易损地段的梳理常规内容包括地震活动断裂带的分布与走向、地质灾害高发区（崩塌、滑坡、泥石流、塌陷、沉降、采空塌陷等）、气象灾害高发区（洪水、风灾、冰雪冻灾等）、危险源周边（危险化学品、易燃易爆等危险品生产企业及储运设施、水库堤坝等）、重要的市政交通廊道（高压走廊、油气走廊、铁路

图1　综合防灾减灾规划框架

廊道等）以及生命线老旧破损严重地区，城中村、城乡结合部等违章建设较为集中的地区、旧城和历史街区等危旧房聚集区、超高层建筑密集区等。

更重要的是，灾害易损地段的梳理要研究这些系统性问题彼此叠加的部分。城市中自然灾害造成的人员伤亡，如地震，最主要因素是建筑物倒塌、燃气泄漏和大火、油库爆炸甚至核泄漏，而非地震本身。在致灾因子无法改变的情况下，城市防灾减灾应重点关注自然灾害系统与城市各种承灾体系之间的相互关系。例如，地震活动断裂带与道路、轨道、生命线等重要线性工程的交叉点，这些线性工程是最容易被地震、地壳运动、沉降等活动破坏的脆弱点，是地震灾害与生命线系统的叠加分析。雨洪分级淹没区内的现状建设梳理和下凹式立交桥、地下空间出入口的摸底则体现了防洪与多个系统的叠加分析。还包括城市重要的生命线工程与危险品的空间分布及影响范围关系叠加分析、地下轨道交通系统与油气走廊的叠加分析等。

最终灾害易损地段应利用GIS明确空间上位置、范围及分级评价，特别是多灾害易损地段，应充分关注其多种灾害及衍生次生灾害的灾损程度。灾害易损地段的空间数据库除了用于防灾减灾管理外，还将成为规划选址、控规管理的重要依据。

2.3 规划对策

2.3.1 防灾备灾

首先应从城市战略高度，提出城市安全发展的原则性问题，包括坚决执行《北京城市总体规划（2004—2020年）》中提出的多中心及中心城疏解的原则，正确认识防灾减灾与城市经济建设之间的关系，构建区域多城市联防、互相支援备份的广域防灾体系，建立多路多源的水、能源供给战略。其次应对城市的灾害易损地段建立监测、预警和居住人员管理的机制，制定搬迁整治和严防新

增的相应政策制度；建立生命线的监测、预警、更新维护机制。再次，应考虑将城市划分成合理的防灾分区，以避免绵延的城市建设带来的诸多问题，防灾分区以开敞空间（公园、绿地、广场、较宽道路、河流）作为分区与分区之间的隔离，可以发挥消防隔火带、通风通道（有毒污染物、疫病）、疏散救援通道、避难空间和中长期安置空间、将灾害控制在最小范围内等多重作用。防灾分区划分的原则可参考日本经验（表2）防灾分区间的开敞空间提出具体控制引导要求，包括开敞空间比例、雨水蓄流设施安排、两侧建筑物的高度要求等。

防灾减灾研究还应包括各项专项研究，包括历史街区、超高层密集区、城市重点设施的防灾减灾规划研究。

2.3.2 监测预警

监测预报是防灾减灾的日常常规工作，规划应对气象、地质、地震等各类监测台网设施制定保护对策，为完善自然灾害监测网络，加强监测、预报、预警的科学性、准确性提供规划保障。关于灾害预警，大部分内容与城市规划事权范围没有交集，但出于系统的完整性，可以提出相关建议。例如，建议建立面向全社会的预警发布渠道，制定与各类预警相配套的公众行动指导细则，告知公众预警级别的具体含承灾体集中度与灾损程度正相关义和对公众的行为要求是什么。规划建议建立生命线监测系统、重大灾难时的紧急预警、指挥与控制系统。灾害发生发展信息、救灾进展信息、灾损信息的准确及时告知，以及明确的灾时公众行动指导是保证良好的灾害应对秩序的重要因素。

日本东京都防灾分区的重要分区指标　　表2

层次区分	范围（参考值）	主要构成
骨架防灾轴	3～4公里网络	从大范围城市结构来看，主要路线有：主要干线道路（区域性干线道路、宽幅干线道路）江户川、荒川、隅田川和多摩川（宽度大的河流）
主要阻断燃烧带	约2公里网络	骨架防灾轴所围成的区域内，需要特别建设的重要度高的地带，干线道路（骨架防灾轴之间的次一级骨干干线的道路）
一般阻断燃烧带	约1公里网络	除上述以外，构成防灾生活圈的阻断燃烧带；除上述以外的道路、河流和铁路等

2.3.3 应急救灾

应急救灾包含了应急指挥系统、应急避难场所系统、应急疏散系统、应急生命线保障系统、应急救援系统、应急物资储备系统、防灾减灾基层共建系统7个系统的规划建设对策，目的是加强城市应急响应能力。规划应提出以应急指挥救助为主要职能的防灾指挥中心规划布局，以安置灾民为主要职能的应急避难场所的规划布局，消防队站等救援机构的规划布局，防灾减灾物资储备库规划布局。任何防灾工作都不能排除生命线系统在面临巨灾时被破坏，在此情况下，生命线的应急保障措施将发挥作用。在灾害发生之前，应做好各种备用系统的规划，包括应急救援通道、疏散通道、备用空中救援通道的机场、应急水源、电源等，保证受灾地区重点设施（如应急指挥中心、医院、水厂、电厂、避难场所等）至少1～3天的基本生存保障。把防灾减灾基层共建纳入应急救灾规划框架的原因是，从世界各国经验来看，应急状态下成功的公众管理和全社会的广泛参与是赢得救灾胜利的关键因素，灾害发生时第一反应人的自救和互救至关重要，速度快且力量更广泛。防灾减灾基层共建的内容涵盖十分广泛，在北京的综合防灾减灾规划中提出以社区作为防灾减灾工作的最终落脚点，解决多头管理的统筹问题，可将所有工作落到实处。

各个系统的设施布局应充分考虑系统间的资源共享和高效联系，如防灾指挥中心包含灾时指挥、救援人员营地、临时物资中转分配、临时医疗初诊与分配等多种功能，其布局应充分考虑到与现有各级政府应急指挥大厅的关系、与各级物资储备库的关系、与医疗救助中心的关系、与应急避难场所的关系，并配备相应的应急通道，将这些重要设施系统联系起来，并为其配备应急生命线供应。另外，还应提出各类应急防灾设施的"平灾结合"措施，保证城市用地资源的高效利用。

3 组织编制综合防灾减灾规划的工作体会

城市综合防灾减灾规划是一项牵涉面非常广的工作，涉及的专业部门不下20个，在组织编制的前期，应当充分听取各专业部门的意见，将各专业部门需要解决的问题摸透，发挥城市规划部门优势予以解决。充分掌握各部门既有系统的情况才能进行空间统筹，发现问题并进行协调。通过规划沟通，减少各部门之间互相矛盾、互相影响的部分。例如，掌握气象台网对周边地区的净空仰角控制要求后，将其纳入规划审批管理，严格控制周边建设对气象预报设施的遮挡干扰。

综合防灾减灾规划是一个多学科的综合题，编制过程中应充分发挥各学科专家学者的特长，广泛听取各行业专家意见，借助外部科研力量和既有科研成果对规划形成有力支撑。

防灾减灾在很大程度上是一门经验学科，应采取"走出去、请进来"的方法，充分学习对灾害研究比较深入、灾害应对机制健全的国家和地区的既有经验，对既往发生的典型重大灾害的经验教训进行深入学习，争取少走弯路。

综合防灾减灾规划应充分发挥现代化的技术手段，应用"3S"（RS、GIS、GPS）等手段搭建数据收集处理、信息整合和数据共享平台，利用计算机模拟技术搭建灾害发生影响范围及破坏程度的理论模型等，使综合防灾减灾规划更加科学。

4 结语

与日本、美国等国家和地区相比，我们的城市防灾减灾工作起步较晚，基础十分薄弱，城市规划部门应当广泛深入地研究城市防灾减灾问题，并充分发挥城市规划在防灾减灾中的重要作用，真正建立可持续发展的安全城市。

参考文献

[1] 金磊. 城市综合防灾减灾规划设计的相关问题研究 [J]. 中国公共安全, 2006（3）.

[2] 金磊. 城市灾害学原理 [M]. 北京：气象出版社, 1997.

[3] 金磊. 安全奥运论 [M]. 北京：清华大学出版社, 2003.

[4] 徐波. 城市防灾减灾规划研究 [D]. 上海：同济大学, 2007.

[5] 王江波. 我国城市综合防灾减灾规划编制方法研究——美国经验之借鉴 [D]. 上海：同济大学, 2006.

[6] 金磊. 城市综合减灾的应急管理模式及方法 [J]. 北京规划建设, 1997（3）.

[7] 张翰卿，戴慎志. 城市安全规划研究综述 [J]. 城市规划学刊，2005（2）.

备注

本文发表于《城市规划》2012年第11期。

基于气象条件的城市空间布局研究初探——以北京中心城区为例

尹慧君 吕海虹

在全球气候变化、极端气候事件频发的大背景下，越来越多的人开始关注气象灾害和气象环境变化。从前些年的城市热浪，持续高温，到2011年、2012年北京两次特大暴雨事件，再到2012年底至2013年的PM2.5事件以及持续的雾霾天气，气候变化和城市气象环境问题已经进入公众视野，成为社会舆论的热点话题。同时，在"可持续发展"和"以人为本"核心理念的指导下，关注城市规划与城市气象的关系，研究城市建设发展与气象环境变化的客观规律，并从气象环境的视角探索科学的城市规划方法和城市可持续发展路径，逐渐成为城市规划领域内一项新的研究课题。

1 城市气象环境与城市建设息息相关

城市气象环境与城市建设有着千丝万缕的联系。一方面，气象条件对城市的选址、土地的利用、街道的走向、建筑的形式和布局有着非常重要的影响。我国古代匠人营国，无不"因天才，就地利"，"象天法地"，为的是"因循天地之道"，顺应自然，趋利避害，获得良好的生活环境。另一方面，城市建设也影响着大气环境（图1）。城镇人口的急剧增长，城市规模的不断扩大改变了城市下垫面（大气底部与地表的接触面）的自然属性，裸露的土壤和自然植被被大量水泥沥青的硬化路面代替，阻断了自然的水循环路径，改变了地表的热力性质；城市建设密度增大，建筑高度增加，使近地面"粗糙度增大"，城市平均风速减小，影响了局部地区通风能力；城市人口及机动车数目增多导致城市人为排放热量的不断升高；加之城市工业污染排放等因素的综合作用，引起地表能量平衡重新分配，使近地面湿度降低、风速减小、气温升高、污染加重，导致城市气象环境发生改变，引起诸如"城市热岛"、"城市干岛"、"城市雾霾"等一系列问题。相关的气象学专家也曾强调，如不重视城市建设对局部地区气象环境的影响，可能会造成灾难性的后果，给社会安定、经济发展、人民生活带来严重危害。

2 北京近年来气象变化情况

2.1 平均气温升温幅度明显

北京观象台100多年的气温观测资料显示（图2），

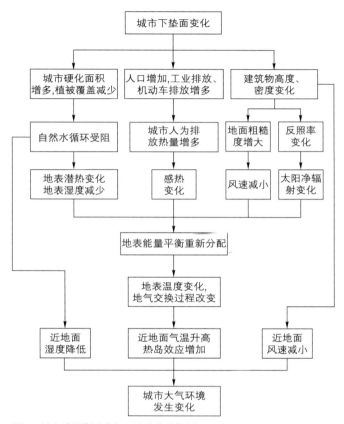

图 1　城市建设影响大气环境的物理机制
　　　（资料来源：北京市气候中心）

1908～2007年北京地区地表平均气温升高了1.09℃，接近全国同期1.1℃的升温幅度，升温趋势明显；近50年，北京年平均气温的增温幅度为0.39℃/10年，高于全国（0.26℃/10年）以及华北（0.33℃/10年）的升温幅度，最暖的10年均出现在1991年以后；近30年，北京城市观测站的增温趋势更为明显，北京地区20个气象站观测资料显示，全市各站气温均呈上升趋势，寒冷期有所变短，温暖期有所延长，通州、海淀、石景山、丰台、大兴等地区升温明显。同时，城市与近郊区和远郊区的温差不断加大，表现出明显的城市"热岛效应"。1980年前，城市、近郊、远郊的温度曲线基本重合，城市基本无热岛。1980～1990年近郊和远郊的温度曲线重合，城市"热岛效应"逐渐显现。1990年后随着城市建设不断扩展，"热岛效应"逐渐加重（图3）。

2.2 平原地区年降水量呈减少趋势

观测资料表明，近百年北京地区降雨量的年际变化较

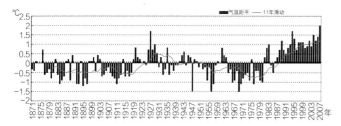

图2 北京观象台近137年平均气温距平（单位：℃）及其11年滑动平均演变
（资料来源：北京市气候中心）

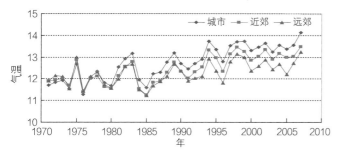

图3 1970年~2010年北京"热岛效应"
（资料来源：北京市气候中心）

大，是容易产生旱涝气候的原因之一。北京历年的降水量介于242~1406毫米，其变率达0.58，这表明北京每年的降雨很容易产生重大偏离，以致出现旱涝无常的状况。目前北京处于20世纪50年代后的相对少雨时段，干旱现象十分严重。一方面，近50年北京平原地区年降水量呈减少趋势，减少速率为31毫米/10年；另一方面，北京地区的日降水强度却有着增大的趋势，其暴雨集中度在增加，一旦出现强降雨，很容易形成城市内涝，给人民生产、生活带来众多危害。

2.3 平均风速呈略减小趋势

据北京市气候中心观测资料显示，北京中心城地区的平均风速在20世纪70年代为2.49米/秒，80年代为2.32米/秒，90年代为2.16米/秒，2000~2005年平均风速为2.28米/秒，略有增加，但总体平均而言，风速呈略减小的趋势，减小率为每10年0.05米/秒，在一定程度上影响了城市的通风能力和污染物扩散。

3 气象变化对北京的影响

气象变化对北京的影响体现在很多方面，诸如对农业、水资源、动植物及其他自然生态系统、城市运行保障、人体健康等都会有影响。而与城市系统关系最为密切的就是对水资源、人民身体健康及环境宜居性的影响。

北京属资源型重度缺水城市，水资源主要依靠地区降

水产生的地下水和地表径流，人均水资源量已降至100立方米，大大低于国际公认的人均1000立方米的缺水警戒线。而气候变暖无疑加剧了北京市水资源的供需矛盾，一方面气温升高增加了地表水的蒸散量，另一方面降水量的逐年降低使地下水补给不足，使本就匮乏的水资源更加难以满足需求。目前北京市的地下水已严重超采，形成约2660平方公里的巨大漏斗区，对各类地下空间结构及地下市政管网构成安全隐患。

另外，城市"热岛效应"对市民的身体健康构成危害，医学研究表明，环境温度高于28摄氏度时人们就会有不舒适感。气温高于34摄氏度，并伴有频繁热浪冲击，还可能引发一系列疾病，特别是心脏、脑血管和呼吸系统疾病的发病率上升，死亡率明显增加。此外，高温还可以加快光化学反应速率，提高大气中有害气体浓度，进一步伤害人体健康。在"热岛效应"的作用下，城市会呈现出一个个闭合的高温中心，在这些高温区内，空气密度小，气压低，容易产生气旋式上升气流，使周围各种废气和有害化学气体不断对高温区进行补充，加剧大气污染，对人们赖以生存的环境造成极大破坏。令人担忧的是，与其他气象灾害不同，"热岛效应"对人的危害可能不容易被人们察觉，不能引起多数人的足够重视，但其危害性犹如温水煮青蛙，是长期且持续的。在这些地区生活的居民极易患上呼吸系统、消化系统或神经系统疾病，人们没精打采，备受高温和污浊空气的煎熬，却也只能默默承受，不知其深层次的原因究竟为何。

4 北京气象变化的原因

导致北京气象变化的原因非常复杂，除了宏观天气系统为主导的影响因素之外，人为城市建设因素也不容忽视。城市土地利用的变化，人为热排放的增加，都会对局部地区的气象环境有潜在影响，这种影响不断累积叠加，最终会影响到一定范围内的温度、湿度、风速等气象环境。北京市气候中心曾选取1981~2004年24年间北京建成区面积的增长与平均温度、平均风速做相关性分析。结果表明，温度（y）与建成区面积（x）呈线性相关，相关系数为0.6387，线性方程为$y=-6.1449+0.002x$。相当于每增加10平方公里的建成区面积，温度增加0.02摄氏度。以往研究也曾选取2000~2005年6年间北京区域10个区（海淀、通州、顺义、房山、平谷、昌平、延庆、门头沟、密云、怀柔）的人口密度与冬季日平均气温、平均风速做相关分

析。结果表明，人口密度与风速的相关性较弱，但人口密度对数（x）与气温（y）有更好的相关性，其线性关系为 $y=-8.95+1.16x$，相当于北京城区每增加10000人，温度将上升0.056摄氏度。由此看来，城市建设用地扩张带来的土地利用的变化，城市人口的积聚和增长带来的人为热排放增多是造成城市气象变化的重要原因之一。

5 基于气象条件的城市空间布局研究

5.1 研究的意义

目前，北京的城市建设进入新一轮的发展期，城市结构在总体规划的指导下进行新的积聚与分散、新生与重构。各区县、各建设单位也在摩拳擦掌不断提出新的发展要求，扩地、增高、增加建筑容量的需求从未减退。"在哪建，建多少，怎么建"是规划管理者和设计者常常要面临的问题。在城市化快速发展和城市转型期间，积极把握气象规律，因地制宜，因"气"制宜，科学规划，兴利除弊是所有规划工作者和气象工作者的职责。

目前，国际上对城市问题的研究已逐步走向通过计算机模拟城市发展来进行定量分析和数据比较研究。在国内，运用数值模拟、风洞试验等新的科技手段对城市气象环境的研究正在蓬勃发展。研究尝试运用气象学原理和数值模拟技术对规划方案的空间布局进行比较评估，总结经验和规律，为北京中心城布局及城市发展提供导向性的建议和支持，避免在决策过程中的主观与盲目性，有助于城市规划向更加科学、更加合理的方向发展。

5.2 气象模拟评估的方法简介

研究中使用的专业气象模拟工具为区域边界层模式（regional boundary layer model，RBLM），是由北京市气象局和南京大学共同研究发展。RBLM是一个三维非静力区域气象和大气扩散数值预报模式，模式采用Reynolds平均的大气运动控制方程组，包括动量方程、热流量方程、水物质（水汽、云水、雨水）的守恒方程。经过不断完善、校验，目前已经在全国范围10多个省、40多个城市的战略规划、总体规划及详细规划项目中得到初步应用，弥补了城市规划体系中薄弱的定量分析手法，也改变了过去仅参考气象观测数据的状况，具有较强的实用性和科学性。

5.2.1 数值模拟

本次研究以GIS和RBLM为操作平台，在北京地区典型天气条件背景下，对北京中心城区40公里×48公里范围内的温度、热岛面积、风速、气流场等气象环境数据进行

了全真数值模拟，用定性、定量、定位三者相结合的方法进行了多方案的比较评估。

为提高数值模拟的精确性，本次研究范围内的数据采用500米×500米的数据网格，模型中输入了10年内平均的地面观测气象数据、地形高度、地面覆盖状况等地理信息资料以及地块层面的各种规划数据（包括用地性质、高度、容积率、人口容量等），首次在数据处理和分析上实现了规划数据与气象数据之间的对接、转换与应用（图4）。

5.2.2 情景设定

除了对现状情景的模拟外，研究对目前北京中心城控制性详细规划的用地布局进行了气象数据模拟评估，并在此基础上结合目前建设需求及对未来发展趋势预测设置了2个调整方案。调整方案1是在原规划方案的基础上增加了边缘集团部分用地的建筑高度，调整方案2是在方案1的基础上扩大了建设用地的边界，同时增加了扩展用地的高度（图5）。其目的是通过气象模型模拟评估如果规划方案调整或规划实施过程中出现了水平方向和竖直方向上的扩张之后，会对北京中心城的气象环境有何种影响。

5.2.3 评价因子选取

对于城市气象环境的评估可以从很多方面进行考虑，如城市空气质量、大气稳定度、城市气象灾害、人体舒适度、城市"热岛"、大气扩散能力和城市逆温等，但这些数据的获得建立在长年累积的大量观测数据基础之上，目前尚难全部实现。因此，本次研究中针对普遍关心的城市问题如热岛强度、通风能力降低等，采用3个城市环境评估因子，分别为人体舒适度、热岛强度和小风区面积。这些因子通过数值模式输出或观测可以得到，易于操作，符合客观性、科学性、有效性等普遍原则。

5.2.4 分层次研究

研究从宏观层面入手，考虑整体空间与局部组团之间的关系，把整体区域的空间研究与典型地区的个案研究结

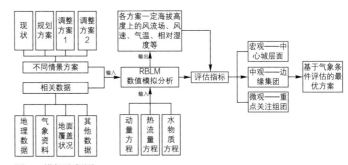

图4 模拟流程图

合起来，在宏观层面上对整个中心城区域做出了综合气象环境评估；在中观层面上分区域、分重点地选取了中心城中心地区、边缘集团、绿化隔离地区以及总体规划确定的通风走廊等几个区域进行分区气象环境评估；在微观层面，还针对方案1和方案2主要调整的10个地区（首钢地区、北苑、南苑、望京、东坝、定福庄、垡头等）进行了重点比较分析和评估（图6），总结出4种不同情景下研究区域内的最优方案，为北京中心城的空间布局优化提供参考。

5.3　研究结论

客观地说，从区域宏观尺度的城市气象变化规律上看，城市建设对整个大气环境系统的改变力量微乎其微，在一些地区可以忽略不计。但从城市中、微观层次来看，城市建设对城市局部地区尺度或微观尺度的影响（包括风速、温度、湿度，以及对城市大气污染物的迁移、转化、扩散能力等各类影响）效应是十分显著的。通过方案模拟和评估，再次证明了城市下垫面（大气底部与地表的接触面）的变化（如城市硬化面积改变、建筑高度改变等）会引起近地面气温、风速和舒适度的一系列变化，从而导致城市气象环境发生变化。

对于整个中心城区域来说，综合评分显示目前中心城控制性详细规划的方案布局是合理的，能够在现状的基础上有效减少小风区面积（冬季小风区面积减少7.7%）和热岛面积（夏季热岛面积减少15.3%），提高舒适度，改善中心城气象环境的现状。而增加高度和扩大建设用地的调整方案均会在一定程度上增加城区热岛面积、增加小风区面积，导致气象环境的恶化。增加高度的方案将比原规划方案夏季热岛面积增加28.9%，冬季小风区面积增加2.4%；扩大建设用地的方案比原规划方案的热岛面积增加44.2%，冬季小风区面积增加13.2%。从中也可以看出，与增加高度相比较，扩大建设用地对城市气象环境的负面影响更大。因此，城市建设中应尽量"占天不占地"，紧凑集约用地，把更多的土地留给绿化用地和城市开敞空间。

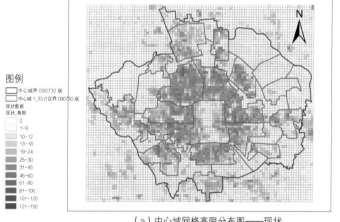

（a）中心城网格高限分布图——现状

（b）中心城范围500米网格分布图——规划

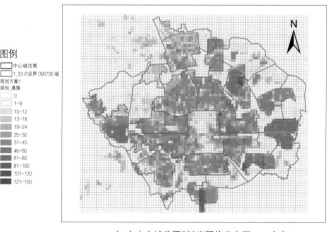

（c）中心城范围500米网格分布图——方案1

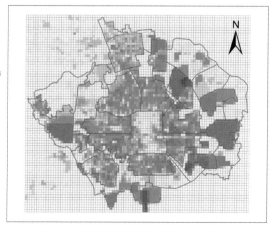

（d）中心城范围500米网格分布图——方案2

图5　4种情景方案高度示意图

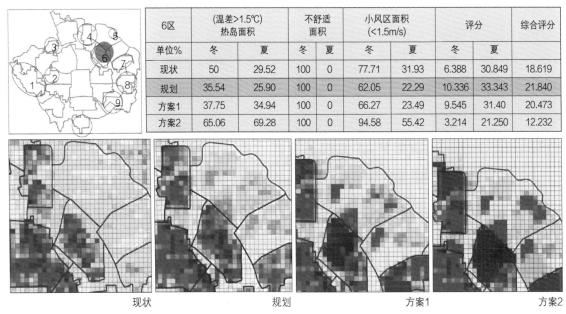

6区	(温差>1.5℃) 热岛面积		不舒适面积		小风区面积 (<1.5m/s)		评分		综合评分
单位%	冬	夏	冬	夏	冬	夏	冬	夏	
现状	50	29.52	100	0	77.71	31.93	6.388	30.849	18.619
规划	35.54	25.90	100	0	62.05	22.29	10.336	33.343	21.840
方案1	37.75	34.94	100	0	66.27	23.49	9.545	31.40	20.473
方案2	65.06	69.28	100	0	94.58	55.42	3.214	21.250	12.232

现状　　　　　　　规划　　　　　　　方案1　　　　　　　方案2

图6　重点关注地区综合比较分析和评估示意

在中观层面，对于中心城中心地区而言，方案1（增加高度）的空间布局较好，这可能是由于增加边缘集团部分用地的高度后，局部地区会形成狭管效应，在一定程度上有利于中心地区的通风；对于北京的边缘集团地区，由于规划用地还未完全实施，模拟计算显示现状用地空间布局较好；对于规划的绿化隔离地区和北京市总体规划所确定的楔形绿廊地区，都是原规划方案布局较好。如果通风廊道的绿化用地被侵占，尤其是常年主导风向的楔形绿地被侵蚀，将会引起城市急剧升温、"热岛效应"加重、小风区面积增加、通风能力锐减等一系列严重问题，这说明城市内的绿化空间对其相邻地区的微气候具有积极的影响作用，保证必要的绿色空间和城市通风走廊，确保城市有清新的空气来源对城市气象环境和整个城市的健康发展至关重要。

在微观层面，对于研究选取的10个重点区域而言，方案1与原规划方案相比，增加局部地区的高度后夏季气温增加量在0.03～0.41摄氏度，冬季风速减小量在0.01～0.06米/秒；方案2与原规划相比较，扩大建设用地后气温和风速变化显著，夏季气温升高0.21～1.02摄氏度，冬季风速减弱0.06～0.32米/秒。也许这零点零几摄氏度的变化在数字上看来微不足道，但它在气象学的意义可谓非同一般，要知道，近百年来全球地表平均温度上升了0.74摄氏度，近137年来北京地区平均气温上升了1.05摄氏度，近50年北京年平均气温的增温幅度为每10年上升0.39摄氏度。而模拟数据表

明，不考虑工业污染、汽车尾气排放等因素，单单增加建筑高度和用地面积就能使局部地区的平均气温升高0.41摄氏度甚至1.02摄氏度，这样的发展趋势是非常令人担忧的，应该引起所有人的高度重视和警惕。我们应从新的高度和视角认识气象与城市建设的问题，应从城市规划层面科学布局，从城市管理层面有效落实，避免城市建设的无序蔓延和高强度开发。

5.4　研究局限

由于研究时间和精力所限，本次气象模拟研究仅选取冬季和夏季典型气象条件（能够代表北京一般天气状况下的气象条件）下某一时间段的数据进行计算和模拟，所得到的结论可能并不全面。如果能考虑多种天气背景条件下的情况，在大量个例研究的基础上得到的结论会更加接近真实情况，如对全年每一天的气象条件都分别模拟后再分季节、分时段去研究，结果将会更加精确。因此，有条件的情况下应进行更多天气背景下的全面分析。

另外，用气象数值模式进行城市规划布局的情景模拟无疑是一种非常科学而经济的方式，弥补了观测数据不足的空白。但对于城市布局细节变化产生的细微气候效应，气象数值模式虽可以准确描述其演变趋势，但数据精确性未必达到要求，今后可以尝试风洞试验等其他方式进行辅助。

6　结语

本次研究是城市规划与气象环境综合研究的一次有

益探索和实践，研究结论只是体现其价值的一个方面，另一个更重要的方面是想以此研究为契机，扩展城市规划的工作思路和工作方法，把城市气象环境作为今后编制城市规划及评估城市规划的重要要素之一，搭建起城市规划与城市气象环境互动研究的有效平台。这种"跨界"的思路与实践对科学确定城市未来空间发展方向、改善城市的环境质量、促进城市的可持续发展具有重要而长远的意义。

参考文献

[1] 王晓云. 城市规划大气环境效应定量分析技术 [M]. 北京：气象出版社，2007.

[2] 阮均石. 气象灾害十讲 [M]. 北京：气象出版社，2000.

[3] 秦利，周鑫. 工业革命以来人类活动对北京地区温度变化的可能影响 [J]. 科学通报，2010（6）.

[4] 王文杰，申文明，刘晓曼，等. 基于遥感的北京市城市化发展与城市热岛效应变化关系研究 [J]. 环境科学研究，2006，19（2）：44-48.

[5] 林学椿，于淑秋. 北京地区气温的年代际变化和热岛效应 [J]. 地球物理学报，2005，48（1）：39-45.

[6] 张尚印，徐祥德，刘长友，等. 近40年北京地区强热岛事件初步分析 [J]. 高原气象，2006，25（6）：1147-1153.

[7] 孙继松，舒文军. 北京城市热岛效应对冬夏季降水的影响研究 [J]. 大气科学，2007，31（2）：311-320.

[8] 申绍杰，城市热岛与城市效应 [J]. 规划与设计，2003（5）：20～22.

[9] 王天青，冯启凤，毕波. 基于气象环境影响效应的城市规划——以青岛市为例 [J]. 城市规划学刊，2010（2）.

[10] 李书严，陈洪滨，李伟. 城市化对北京地区气候的影响 [J]. 高原气象，2008（10）.

备注

本文发表在《规划创新——2010年中国城市规划年会论文集》，有删节。

第八部分

技术前沿与平台建设

努力探索规划新技术发展，积极引领行业信息化建设

大数据时代的规划变革

回顾与展望：城乡规划信息系统建设和统筹

规划空间数据协同建设管理的探索与思考

漫谈规划支持系统框架体系的构建和应用

努力探索规划新技术发展，积极引领行业信息化建设

黄晓春

引言

北京市城市规划设计研究院（以下简称"北规院"）信息化建设起步较早，其前身可追溯到1984年成立的北京市城乡规划建设数据所，同期开展了"北京市航空遥感综合调查"等多项基础科研工作，为规划信息中心的成长奠定了坚实基础。1986年伴随北规院正式成立，作为基础业务部门的规划信息中心历经近30年的发展，逐步建立了一只技术水平高、力量精干的学术型团队，在实践工作中逐步形成一套服务于规划编制与管理的完整的规划信息化发展理念，在信息技术与城乡规划结合的技术探索中发挥了行业引领作用。

1 规划信息化建设探索与实践

规划信息化建设是一项长期且艰苦的工作，对于规划信息化从业者，不仅需要对新技术发展要有敏锐的认识，需要把握好信息化与城乡规划的关系，更需要脚踏实地的积累，持续不断地更新、验证与实现。从北规院发展来看，规划信息化建设工作基本可总结为重视基础研究、建立规范标准、夯实数据基础、加强统计分析、辅助规划决策、挖掘知识管理、增强系统支撑与跟踪前沿技术等方面。

1.1 重视基础研究

加强新技术基础研究，为规划工作提供技术支撑。北规院对于规划信息化基础研究工作较为重视，中心成立初期，对于遥感技术在城乡规划工作中的应用，以及CAD技术在城乡规划工作中的探索较为深入。自2000年以来中心持续开展了"三维仿真在城乡规划中的应用"、"遥感在城乡规划中的应用研究"、"规划汇总系统建设研究"、"规划发布系统建设研究"、"规划设计领域信息整合—共享—发布一体化方法研究"、"北京市现状数据汇总分析及城乡规划基础数据获取整合机制研究"、"北规院综合数据库建设与管理研究"、"北京规划审批数据统计与分析"、"规划支持系统框架体系及典型应用研究"、"规划编制知识管理与协同工作研究"等基础研究工作，为北规院信息化建设提供了理论基础，为重大规划项目的顺利开展提供了有效支持。

1.2 建立规范标准

强调规范标准基础作用，推动相关规范标准制定。统一的数据规范标准是信息化建设高效实现的保证，是信息资源在不同部门、不同平台进行有效整合，成功实现共享的前提。基于此，北规院积极参与国家、地方、院所各类信息化标准制定，1993年便起草编制了北京市地方标准《北京市（市区）城市道路、道路交叉口、街坊代码》与国家标准《城市地理要素编码规则 城市道路、道路交叉口、街坊、市政工程管线》。自2000年起，北规院积极参与国家标准《城市规划数据标准》等标准的审查，修订或编制了《城市地理编码-道路、道路交叉口和空间单元代码》、《城乡规划计算机辅助制图标准》等北京市地方标准，建立了《规划基础数据库建设与管理标准》、《不同层面现状用地、规划用地汇总数据标准》、《ORACLE数据库建设与管理相关规范标准》、《GIS符号库数据标准》等院级标准。

1.3 夯实数据基础

建立完善的综合数据库，动态发布城乡规划基础数据。规划数据是规划编制与规划管理工作的基础，规划数据越准确越全面越翔实对规划工作的科学性指导意义越强，因此建立规划综合数据库，尤其是空间数据库的建设意义重大。2001年北规院着手编制了《北京规划信息系统数据库框架》，基于此框架逐步建立了覆盖北京全市域的自然地理、历史沿革、社会经济、现状用地、规划用地、规划专题等基础数据库，并实现中心城、新城用地数据的动态更新与维护。经过多年的理论探索与实践，2013年北规院实现协同式空间数据库管理，即数据库的建设按照部门职能予以实施，分布建设，统一管理，全院共享，以保证数据的时效性与准确性。利用丰富的基础数据资源，从2010年开始，北规院正式编制《北京城乡规划人地房基础数据年报》，年报的持续性发布为北京规划建设提供了最重要的基础数据参考。

1.4 加强统计分析

研究数据统计分析方法，加强与规划工作的紧密衔接。依据良好的数据基础条件，以及扎实的GIS技术能力与相关技术的普及，近年来北规院开展的数据统计分析工

作越来越深入，在辅助规划分析与研究方面发挥了重要作用。针对规划编制工作所遇到的复杂计算，北规院建立了一系列规划统计分析工具，包括用地统计分析、人口统计分析、建筑量统计分析、交通承载力统计分析、市政承载力统计分析等，这些计算工具的使用大大提高了规划编制工作效率，提高了数据准确性；同时基于规划编制要求研究相对复杂的统计分析方法，特别是对于现状人口数据如何合理分配到现状用地地块的计算方法研究、基于遥感技术计算现状建筑量的计算方法研究以及对于三维仿真建筑模型高度测算的深入研究等，均为科学论证城乡规划问题提供了必要的数据支撑。

1.5　辅助规划决策

加强规划支持系统框架体系研究，积极建设规划支持模型。北规院对规划决策支持技术的研究最初从交通专业建立规划模型开始，至2005年这方面的研究已经扩展到市政专业以及用地规划相关专业。2012年北规院编制完成《规划支持系统框架体系及典型应用研究》，该研究基于我国城乡规划体系，结合北京市实际情况，系统地提出了不同规划阶段、不同规划层面规划编制所需要的技术支撑点，并在工作实践中予以检验。该研究同时完善了规划支持系统基础理论，从方法、软件、模型三个方面进一步研究确定了规划支持系统框架体系的具体内容，并将规划模型归纳为基础综合模型、专业综合模型、专业独立模型3个层次，提出优先建设用地现状综合分析模型和城乡空间发展模型，统筹建设专业综合和专业独立模型的实施方法。

1.6　挖掘知识管理

基于知识管理思想整合规划资源，高效利用规划编制参考依据。基于对规划知识的有效检索与充分利用，北规院对规划本体库与规则库进行了较为深入的研究，2012年完成课题"规划编制知识管理与协同工作研究"。本体库是对规划编制和业务管理中所涉及的常用知识概念、概念的继承层次、潜在的关系和公理等进行的抽象、表达、组织；规则库对规划编制和业务管理中的知识逻辑进行了分析和概括，并基于前述所构建好的城乡规划领域本体对其进行知识表达，能够为计算机信息系统解析和应用。随着知识管理概念的引入与知识管理平台的建设完成，北规院通过知识管理技术集成了规划档案资料、规划参考资料、视频音频资料、历史照片资料等各类规划资源，并通过本体概念及规则对搜索关键词进行了语义处理和推理，充分

保证了规划人员对规划知识的获取。

1.7　增强系统支撑

结合规划需求搭建规划系统平台，为规划编制与研究提供技术保障。规划信息系统是规划编制与管理工作的重要支撑平台，北规院系统建设以规划数据建设为前提，深入了解规划需求，并行开展相关系统建设前期研究，为最终建立实用高效的信息系统提供保障。截至2010年，北规院面向全院的辅助规划编制与管理系统平台基本建设完成，其中包括辅助规划编制的规划汇总系统、规划信息发布系统、规划三维仿真系统，辅助规划管理的办公自动化系统、知识管理系统等，保证了各项规划工作的有序开展。伴随规划工作的深入开展，规划需求的不断更新，辅助规划决策支持技术已经成为当前新技术研究工作的重点，同时随着综合数据库建设的难度加大，北规院提出协同式空间数据库建设新模式，并于2013年搭建完成空间数据库管理平台，且目前已开始运行。

1.8　跟踪前沿技术

基于云技术以及大数据等新技术发展要求，持续跟踪探索新技术方向。信息技术发展迅猛，云计算为大数据处理提供了可能。随着SoLoMo时代的到来和物联网技术的发展，大数据的获取已经不再是遥不可及，大数据已经成为我们开展相关研究工作必不可少的重要数据资源。北规院在紧密跟踪前沿技术的同时，对大数据在规划工作中的应用也进行了深入研究，其中通过公共交通智能卡刷卡数据研究城市交通与土地使用问题、人口就业与职住平衡问题等方面已取得一定进展；通过微博等新媒体数据研究人际网络关系、位置和语义，对规划行业进行画像与监测也是主要研究方向之一。此外，通过网络开放数据，从全国范围研究城市群集聚问题、城镇化发展问题等也取得一定进展。目前，北规院基于大数据的深入研究，已着手建立大数据获取、处理、入库、应用的一体化方案。

2　规划信息化建设发展问题思考

回溯北规院信息化建设历程，展望未来发展，有些工作经验可供大家借鉴，同时也存在一些困难需要我们继续深入研究，在工作实践中不断修改完善，其中包括技术发展问题、体制机制问题、专业融合问题、人才队伍建设问题等，以下就几个关键点进行简要分析。

2.1　加强规划信息化统筹

加强信息化统筹，推进规划信息化协同服务体系建

设。规划信息化建设不仅是技术问题，同时也是制度问题、管理问题。规划信息化建设不仅仅是规划信息中心的职责，也是整个单位的基本建设内容。伴随新技术发展，规划工作中信息技术发挥着越来越重要的作用，无论是基础数据还是系统平台，都会直接影响到规划工作的开展。因此，在规划信息化得以足够重视的前提下，需要统筹各类资源，梳理各部门关系，积极建立规划信息化协同服务体系。

2.2 协同建立空间数据库

转变空间数据库建设模式，推进空间数据库协同建设。规划数据库的建设是一项长期的基础业务建设工作，其中空间数据库的可持续更新最为重要。对于专业门类较为齐全、部门分工较为明确的规划编制单位，可以采用协同式空间数据库管理模式，这项工作的推进需要各部门规划人员具备最基本的数据库建设与管理经验，同样也为各部门提出开展专业数据库建设的要求，面对职能定位与市场竞争，规划人员主动承担业务基础建设工作能力还需积极培养。

2.3 深化知识管理实际应用

深化知识管理研究，推动规划知识与数据的有效利用。知识管理在我国规划领域应用不多，更多时候停留在概念本身。北规院基于知识管理首先建立了规划本体库，并且其应用性在具体工作中得以有效验证。目前所建立的规划本体库还有很大局限性，难以涵盖规划概念全部，需要继续补充完善，以更好地为规划行业服务。就规划知识与规划资源来说，各个单位都具备开展知识管理建设的基本条件，其中除了需要建立知识管理系统平台，规划知识与规划资源的梳理更加重要。

2.4 提高规划决策支持水平

积极开展城市计算研究，提高规划决策支持服务水平。规划决策支持技术是当前规划信息技术研究的主要方向之一，目前国内大专院校与规划研究单位均有开展，但基本偏重于独立模型的开发建设。北规院首先搭建了规划决策支持系统框架，此框架为规划人员提供了技术引导，规划人员可以继续开发建设基于框架所列出的各类规划模型，同时也是对框架本身的补充完善，以同步推动规划决策支持技术在我国规划领域的快速发展与应用。

2.5 深入探索大数据、大模型

积极探索大数据应用，为规划工作提供新思路、新方法。大数据时代已经到来，如何研究大数据对规划工作的

实际作用意义重大。目前以大数据作为口号宣传者多，真正深入研究大数据与城乡规划关系的还比较少。北规院在大数据的应用中已经开展了一些具体工作，在大数据处理、大数据应用、基于大数据和大量开放数据研究建立大模型等方面均有尝试，但距离大数据真正服务于城乡规划工作还有一定差距，这需要规划行业同仁不断深入研究探索。

3 规划信息化建设发展目标

基于北规院信息化建设探索与实践，除了对已有工作进行总结，对存在的问题进行剖析外，未来发展的目标确定是指导下一步工作的纲领。其中，综合数据库建设、搭建规划大平台、智能化办公管理与智慧城乡规划的实现对于推动行业规划信息化发展具有一定指导意义。

3.1 建立规划综合数据库

综合数据库强大，建立稳定高效的规划数据保障体系。建立多渠道规划数据和规划知识的获取、更新与管理的技术体系，掌握大数据、多源数据获取技术并持续跟踪分析，基于移动设备、互联网等实现对城市现状与规划问题的快速感知，信息综合服务能力显著增强，为北京规划建设提供高效综合数据支撑。

3.2 建立协同规划大平台

统筹规划系统资源，基于一体化思路建立规划大平台。面向城乡规划，针对不同规划类别与规划层级，大平台将基于信息技术提供完整的辅助规划编制解决方案；基于信息技术推进公众参与，推进多维城乡规划编制联合开展、统筹全部系统资源；基于知识管理思想，实现规划编制与规划管理整体联动，协同规划工作效率与科学性显著提升。

3.3 实现智能化办公管理

实现智能化办公，综合业务管理与应用水平显著提高。随着信息技术、网络技术的发展，移动办公将与办公自动化系统、业务系统进行深度整合，信息管理水平显著提高，建立符合规划工作的信息流来引导业务流程，通过网络服务动态分析全院管理情况，实现智能化办公。

3.4 迈向智慧城乡规划

迈向智慧城乡规划，城市计算研究与规划模型技术领先。城市计算研究是多学科、多专业、多技术的融合，逐步形成数据智能提取、城市感知和数据挖掘的一整套城市问题研究和辅助城乡规划的技术解决方案，建立整个体系

的模型理论方法并在实践中予以验证，规划决策支持系统等技术方法达到国际水平，践行智慧城乡规划。

4 结语

城乡规划工作是一项综合的系统工程，随着我国城镇化速度不断加快，城市问题将会变得越来越复杂，规划信息化作为一种技术支撑手段在城乡规划中已经发挥了重要作用。伴随新技术的发展，规划信息技术将不断提高，辅助城乡规划编制与管理的作用与意义必将更加重要。

备注

本文发表在《北京规划建设》2015年第2期，有删节。

大数据时代的规划变革

茅明睿

引言

大数据时代来了。从2012年开始，全世界掀起了一股大数据热潮，各行各业都受到了它的冲击，似乎一夜之间人人都在谈大数据，从Google预测流感、Twitter预测股市，到其实流传已久的Target超市与怀孕少女、啤酒与尿布、榨菜指数等故事都成了有关大数据的谈资。在亚马逊中国的图书排行榜上，维克托·迈尔·舍恩伯格的《大数据时代：生活、工作与思维的大变革》成了TOP 10的常客，高居2013年亚马逊图书总榜的第11位，京东图书总榜的第5位，作为一本科技类图书，这是个前所未有的惊人成绩。

大数据的火不仅体现在畅销书上，也反映在搜索引擎和社交媒体上：根据百度的搜索指数，从2012年5月开始，此前搜索指数几乎为0的"大数据"一词异军突起，瞬间超越了"城市规划"的搜索指数，并持续攀升，一直保持着搜索热词的地位，2014年以来"大数据"的搜索指数已经达到了"城市规划"一词的10～20倍。在社交媒体上，截至2014年8月20日，新浪微博有关"大数据"的微博有4900余万条，"城市规划"和"城镇化"加在一起也只有1000万左右。

由于概念所处的领域以及概念的受众面不同，上面这些搜索量的直接对比其实没有很大意义，其价值在于我们规划人对"城市规划"一词的敏感度相对较高，容易形成有关"城市规划"信息的直观认识，因此这种量级的对比可以有助于我们从直观感受上体会"大数据"概念的热度。

大数据不只是一个口号，也不仅仅是一个IT技术术语，不能简单地将其视作某种技术，更不能孤立地看待它。大数据对于城市规划意味着新数据、新技术和新思维，甚至是新的规划方法论。

1 新数据

从新的数据资源的角度看，当下所提到的"大数据"在很多场合其实并非是严格技术定义上的"大数据"，很多被纳入大数据语境、当作大数据时代的案例的数据其实并不是具备所谓4V特征（volume、velocity、variety、value）的巨量数据，而之所以它们被当作大数据来讨论，

是因为相较于其他时期，大数据时代的最大变化在于数据在线、开放了，开放数据中真正可直接获取的大数据资源是有限的，而"小数据"则开放程度高得多，所以大数据时代在这种意义上可以等同于开放数据时代。随着储备的数据资源增多，如何激活数据的价值，使数据活化，让数据和数据之间建立联系成了各界共同关注的问题。越来越多的政府部门、互联网公司、NGO组织都开始积极推进数据的开放，百度、阿里巴巴等互联网巨头都成立了促进数据开放的部门，此外在国内还诞生了以数据堂（DataTang.com）为代表的数据共享、交易的商业平台。

这些开放数据组织、网站的出现使城市规划、城市研究工作获得了新的数据来源。规划工作传统的数据基础高度依赖官方的测绘数据、统计资料以及政府的行业主管部门的官方数据。开放数据运动正在改变这一切，开放的地理数据（包括公众通过众包行为上传的轨迹数据、标注的POI、道路数据、界线数据、建筑物模型数据等）、开放和半开放的社交网络数据、开放的政府数据、开放的科研数据等都成为传统规划数据获取渠道的优质替代者，并带来了传统规划数据获取渠道无法获得的新数据。

例如，开放街道地图（open street map）等开放地理数据使我们可以在不具备官方测绘资料的情况下开展城市研究和规划工作。2013年北规院开展了"多源社会数据的智能获取与规划应用"课题（图1），对互联网上的主要开放和半开放数据资源，尤其是开放的地理信息资源进行了探索和分类，并针对不同网站特征收集和开发了若干抓取工具，进行了比较系统的数据获取工作，生产了一套由

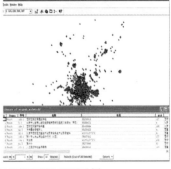

图1 "多源社会数据的智能获取与规划应用"课题示例

点、线、面和社会属性（来自于政府资源网、企业黄页和安居客等房地产信息网站）构成的新空间数据。这些数据成为北规院开展诸多规划和研究项目的重要数据支撑。

2 新技术

从新的技术手段角度看，大数据技术是一个综合概念，它不是特指的某种技术，而是数据的采集、传输、存储、处理和应用等多个层次的技术集合。大数据产业的主要构成者是与这些技术层次对应的厂商，如设备制造商、接入服务商、在线运营服务商、网络运营商、云计算解决方案和服务提供商、数据服务供应商、数据交易平台商、数据挖掘及解决方案供应商等。

从表1可以看出，规划行业的技术研究和应用主要集中在大数据技术体系的两端，采集端规划行业需要研究城市感知和数据获取能力，应用端需要研究规划领域的知识图谱、数据挖掘、可视化以及面向新数据的城市数据分析能力。

在采集端，"多源社会数据的智能获取与规划应用"课题的开展使北规院具备了一定的基于爬虫和基于API的数据采集能力，除了针对开放地理数据的获取，龙瀛等还利用新浪微博API采集了大量带有位置信息的微博数据，茅明睿则根据微博上的人脉关系利用聚类规则抓取了16000名微博上的规划圈成员（主体为规划师）的ID信息及社交关系。

在应用端，北规院通过"规划知识管理与协同工作研究"建立了国内第一个城市规划知识本体，探讨了与城市

规划有关的自然语言处理技术，并通过对大量结构化、非结构化信息的建库和管理，尝试建立北规院内部的规划知识图谱，这奠定了北规院继续开展规划语义挖掘等研究的基础；龙瀛等提出了"大模型"概念，在兼顾尺度和粒度的情况下开展了多项面向全国所有大中小城市的大模型研究，如地块尺度的全国城市扩张模拟、城市建成区识别、地块边界与开发类型和强度重建模型、中国城市间交通网络分析与模拟模型、中国城镇格局时空演化分析模型等；茅明睿通过聚类分析和新的可视化技术实现了对微博上规划圈的人脉全貌、影响力、规划群体的空间分布和增长趋势等特征的分析与人脉图谱可视化，并对不同规划设计单位、规划人的微博内容进行了语义挖掘；针对北京市政公交一卡通刷卡数据，北规院正在开发Oracle和Hadoop两个数据处理和计算平台，针对公交一卡通数据设计了诸如"通勤分析、职住分析、人的行为分析、人的识别、重大事件影响分析、规划项目实施评估分析"等若干个计算与可视化服务，并形成功能服务菜单，规划设计人员可以通过菜单选择所需服务，并定制分析范围、分析时间段和分析对象（图2、图3）。

所以规划人从事大数据的有关技术研究并非意味着城市规划行业或者规划院要成为大数据上游产业链条的一环，而是要成为大数据产业服务的对象，是让城市规划的行业数据与大数据产生化学反应，来解决传统问题和新问题，开展城市新科学的研究，并实现规划行业的技术革新。这个行业数据与大数据的化学反应过程，英特尔中国

大数据技术、产业结构与规划行业的关系 表1

	涉及技术	相关产业	规划行业
采集层	感知设备、感知技术、采集技术……	终端设备制造商、传感器设备制造商、在线服务运营商、数据提供商、数据交易商	城市感知与数据获取能力：包括人的轨迹、交通、空气质量、社交媒体、能源、经济活动、地图、POI……
传输层	通信技术、物联网等专网技术、实时接入等传输控制技术……	网络设备制造商、网络运营商、接入服务商	技术、服务的利用
存储层	海量数据存储、数据维护、数据管理……	存储设备制造商、存储服务供应商	技术、服务的利用
处理层	云计算平台、数据清洗、智能搜索引擎……	计算设备制造商、云计算服务供应商、云计算解决方案供应商	技术、服务的利用
应用层	数据挖掘、数据可视化、数据脱敏、机器学习、语义网络、行业用技术……	数据挖掘及解决方案供应商、数据服务供应商、行业应用解决方案供应商	规划领域知识图谱、数据挖掘技术应用、城市数据分析……

研究院院长吴甘沙将其称为"大数据X"（数据间的化学作用：行业X大数据），X意味着乘法效应和外部效应。规划人利用大数据的有关技术所开展的城市研究正是对这个"化学反应"方程的探索。

3 新思维

在过去的10年里，互联网等新技术已经颠覆了许多行业，如邮政、广告、通信、媒体，大数据也是一个颠覆者，金融、旅游、医疗等行业都已经显现大数据的力量。来自微软亚洲研究院的郑宇、来自北京航空航天大学的王静远等青年IT人已经在不同的场合向规划行业展现了大数据的魔力。作为传统行业的从业者，我们需要转变自己的思维方式才能应对即将到来的这种颠覆，这种转变需要我们具备一系列的新能力。

无论是城市规划行业还是其他传统行业利用大数据思考问题、解决问题的流程和各步骤所涉及的能力可以用图4来表示。

首先是能够从数据思维的角度提出问题，并能形成解决问题的思路。这个阶段需要的是大数据思维能力，具体来说如数据思维能力、互联网思维能力、本企业在该行业的定量研究基础以及企业自身的数据基础。

然后是能够了解什么数据可以解决该问题，并进一步知道所需的数据在哪里，更重要的是能够通过技术、人脉、背景、项目合作、交易、共享等各种手段直接或间接

地获取数据。这个阶段需要企业具备大数据的相关知识，同时掌握可靠的大数据资讯渠道，了解主要大数据资源、开放数据资源在互联网上以及线下各行业中的分布，此外还需要有一定的大数据行业的人脉，人脉是企业能够与大数据拥有者达成合作的重要条件，最后本企业的影响力也是至关重要的，包括企业的实力、知名度、是否有政府背景、是否掌握着数据拥有者看重的资源等。

最后是能够处理和分析获取的大数据资源，通过结合自身的行业数据，通过数学建模、机器学习、数据挖掘等方法解决问题，如有需要，还能够将解决问题的过程和成果做成产品或服务，实现完整的行业应用。这个阶段需要的首先是企业具有较高的本领域知识水平，能够实现专业领域知识与数据科学的结合，其次是企业具有大数据处理、挖掘的能力以及系统、服务的开发能力，如果不具备，则企业及所在的行业能够有一定的开放程度，通过引进外脑、对外合作的方式让数据科学家、数据挖掘和解决方案供应商参与到行业应用中来。

以下通过"北京人口的职住关系"案例来说明规划部门如何从大数据的角度思考规划问题。

假设要研究北京市的人口职住关系，传统的规划方法依靠的是统计数据和居民出行调查数据，但是这些数据是很难展现一个城市职住关系全貌的，人口统计数据、就业统计数据的属性信息很少，缺少居民的个体特征，而出行调查的间隔周期很长、成本很高而抽样比例很低，依靠这些数据只能做出比较笼统粗略的职住分布，而无法建立起可靠的全市各交通分析单元的职住关系。

用大数据思维，这个问题的解决思路如下。

思路1：

（1）职住关系需要对市民居住地和就业地进行识别，可以通过居民的出行轨迹来分析。

（2）轨迹数据可以通过手机信令数据来分析，此外智

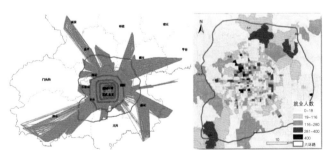

图2 北京市政公交一卡通数据分析

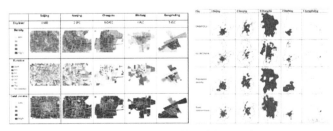

图3 基于开放地理数据的全国用地现状和建成区识别

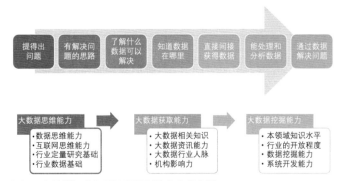

图4 大数据解决问题流程及所涉能力示意图

能手机的APP定位数据、市民公交IC卡的刷卡记录也可以用来分析市民的出行轨迹。

（3）手机信令数据掌握在移动、联通和电信运营商手中，无锡城市规划编研中心2013年开展了利用手机信令数据进行居民出行调查的实践；无锡案例的数据服务商是无锡移动，无锡移动覆盖了无锡市78%的人口，行业应用解决方案服务商是上海云砥信息技术有限公司；如果北京要开展此工作需要联系北京的几大运营商，其中2013年北京移动和联通用户数都超过了1500万；中国移动通信研究院可以有条件合作进行该方面的尝试；北京工业大学具有基于手机信息的交通出行计算方法的研究基础，是规划设计部门可以合作的科研力量。

（4）智能手机定位数据掌握在智能手机定位 APP的开发商手中，其中装机量较大的定位 APP包括百度地图、高德地图等，二者装机量都超过1亿，百度更是超过2亿；在北京地区，百度地图及拥有百度定位SDK的APP用户超过700万；2014年春节，百度提供的百度迁徙服务就是基于该定位数据来做的；百度大数据部正在与多个政府部门开展大数据合作，进行开放数据尝试；高德被阿里巴巴集团收购，阿里巴巴也成立了数据平台事业部推动数据开放。

（5）北京市政公交一卡通刷卡记录掌握在公交公司手中；北京一卡通的发卡量超过3000万张；北京每周一卡通刷卡量超过5000万人次；要获得该数据需要与市交通委员会协调。北规院有开展公交一卡通刷卡记录分析居民出行的研究基础。

（6）与移动运营商、互联网公司和公交公司合作可以分析居民的出行轨迹，进而获得职住分布和职住关系。其中，运营商的数据覆盖面最广，且有直接的行业应用服务商提供技术服务，但获取难度很高；百度或高德的定位数据在北京一地的用户数量少于手机用户，但其能够分析全国的出行数据，在覆盖广度上比地方运营商要强；公交一卡通数据需要政府部门间协调才能获得，且处理难度比手机信令数据和地图APP定位数据要高。

思路2：

（1）对市民居住地和就业地进行识别可以通过居民的快递收货地址来识别。城市里很多居民都会通过家庭和工作地址收货，所以收货地址直接可以反映市民的职住空间关系。

（2）淘宝网注册用户数量超过4亿，估算北京用户数量超过1千万。阿里巴巴集团成立了数据平台事业部推动

数据开放，阿里巴巴集团目前有数据魔方、御膳房等平台提供数据服务。

（3）京东网注册用户数量超过1亿，估算北京用户数量在数百万规模。

（4）与电子商务公司合作，对脱敏后的数据按照交通分析小区（TAZ）单元进行统计可以快捷地构建上千万人规模居民OD矩阵。同时，由于网购人群主要是工作人群和高中、大学学生，其与城市的主要出行量贡献群体相符。

（5）快递地址数据用来分析职住分布和关系最直接，但其受到用户注册数量以及用户填写的快递地址数量的限制，且无法分析居民的通勤轨迹。

不同的思路需要联系不同的数据拥有者，是否能够达成合作取决于规划部门对数据所有者的影响力和可供交易的资源，达成合作之后再制订具体的技术方案、成果形式和服务模式，并根据解决方案组建技术团队。

一个案例远远不能反映大数据思维的全貌，事实上大数据思维更大的价值在于它创造出新问题，打破传统思维的窠臼，这就带来了新的规划方法论。

4　新方法论

2014年8月8日在上海同济城市规划设计研究院举办的可持续智慧城市研讨会上，清华同衡规划设计院的王鹏指出："大数据：是技术，更是方法论。我国新型城镇化背景下，原有的蓝图式、扩张型规划逐渐势微，而关注人的需求，面向社区/面向管理、面向存量的新的规划方法论呼之欲出，大数据生逢其时，将会成为新的规划方法论的核心。大数据使我们在物质空间之上，终于具有了研究城市中的'人'的工具，而且包括客观的时空行为（智慧城市的感知数据）和主观的思想表达（社交网络和公众参与平台），公众参与从来没有过这样直接和直观。"

随着大数据内容的开放，人的个体信息、人的出行轨迹、人的上网行为、人的消费记录……这些都为研究者提供了对人群进行分析、画像的数据条件；而大数据基础设施和数据价值提取能力的开放则让各行业的研究者能够低成本地开展专业领域研究。

例如，在规划设计中，以人群画像为基础的公共资源配置方法将成为规划方法论中的一个典型变化：不同区域的人群的年龄结构、籍贯结构、家庭结构、学历结构、消费能力结构、拥有私家车的比例、收入水平、就业特征、品牌喜好、出行习惯都会成为城市规划为其配置公共资源

的依据，因此，上述人群画像中的各种特征与住房面积、水电气热的消费、各类公共服务设施面积、通勤距离、出行方式的选择、出行空间分布的关系研究取代大一统的"千人指标"及按照建筑面积来计算的交通与市政设施供给测算办法。

在规划评估中，规划项目的实施评价标准也将从规划是否批复、是否完成供地、是否竣工、是否投产运营等变成由市民的行为来做评价。例如，对一个产业园区规划项目的评价，其带来了多少就业岗位，就业人群来自本地、周边还是外地，是否改善了职住平衡，是否改善了通勤，是否提升了本地居民的生活水平，是否提升了本地居民的幸福指数等将成为重要的评价指标，而这一切评价都可以通过市民出行轨迹（如手机信令数据、智能手机的定位数据、公交卡刷卡记录、出租车轨迹等）、本地居民的意见表达数据（微博、社区平台、业主论坛等）等新数据、大数据来实现。

大数据时代，开放数据打破了政府对信息的垄断，各种传感器数据使规划人能够感知和观测城市各种设施的运行情况，而基于市民个体的时空行为数据和自媒体等思想表达数据则是创造了一种感知社会、感知人的活动的数据基础。城市规划头一次真正具备了进行人本主义规划实践的数据条件，而城市规划的公众参与也从过往由规划师、城市管理者主导的自上而下的、小范围的问卷调查、规划公示变成由公众自发形成的、理所当然的、普遍性的、自下而上的行为。大数据让城市规划方法论的转变具备了数据、技术和伦理条件。

5 结语

大数据及大数据的有关技术正在冲击和颠覆各个传统行业，规划行业与其坐等颠覆不如主动改革，这种改革不同于往日引进CAD、GIS之类的技术革新，而是从方法论上重新构建城市规划的理论基础、编制办法、技术指标、评价体系；整个规划行业也要做好开放与联合，使规划师的智慧、技术、数据以及来自于规划行业以外的资源能够在一个更大的平台汇集起来，这也是北规院施卫良院长关于建立城市规划云平台的愿景。

在2014年里规划行业正在积极应对大数据时代的到来，无论是规划年会的议题设置还是来自于各规划院校、设计单位和规划帅个人的行为都看得出这种积极的态度。中国城市规划设计研究院与北京市城市规划设计研究院举办的China·UP新技术沙龙上多家规划院的信息中心达成了以众包、众筹、开放与联合的方式开展规划信息化的共识；北京城市实验室（BCL）则是迈出了以互联网思维、开放的态度，跨学科开展城市定量研究的第一步；而北规院建设的CityIF网站（www.CityIF.com）则是城市规划云平台实践的大胆尝试。

备注

本文发表在《北京规划建设》2015年第2期，有删节。

回顾与展望：城乡规划信息系统建设和统筹

吴运超 茅明睿 崔浩 王赛

计算机技术的引入为城乡规划工作的开展提供了极大便利，促进了行业的发展。特别是进入21世纪以来，随着信息技术的迅速发展和普及，数据库、地理信息系统（GIS）、决策支持系统（PSS）等技术在辅助规划设计、管理和决策分析等方面得到了广泛应用，逐步形成了数字规划的发展方向。这是一个充满挑战的探索之旅，点滴进步都来之不易。作为在该领域孜孜不倦的实践者，本文将回顾近10年来北京市城市规划设计研究院（以下简称"北规院"）开展城乡规划系统建设工作的历程，总结经验并展望系统的发展。

1 系统建设发展历程

1.1 CAD制图向GIS决策分析的转变

计算机辅助制图（CAD）是一项对中国规划工作产生深远影响的技术。自20世纪90年代末引入以来，CAD已成为规划设计的标配系统，拥有极为广泛的用户基础。虽然它具有强大的绘图能力，但无法有效管理日益增多的数据，也难以支撑日渐复杂的分析工作，而这些正是地理信息系统的强项。有鉴于此，北规院在2004年结合北京市中心城控规编制工作开发了规划汇总系统，实现了前台CAD、后台GIS空间数据库的系统建设与应用模式：规划人员利用CAD生产规划数据成果，经过GIS质检和汇总后存入数据库；这些数据可以从库中调出，进而返回到CAD中使用。这种模式符合规划人员的使用习惯，同时为融合GIS技术打开了方便之门。在此基础上，北规院进行了规划设计领域信息整合—共享—发布一体化方法的研究[1]（2006年）。一方面完善规划汇总系统，在CAD下实现一些类GIS的数据模型和操作功能，另一方面采用WebGIS技术开发了规划信息发布系统，最终试图实现两个系统共享同一个后台空间数据库，从而达到一体化的目的。经过数年的使用与沉淀，上述系统产出了大量符合GIS质量规范的数据，为后续GIS的全面应用提供了有力支撑，同时也为GIS在规划人员中的推广起到了潜移默化的引导作用。

随着基于GIS的各类分析技术在规划工作中得到广泛应用，规划辅助决策支持系统的建设又被提上了日程。首先开展了规划支持系统框架体系及典型应用研究[2]（2011

年）。结合北京城乡规划编制体系，建立与之相关联的规划支持系统框架体系，并深入研究不同层面、不同类别规划编制要求，提出不同阶段辅助规划分析与决策的技术方法与技术路线。思路梳理清楚之后随即启动了系统建设（2012年），初步建立起基于GIS的决策支持系统平台并实现了若干分析功能模块。该系统边建边用，成熟一个推广一个，已经应用到北京总体规划评估等多项工作之中。

1.2 平面设计向三维设计的转变

平面上的规划虽然能反映主要问题，但毕竟不够直观。三维仿真技术能够逼真模拟出城市形态，而不受时空的限制。这对面向未来的规划工作特别有帮助，在三维场景中进行规划方案的展示和论证分析已经成为规划设计工作不可或缺的一部分。自2000年以来，北规院不断跟踪虚拟现实技术、3S技术的发展，尝试将三维仿真应用于城市规划设计和研究上，先后尝试使用MULTIGEN、CITYMAKER、CYBERCITY、VRMap和VRMapIMS等平台进行从微观到宏观的城市仿真应用研究，探索适合北规院工作特点的三维仿真技术路线，建立了北京规划三维仿真系统。

三维仿真系统由网络发布系统和辅助设计系统两个子系统构成，可以满足网络发布、数据分发和场景搭建、规划分析的不同要求。网络发布系统提供基于院内网的北京市域三维景观服务、查询服务、定位服务、地形影像服务、数据申请服务，并提供日照分析、视线分析、洪水淹没分析、本地模型导入、GIS数据导入、3DS数据导入、自动标注、模型修改、模型分组等功能，满足规划人员大多数日常仿真应用要求。辅助设计系统提供基础的场景搭建功能。规划人员可以通过网络申请数据下载，管理员根据申请范围切割和分发数据，规划人员则可以在设计系统中打开下载的场景，并基于该场景进行规划模型的搭建。此外，还提供模型素材库、材质修改、贴图、属性修改等功能。

1.3 档案管理向知识管理的转变

把握历史脉络，实现传承基础之上的发展，这是城市对规划的要求。规划工作因此特别注重成果的归档管理与利用。这在信息时代是通过档案管理系统的形式来体现。2006年北规院开展了院办公自动化系统建设，其中就包括

313

档案管理系统。自投入使用以来，年均管理实物档案达到了1000余本，发挥了不小作用。在此过程中，我们注意到单纯用系统管理取代人工管理对规划人员的帮助并无实质提升。因为城市规划编制是规划工作者搜集数据、了解信息、学习知识和进行决策的过程。在该过程中，规划师以城市作为规划对象，通过各种途径获取描述城市过去、现在状况的空间形态、经济、社会、人口统计等数据，了解城市空间、资源配置等物质实体的形态以及其间的相互作用、影响因素和信息流通，依照编制内容的要求，结合规划师自身经验、专业技能、规划专业领域知识和模型，通过深层次分析、比较，形成对城市未来的合理安排，并形成科学的规划决策。

站在管理内容的角度，规划编制过程所涉及的对象已不再仅仅是传统信息管理中的数据和信息资源，而是包含了规划师对有关城市问题和事物的理解、判断和应用。站在管理模式的角度，从事上述活动的组织已不再是一个传统工业时代的简单、可分解和规则静态的体制，而是一个知识时代的灵活、集成、整体和可持续发展的动态体制。因此，该种组织的管理应该是使用适应于知识时代的模式，不仅是技术意义上对工业时代组织原则和管理模式的突破，也包括思想上、形态上、技术特征等方面的全面突破。基于上述思考，北规院开展了规划编制知识管理与协同工作研究[3]（2011年），基于本体技术实现了对规划院的规划项目成果资料数据的一体化管理，通过规划经验和知识的汇聚，为规划人员提供快速知识检索功能，实现相关信息资源的规划支持。

2 系统建设经验总结

历经那些系统建设实践，我们逐步认识到系统建设过程中的许多问题在不断重现，如城乡规划信息资源的标准规范、信息资源的安全管理、基于系统开展规划的协同工作流等。这些问题使我们意识到需要从全局角度出发，基于信息技术构建一套协同规划设计系统框架（图1），为系统建设提供一个整体方案。北规院的系统框架是以规划业务和规划知识为两条发展主线，以数据服务、平台服务和系统服务为3个支撑环节，形成了"两轴互补、三点支撑、两纵三横"的发展思路与格局。

从纵向来看，从数据到平台再到系统是一个递进的结构。数据层主要负责对规划所需各类数据的收集整理，通过标准化处理后进入数据库管理。这层的系统将通过数据

库和网络服务等技术为上层平台提供数据支撑。进入平台层的数据，原本可以直接投入到应用系统的建设，但长此以往将带来严重问题，系统林立难以管理与维护。因而，结合北规院的特点和系统建设的一般方法抽象出平台层，为应用系统提供一些基础的封装与支持，保证院内系统建设和数据应用的一致性，降低后续系统维护的成本和难度。有了数据和平台两个服务层之后，实际的应用系统建设将更为容易，基础性的功能与工作都无需再重复实现，整个系统的扩展性和可控性也将得到强化。

从横向来看，数据服务层涵盖了城乡规划空间数据和知识数据的管理与分发。规划空间数据主要包括基础空间数据、规划编制数据、规划专题数据。这些数据来源众多，存在多时空、多尺度的特点。原有一体化思路中的信息部门主导的单一数据库模式已经无法适应这种局面，需要建立一种多部门协作生产与管理的新模式，空间数据管理与发布平台应运而生。非空间的知识数据主要涉及规划成果数据、档案资料数据、办公管理数据以及与规划业务相关的文件、照片和视频资料等，来源更为复杂，分属于规划数据中心、资料中心和管理中心等系统。规划设计工作的开展主要集中在CAD、GIS和三维三类平台上，规划辅助设计平台、决策支持平台和三维仿真平台分别与之对应。规划知识管理则在平台服务层面起到对各中心数据的汇总与提炼。与规划人员最为密切的各种实用功能则在系统服务层面体现，如辅助市政工作的方案综合设计系统、人口承载力分析、档案资料的本体搜索等。

总之，城乡规划信息系统的建设要以信息技术为手段，以城乡规划对数据、技术和知识的需求为牵引，紧紧围绕信息资源建设与应用为中心，通过建立空间数据管理与发布平台实现对海量多源、多时空、多尺度的空间数据和社会经济数据有效管理、共享和综合利用；通过建立规

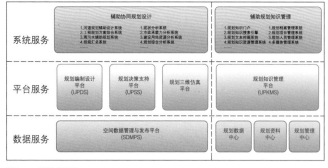

图1　系统框架

划编制设计平台提高规划编制工作效率，实现规划数据的规范标准化；通过建立决策支持平台，利用规划模型技术手段提高规划工作的科学性，实现城乡规划的定量分析；通过建立规划办公系统和知识管理系统，提高规划工作的信息化管理水平。

3 系统统筹发展与展望

城乡规划信息系统建设是一个大课题，很难在每个领域平均分配资源，需要有所取舍，重点发展以下4个方向。

3.1 空间数据管理与发布平台

空间数据管理与发布平台处在系统的基础层，为上层提供数据支持。它以空间数据库的管理及应用为核心，旨在实现设计院、业务所和规划师之间多层级的空间数据资源共建与共享，实现逻辑集中与物理分散相结合、自上而下和自下而上相结合的数据库建设模式提供工具支撑，同时基于统一的对外数据接口为后续规划业务系统建设提供保障。

空间数据管理与发布平台基于ArcGIS系列产品实现，由管理、调用和发布三个子系统构成，可拆分独立运行或组合使用，适用于规划空间成果数据的管理、发布和二次应用等多种应用场景。

为了实现平台的设计目标，研发了两项核心支撑技术，包括权限管理与共享机制。通过对规划数据建设与管理的场景分析，梳理出管理过程中关键节点及执行动作，抽象出包含角色、标准、权力和群组等要素在内的四元模型，为实现数据协同建设与应用提供理论依据。设计院可以根据自身的特点将全院整体视为一个群组或按业务所分为若干群组，从而实现集中式或分布式数据建设模式。通过对数据逻辑和授权的重组，可以很容易实现集中式与分布式之间的转换。通过读写与质检统一的接口调用机制和基于ArcSDE的统一存储机制，实现了基于接口的贯穿式双向共享和基于ArcSDE的桥接式单向共享，实现了多模式的共享途径，打通了系统之间的数据互通渠道。由于采用了ArcSDE作为基本的数据管理中间件，可以很容易整合设计院原有空间数据库，大大降低了迁移成本。

3.2 规划辅助设计平台

北规院规划辅助设计平台继承自规划汇总系统，也采用了数据层、基础平台层和应用系统层的三层结构。数据层是对各类规划成果数据进行存储和管理，采用ArcSDE空间数据库技术，支持规划成果历史数据的存储；栅格地形图，影像数据采用数据库以标准图幅为单位进行存储；规划成果标准存储在数据库中，以图层为单位进行组织与AutoCAD数据组织建立对应关系。

在系统平台选型采用ArcGIS与AutoCAD相结合的选型方案，用AutoCAD做客户端进行规划成果的设计与更新。在AutoCAD开发一组核心模块来解决CAD与GIS跨平台问题：AutoCAD数据与ArcGIS图形数据转换，规划数据的更新，CAD数据的安全处理，空间数据标准处理。应用系统主要根据北规院的实际需求开发了一组应用功能模块：数据调用，辅助设计，数据校验，查询统计，数据输出，数据更新，辅助工具，用户管理。

3.3 规划决策支持平台

规划决策支持平台[4]（UPSS）总体架构包括规划业务数据层、规划支持资源层、规划支持平台层和应用层4个层次。规划业务数据层依托空间数据管理与发布平台实现。规划支持服务资源层包括规划支持信息资源、规划数据服务资源、规划应用服务资源三部分，主要基于地理信息系统技术、网络服务等技术按照制定的服务资源建设规范实现对各类规划支持服务资源的建设和发布等。规划信息化建设部门可以针对规划支持信息资源的基本情况经过分析后，有针对性地开展数据建设、数据服务发布和应用服务开发。规划支持平台层负责提供开发的接口和界面，实现服务资源的注册和管理，服务资源的发布与发现，服务资源的聚合与执行等，建立规划支持服务资源目录库；平台提供对多源数据的一致化查询与获取，模型的在线计算，规划需求的在线汇集等；建立规划工作流执行引擎，面向规划工作网络内的规划工作团队实现规划支持服务链。应用层则面向规则业务工作，提供规划应用支持，为不同的规划应用系统提供服务资源的调用接口，实现相关数据服务、应用服务、规划支持服务链的远程调用。

决策支持平台通过建立城乡规划支持服务资源库，实现对面向城乡规划需求的各类规划支持服务资源元数据的管理；通过建立服务资源建设规范和构建技术，以支撑不断提出的各类模型、分析工具等计算资源的开发建设并能够在不同的网络环境中运行，进一步规范规划数据资源的标准，实现计算资源对数据资源的调用；通过建立城乡规划决策支持平台，实现资源的注册、管理和发布，为资源调用支撑城乡规划提供技术支持。

3.4 规划知识管理平台

结合规划具体业务流程管理内容，规划知识管理系统以规划知识流程的运转为核心，以数据仓库、数据挖掘等信息技术为支撑，将规划设计单位、规划师、知识紧密集成。其结构设计可分为4层，即规划知识资源层、规划知识生产层、规划知识共享层和规划知识应用与创新层。

（1）规划知识资源层：完成生产和交换数字地图、社会经济、人口、土地利用现状以及各层次城市规划成果图则、图表、城市规划法律法规和标准规范、数字化规划论文文档等显性知识和数据资源的编码，实现数据库的结构化存储和管理。对于在规划过程中采用的分析模型和规划师经验、专家知识等隐性知识内容也借助本体技术、逻辑建模技术等尽可能完成结构化的表达和存储，以便于计算机环境下的应用。

（2）规划知识生产层：通过数据格式转换、地理参考系统标准化、地理空间对象模型标准化、地理编码等技术，实现规划知识资源层中社会经济数据的空间化和多源异构空间信息的整合，以之为基础为规划师进行现状及规划分析提供信息挖掘、历史分析、信息转换等工具，便于规划师进行知识学习、知识过滤，沉淀及提炼出有用知识。

（3）规划知识共享层：在开放的共享网络系统中，以知识地图、元数据、知识代理等技术为依托，建立面向规划编制单位的统一知识门户，门户可根据规划师个人专业及偏好进行个性化定制。知识门户提供方便的检索工具，可进行单一或多重组合的查询检索。该层也提供系统通信工具，便于组织知识及时发布及规划师进行沟通。通过知识共享层，规划师可以了解组织内的知识内容及其所在，并通过交流得到启发。

（4）规划知识应用与创新层：面向规划编制任务及各类规划应用，将组织内的知识进行融合和升华，通过与规划办公自动化系统、规划辅助设计系统、规划决策知识系统等信息系统的调配、定制、组装、内嵌等技术手段，解决规划编制和应用中的规划问题，实现知识的最大收益。通过规划应用和实践产生并证明为有用的规划知识又可通过对规划成果资料整理入库及结构化处理反馈到规划知识资源层进行知识重用。

4 结语

经过这些年的探索与发展，北京市城市规划设计研究院的系统建设已颇具规模。但是城乡规划系统建设是一项长期不懈的工作，需要明确目标，怀着一个开放的心、坚持的心，不断地以迭代方式开展，不断引入新的技术来满足不断增长的各类业务需求。路漫漫其修远兮，吾将上下而求索！

参考文献

[1] 邱苏文. 规划信息整合-共享-发布一体化研究与实践 [C] //2007年中国城市规划年会论文集. 2007.

[2] 黄晓春，龙瀛，何莲娜，等. 规划支持系统框架体系研究 [C] //海峡两岸城市地理信息系统论坛2011年会论文集. 2011.

[3] 黄晓春，喻文承. 面向规划编制的知识管理系统构建与应用研究 [J]. 规划师，2009.

[4] 程辉，黄晓春，茅明睿. 城乡规划辅助决策支持平台建设研究—以北京城乡规划为例 [C] //2012年中国城市规划年会论文集. 2012.

备注
本文发表在《北京规划建设》2015年第2期，有删节。

规划空间数据协同建设管理的探索与思考

何莲娜　黄晓春　崔真真

城乡规划是对一定时期内城市的经济增长、社会发展、土地利用、空间布局以及各项建设的综合部署、具体安排和管理实施，因此所涉及的数据内容十分庞杂，渗透到社会经济发展和城市建设的方方面面。城乡规划空间数据库的建设与发展所涉及的研究内容不仅包括信息化阶段的分析、发展战略的制定、规划资源的梳理、组织架构的设计、核心技术的攻克、规划应用中的落实，而且涵盖规章制度的建设、业务流程的重组以及相关部门间的协调等。其目的是为城乡规划编制与研究提供完整、安全和可靠的数据支撑，其表现形式为创建一个高效的数字化协同工作环境。

1　研究历程与技术思路

北京市城市规划设计研究院（以下简称"北规院"）自20世纪80年代起至今持续开展城乡规划空间数据库的建设，在此期间空间信息技术发展迅猛，经过数十年来的不断技术探索和模式研究，在数据积累、数据建设和管理、数据分析应用方面等都取得了长足进步。

我们的探索可分为三个阶段和三个层面（图1）。在初级阶段（1980～2000年），数据建设层面以地理信息和人、地、房、经济等基础数据为主；技术层面以简单图表可视化为主；应用层面侧重于基础数据的资料汇编，专注于满足规划编制最基本数据的收集、整理、表达和高知。在中级阶段（2000～2010年），数据建设层面加强了向规划专题数据的拓展，遥感影像数据库也随着遥感技术的发展与

普及得到极大扩充，并且明确了数据建设整体框架的内容和结构，完善了数据建设与管理的相关规范标准；技术层面以多维度、多尺度数据综合空间分析和遥感图像自动识别技术的钻研为主；应用层面则专注于复杂的城市计算和基于遥感的城市动态监测的研究。在提升阶段（2010年至今），数据建设随着网页抓取和自媒体技术的蓬勃发展，多源社会数据和大数据的获取与应用成为新的关注点；技术层面则侧重于规划决策支持和大数据挖掘利用相关技术的研究；应用层面，规划支持模型和各类大数据在规划专题研究中开始扮演越来越重要的角色。

随着数据内容的不断完善，获取方式的不断丰富，建设与管理标准的不断健全，应用领域的不断拓展和研究深度的不断深化，数据不仅是简单的数据资源，而且对整个规划信息化发展起着重要的战略指导作用。

2　实施路径1：构建面向协同规划设计的空间数据库

2.1　数据积累与结构框架深化

空间数据资源的积累与梳理是一个不断完善、不断深化，并且随着数据的更新节奏和业务领域的扩充不断调整的过程。我们在数据积累方面的探索大致可以分为三个阶段。

初期阶段：有多少数据就收集多少数据，首先解决"有"的问题。我们开展了"北京现状数据汇总即城市规划基础数据获取整合机制研究"、"北京城乡规划基础数据框架体系研究"等工作。数据积累的着力点在于地理信息

图1　规划信息化数据库建设与应用研究思路示意图

基础数据和人、地、房、经济基础数据。数据来源较为传统，主要依靠权威部门提供官方数据，如规划编制部门提供的用地现状、用地规划、专项规划等数据，规划审批部门提供的规划项目审批和行政许可数据，测绘部门提供的多比例尺地形图等测绘信息，统计部门提供的中宏观尺度的人口、就业、经济等数据，以及各委办局提供零散的相关专题资料等。数据的获取方式主要有部门间数据购置、数据交换、口头协商等。由于缺乏持续稳定的制度保障，精细化尺度非内生数据的共享与交流困难较大。该阶段的数据积累能够满足规划编制和规划研究的基本要求，并不具备条件指导规划信息化发展的战略和方向。

中期阶段：数据要精细化，数据之间开始有了关系，数据的内容和结构有了完整的构架，数据建设的实施有了可遵循的规范标准。在该阶段随着政府政务公开的要求，部门间数据共享平台的建设，以及规划编制业务前端对专题数据库建设意识的增强，规划专题数据库的建设有了质的飞跃。我们开展了"城市功能核心区规划设计综合数据库建设与应用研究"、"北京市五线专题数据库建设研究"、"北京市地下空间专题数据库建设研究"、"北京市住房专题数据库建设与应用研究"等工作，先后建设完成了包括历史文化名城、城市住房、公共服务设施、商业服务设施、工业、物流仓储、道路与交通设施、市政设施、工程综合、地下空间、城市安全和生态环境等方面的空间数据库；同时完成了区域数据库的建设，其内容侧重于京津冀或全国主体功能区等更大区域空间范围内的数据建设，包括行政区划、道路交通、河湖水系、城镇村集中建设区、土地利用、区域DEM、城市级社会经济、区县级社会经济等数据子库。

另外，随着遥感技术的不断发展，遥感专题数据库也得到了不断丰富。我们开展了"北京遥感信息资源整合及其在城市规划中的应用研究"，对于不同片源、不同分辨率、不同年代的遥感影像在数据采集方法、数据更新保障机制、数据适用空间尺度，以及数据在不同层面的规划编制与研究中的应用情况做了深入剖析，建立了具有工程性、可持续性的大区域范围遥感数据库，为实现多源遥感影像及其解译信息在多层面城市规划设计中的工程应用提供了良好基础。该阶段的数据积累已经相当丰富，而且有章可循、有方可依，对指导数据库建设持续开展具有重要意义。

近期阶段：尝试基于数据开展规划支持模型的研究，数据建设开始关注获取和分析外围数据，为规划信息化的发展寻找新的突破口。多源规划数据和大数据带来新思路。多源规划数据泛指通过非官方渠道获取的规划信息资源，主要是指利用信息技术和计算机技术主动获取的官方小数据和自媒体方式的各类专题数据，包括权威部门和数据生产商等社会力量通过互联网公开发布的开放数据，以移动互联网和传感器网络为载体的社会化数据等。多源规划数据获取的实现是切实拓宽数据获取渠道，打通数据瓶颈，丰富规划资源的有效方法和有益尝试。

而随着信息技术在日常生活中的广泛应用，产生了大量微观尺度的城市空间信息和人类城市活动信息。这些信息被大量集聚在互联网、移动互联网和传感器网络中，形成了极为丰富的数据资源，人们称之为"大数据"。维基百科把大数据定义为一个大而复杂的、难以用现有数据库管理工具处理的数据集。广义上，大数据有3层内涵：①数据量巨大、来源多样和类型多样的数据集；②新型的数据处理和分析技术；③运用数据分析形成价值。例如，微博数据、公交卡刷卡数据、移动手机数据、银行卡消费数据等都是典型的、已被成功应用的大数据，对科学研究、经济建设、社会发展和文化生活等各个领域正在产生革命性的影响。当前，大数据已然成为城乡规划编制与规划研究中必不可少的数据补充，其获取、建设与应用是规划数据资源扩展的新方向。

大数据以及其他基于互联网的多源社会数据的获取主要利用爬虫技术进行网页搜索、信息聚焦和数据抓取。至截稿日已成功获取住建委、经信委、高德地图、安居客等官方网站公开的相关数据资源。在数据获取方式上主动出击，改变被动依赖共享的传统方式，切实丰富了规划资源，夯实了数据基础。

以上5类数据资源构成城乡规划空间数据库，既包括规划相关管理部门间内部数据的协议与交换，又包括权威部门和数据生产商等社会力量通过互联网公开发布的开放数据，以及移动互联网和传感器网络为载体的社会化数据等。为了统筹管理规划数据资源，我们开展了"面向协同规划设计的空间数据平台建设与应用"的研究，以便摸清规划资源，梳理协同关系，建立数据框架。在系统、全面梳理规划业务最基本、最常用、最核心的各类数据资源，以及各业务间相互调用与支撑关系的基础上，明确了数据库子库、数据类、数据主题和数据集的多层级数据结构（图2）。

此外，城乡规划信息数据库建设的相关技术规范也必须及时跟进，包括数据制作流程规范、数据质量检查控制标准、元数据标准、符号库标准、数据更新流程与办法等。同时，需要建立健全的更新机制，明确数据库扩展所需要进行的分析和设计、明确所涉及的领域专家、数据库高管和规划专题负责人对定义数据、扩展数据、执行标准建库等工作的职责分工，保障数据库的持续发展。

2.2　数据建设与管理模式演变

空间数据库的建设和管理是一个分阶段的长期过程，也是一个从无到有、从初期探索、尝试到逐步深化、规范建设的过程，并且随着不断地梳理业务流程、盘点规划资源和评估主要问题，建设与管理模式将得到持续调适和优化。总体上看，规划行业空间数据库建设和管理可以分为零散模式、集中模式、协同模式3个阶段。其中，零散模式适用于空间数据库建设探索期，侧重于技术的摸索，初步开展规划资源的有序收集，并选择试点开展空间数据建设。在规划信息化迅速发展的今天，多数城乡规划编制和管理部门基本走出零散模式。集中模式和协同模式是当前数据库建设和管理的主流模式，在不同的阶段都发挥着重要作用。

集中建设与管理模式（图3）的参与主体是统一由在新技术掌握和应用上具有优势的信息部门主导，优点在于数据库建设质量优，建设效率高，保障良好的维护和管理；缺点在于规划设计部门在数据获取、数据库建设、更新维护管理等环节参与甚少，规划专业空间数据单纯依靠信息技术部门难以得到及时有效更新，利用效率低下。该

模式适用于数据库建设积累期，且数据资源结构简单、内容较少的单位。

协同建设与管理模式（图4）的参与主体是分别由信息部门主管基础空间数据，规划编制部门主管规划专业空间数据，优点在于实现合理分工，分建共享，数据库建设质量优，建设效率高，保障基础数据库和规划专业数据库都能得到良好的维护和管理，数据应用更贴近业务需求。但该模式的实施要求信息部门建立完整的数据库框架和严谨的数据库建设管理规范标准，并需要开发数据库建设与管理平台。适用于数据库建设成熟期，拥有超大数据量和复杂数据结构的城市级信息资源管理。

基于对3种模式的研究和探索，研究认为协同模式是充分调动各专业部门专业优势，实现规划空间资源自下而上协同建设、系统整合和综合利用的最佳模式。

3　实施路径2：钻研数据分析与应用的关键技术

数据只有被有效利用和合理共享才能实现其最大价值。如何运用信息技术手段，最大限度地撬动数据的力量，是我们对数据分析关键技术研究的核心关注点。我们的探索主要体现在数据可视化、多维度空间分析、遥感智能识别、规划决策支持和大数据挖掘等几个方面。

首先需要采用有针对性的数据可视化技术（information

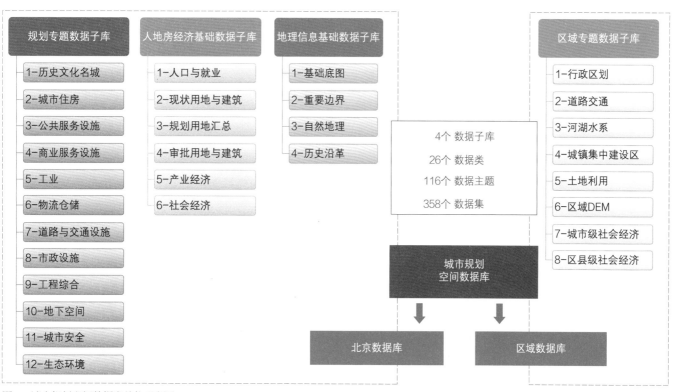

图2　城乡规划空间数据库结构示意图

visualization）实现对非空间数据直观高效的表达。随着数据内在关系复杂度以及数据量的不断攀升，数据形式不再是单纯的数值或二维表格，复杂的层级结构和关联关系型数据越来越多。数据可视化是一种将数据转换为便于理解和使用的图形的技术和艺术，其目的是增强数据识别效率，传递有效信息。我们的实践从单纯利用Excel完成简单的柱图、饼图、折线图，渐渐发展到针对数据的特性和维度，综合使用Tableau、Circos、Many Eyes、D3.js、Splunk、R、Gephi等主流数据可视化工具，极大地提高了数据表达和决策的效率。

针对空间数据则需要基于空间分析技术（spatial analyst）实现对多维度、多尺度、多时相的城乡规划数据的综合分析。空间分析是为了解决地理空间问题而进行的数据分析与数据挖掘，是从一个或多个空间数据的空间关系中获取派生信息和新知识的过程，是通过空间数据和空间模型的联合作用来挖掘空间目标的潜在信息。常见的空间分析如空间信息分类、叠加分析、网络分析、邻域分析、地理统计分析等在ArcGIS软件中有完美的实现（图5），在大量的城市规划研究中发挥了重要作用。另外，还有一系列适应地理空间数据高性能计算的模型和方法，如元胞自动机、遗传算法等，需要在规划决策支持系统中解决。

规划决策支持系统（planning support system）是一种合适的模式，能将一系列计算机为基础的方法、模型组合为一个综合系统，使之能够支持空间规划功能。规划决策支持系统将GIS、模型、可视化功能组合起来，在规划过程中收集、组织、分析和交流信息。规划决策支持已经被公认为是在快速发展的城市化进程中社会经济和城乡建设的必然要求。在此背景下，我们开展了"规划支持系统框架体系及典型应用研究"，通过面向我国城乡规划完整的内容体

系，以北京城乡规划编制体系为例，建立与之相关联的规划支持系统框架体系，并深入研究不同层面、不同类别规划编制要求（含技术标准），提出不同阶段辅助规划分析与决策的技术方法，从而不仅完善了规划支持系统基础理论，而且提出了规划支持系统建设实施策略，重点研发了规划支持系统平台，从理论体系、实施策略、应用工具等多方面实现了规划支持系统和实际业务工作的有效对接。

针对遥感影像数据则需要引入遥感图像自动识别技术（automatically information extraction from remote sensing）实现对地球表面及其环境在遥感图像上的信息进行属性的智能识别和分类。为了提高遥感影像解译的效率和精度，我们相继开展了"基于高分辨率遥感影像的城市用地信息提取方法研究"、"基于夜间微光遥感技术的建成区界定新方法"、"基于遥感影像解译城乡规划用地的标准研究"等一系列课题研究，解决了部分遥感在城市规划中应用的不足，如社会属性难以判别、人工目视解译强度大效率低等，切实提升了遥感资料在城乡规划中的可利用性。

大数据从数据类型、结构、量级、更新速度上呈现出的多样性和复杂性，都有别于传统意义的小数据，从采集、导入和预处理、统计和分析，到最终数据挖掘处处存在特异性。采集并发数高、导入和预处理数据量大、数据挖掘计算量大等特点，要求在采集端部署大量数据库，深入设计负载均衡和分片，普通分析和分类汇总需要Oracle的Exadata和MySQL的列式存储Infobright等，而批处理或者基于非结构化数据的需求则应该使用Hadoop。典型的挖掘算法如用于聚类的K-Means、用于统计学习的SVM，以及用于分类的Naive Bayes，主要使用的工具有Hadoop的Mahout等。目前我们对大数据的相关技术研究尚处于摸索阶段。

4 实施路径3：拓展数据在城乡规划领域的应用实践

基于协同规划理念的规划空间数据库在数据建设层面和规划应用支持层面均发挥了显著成效。在数据建设层

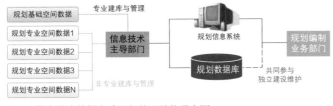

图3 集中模式数据库建设与管理结构示意图

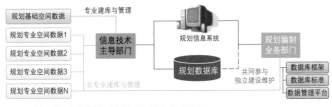

图4 协同模式数据库建设与管理结构示意图

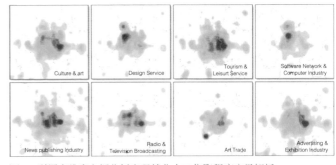

图5 利用多维度空间分析实现就业人口集聚程度定量解析

面，持续为北京市总体规划编制、评估、修改，北京市中心城和新城控制性详细规划动态维护，北京市规划审批数据分析等一系列重大规划提供了内容翔实、质量上乘、现势性极强的基础地理信息数据，人口、用地、建筑、经济核心数据，以及公共设施、交通设施、市政设施等专题数据支撑，其相关的各类标准和制度也得到逐步建立和完善。针对基础数据基本统计分析，推出了《北京规划基础资料汇编》（2004年版）《北京规划基础资料汇编》（2008年版）《北京城乡规划人地房基础数据年报》（2011年版）《北京市规划用地审批数据统计分析（2010—2013年）》等，以基础资料汇编的方式对数据的整体结构和内容，尤其是具有普适价值的关键数据进行全面展示和告知。针对遥感动态监测数据，开展了《北京市六环内2001—2013年城市建设用地变化趋势分析》并开发了"北京建设用地遥感动态监测信息系统"，为宏观把控城市建设用地扩张规模与方向、洞悉用地结构变化趋势以及查处违法建设提供了客观依据。

同时，规划空间数据库在规划应用支持层面有更广泛的应用。在复杂城市计算算法研究方面，开展了"微观尺度下人口空间分布模拟与规划应用研究"、"基于数学迭代法分析就业人口空间分布与规划用地关系的研究"、"基于气象条件的北京市域空间布局研究"、"北京城乡建设用地可利用空间资源研究"等。在规划支持模型建设方面，开展了基础综合模型、专业综合模型和专业独立模型三个层次的模型研究，如"城乡空间发展模型"、"现状综合分析模型"、"限建区规划模型"、"交通与土地整合分析模型"、"交通承载力分析模型"、"市政设施承载力分析模型"、"保障性住房实施评估与选址模型"、"文化设施评价与选址模型"等。在大数据利用方面，开展了"利用公交IC卡刷卡数据分析北京职住关系和通勤出行"、"基于公交IC卡地铁刷卡记录评估北京市总体规划实施情况"、"基于微博数据分析规划圈的人脉关系研究"等。规划应用支持层面的一系列应用在服务于规划信息技术推广、服务于规划编制设计、服务于规划管理决策、服务于不同规划专业的融合和协同等方面取得了显著成效，从而为预判不同的城市发展策略和政策影响、实现城市理性增长、综合协调并确定城市设施的合理规模和布局、确保城市低碳发展等规划实际工作提供了重要的分析手段和决策技术支持。

5　结语

规划空间数据库的建设目标是利用信息技术手段，以城乡规划对数据、技术和知识的需求为牵引，以信息资源建设与应用为中心，实现基础数据多渠道采集更新、多专业数据安全规范管理和综合数据高效便捷共享，并为开展基于城乡规划信息的规划综合分析提供系统的规划业务应用系统。为此我们将进一步跟踪新技术发展趋势，深化研究，为城乡规划的科学制定和实施提供有力支撑。

参考文献

[1] 仇保兴. 中国城市规划信息化发展进程[J]. 规划师，2007，23（9）：59-61.

[2] 李德仁. 数字城市及其典型应用[J]. 中国信息界，2009（12）：14-16.

[3] 徐开明，等. 基于多级异构空间数据库的地理信息公共服务机制[J]. 武汉大学学报（信息科学版），2008，33（4）：402-404.

[4] 李海涛，等. 城市基础地理信息数据库建设若干问题的研究[J]. 地理空间信息，2007（2）：20-22.

[5] 诸云强，等. 地球系统科学数据共享研究与实践[J]. 地球信息科学学报，2010，12（1）：1-8.

[6] 王学华，等. 多源空间信息数据库数据更新技术研究[B]. 测绘通报，2013（2）：45-47.

[7] 文薪荐. 面向城市地理空间框架架构的数据库设计思路研究[J]. 测绘与空间地理信息，2013（6）.

[8] 维克托·迈尔-舍恩伯格，等. 大数据时代[M]. 盛杨燕，等译. 杭州：浙江人民出版社，2013.

[9] 王华，等. 试论数字城市地理空间框架在城市规划中的应用[J]. 地理空间信息，2010，18（2）：1-4.

[10] 李和平，等. 城市规划社会调查方法[M]. 北京：中国建筑工业出版社，2004.

[11] 朱宏斌，等. 城市基础地理信息数据库更新方案研究[J]. 测绘通报，2011（1）：25-27.

备注

本文发表在《北京规划建设》2015年第2期，有删节。

漫谈规划支持系统框架体系的构建和应用

龙瀛　黄晓春　何莲娜　程辉　喻文承

引言

随着中国社会、经济的快速发展，城乡建设与发展达到了空前的规模，在此现实背景下，科学决策已经被公认为是社会经济和城乡建设的必然要求。但是目前，在城市规划决策相关的制定、执行和评估方面，部分工作尚停留在定性分析的层次，很多定量规划编制和管理还停留在概念层次，因此有必要全面、系统地研究开展新技术对规划决策的支持工作，以在城乡规划行业信息化领域实现由单纯数据服务向全面决策支持的转变，从而提升规划决策的合理性和科学性。

规划支持系统（planning support system，PSS）的理念是在20世纪50年代末提出的。之后规划人员一直在研究和探索如何建立一套方法来集成专业模型、建立计算机支持系统与生成规划方案，一方面可以进行规划方案的寻优，另一方面可以识别所建立的规划方案或决策的实施效果。目前，欧美一些国家在PSS的研究和实践中走向深入，已经开发了一些用于实际操作的规划支持系统。在国内，自2003年首次引入规划支持系统的概念后，一些学者开始逐步将国外的一些规划支持系统应用于我国的具体规划实践，也有一些学者从理论上对规划支持系统的框架、应用现状以及未来发展趋势进行初步探索和研究，但总的来说，一般都是侧重于从案例的角度进行规划支持系统的介绍，而对其理论基础、设计开发模式以及总体框架体系等方面的研究较为薄弱。

本文在对规划支持系统的研究进展进行全面综述的基础上，着重开展规划支持系统框架体系的研究。该工作作为规划人员编制规划的重要参考，可以促进规划编制向"量化"方向发展。一方面可以提高规划编制的效率、规划成果的精确性和科学性；另一方面，通过专业规划模型的引入，可以扩大规划人员的专业视野，将国际的研究前沿引入规划，提高规划的理论水平。

1　研究方法

本研究的总体研究方法如图1所示，在明确总体研究目标后，基于多元方法，依次开展了理论探索、体系建设和应用实践。

理论探索方面，对我国城乡规划体系进行了系统梳理，并对各个发展阶段的信息化发展情况进行分析，最终进行规划支持系统的理论研究。根据北京城乡规划体系和新技术支撑的特点，本研究所建立的PSS框架的横向规划内容主要分为规划编制和规划评估两类，规划编制分为战略规划、总体规划、详细规划、专项规划、市政专题和交通专题6类，本研究中的规划评估部分仅考虑城市的总规评估。PSS框架如图2所示，横向对应不同的规划类型，纵向从方法、软件和模型3个角度提出对应的技术支持手段。

体系建设方面，基于文献调研和专家访谈等方法，我们将规划支持系统分为三类，即方法、软件和模型：①方法，即城乡规划相关学科的理论方法，如城市经济学、城市地理学、系统科学、地理信息科学、情景分析、系统动力学和遗传算法等，这些理论和方法需要规划师掌握，但不要求有明确的软件载体。②软件，即目前已经存在的商业、共享或免费软件，可支持开展规划编制和评估工作。③模型，即针对具体任务由北规院开发或即将开发的规划支持工具，不包括第三方软件。模型是本研究的重点，将汇总北规院已有的若干模型，并提出北规院未来不同阶段的规划支持模型发展战略。最后，以文献调研为主要方法，并邀请十多名具有不同规划专业背景（如总体规划、详细规划和交通设施规划等）的规划师共同确定适合不同类型规划的PSS。

应用实践方面，基于所建立的PSS框架体系，建立城乡规划支持服务资源库，实现对面向城乡规划需求的各类

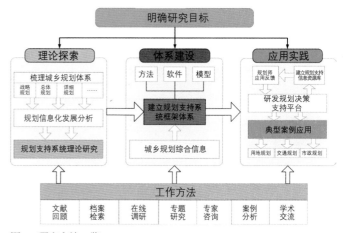

图1　研究方法一览

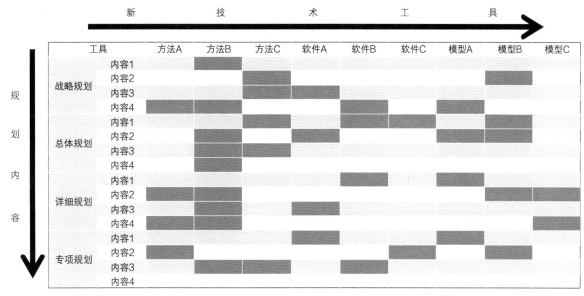

图2 规划支持系统框架示意

规划支持服务资源元数据的管理；要建立服务资源建设规范和构建技术，以支撑不断提出的各类模型、分析工具等计算资源的开发建设，并能够在不同的网络环境中运行，进一步规范规划数据资源的标准，实现计算资源对数据资源的调用；要建立城乡规划决策支持平台，实现资源的注册、管理和发布，为资源调用支撑城乡规划提供技术支持。

2 研究内容

本文提出了一个能涵盖各类城乡规划的PSS框架。框架共包含128个方法、59个软件和58个模型，表1显示其基本形式和部分内容，表2给出了主要模型的名称。用户可通过北规院内网直接查询每一项PSS的详尽说明。同时，针对框架体系中的具体内容，给出了每项方法、软件和模型的具体解释，以便规划师参考。

此外，除了纸质版本的框架体系发放给规划师使用外，还开发了PSS框架体系的在线查询系统，用户可通过网络直接浏览每项规划的PSS，查询其应用领域，并下载PDF文件进一步学习。系统功能包括：①查询某一类型规划的PSS、数据、指导说明等内容；②查询某一特定的PSS的详尽说明；③下载已有的PSS；④查询PSS的负责人；⑤搜索PSS的内容。此系统发布在北规院的内网上，院内人员可通过浏览器方便使用。

除了建立完善的PSS框架体系，本研究还针对框架体系所提出的部分典型的规划支持模型进行了开发。

3 应用实践

本研究通过分析和梳理，重点选取了限建区规划、规划现状综合分析、城市空间发展分析、交通承载力分析、用地和交通协调发展、市政承载力分析6个十分重要且处于基础性地位，常为其他研究和设计提供重要依据的规划研究作为规划支持系统和模型应用的示范重点来研究建设。这些模型的具体规划应用为对不同的城市发展策略和政策的影响进行预判，实现城市理性增长，综合协调并确定基础设施的合理规模和布局，确保为城市低碳发展提供分析和决策支持。

将规划支持系统框架体系的方法、软件和模型等内容成功应用于规划工作实际，验证了规划支持系统的建设实施策略。本研究根据规划支撑数据服务于不同类别、不同层级规划内容的差异，开创性地提出规划模型建设应采用三层次递进的实施方案（图3），即优先建设现状综合分析模型和城乡空间发展模型两个基础综合模型，统筹建设区域专题综合模型、交通专业综合模型、市政专业综合模型等若干专业综合模型，以及适时建设限建区规划模型、交通承载力分析模型、城市暴雨管理模型等专业独立模型，从而实现了规划支持系统和实际业务工作的有效对接，基于本研究所建立的规划支持系统框架体系以及搭建的规划支持系统平台，截至2013年12月，已在50余项重大规划工作中得以实际应用，其中包括"北京城市总体规划实施评估"、"北京中心城控制性详细规划动态维护"等，在服务于规划信息技术推广、服务于规划编制设计、服务于规划

PSS框架示意　　　　　　　　　　　　　　　　　表1

规划分析层次			规划分析内容		方法	软件	模型
规划编制	战略规划	空间发展研究					
	总体规划	城市总规	现状分析	区位分析	多属性评价	ArcGIS	区位分析模型
		镇总规		地形地貌分析	地学模型分析	3D Analyst Tool	基础地形分析模型
		新城总规		现状基础条件	空间统计分析	ArcGIS	现状综合分析模型
	详细规划	街区控规		用地适宜性	栅格代数运算法	Spatial Analyst	适宜性分析模型
		地块控规		城镇建设用地扩展	多数性评价		
		城市设计		公共服务设施	基础地形分析		
	市政规划	供水规划		人口空间分布	灰色系统理论		
		……		住房建设与保障			
	交通规划	道路网规划	社会经济	人口与用地规模预测	综合增长率法	SPSS	人口总量预测类型
		……		就业岗位预测	指数增长模型	Excel	
	专项规划	教育专项规划		人口承载力分析	Logistic人口模型		
		……		空间布局	人口再分布理论		
规划评估	总规实施评估	城市总规评估	历史文化名城保护				
	……		……				

本研究所确定的58个规划支持模型一览　　　　　　　　表2

区位分析模型	限建区划定模型	综合费用模型	规划控制线综合模型
用地适宜性分析模型	排水系统模型	文物保护范围评定模型	光污染分析模型
现状综合分析模型	居民居住区位选择模型	土地使用与市政整合模型	宏地交通战略模型
基础地形分析模型	给水管网模型	投入产出模型	用地综合效益评价模型
公共服务设施综合模型	产业区位选择模型	土地利用演变分析模型	城乡一体化评价模型
城市空间发展分析模型	城市空间形态评价模型	生态承载力分析模型	出行链分析模型
交通设施选址模型	房地产价格模型	就业岗位预测模型	低碳城市形态分析模型
人口承载力分析模型	风环境评价模型	就业与产业分析模型	加油站需求预测模型
人口总量预测模型	开发商房地产选址模型	居民就业区位选择模型	生态敏感性评价模型
建筑-用地关联模型	可视性分析模型	交通承载力模型	特色区域分析模型
人口空间分布模拟模型	路网结构评价模型	流域划分模型	停车需求预测模型
规划指标计算模型	路网均衡模型	公共服务设施选址模型	日照分析模型
土地使用与交通整合模型	景观指数综合评价模型	公交IC卡分析模型	噪声分布模型
用地功能布局分析模型	现状与规划比较分析模型	产生-吸引率计算模型	……
网络优化模型	灾害分布特征及诱因模型	规划单元划分模型	……

管理决策、服务于不同规划专业的融合和协同等方面取得了显著成效，从而为预判不同的城市发展策略和政策影响、实现城市理性增长、综合协调并确定城市设施的合理规模和布局、确保城市低碳发展等规划实际工作，提供了重要的分析手段和决策技术支撑。

下面重点介绍基于框架体系所开发的现状综合分析模型和北京城乡空间发展模型。

3.1 现状综合分析模型

城市规划是对城市未来发展做出的预测，是实践性很强的工作，对城市现实状况把握准确与否是规划能否发现现实中的核心问题、提出切合实际的解决办法，从而真正起到指导城市发展和建设的关键作用的基础。当前现状城

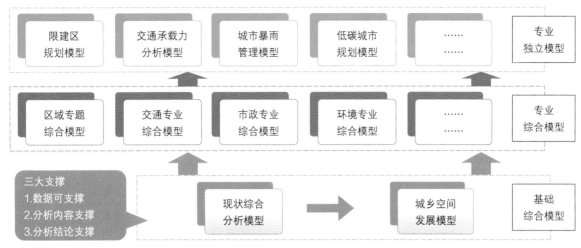

图3　基于框架体系的模型建设策略

乡规划数据资源的积累已非常丰富，为了实现现状资源的高度整合和深度挖掘，开展了现状综合分析模型的建设。

现状综合分析模型是在全面分析人、地、房、自然地理、社会经济、历史沿革、交通市政、生态环境等多源现状资料在制作、分析、应用等工作环节的特点和要求的基础上，依托规划辅助决策支持平台，综合利用3S技术、网络技术、数据挖掘技术、模型分析技术，建立有针对性地分析现状基础条件和各类现状专题问题的平台。现状综合分析模型运用规划支持系统框架体系中的回归分析、相关分析等方法，使用SPSS、Matlab等工具和空间统计分析、人口空间分布模拟等模型，对城市人口、社会经济、开发建设等的发展现状进行分析，从地理、交通、社会经济、环境等区位建设和发展条件要素上为不同层次规划提供客观依据。

现状分析模型着眼点是微观尺度，属于精细化城市模型，其应用场景可适用于多尺度多层次数据制作、规划要素统计分析、规划要素综合叠加分析和复杂模型计算（图4）。既可以满足宏观的战略性规划、总体规划，或大区域范围基础设施布局、产业等专题规划编制的前期现状分析研究，又可以支撑微观的详细规划阶段的规划指标计算、现状与规划内容比较分析等具体需求，还能实现中宏观的人口与就业信息按照科学的算法合理分配到用地层面，并进行职住平衡、房屋空置等相关研究。

3.2　城乡空间发展模型

受整体的宏观经济以及奥运经济的影响，北京近年来的城镇空间扩展速度较快，为了对后奥运（2009年）、总体规划期末（2020年）和新中国成立100周年（2049年）等未来不同阶段的城市空间布局进行判断和预警，

进而为下一阶段开展新一轮的城市总体规划提供支持，同时考虑到目前国际上主要的大城市都已经有自身的城市模拟模型，而北京在这一领域仍为空白，因此开发了北京城乡发展模型（Beijing urban spatial developing model, BUDEM）。

BUDEM运用规划支持系统框架体系中的元胞自动机、人口统计学、Logistic回归等方法，使用SPSS、Python、ArcGIS等工具和空间统计分析、地理计算与模拟等模型：①系统整理了自1947年以来北京市域土地利用、道路数据，以及其他重要的基础数据，建立了完善的城市空间增长模拟的数据体系；②开发了友好的用户界面，可模拟土地利用、经济、人口等宏观政策，不同的城市规划方案，以及不同的城市增长模式对城市空间增长的影响；③识别了不同阶段的城市空间增长物理层面的驱动力，并单一断面各因素之间进行了横向的对比分析，纵向对不同阶段的发展模式进行了对比，特别分析了历次总体规划对空间增长的作用，并进行了时空对比；④针对北京新版总规2020年的期望空间布局，提出基于Logistic回归和MonoLoop结合的创新方法，并结合历史分析，给出了要实现规划方案所需的城市增长策略；⑤针对"北京2049"，给出反映不同规划政策控制力度的多个城市空间增长情景。

直接面向北京城市规划的实践工作，是BUDEM相比于其他基于CA的城市模型的特点之一，已经证明CA适用于规划研究的实践工作，在建模方法、理论基础、区域因素、远景预测等方面，BUDEM都做出了创新工作，是对CA应用于城市规划的初次全面探索（图5）。

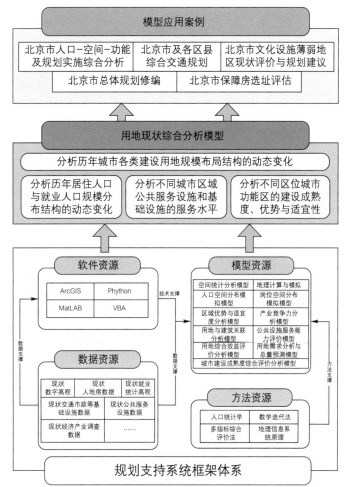

图 4　现状综合分析模型框架图

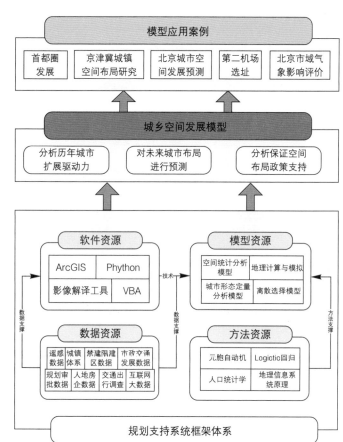

图 5　城乡空间发展模型框架图

4　结语

本研究针对现实背景下规划行业信息化领域遭遇的瓶颈，综合考虑了目前国内规划支持系统发展所面临的问题，全面梳理了城乡规划编制管理流程，系统分析了我国城乡规划业务工作特点，深入了解了一线规划人员对规划信息化的实际需求。并以此作为基础，从"建立理论体系——确定框架内容——提出实施策略——构建决策平台——实现推广应用"等方面入手，最终实现了"构建完整性好的规划支持系统理论框架体系、提供实操性强的规划支持系统实施策略、建立体验度佳的规划支持系统平台"的总体目标。作为规划新技术在规划编制中应用的总体框架，该框架体系可以作为本领域入门、更新规划理念的基本参考，一方面可以有助于不同专业的规划人员了解

其他专业的规划编制和评估内容，另一方面可以起到提高规划工作效率和科学性的作用。

本研究的贡献主要体现在3个方面，①首次提出并建立了针对不同类型规划的规划支持系统框架，完善了规划支持系统理论内容，在框架体系的构建方面处于国际前沿水平；②本研究基于规划支持系统框架体系，开创性地提出规划支持系统建设的实施策略，并通过多个规划支持模型的典型应用得以验证，在行业内具有推广价值；③本研究基于规划支持系统框架体系，首次将城乡规划支持资源以工作流方式在规划支持平台上进行聚合，在技术上实现了较大突破。

备注

本文发表在《北京规划建设》2015年第2期，有删节。

后记

十年弹指一挥间，北京城市规划又将迎来新的十年。

新年新气象，我们编辑了这本论文集，作为一份特殊的珍品，献给关心和挚爱北京城市规划建设的人们，以此了却十年我们心中那份难舍和留恋的情愫，了却我们那份难舍的话语，了却我们那份对北京城市规划建设的挚爱与真情。

在全院同仁的支持下，我们采取了设定板块方向、广泛论文采集、筛选评估内容、择优体现水平、体现工作重点等工作机制。在全院同仁的支持下，我们采取了多方比较版式、征集文集名称、最小字体文献、最大论文海量的文集编辑设计。

在这里，我们看见了"北规人"的心路历程，看见了"北规人"的孜孜追求，看见了"北规人"那份真情留连，看见了"北规人"的职业操守，看见了"北规人"对北京城市那份凝结于心的"光荣和梦想"。

在这里，不仅有宏观战略和重点发展，还有建设规则与控制引导；

在这里，不仅有文化内涵和名城保护，还有公共服务与社会公平；

在这里，不仅有综合交通与城市运营，还有市政设施与基础保障；

在这里，不仅有生态环境与城市安全，还有技术前沿与平台建设。

同样在这里，我们还可以追寻到一条城市总体规划主线、六个理论创新板块。

同样在这里，我们还可以从这十年的理论积淀中，体味出未来北京城市建设发展的新灵魂、新思想、新思维和新希望。

带着这样一个满满的思想和希望，她将送给我们怎样的一个心情。

我们希望关注和爱护北京城市规划的人们，放下自己的微信和微博，放下QQ或朋友圈，放下自己那永远干不完的工作，留下些闲暇和浪漫，静下心，看看这个文集，看看这些"北规人"的十年的心境，看看他们对北京规划事业的所思所想，看看这些"北规人"是如何心怀理想，托起北京美好的明天，看看这些"北规人"对北京城市规划建设事业的一种"道求精微、心执允中"的信念，让他们感到理想还在，北京的城市规划的希望还在。

回眸望去，满满的话语，满满的情怀，这一份论文集，居然难以容纳这十年对北京城市规划无尽的言语和希望，难以容纳我们对这个伟大城市的喁喁私语，难以容纳我们对这个伟大职业的真心和敬畏。

带着老一代"北规人"的寄语和期盼，带着新一代"北规人"的梦想和希冀，带着凝聚"北规人"思想的火花和美丽的灵魂，希望她能够永久地飘荡在这个伟大而古老城市的上空，能够永久地飘荡在大千世界的每个城市和每个角落。

图书在版编目（CIP）数据

乐道潜思：北京市城市规划设计研究院论文集／
北京市城市规划设计研究院编 . —北京：中国建筑
工业出版社，2016.10
  ISBN 978-7-112-19728-6

  Ⅰ . ① 乐… Ⅱ . ① 北… Ⅲ . ① 城市规划-文集
② 建筑设计-文集 Ⅳ . ① TU984-53 ② TU2-53

  中国版本图书馆CIP数据核字（2016）第201061号

责任编辑：黄　翊　陆新之
书籍设计：康　羽
责任校对：王宇枢　张　颖

乐道潜思——北京市城市规划设计研究院论文集
北京市城市规划设计研究院编
　＊
中国建筑工业出版社出版、发行（北京西郊百万庄）
各地新华书店、建筑书店经销
北京锋尚制版有限公司制版
　　印刷厂印刷
　＊
开本：880×1230毫米　1/16　印张：20¾　字数：677千字
2016年9月第一版　2016年9月第一次印刷
定价：**198.00**元
ISBN 978-7-112-19728-6
　　（29196）